软件开发人才培养系列丛书

Java 程序设计开发实战 视频讲解版

李兴华 马云涛 / 编著

人民邮电出版社
北京

图书在版编目（CIP）数据

Java程序设计开发实战 ：视频讲解版 / 李兴华，马云涛编著. -- 北京 ：人民邮电出版社，2022.10
（软件开发人才培养系列丛书）
ISBN 978-7-115-58850-0

Ⅰ. ①J… Ⅱ. ①李… ②马… Ⅲ. ①JAVA语言－程序设计－教材 Ⅳ. ①TP312.8

中国版本图书馆CIP数据核字(2022)第043581号

内 容 提 要

Java 是当前主流的编程语言，有着非常丰富且完善的语法结构。本书编著目的在于帮助读者完整且清晰地掌握 Java 核心语法及完整的面向对象设计与分析思想。

本书从基础的 Java 开发环境搭建到语法知识进行全面的知识讲解，帮助读者深刻地理解程序逻辑、方法、类、对象、抽象类、接口、包、访问权限、模块的相关概念，并通过大量的案例进行了实例讲解。全书共 13 章，主要包括走进 Java 的世界、程序设计基础概念、程序逻辑结构、类与对象、数组、字符串、继承与多态、抽象类与接口、类结构扩展、异常捕获与处理、内部类、IDEA 开发工具、多线程等内容。

本书附有配套视频、源代码、习题、教学课件等资源。为了帮助读者更好地学习，作者还提供了在线答疑服务。本书适合作为高等教育本、专科院校程序设计课程的教材，也可供广大计算机编程爱好者自学使用。

◆ 编　　著　李兴华　马云涛
责任编辑　刘　博
责任印制　王　郁　陈　犇

◆ 人民邮电出版社出版发行　　北京市丰台区成寿寺路 11 号
邮编　100164　　电子邮件　315@ptpress.com.cn
网址　https://www.ptpress.com.cn
北京市艺辉印刷有限公司印刷

◆ 开本：787×1092　1/16
印张：21.75　　2022 年 10 月第 1 版
字数：605 千字　　2024 年 8 月北京第 3 次印刷

定价：79.80 元

读者服务热线：(010)81055256　印装质量热线：(010)81055316
反盗版热线：(010)81055315
广告经营许可证：京东市监广登字 20170147 号

自　序

从最早接触计算机编程到现在，已经过去 24 年了，其中有 17 年的时间，我在一线讲解编程开发。我一直在思考一个问题：如何让学生在有限的时间里学到更多、更全面的知识？最初我并不知道答案，于是只能大量挤占每天的非教学时间，甚至连节假日都给学生持续补课。因为当时的我想法很简单：通过多花时间去追赶技术发展的脚步，争取教给学生更多的技术，让学生在找工作时游刃有余。但是这对于我和学生来讲都实在过于痛苦了，毕竟我们都只是普通人，当我讲到精疲力尽，当学生学到头昏脑涨，我知道自己需要改变了。

技术正在发生不可逆转的变革，在软件行业中，最先改变的一定是就业环境。很多优秀的软件公司或互联网企业已经由简单的需求招聘变为能力招聘，要求从业者不再是培训班“量产”的学生。此时的从业者如果想顺利地进入软件行业，获取自己心中的理想职位，就需要有良好的技术学习方法。换言之，学生不能只是被动地学习，而是要主动地努力钻研技术，这样才可以具有更扎实的技术功底，才能够应对各种可能出现的技术挑战。

于是，怎样让学生们以尽可能短的时间学到最有用的知识，就成了我思考的核心问题。对于我来说，教育两个字是神圣的，既然是神圣的，就要与商业的运作有所区分。教育提倡的是付出与奉献，而商业运作讲究的是盈利，盈利和教育本身是有矛盾的。所以我拿出几年的时间，安心写作，把我近 20 年的教学经验融入这套编程学习丛书，也将多年积累的学生学习问题如实地反映在这套丛书之中，丛书架构如图 0-1 所示。希望这样一套方向明确的编程学习丛书，能让读者学习 Java 不再迷茫。

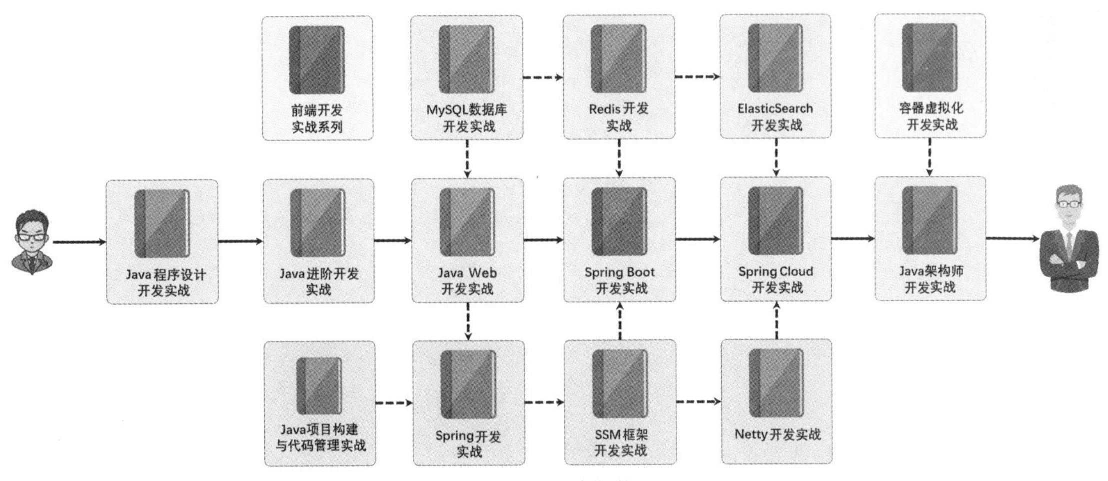

图 0-1　丛书架构

我的体会是，编写一本讲解透彻的图书真的很不容易。在写作过程中我翻阅了大量图书，有些书查看之下发现内容竟然是和其他图书重复的，网上的资料也有大量的重复，这让我认识到“原创”的重要性。但是原创的路途上满是荆棘，这也是我编写一本书需要很长时间的原因。

仅仅做到原创就可以让学生学会吗？很难。计算机编程图书之中有大量晦涩难懂的专业性词汇，不能默认所有的初学者都清楚地掌握了这些词汇的概念，如果那样，可以说就已经学会了编程。为了帮助读者扫除学习障碍，我在书中绘制了大量图形来进行概念的解释，此外还提供了与章节内容相符的视频资料，所有的视频讲解中出现的代码全部为现场编写。我希望用这一次又一次的重复劳动，帮助大家理解代码，学会编程。本套丛书所提供的配套资料非常丰富，可以说抵得上一些需要支付高额学费参加的培训班的课程。本套丛书的配套视频累计上万分钟，对比培训班的实际讲课时间，相信读者能体会到我们所付出的心血。我们希望通过这样的努力给大家带来一套有助于学懂、学会的图书，帮助大家解决学习和就业难题。

前　言

本书为整套 Java 编程学习丛书的第一本，也是一本 Java 入门书，书中详细讲解了 Java 的核心基础知识，这些知识是实际开发中不可或缺的。全书一共分为 13 章，每一章的具体内容安排如下。

第 1 章　走进 Java 的世界　本章为读者详细讲解了 Java 语言的发展历史和主要的分类，通过具体的操作讲解了如何在 Windows 与 macOS 操作系统下实现 JDK 的安装与配置，并通过编写第一个 Java 应用程序对程序做了相关解释。这一章让读者快速地对 Java 程序结构有基本的认知，便于后续的语法学习。

第 2 章　程序设计基础概念　程序的设计主要围绕数据的操作，而为了实现数据的操作就要提供数据类型。本章详细讲解了 Java 基础数据类型的使用及限制，同时讲解了 String 操作类的基础应用与转义字符串的使用。由于数据本身是需要运算支持的，本章也通过案例详细讲解了各个运算符的使用。

第 3 章　程序逻辑结构　程序根据特定的设计要求实现数据处理，在处理中需要考虑各种逻辑情况，这就需要在项目中使用分支与循环结构。本章为读者详细讲解了各个逻辑结构的使用，同时讲解了如何在 Java 中实现方法的相关定义及使用。

第 4 章　类与对象　面向对象是 Java 编程的核心，如果想要充分地理解 Java 语言，就必须从类与对象的结构开始进行逐层深入学习。本章详细讲解了类与对象的相关概念、内存引用分配等核心知识，以及 this、static 关键字，并通过简单 Java 类实现了概念总结。

第 5 章　数组　为了便于实现多内容的存储，编程语言一般都会提供数组的概念。Java 中的数组属于引用类型，所以本章除了讲解数组的基本概念之外，还重点讲解了引用传递的处理及具体的应用。本章结合类、对象与数组的形式实现了综合性的应用设计。

第 6 章　字符串　字符串是 Java 中最具有特色的类，也是需要使用者深入学习的一个系统类。本章详细讲解字符串的使用、常量池的作用及 JavaDoc 文档的查找方法。

第 7 章　继承与多态　面向对象的核心设计思想在于结构上的重用，这就需要通过类继承结构来实现。本章完整地讲解了类继承的实现操作，并基于继承的结构分析了多态性的使用特点。

第 8 章　抽象类与接口　Java 语言程序设计的核心结构还有抽象类与接口，这也是实际项目开发过程中的重点。本章为读者详细讲解了 Java 接口的主要作用与新特性扩展，同时通过一系列案例分析了抽象类与接口之间的设计关联。

第 9 章　类结构扩展　一个完整的项目之中除了有核心的类结构实现，还会有代码结构的管理，这就需要提供包、权限及模块的支持。本章在已有类结构的基础上进行扩充，分析了包的使用、访问权限与单例及多例设计模式的使用，同时讲解了 JDK 9 之后自定义模块的使用。

第 10 章　异常捕获与处理　为了编写稳定可靠的程序，Java 提供了完善的异常处理机制。本章为读者分析了异常处理不及时的后果，以及与异常有关的核心概念及实际应用设计方案。

第 11 章　内部类　针对类的局部应用问题，Java 提供了嵌套式的解决方案，而内部类就是最为重要的嵌套管理结构。本章为读者分析了内部类的作用及相关的定义结构，并基于接口、抽象类等结构进行了深入的分析讲解。考虑到实际面试及后续源代码分析的需求，本章还重点讲解了自定义链表结构的使用。

第 12 章　IDEA 开发工具　要进行高效的 Java 程序开发，就需要一款 IDE 工具，在现代开发中，IDEA 是处于“霸主”地位的开发工具。本章为读者讲解了 IDEA 工具的获取及使用。

第 13 章　多线程　为了提高应用的处理性能，Java 提供了多线程的开发支持。本章详细解释了多线程的相关知识，同时深入分析了多线程中的同步与死锁问题。学好本章有利于进一步理解 Java 应用设计，也能为后续的 J.U.C、JVM 学习打下坚实的基础。

通过上面具体的各章内容介绍，相信读者已经清楚本书的定位就是为初学者量身打造的一本编程图书。我们会对所有的 Java 基础核心概念进行全面的讲解。本书的技术架构如图 0-2 所示。因为在多年的教学中我深刻地理解基础知识对每一位技术人员的重要程度，所以提醒每一位学习者：从基础开始打磨，慢慢成长。

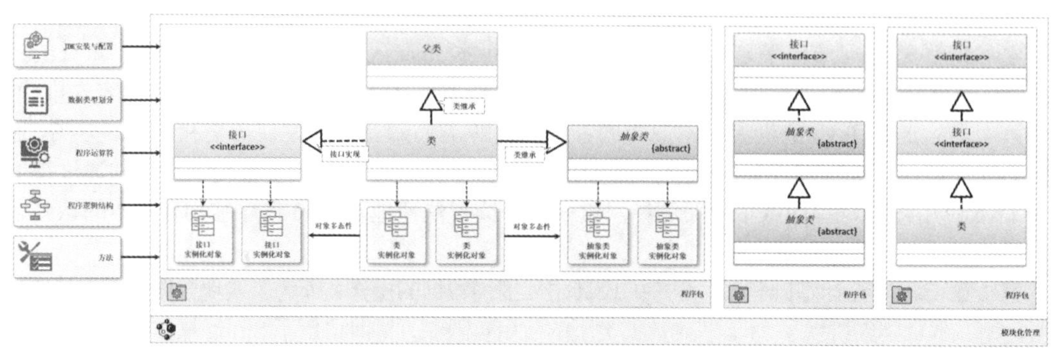

图 0-2　本书技术架构

内容特色

由于技术类的图书所涉及的内容很多，同时考虑到读者对于一些知识的理解盲点与认知偏差，作者在编写图书时设计了一些特色栏目和表示方式，现说明如下。

（1）提示：对一些知识核心内容的强调以及与之相关知识点的说明。这样做的目的是帮助读者扩大知识面。

（2）注意：点明对相关知识进行运用时有可能出现的种种“深坑”。这样做的目的是帮助读者节约理解技术的时间。

（3）问答：对核心概念理解的补充，以及可能存在的一些理解偏差的解读。

（4）分步讲解：清楚地标注每一个开发步骤。技术开发需要严格的实现步骤，我们不仅要教读者知识，更要给大家提供完整的学习指导。由于在实际项目中会利用 Gradle 或 Maven 这样的工具来进行模块拆分，因此我们在每一个开发步骤前会使用“【项目或子模块名称】”这样的标注方式，这样读者在实际开发演练时就会更加清楚当前代码的编写位置，提高代码的编写效率。

配套资源

读者如果需要获取本课程的相关资源，可以登录人邮教育社区（www.ryjiaoyu.com）下载，也可以登录沐言优拓的官方网站通过资源导航获取下载链接，如图 0-3 所示。

图 0-3　获取图书资源

答疑交流

为了更好地帮助读者学习，以及为读者做技术答疑，我们也会提供一系列的公益技术直播课，有兴趣的读者可以访问我们的抖音（ID：muyan_lixinghua）或“B 站”（ID：YOOTK 沐言优拓）直播间。对于每次直播的课程内容以及技术话题，我也会在我个人的微博（ID：yootk 李兴华）之中进行发布。同时，我们欢迎广大读者将我们的视频上传到各个平台，把我们的教学理念传播给更多有需要的人。

本书中难免存在不妥之处，在发现问题时，欢迎读者发邮件给我（E-mail：784420216@qq.com），我们将在后续的版本中进行更正。

同时也欢迎各位读者加入技术交流群（QQ 群号码为 753881795，群满时请根据提示加入新的交流群）进行沟通互动。

最后我想说的是，因为写书与各类公益技术直播，我错过了许多与家人欢聚的时光，内心感到非常愧疚。我希望在不久的将来能为我的孩子编写一套属于他自己的编程类图书，这也将帮助所有有需要的孩子进步。我喜欢研究编程技术，也勇于自我突破，如果你也是这样的一位软件工程师，也希望你加入我们这个公益技术直播的行列。让我们抛开所有的商业模式的束缚，一起将自己学到的技术传播给更多的爱好者，以我们微薄之力推动整个行业的发展。就如同我说过的，教育的本质是分享，而不是赚钱的工具。

沐言科技——李兴华

2022 年 8 月

目　录

视频目录

第 1 章 走进 Java 的世界

本章学习目标

1. 了解 Java 发展历史及语言特点；
2. 理解 Java 语言可移植性的实现原理；
3. 掌握 JDK 的安装与配置方法，并且可以使用 JDK 运行一个 Java 程序；
4. 了解 JShell 交互式编程工具的使用方法；
5. 掌握 CLASSPATH 的作用及与 JVM 的关系；
6. 理解 macOS 操作系统下 JDK 的安装与配置方法。

Java 是现在流行的编程语言，也是众多大型互联网公司首选的编程语言与技术开发平台。本章将为读者讲解 Java 语言的发展历史，并通过具体的实例来为读者讲解 Java 程序的开发与使用。

1.1 Java 发展历史

认识 Java

视频名称 0101_【理解】认识 Java

视频简介 Java 语言诞生于 20 世纪 90 年代，经过了长期的发展，现在已经成为流行的编程语言，不仅服务端编程广泛使用 Java 语言，各种移动设备也大量使用 Java 平台。本视频主要介绍 Java 的产生动机及后续发展。

Java 是 SUN（全称为 Stanford University Network，1982 年成立，原始 Logo 如图 1-1 所示）公司开发出来的一套编程语言，主设计者是詹姆斯·高斯林（James Gosling），如图 1-2 所示。其最早来源于一个叫 Green 的嵌入式程序项目，目的是为家用消费类电子产品开发一个分布式系统，以便通过网络控制家用电器。现在 Java 属于 Oracle（甲骨文）公司，如图 1-3 所示。

图 1-1 SUN 公司的原始 Logo

图 1-2 詹姆斯·高斯林

图 1-3 Oracle Java

在 Green 项目启动的时候，SUN 公司的工程师原本打算使用 C++语言进行开发，但是考虑到 C++语言开发的复杂性，于是他们基于 C++开发了自己的独立平台“Oak”（被看作 Java 语言的前身，是一种用于网络的精巧、安全的语言）。SUN 公司曾以此投标一个交互式电视项目，但被 SGI 公司打败。当时的 Oak 几乎“无家可归”，恰巧这时马克·安德森（Marc Andreessen）开发的 Mosaic 项目和 Netscape 项目启发了 Oak 项目组成员，于是 SUN 的工程师们开发出了 HotJava 浏览器，创造了 Java 进军互联网的契机。后来由于互联网低潮带来的影响，SUN 公司并没有得到很好的发展，在 2009 年 4 月 20 日被 Oracle 公司以 74 亿美元的交易价格收购。

提示：关于 Oracle 公司收购 SUN 公司。

熟悉 Oracle 公司历史的读者应该清楚，Oracle 公司一直以 Microsoft 公司（微软）为对手，所以 Oracle 公司最初的许多策略也都与 Microsoft 公司有关，这两家公司都致力于企业办公平台的技术支持。企业级系统开发有四个核心组成部分：操作系统、数据库、中间件、编程语言。Oracle 公司通过收购 SUN 公司得到 Java，随后立即拥有了庞大的开发群体。Oracle 公司又收购了 BEA 公司，得到了用户众多的 WebLogic 中间件，从此具备了完善的企业办公平台支持能力。

Java 是一门综合性的编程语言，最初设计时就综合考虑了嵌入式系统及企业平台的开发支持，所以实际的 Java 开发主要有三个方向，分别为 Java SE（最早称为“J2SE”）、Java EE（最早称为“J2EE”）、Java ME（最早称为“J2ME”）。这三个开发方向的基本关系如图 1-4 所示。

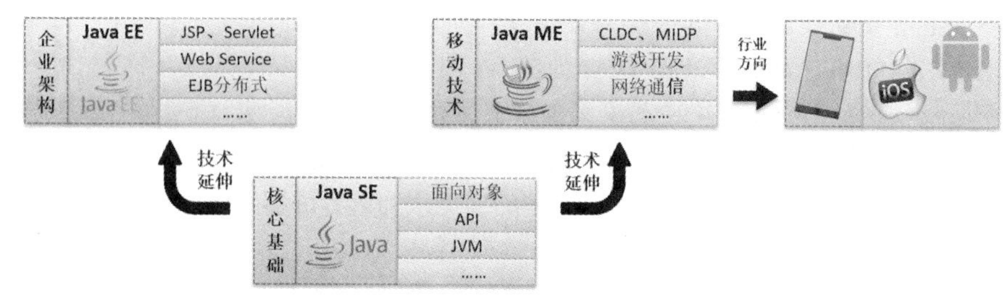

图 1-4　Java 三个开发方向的基本关系

1. Java SE

Java 标准开发（Java Standard Edition，Java SE）包含构成 Java 语言核心的类，如数据库连接、接口定义、输入/输出、网络编程等。JDK（Java 开发工具包）自动支持此类开发。

2. Java ME

Java 嵌入式开发（Java Micro Edition，Java ME）包含 Java SE 中的一部分类，用于消费类电子产品的软件开发，如寻呼机、智能卡、手机、PDA、机顶盒等，现在已经被 Android 开发代替。

3. Java EE

Java 企业开发（Java Enterprise Edition，Java EE）包含 Java SE 中的所有类，并且包含用于开发企业级应用的类，如 EJB、Servlet、JSP、XML、事务控制等，是目前大型系统和互联网项目开发的主要平台。

1.2　Java 语言特点

Java 语言特点

视频名称　0102_【理解】Java 语言特点

视频简介　Java 是一门优秀的编程语言，之所以广泛地活跃在互联网与移动设备上，主要是因为其开发简洁并且拥有完善的生态系统。本视频为读者讲解 Java 语言的主要特点。

Java 语言拥有完善的编程体系，众多软件厂商围绕其开发出了大量的第三方应用，使 Java 语言得以迅速发展壮大，并被广泛使用。在长期的技术发展中，Java 语言的功能也在不断丰富。下面列举 Java 语言的一些主要特点。

1. 简洁有效

Java 是一种相当简洁的“面向对象”程序设计语言。Java 语言摒弃了 C++语言中难以理解、容易混淆的内容，如头文件、指针、结构、单元、运算符重载、虚拟基类等，从而更加严谨、简洁。

2. 可移植性

Java 语言最重要的一个特点是“一次编译，到处运行”。Java 程序的执行基于 Java 虚拟机（Java Virtual Machine，JVM）的运行，其源代码编译之后形成字节码程序文件，而后在不同的操作系统上只需要植入与系统匹配的 JVM 就可以直接利用 JVM 的“指令集”解释程序，这降低了程序开发的复杂度，也提高了开发效率。

3. 面向对象

“面向对象”是软件工程学的一次革命，是一个伟大的进步，是软件发展史上的一个重要的里程碑，大大提升了程序开发人员的软件开发能力。Java 是一门面向对象的编程语言，并且有着更加良好的程序结构定义。

4. 垃圾回收

“垃圾”指的是被无效占用的内存空间。Java 提供垃圾回收（Garbage Collection，GC）机制，利用 GC 机制使开发者在编写程序时只需要考虑自身程序的合理性，而不用去关注 GC 问题，极大地降低了开发难度。Java 11 又引入了著名的低延迟垃圾回收（The Z Garbage Collection，ZGC）技术，使垃圾回收的速度进一步提升。

5. 引用传递

Java 语言避免了复杂的指针，使用更简单的引用来代替指针。指针虽然是一种高效的内存处理模式，但是需要较强的逻辑分析能力，而 Java 在设计的时候充分地考虑了这一点，所以开发者直接使用引用即可，不过引用也是学习者在初学时最难以理解的部分。

6. 适合分布式计算

Java 语言设计的初衷是更好地解决网络通信问题，所以 Java 语言非常适合分布式计算程序的开发。Java 不仅提供简洁的 Socket 开发支持，也适合公共网关接口（Common Gateway Interface，CGI）程序的开发。同时，Java 提供 NIO、AIO 支持，使网络通信性能得到了极大的改善。

7. 稳健性

Java 语言在编译时会进行严格的语法检查，可以说 Java 的编译器是“最严格”的编译器。Java 程序在运行中也可以通过合理的异常处理避免程序中断，这样就保证了程序稳定运行。

8. 多线程编程支持

线程是一种轻量级进程，是现代程序设计中必不可少的。多线程处理能力使程序具有更好的交互性、实时性。Java 在多线程处理方面性能超群，随着 Java 语言的不断完善，其提供了 J.U.C 多线程开发框架，方便开发者实现多线程的复杂开发。

9. 较高的安全性

Java 程序的执行依赖 JVM 上的解释字节码程序文件，而 JVM 具有较高的安全性，随着版本的不断更新，面对安全隐患也可以及时进行修补。

10. 函数式编程

除了支持面向对象编程，Java 语言还有着良好的函数式编程支持（Lambda 表达式支持）。开发者利用函数式编程可编写出更简洁的代码。

11. 模块化支持

从 Java 9 开始，Java 语言提供了一个重要功能：模块化（Module）。其代码称为 Jigsaw（拼图），由一个个模块拼成，方便开发者开发和部署。

除以上明显特点之外，Java 语言的特点还有开源性。这一特点使 Java 语言在业界受到了极大的关注。同时，Java 语言还在不断地维护、更新，日益完善。

1.3　Java 虚拟机

Java 虚拟机

视频名称　0103_【掌握】Java 虚拟机

视频简介　Java 语言最初的宣传口号就是“可移植”，这使开发者不必考虑不同的操作系统上的程序运行。本视频主要讲解 Java 虚拟机的实现原理及可移植性。

现代的编程语言不仅要实现基本程序功能，还需要考虑程序的可移植性设计，这样编写出来的程序才会有更好的通用性。在编程语言发展的历史中最早提出并实现可移植性的就是 Java 语言。可移植性对应的实际上是一种新的开发模式。传统的软件开发依赖大量平台支持（操作系统就属于一种平台），利用已有的平台进行硬件设备的操作。可移植性的本质是不直接使用平台，而是在平台上植入虚拟机（Virtual Machine，VM），所有的程序开发面向虚拟机，这样就解决了依赖平台的问题。基于虚拟机的软件开发模型如图 1-5 所示。

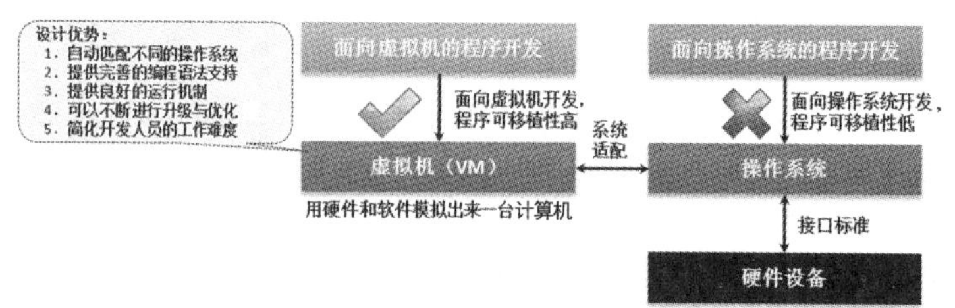

图 1-5　基于虚拟机的软件开发模型

计算机高级语言主要有编译型和解释型两种。Java 语言虽然基于虚拟机技术，但是依然遵循着高级语言的设计要求，所以在 Java 源程序必须经过编译处理和解释执行两个步骤才可以正确运行。Java 程序的运行机制如图 1-6 所示。

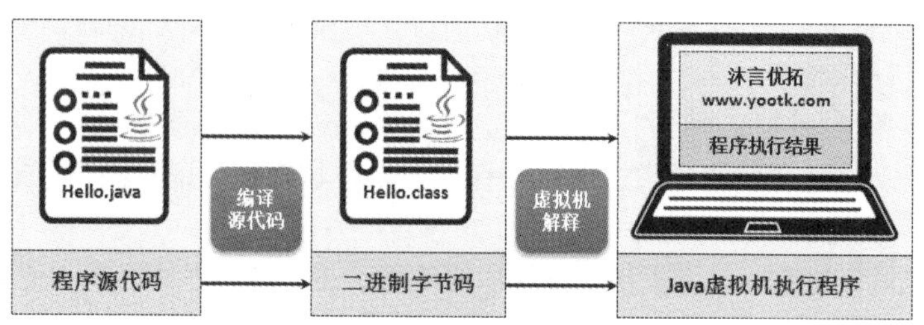

图 1-6　Java 程序的运行机制

Java 程序执行前必须对源代码进行编译，编译后将产生一种字节码文件（“*.class”文件），这是一种“中间”文件类型，需要由特定的系统环境执行，这个系统环境就是 JVM。JVM 定义了一套完善的“指令集”，并且不同操作系统的 JVM 所拥有的“指令集”是相同的，这样开发者只需要针对 JVM 的指令集进行开发，由 JVM 去匹配不同的操作系统，解决了程序的可移植性问题。JVM 执行原理如图 1-7 所示。

提示：对 Java 可移植性的简单理解。

有些读者可能很难理解上述对 Java 可移植性的解释，其实可以借用以下情景来简单理解：有一个中国商人，他同时要跟美国、韩国、俄罗斯、日本、法国、德国等几个国家的客户洽谈生意，可是他不懂这些国家的语言，所以他针对每个国家聘请了一个翻译，他只对翻译说话，不同的翻译将他说的话翻译给不同国家的客户，这样商人只需要说中文即可。

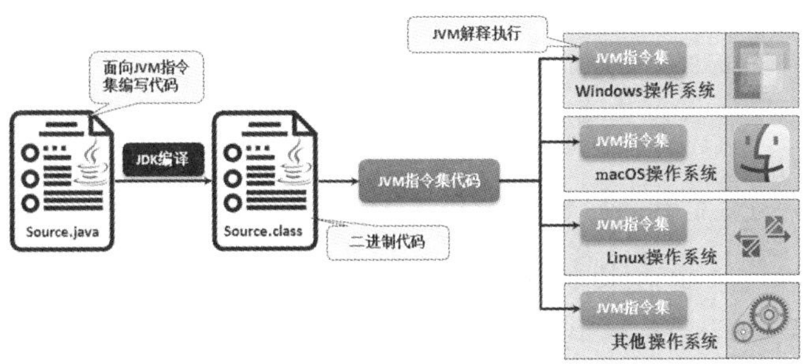

图 1-7 JVM 执行原理

1.4 搭建 Java 开发环境

Java 程序的执行需要先编译源代码，再在 JVM 上解释字节码程序，这些操作都需要 Java 开发工具包（Java Development Kit，JDK）的支持。

1.4.1 JDK 简介

JDK 简介

视频名称 0104_【理解】JDK 简介

视频简介 JDK 是 Java 的专属开发工具，也是底层的开发支持。本视频将为读者讲解 JDK 的主要功能以及发展，同时演示如何通过 Oracle 官方网站获取 JDK。

JDK 是 Oracle 公司提供给开发者的一套 Java 开发工具包，开发者可以利用 JDK 进行源代码的编译，也可以进行字节码程序的解释执行。开发者可以直接通过 Oracle 官方网站进行 JDK 工具获取，如图 1-8 所示。进入官方网站之后可以直接在页面顶部的搜索栏中搜索要下载的资源，本次输入的搜索关键字为“java”，可以得到图 1-9 所示的搜索结果。

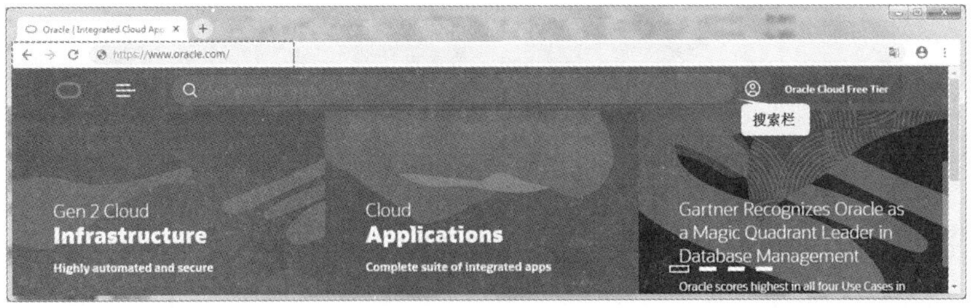

图 1-8 登录 Oracle 官方网站

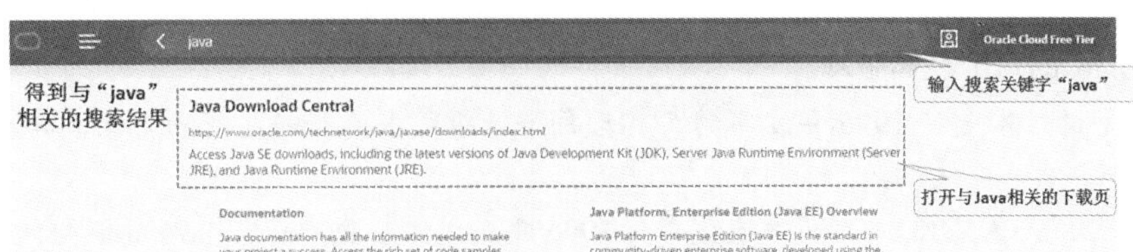

图 1-9 搜索“java”相关资源

提示：通过百度快速获取 JDK 的下载路径。

初学者直接通过 Oracle 官方网站搜索并下载 JDK 可能有一定的难度，所以笔者建议通过搜索引擎（如百度）进行 JDK 的搜索下载。在搜索栏中输入关键字“jdk13 oracle”就可以找到下载路径，如图 1-10 所示。JDK 除了 Oracle 公司提供的版本还有 OpenJDK 版本，搜索结果如图 1-11 所示。

Java SE - Downloads | Oracle Technology Network | Oracle
查看此网页的中文翻译，请点击 翻译此页
Java SE downloads including: Java Development Kit (JDK), Server Java Runtime Environment (Server JRE), and Java Runtime Environment (JRE).
https://www.oracle.com/technet... - 百度快照

图 1-10　获取 Oracle JDK 的下载路径

JDK 13
JDK 13 reached General Availability on 17 September 2019. Production-ready binaries under the GPL are available from Oracle; binaries from other vendors ...
openjdk.java.net/proje... - 百度快照 - 翻译此页

图 1-11　获取 OpenJDK 的下载路径

OpenJDK 是 JDK 的开源版本，以通用性公开许可证(General Public License，GPL)发布，是由 SUN 公司在 JDK 1.7 的基础上发布的，主要用于开源项目的推广。这也解决了很多读者关于 Oracle 官方网站 JDK（非开源）收费的担忧（到 2021 年 9 月依然未出现官方 JDK 收费情况）。

如果读者通过以上方式都无法找到 JDK 工具软件，可以登录沐言科技官方网站通过“资源导航”找到与本书匹配的资源，直接获取 JDK。

根据搜索结果可以打开图 1-12 所示的页面，由于本书编写时的最新 JDK 版本为 JDK 13，所以页面的顶部给出“Java SE 13.x.x”的相关信息，单击“Download”按钮就可以进入相应的下载页面，此时用户就可以根据自己使用的操作系统下载相应版本的 JDK，如图 1-13 所示。由于本书是在 Windows 下讲解 Java 的程序开发，所以下载的 JDK 版本为“jdk-13.0.1_windows-x64_bin.exe”（Windows 直接安装版）。

提示：关于 JDK 的解压缩版本。

如果开发者下载了“jdk-13.0.1_windows-x64_bin.exe”，就可以直接根据安装向导自动实现 JDK 的安装。图 1-13 中还有另外一个版本——“jdk-13.0.1_windows-x64_bin.zip”，此为解压缩版本，下载后直接进行解压缩配置即可，具体的配置步骤本书后续部分会讲解，开发者可以自由选择。

图 1-12　选择 Java SE 下载类型

图 1-13　选择 JDK 版本

提示：JDK 的几个经典版本。

JDK 最早的版本是在 1995 年发布的，其后每个升级版本都有一些新的特点，具有代表性的经典版本如下：

- 【1995.05.23】JDK 1.0 的开发包发布，1996 年正式供下载，标志 Java 的诞生；
- 【1998.12.04】JDK 1.2 推出，Java 正式更名为 Java 2（只是一个 Java 的升级版）；
- 【2005.05.23】Java 10 周年大会上，JDK 1.5 推出，带来更多新特性；
- 【2014 年】JDK 8 推出，支持 Lambda 表达式，可以使用函数式编程；
- 【2017 年】JDK 9 推出，进一步提升了 JDK 的稳定性；
- 【2018 年】JDK 11 推出，提供了 ZGC 技术，是长期维护版；
- 【2019 年】JDK 13 推出，增加了 yield 关键字与多行字符串定义支持。

另外，按照官方说法，Java 平均每 6 个月进行一次 JDK 的版本更新。考虑到项目运行的稳定性，笔者不建议开发者在项目中使用最新版本的 JDK，对初学者而言使用 JDK 9 以上的版本就可以了。本书会为读者分析不同版本的特点。

1.4.2 JDK 的安装与配置

JDK 安装与配置

视频名称 0105_【掌握】JDK 安装与配置

视频简介 JDK 是 Java 程序开发的重要工具。本视频主要讲解如何在 Windows 操作系统上进行 JDK 的安装，以及环境属性的配置。

用户成功下载 JDK 之后将获得一个 Windows 版本的程序安装包，双击运行即可。本书为了方便将 JDK 安装在“D:\Java”目录中，如图 1-14 所示。安装完成之后会出现图 1-15 所示的界面。

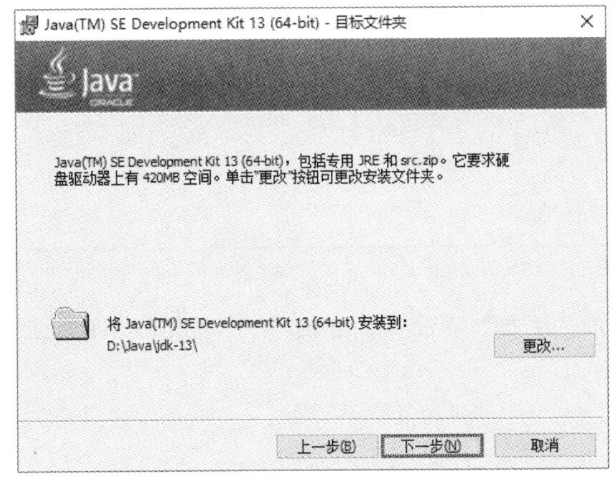

图 1-14　选择 JDK 安装目录

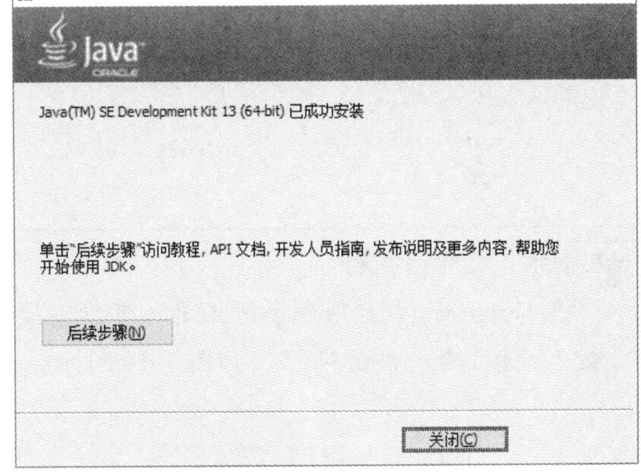

图 1-15　安装完成界面

JDK 与 JRE（Java Runtime Environment，Java 运行环境）安装完成后可以直接打开 JDK 安装目录的 bin 子目录（D:\Java\jdk-13.0.1\bin），此目录提供两个核心命令：javac.exe（源代码编译）和 java.exe（字节码程序解释执行），如图 1-16 所示。

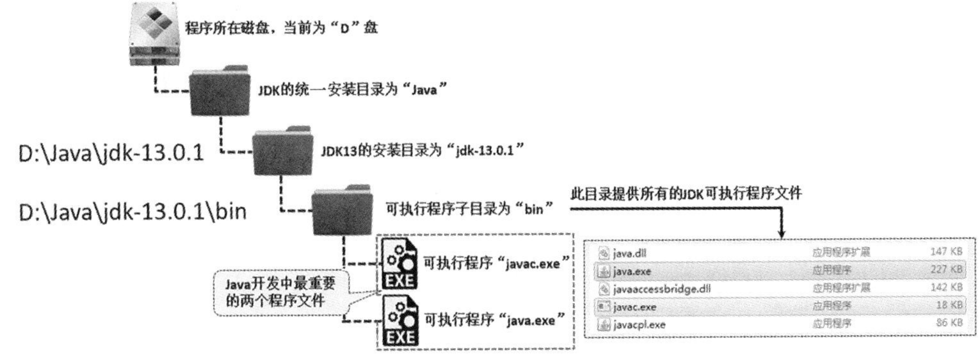

图 1-16　JDK 提供的核心命令

JDK 安装完成后提供的 javac.exe 与 java.exe 这两个命令并不属于 Windows 内部命令，如果想在命令行工具中使用，必须在 Windows 的系统环境中进行可执行程序的路径配置，具体操作步骤：【计算机（此电脑）】→【属性】→【高级系统设置】，如图 1-17 所示。

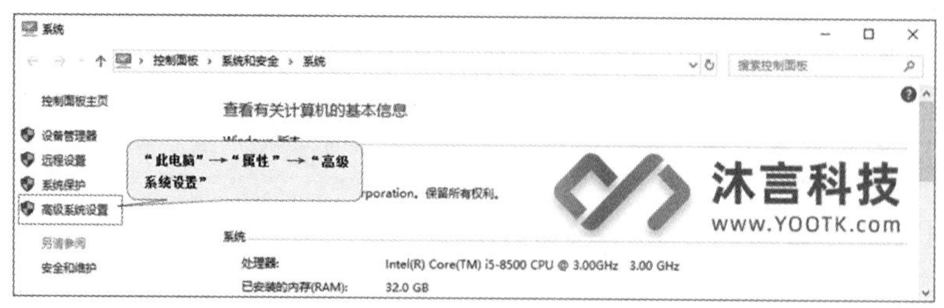

图 1-17　设置 Windows 属性

此时已打开"系统属性"对话框。进行环境属性配置，操作步骤：【高级】→【环境变量】→【系统变量】→编辑 Path 环境属性→添加 JDK 的路径（D:\Java\jdk-13\bin），如图 1-18 所示。

图 1-18　JDK 路径配置

提示：命令行执行。

在 Windows 中启用命令行工具，可以直接进入"运行"界面（或者使用"Windows + R"组合键），随后输入 cmd 即可，如图 1-19 所示。

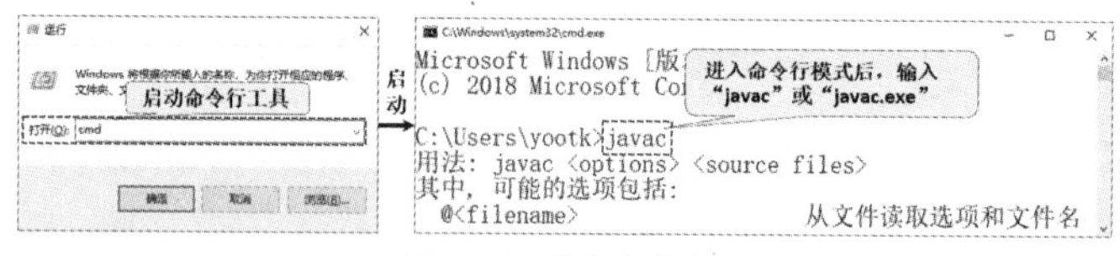

图 1-19　命令行执行

如果当前已经打开了命令行工具而无法加载最新的环境属性配置，那么需要重新启动命令行工具。只有成功加载新的环境属性配置，才可以使用 javac.exe 与 java.exe 命令。

环境属性配置完毕后，用户可以启动命令行工具，随后输入 javac.exe 命令。如果看见图 1-20 所示的界面则表示 JDK 安装成功，安装成功之后可以输入如下命令查看当前使用的 JDK 版本。

```
javac -version
```

程序执行结果：

```
javac 13.0.1
```

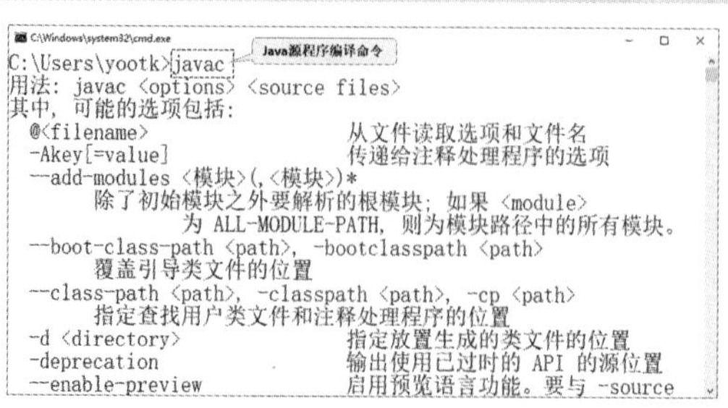

图 1-20　JDK 安装成功

此时返回的 JDK 编译工具（javac.exe）版本为“13.0.1”，该版本编号与当前安装的 JDK 版本编号相符。

1.5 Java 编程起步

Java 编程起步

视频名称 0106_【掌握】Java 编程起步

视频简介 JDK 是程序开发的核心支持工具，程序员的主要目的是编写程序代码。本视频将为读者演示如何编写并执行第一个 Java 程序，以及说明程序的组成。

各个编程语言都包含完整的语法和语义，Java 是一门较完善的编程语言，在 Java 程序中所有的源代码文件名必须以“.java”作为扩展名，同时所有的程序代码都需要放在一个类中，并且由主方法开始执行。为了帮助读者快速地掌握 Java 程序的结构，下面编写一个简单的程序，此程序的主要目的是在屏幕上进行信息的输出。

提示：认真编写第一个程序。

下面带领读者编写第一个 Java 程序，如果暂时不明白编写程序的语法也没有关系，读者只要将程序都敲下来，按照步骤编译、执行，能出现本书所示的结果即可。具体的语法可以通过后续的学习慢慢领会，这个程序是一个重要的起点。

另外读者需要知道的是，Java 程序分为两种类型：一种是 Application 程序，另一种是 Applet 程序，其中有 main()方法的程序是 Application 程序。本书主要使用 Application 程序进行讲解，Applet 程序曾应用在网页上，现已不再使用，本书将不做介绍。

范例：编写第一个 Java 程序（保存路径：D:\yootk\Hello.java）。

```
public class Hello {                                    // 程序所在类（后面会有详细讲解）
    public static void main(String[] args) {            // 程序主方法
        System.out.println("沐言科技：www.yootk.com");    // 屏幕输出信息
    }
}
```

程序执行结果：

```
沐言科技：www.yootk.com
```

当前的程序仅仅是 Java 的源代码，如果想让其正确地在 JVM 上执行，必须经过编译与解释两个步骤，执行流程如图 1-21 所示，具体操作步骤如下。

- **【编译程序】**在命令行模式下，进入程序所在的目录，执行 javac Hello.java，对程序进行编译。编译完成后可以发现目录中多了一个名为 Hello.class 的文件，此文件就是最终要使用的字节码程序文件。
- **【解释程序】**程序编译之后输入 java Hello，就可以在 JVM 上解释 Java 程序。

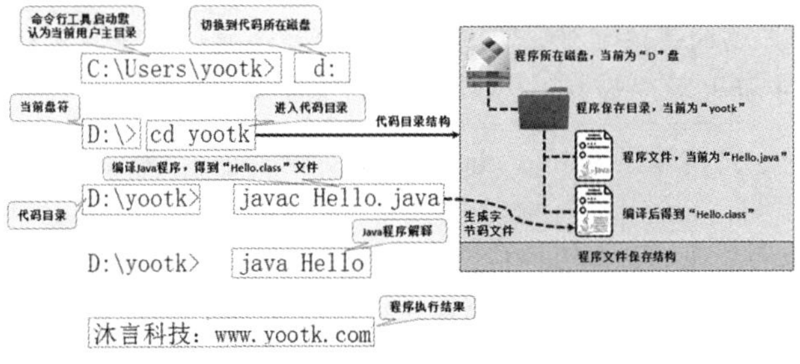

图 1-21 Java 程序执行流程

注意：在 Windows 操作系统中要注意文件扩展名隐藏问题。

如果读者是在 Windows 操作系统中进行 Java 项目的开发，一定要注意程序文件的扩展名问题。Windows 操作系统默认不显示文件扩展名，当用户在磁盘上创建"Hello.java"文件时，有可能这个文件的真实扩展名为".txt"，从而导致在程序编译时找不到程序文件。此时需要开发者手工修改 Windows 操作系统的目录属性定义，文件扩展名显示配置如图 1-22 所示。

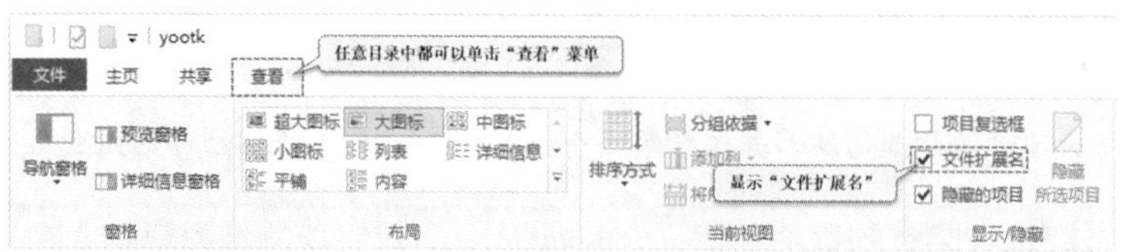

图 1-22　文件扩展名显示配置

本节附带的视频对该问题进行了详细的分析，不会修改的读者可以参考视频的演示步骤。

虽然这只是一个小小的信息输出程序，但是需要清楚的是，任何编程语言都有它的程序组成。下面对本节的第一个 Java 程序的组成进行分析。

1. 程序类

Java 程序以类为单位，所有程序必须在 class 定义范畴之内。类的定义有如下两种形式。

```
class 类名称 {
    程序代码
}
```

```
public class 类名称 {
    程序代码
}
```

本程序使用第二种形式，"public class Hello {}"中的"Hello"就是类名称。如果将其修改为"public class HelloYootk{}"，而且文件名称依然是"Hello.java"，则在使用"javac.exe"命令编译程序时会出现如下错误提示信息。错误分析如图 1-23 所示。

```
Hello.java:1: 错误: 类 HelloYootk 是公共的, 应在名为 HelloYootk.java 的文件中声明
public class HelloYootk {
       ^
1个错误
```

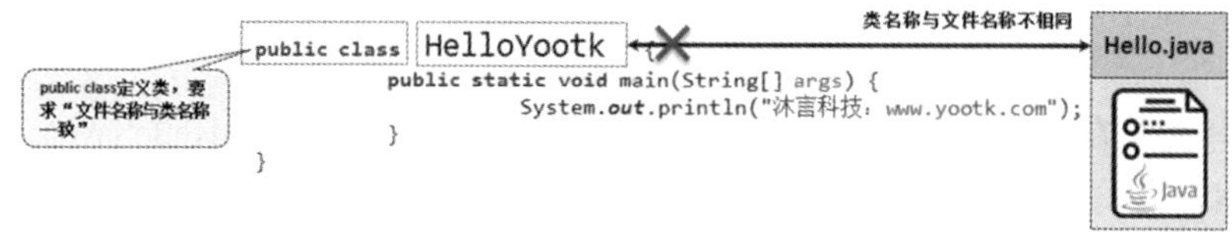

图 1-23　错误分析

注意：Java 类命名原则。

Java 语言除了有严格的语法之外，考虑到程序的可读性，也对类名称有严格的要求：类名称中每一个单词的首字母大写，如 Hello 类、HelloYootk 类。

在开发中如果类的定义使用了 public class 声明，那么文件名称必须与类名称保持一致。如果没有使用 public class 声明，而使用了 class 声明，例如，"class HelloYootk {}"，此时文件名称与类名称不相同，最终生成的文件的名称为"HelloYootk.class"，如图 1-24 所示。

也就是说，使用 class 定义的类，文件名称可以与类名称不同，但是生成的*.class 文件的名称就是 class 定义的类名称，执行的一定是*.class 文件，即执行"java HelloYootk"。*.java 文件可以

同时存在多个 class 定义，并会在编译之后自动将不同的 class 定义保存在不同的*.class 文件中。

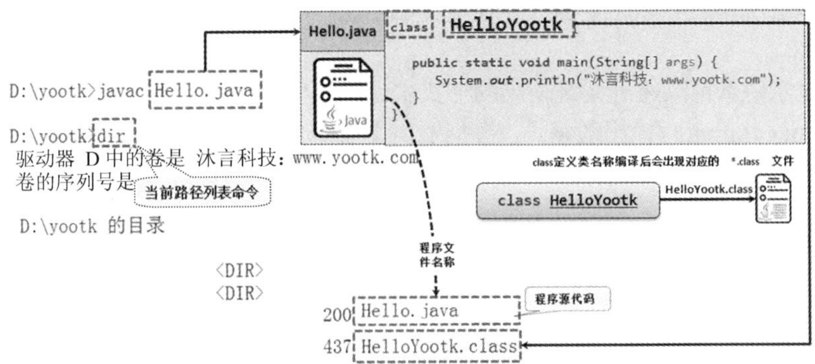

图 1-24 Java 编译后生成的*.class 文件

范例：在一个源程序中定义多个类。

```
public class Hello {                                    // 程序所在类（后面会有详细讲解）
    public static void main(String[] args) {            // 程序主方法
        System.out.println("沐言科技：www.yootk.com");   // 屏幕输出信息
    }
}
class YootkA {}                                         // 一个源程序中定义多个类
class YootkB {}                                         // 一个源程序中定义多个类
```

此程序中一共存在 3 个类的定义，其中 Hello 类使用了 public class 声明，而 YootkA 类和 YootkB 类使用了 class 声明，编译之后形成 3 个*.class 文件，即 YootkA.class、YootkB.class、Hello.class，如图 1-25 所示。

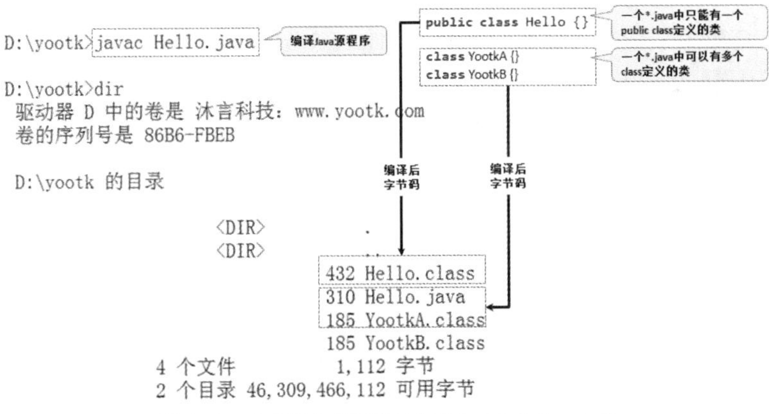

图 1-25 多个类定义编译后会产生多个*.class 文件

通过以上分析，针对 Java 中两种类的定义形式可以得出以下结论。

- public class 定义要求文件名称与类名称保持一致，*.java 文件中只允许有一个 public class 定义。
- class 定义的类文件名称可以与类名称不一致，编译之后每一个使用 class 声明的类都会生成一个*.class 文件，即一个*.java 文件可以产生多个*.class 文件。

2. *主方法*

主方法是一切程序的起点，所有程序都从主方法开始执行。Java 中的主方法定义如下。

```
public static void main(String[] args) {                // 主方法
    // 要执行的程序代码
}
```

Java 中的主方法相较其他编程语言略显复杂，具体的语法将在后续内容中讲解。为了便于解释，本书把主方法所在的类称为主类，并且主类都使用“public class 类名称”的形式声明。

3. 系统输出

在屏幕上显示信息可以通过系统输出的形式实现。输出操作有两种方法。

- “System.***out***.println(输出数据)”：数据输出之后追加一个换行。
- “System.***out***.print(输出数据)”：数据输出之后不追加换行，而是在当前所在行的末尾继续输出。

范例：数据输出后不换行。

```
public class Hello {                                          // 程序所在类（后面会有详细讲解）
    public static void main(String[] args) {                  // 程序主方法
        System.out.print("沐言科技：www.yootk.com。");          // 屏幕输出信息
        System.out.print("沐言科技：www.yootk.com。");          // 屏幕输出信息
        System.out.print("沐言科技：www.yootk.com。");          // 屏幕输出信息
    }
}
```

程序执行结果：

```
沐言科技：www.yootk.com。沐言科技：www.yootk.com。沐言科技：www.yootk.com。
```

本程序在定义输出语句时没有使用“ln”（“ln”代表“line”，表示换行），所以三行输出信息在一行进行显示。

1.6　CLASSPATH 环境属性

CLASSPATH 环境属性

视频名称　0107_【掌握】CLASSPATH 环境属性

视频简介　CLASSPATH 是 Java 的重要环境属性，也是实际项目开发中必须使用的。本视频主要讲解 CLASSPATH 环境属性的作用及设置方法。

Java 程序的执行依赖 JVM，当用户使用 java 命令去解释 class 字节码程序文件时都会启动一个 JVM 进程，而这个 JVM 进程需要一个明确的类加载路径，这个路径就是通过 CLASSPATH 环境属性指派的，执行流程如图 1-26 所示。

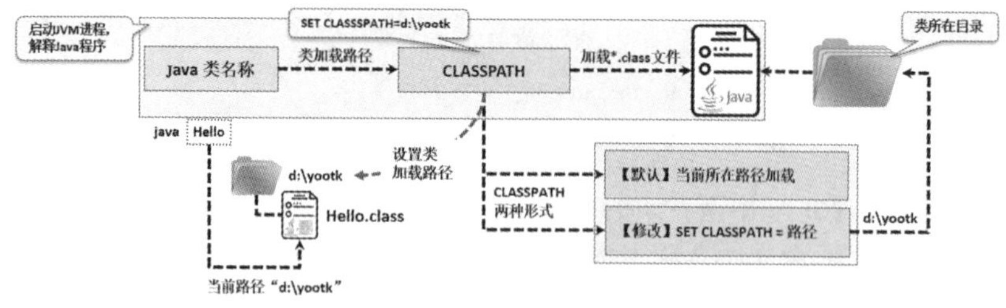

图 1-26　CLASSPATH 环境属性指派路径执行流程

在 Java 程序中可以使用 SET CLASSPATH 命令指定 Java 类的执行路径，这样就可以在不同的路径下加载指定路径中的*.class 文件并执行。下面通过一个实例讲解 CLASSPATH 的作用，假设这里的 Hello.class 类位于 D:\yootk 目录中。

范例：在命令行模式下设置 CLASSPATH 的加载路径。

```
SET CLASSPATH=d:\yootk
```

CLASSPATH 设置完成后，每次使用 java 命令解释程序时都将通过“d:\yootk”路径进行程序类的加载，即使当前的程序执行路径不是“d:\yootk”。现在假设当前路径在 E 盘，执行 java Hello 命令，如图 1-27 所示。

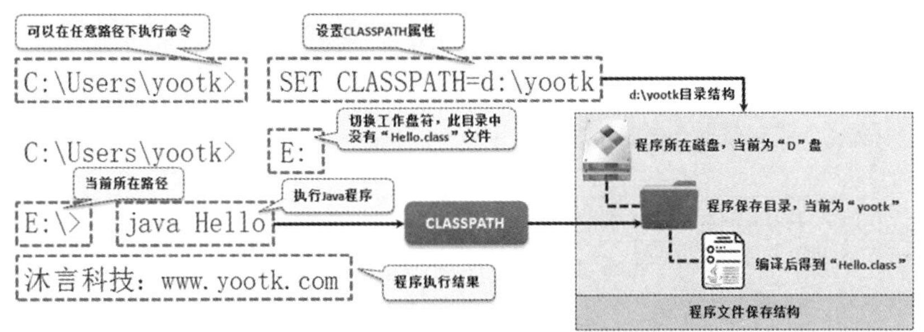

图 1-27 设置 CLASSPATH 环境属性后执行 Java 程序

由上面的输出结果可以发现，虽然 E 盘根目录下没有 Hello.class 文件，却可以用 java Hello 命令执行 Hello.class 文件。之所以有这种结果，是因为在操作中使用了 SET CLASSPATH 命令，将类的加载路径指向了 D:\yootk 目录，程序运行时会从 D:\yootk 目录查找所需要的程序类。

提示：CLASSPATH 与 JVM 的关系。

CLASSPATH 主要指类的执行路径。开发者执行 java 命令，对于本地操作系统来说意味着启动了一个 JVM。JVM 运行的时候需要通过 CLASSPATH 环境属性加载类，默认情况下 CLASSPATH 是指向当前目录（当前命令行所在的目录）的，所以会从此目录直接查找。

之所以强调“CLASSPATH=.”的默认配置，是因为在许多开发环境下，安装某些软件可能导致 CLASSPATH 被修改，从而造成程序无法执行，此时就需要开发者将 CLASSPATH 手动还原为“.”的配置。

这样随意设置 CLASSPATH 的方式实际上并不好用，好的做法是从当前所在路径加载所需要的程序类。所以在设置 CLASSPATH 时，最好将 CLASSPATH 指向当前目录，即所有*.class 文件都从当前文件夹中开始查找，路径设置为“.”。具体代码如下。

```
SET CLASSPATH=.
```

这样的操作只作用于单个命令行窗口，如果想让 CLASSPATH 对全局都有作用，可以在“环境变量”对话框中添加用户变量 CLASSPATH 并配置，如图 1-28 所示。

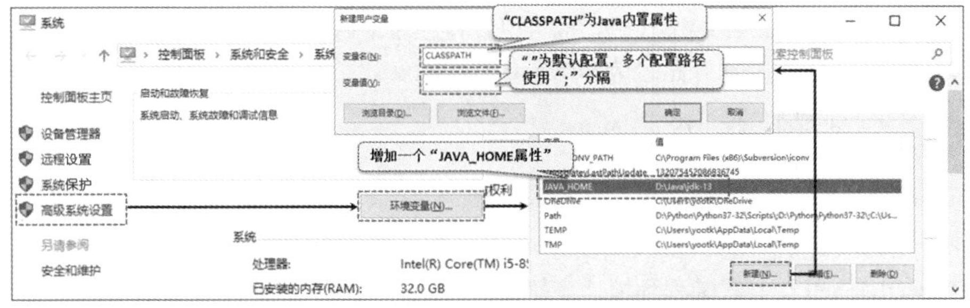

图 1-28 添加用户变量 CLASSPATH 并配置

提示：关于 JAVA_HOME 环境属性。

JDK 环境属性配置中除了“CLASSPATH”这个比较常见的环境属性外，还可以配置“JAVA_HOME”环境属性，该属性主要定义 JDK 的程序目录（图 1-28 中设置为：“D:\Java\jdk-13”），在项目开发中很多依赖 Java 的应用可以依据此属性自动找到要使用的 JDK。

1.7　JShell 交互式编程工具

JShell 交互式工具

视频名称　0108_【了解】JShell 交互式工具

视频简介　Java 为了迎合当今市场的技术开发需求，从 Java 9 之后提供交互式 JShell 编程环境。本视频主要讲解 JShell 工具的作用及使用。

JDK 9 之后的版本开始提供一个方便的交互式工具——JShell，利用此工具可以方便地执行程序，并且不再需要编写主方法。要想运行 JShell 工具，直接在命令行模式下输入“jshell”即可，如图 1-29 所示。

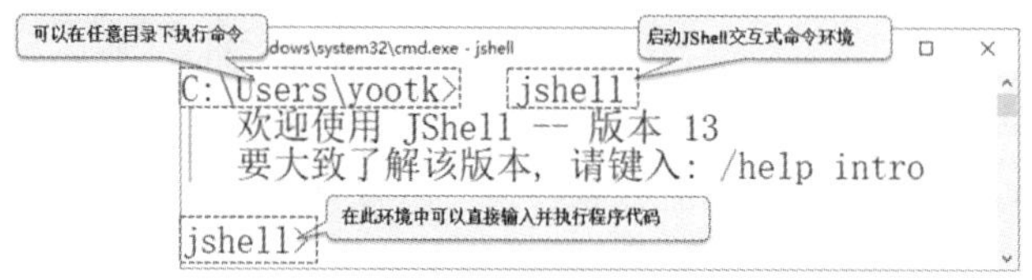

图 1-29　JShell 交互式编程环境

在 JShell 交互式编程环境下可以直接编写程序，并可以直接获得程序的执行结果。假设在此环境下输入以下程序代码。

执行命令 1：

```
100 + 200
```

执行命令 2：

```
System.out.println("沐言科技：www.yootk.com");
```

用户输入之后自动执行程序，执行结果如图 1-30 所示。

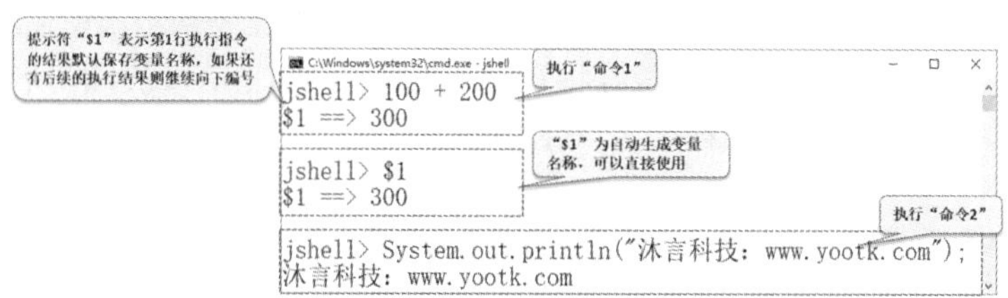

图 1-30　JShell 命令执行结果

除了可以直接在 JShell 中编写代码，也可以直接在本地磁盘中定义程序文件，然后交由 JShell 加载执行，例如，本次程序保存路径为 D:\yootk\yootk.txt。

范例：定义 JShell 程序文件“yootk.txt”。

```
System.out.println("沐言科技：www.yootk.com");
System.out.println("沐言科技讲师：李兴华（人称"小李老师"）");
```

在 JShell 中可以直接利用“/open d:/yootk/yootk.txt”进行文件内容加载，执行结果如图 1-31 所示。如果想退出 JShell 交互式编程环境，直接输入“/exit”即可，如图 1-32 所示。

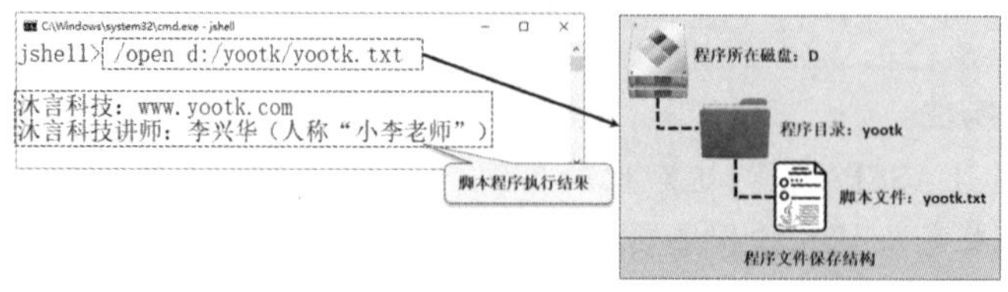

图 1-31　执行脚本程序

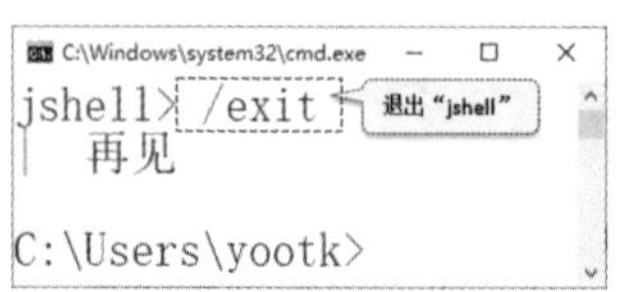

图 1-32　退出 JShell 交互式编程环境

1.8 macOS 操作系统开发 Java 程序

很多人选择 MacBook 笔记本电脑进行 Java 项目开发，MacBook 笔记本电脑的 macOS 操作系统很适合程序开发人员使用，因为其属于类 UNIX 系统，即可以直接在 macOS 操作系统中使用各种 Linux / UNIX 命令进行服务部署与开发，不再需要使用烦琐的虚拟机搭建模拟环境。本节将讲解如何在 macOS 操作系统中进行 JDK 的安装及多 JDK 版本的管理。

提示：关于 macOS 操作系统在实际开发中的作用的说明。

大部分人使用安装 Windows 操作系统的笔记本，这也是本书选择基于 Windows 10 讲解 Java 的主要原因。但近几年很多学生尝试使用 MacBook 笔记本电脑，针对这些学生的需求，本书追加了本节的内容，在 MacBook 笔记本电脑上进行程序开发工作，相较之下更方便。

1.8.1 macOS 操作系统安装 JDK

macOS 操作系统安装 JDK

视频名称 0109_【理解】macOS 操作系统安装 JDK

视频简介 MacBook 在软件开发行业是常用的设备，MacBook 自带的 macOS 操作系统属于类 UNIX 系统。本视频讲解如何通过 Oracle 官方网站获取 MacBook 的 JDK 支持，以及如何通过命令行模式进行 JDK 的安装与程序执行。

Java 属于一种跨平台的编程语言，需要不同操作系统下的 JDK 的支持，在 macOS 操作系统里面使用 JDK 就必须下载与之匹配的版本。下面主要基于 JDK 13 讲解，需要下载 JDK 13 软件包。针对 macOS 操作系统有两种不同的 JDK 软件包，如图 1-33 所示，这两种软件包的区别如下。

- **macOS 程序运行安装版（jdk-13_osx-x64_bin.dmg）**：提供了与 Windows 安装程序类似的安装包，可以直接打开并采用自动安装的形式，也会自动地进行环境属性配置。系统中第一次安装 JDK 时推荐使用此版本，降低配置难度。
- **macOS 解压缩安装版（jdk-13_osx-x64_bin.tar.gz）**：通过解压缩命令进行配置，需要根据 macOS 操作系统的要求安装到指定的目录，同时需要开发者手动配置环境属性。下面基于此类软件包进行安装配置讲解。

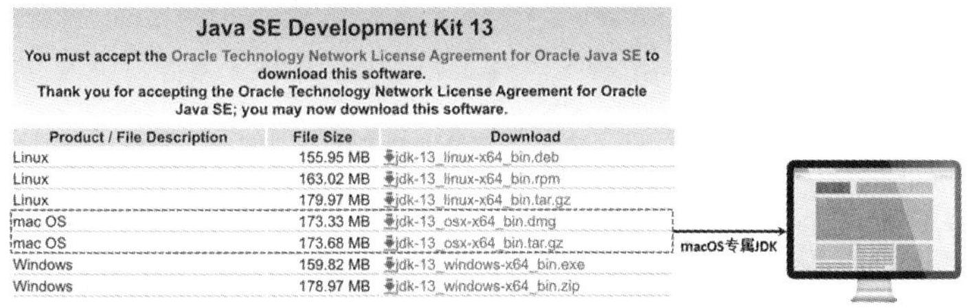

Java SE Development Kit 13

You must accept the Oracle Technology Network License Agreement for Oracle Java SE to download this software.

Thank you for accepting the Oracle Technology Network License Agreement for Oracle Java SE; you may now download this software.

Product / File Description	File Size	Download
Linux	155.95 MB	jdk-13_linux-x64_bin.deb
Linux	163.02 MB	jdk-13_linux-x64_bin.rpm
Linux	179.97 MB	jdk-13_linux-x64_bin.tar.gz
mac OS	173.33 MB	jdk-13_osx-x64_bin.dmg
mac OS	173.68 MB	jdk-13_osx-x64_bin.tar.gz
Windows	159.82 MB	jdk-13_windows-x64_bin.exe
Windows	178.97 MB	jdk-13_windows-x64_bin.zip

图 1-33 macOS 操作系统支持的 JDK

由于 macOS 操作系统配置解压缩版本的 JDK 需要大量的执行步骤，为了便于读者理解，下面对每一步操作进行详细描述。

1. 确定 JDK 软件包路径

为方便用户配置，首先将下载的 JDK 软件包保存在桌面上，当前笔者的用户名为“yootk”，此时 JDK 软件包的完整路径定义如下。

路径匹配结构：

```
/Users/{你的用户名}/Desktop/jdk-13_osx-x64_bin.tar.gz
```

yootk 用户桌面 JDK 路径：

```
/Users/yootk/Desktop/jdk-13_osx-x64_bin.tar.gz
```

2. 启动命令行

由于在 macOS 操作系统中 JDK 要保存在指定的路径下，方便的做法是直接通过命令行进行解压缩操作。在命令行模式下将路径切换到当前用户所在桌面：

```
cd /Users/yootk/Desktop/
```

切换完成后如果不确定是否成功，可以使用 pwd 命令查看当前所处完整路径。

3. 解压缩 JDK 软件包

macOS 操作系统默认的 JDK 管理路径为"/Library/Java/JavaVirtualMachines/"（此系统路径在操作前需要通过"sudo"授权）。使用 tar 解压缩命令操作时必须利用"-C"参数设置解压缩的目标路径：

```
sudo tar xzvf~/Desktop/jdk-13_osx-x64_bin.tar.gz -C /Library/Java/JavaVirtualMachines/
```

4. 测试 JDK 安装

用户将新版本的 JDK 解压缩到"/Library/Java/JavaVirtualMachines/"目录后会得到一个"jdk-13.jdk"子目录，如图 1-34 所示。macOS 操作系统会自动将使用的默认 JDK 切换为新安装的 JDK，此时可以直接通过版本查询命令判断当前使用的 JDK 版本：

```
java -version
```

程序执行结果：

```
java version "13"
Java(TM) SE Runtime Environment (build 13+33)
Java HotSpot(TM) 64-Bit Server VM (build 13+33, mixed mode, sharing)
```

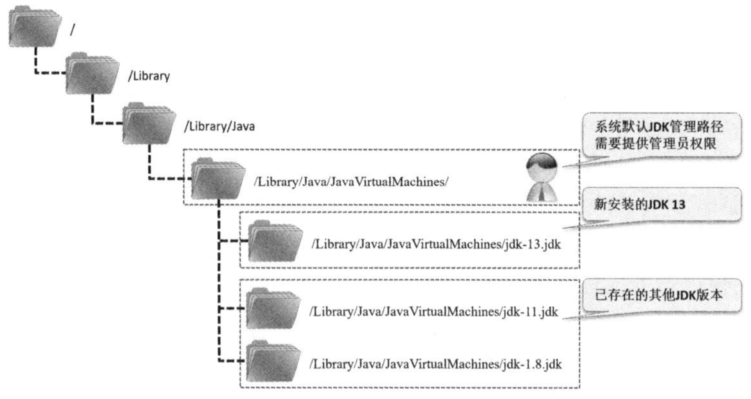

图 1-34　macOS 操作系统中的 JDK 保存目录

5. 创建源代码目录

此时已经成功地安装 JDK，随后就可以在当前系统中进行 Java 程序的开发。为了便于程序管理，可以创建一个用户的代码目录，该目录直接创建在当前用户对应的用户目录中：

```
mkdir -p~/workspace/source/java
```

6. 目录切换

为了便于程序文件的编写及运行，可以将当前工作目录切换到源代码所在目录：

```
cd~/workspace/source/java
```

7. 编写 Java 程序代码

Linux/UNIX 操作系统常见的文本编辑工具是 vi，可以直接通过 vi 命令创建一个 Hello.java 程序文件（此时所在路径为"～/workspace/source/java"），并对该程序文件进行编辑。

通过 vi 打开程序文件：

```
vi Hello.java
```

在 vi 中编写程序代码：

```
public class Hello {
    public static void main(String args[]) {
        System.out.println("沐言科技：www.yootk.com");
    }
}
```

保存退出：

```
wq!
```

8. 编译 Java 源程序

对 Hello.java 源代码进行编译，形成“Hello.class”字节码程序文件 javac Hello.java。

9. 解释 Java 程序类

通过 java 命令启动 JVM 运行“Hello.class”字节码程序文件 java Hello。开发者如果经常使用 UNIX 或 Linux 操作系统，对于 macOS 操作系统的 JDK 配置流程就不陌生了，整体操作除了增加一些软件支持外，基本风格是类似的。

1.8.2 手工管理 macOS 操作系统 JDK

手工管理 macOS 操作系统 JDK

视频名称 0110_【理解】手工管理 macOS 操作系统 JDK

视频简介 随着 JDK 的不断更新，开发者的计算机上可能存在多个 JDK 版本，开发过程中为了便于对这些 JDK 进行管理，可以基于环境配置进行切换。本视频讲解如何在 macOS 操作系统下进行多 JDK 的配置及 JDK 动态切换处理。

在 Java 项目开发过程中，开发者计算机上往往存在不同版本的 JDK，这样就可以根据不同项目的需求选择不同版本的 JDK。在 macOS 操作系统中用户可以通过配置环境变量来实现已安装 JDK 的切换管理。下面通过具体步骤讲解如何在 macOS 操作系统中实现 JDK 手动管理。

1. 获取 JDK 信息

在 macOS 操作系统中所有 JDK 都需要保存在“/Library/Java/JavaVirtualMachines/”目录中，所以要想获得本机已经安装的全部的 JDK 版本，可以通过如下列表命令实现：

```
ls /Library/Java/JavaVirtualMachines/
```

程序执行结果：

```
jdk-11.jdk、jdk-13.jdk、jdk1.8.0_101.jdk
```

2. 查看 java_home 环境属性

“/JavaVirtualMachines”目录中安装的新 JDK 都会默认生效，要想将当前使用的 JDK 切换到旧版本，就必须知道当前“JAVA_HOME”的配置：

```
/usr/libexec/java_home -V
```

程序执行结果：

```
Matching Java Virtual Machines (3):
    13, x86_64:"Java SE 13"        /Library/Java/JavaVirtualMachines/jdk-13.jdk/Contents/Home
    11, x86_64:"Java SE 11"        /Library/Java/JavaVirtualMachines/jdk-11.jdk/Contents/Home
    1.8.0_101, x86_64:  "Java SE 8" /Library/Java/JavaVirtualMachines/jdk1.8.0_101.jdk/Contents/Home
/Library/Java/JavaVirtualMachines/jdk-13.jdk/Contents/Home → 当前生效的JDK
```

3. JDK 切换

在 macOS 操作系统中，java_home 命令除了可以确定当前 JDK 版本，还可以获取不同版本 JDK 的访问路径。下面的代码实现了对 JDK 1.8 与 JDK 13 程序目录的访问。

范例：获取本机系统中 JDK 1.8 的程序目录。

```
/usr/libexec/java_home -v 1.8
```

程序执行结果：

```
/Library/Java/JavaVirtualMachines/jdk1.8.0_101.jdk/Contents/Home
```

范例：获取本机系统中 JDK 13 的程序目录。

```
/usr/libexec/java_home -v 13
```

程序执行结果：

```
/Library/Java/JavaVirtualMachines/jdk-13.jdk/Contents/Home
```

4. 打开环境配置文件

实现 JDK 手动切换，核心在于动态修改当前系统中的“JAVA_HOME”环境属性。为了降低切换的操作难度，可以在系统中配置一些新的切换指令，这就需要修改 profile 文件。可以通过 vi 命令直接打开此文件：

```
vi~/.bash_profile
```

5. 修改 profile 文件内容

配置切换命令需要在 profile 文件中设置不同 JDK 版本的完整路径（通过 java_home 命令动态获取），可以使用“alias”进行命令配置。

路径配置：

```
export JAVA_8_HOME=$(/usr/libexec/java_home -v 1.8)
export JAVA_11_HOME=$(/usr/libexec/java_home -v 11)
export JAVA_13_HOME=$(/usr/libexec/java_home -v 13)
```

路径配置：

```
alias java8='export JAVA_HOME=$JAVA_8_HOME'
alias java11='export JAVA_HOME=$JAVA_11_HOME'
alias java13='export JAVA_HOME=$JAVA_13_HOME'
```

6. 配置生效

profile 文件是在系统启动时默认加载生效的，修改完成后如果想让其立即生效，就需要通过 source 命令进行新配置项的加载：

```
source~/.bash_profile
```

7. JDK 切换

在 profile 文件中配置了三个切换命令“java8”“java11”“java13”，如果想将当前系统中的 JDK 切换为 JDK 1.8，在命令行中输入“java8”即可。

1.8.3 jenv 工具管理 macOS 操作系统 JDK

jenv 工具管理 macOS 操作系统 JDK

视频名称 0111_【理解】jenv 工具管理 macOS 操作系统 JDK

视频简介 jenv 是 macOS 操作系统提供的一个 JDK 管理工具，需要开发者进行单独安装。本视频讲解如何通过 brew 实现 jenv 工具的安装，同时讲解 jenv 的配置及 JDK 切换操作。

通过配置 profile 文件可以手动地进行所有可用 JDK 的切换，但是这样的切换存在一定的难度，所以 macOS 操作系统提供了一个 Java 环境管理命令的“jenv”以实现 JDK 方便切换。

1. 安装 jenv 命令

macOS 操作操作系统提供了一个包管理工具“brew”，开发者可以直接通过此工具下载 jenv 工具。直接在命令行模式下输入如下指令（安装过程会比较慢）：

```
brew install jenv
```

2. 打开 profile 文件

通过 brew 下载的 jenv 工具会自动加载到本地系统中，但是无法直接使用，必须在 profile 文件中注册路径，通过 vi 命令打开 profile 文件，如下所示：

```
vi~/.bash_profile
```

3. 修改 profile 文件

打开 profile 文件后需要修改 PATH 配置项（jenv 命令保存路径为“$HOME/.jenv/bin”，在最后添加）与 jenv 执行的指令，具体内容如下。

修改 PATH 属性：

```
PATH=$PATH:/usr/local/mysql/bin:$ERLANG_HOME/bin:$M2_HOME/bin:$HOME/.jenv/bin:
```

定义 jenv 执行的指令：

```
eval "$(jenv init -)"
```

4. profile 文件生效

profile 文件修改完成后，通过 source 命令使其立即生效：source~/.bash_profile；

5. JDK 注册

jenv 命令生效之后，就可以将当前系统中的所有 JDK 注册到 jenv 之中。

范例：在 jenv 中注册 JDK 1.8。

```
jenv add /Library/Java/JavaVirtualMachines/jdk1.8.0_101.jdk/Contents/Home
```

程序执行结果：

```
oracle64-1.8.0.101 added
1.8.0.101 added
1.8added
```

范例：在 jenv 中注册 JDK 11。

```
jenv add /Library/Java/JavaVirtualMachines/jdk-11.jdk/Contents/Home/
```

程序执行结果：

```
oracle64-11 added
11 added
```

范例：在 jenv 中注册 JDK 13。

```
jenv add /Library/Java/JavaVirtualMachines/jdk-13.jdk/Contents/Home/
```

程序执行结果：

```
oracle64-13 added
13 added
```

6. jenv 检测

profile 文件重新加载后，如果要想确定命令是否可用，可以进行检测。下面是查询当前已经注册在 jenv 中的所有的 JDK 版本的方法：

```
jenv versions
```

程序执行结果：

```
* system (set by /Users/yootk/.jenv/version)
  1.8
  1.8.0.101
  11
  13
  oracle64-1.8.0.101
  ...
```

7. JDK 注册

此时所有 JDK 都已在 jenv 中进行注册，JDK 的切换操作就可以通过 jenv 命令来完成。将当前系统中的 JDK 切换到 JDK 11 的命令如下：

```
jenv global 11//直接使用JDK版本编号即可
```

8. 删除 jenv 中注册的 JDK 信息

如果某些版本的 JDK 不再需要通过 jenv 进行管理，可以通过 remove 命令进行处理。实现“oracle64-11”注册信息删除的命令如下：

```
jenv remove oracle64-11
```

程序执行结果：

```
JDK oracle64-11 removed
```

不管使用 JDK 的何种管理操作，都需要开发者进行 JDK 注册，随后才可以通过手动的方式或基于 jenv 的方式完成 JDK 版本的切换。开发者可以根据自身的情况选择实现方案。

1.9 本章概览

1．Java 语言靠 JVM 实现可移植性，Java 语言编写的代码本质上属于面向虚拟机的程序编码。

2．JVM 本质上是一台虚拟的计算机，只要在不同操作系统上植入不同版本的 JVM，Java 程序就可以在各个平台之间移植，做到“一次编译，到处运行”。

3．Java 程序的执行步骤：

- 使用 javac.exe 命令将*.java 源程序文件编译成*.class 字节码程序文件；
- 使用 java.exe 命令在 JVM 上解释该*.class 文件。

4．每次使用 java 命令执行*.class 文件时，都会自动启动 JVM 进程。JVM 通过 CLASSPATH 给出的路径加载所需要的类文件，开发者也可以通过“SET CLASSPATH”设置类的加载路径。

5．PATH 是操作系统的可执行程序路径，CLASSPATH 是 Java 程序类的加载路径，该属性主要为 JVM 服务。

6．Java 程序主要有两种：Java Applet 和 Java Application。Java Applet 是在网页中嵌入的 Java 程序，基本上已经不再使用了；Java Application 是有 main 方法的程序。本书主要讲解 Java Application 程序。

7．JDK 9 之后版本的开发包提供 JShell 交互式工具，利用此工具可以直接执行程序代码，从而避免主方法执行的限制。此类操作只适合简单的编程，在实际开发中建议使用标准的程序结构进行程序开发。

8．macOS 操作系统提供了良好的程序开发环境，不仅便于编写 Java 程序，也便于进行服务环境的部署，在实际项目开发中被开发者广泛使用。

第 2 章 程序设计基础概念

本章学习目标

1. 掌握 Java 标识符的定义；
2. 掌握 Java 注释的作用与 3 种注释的区别；
3. 掌握 Java 数据类型的划分及基本数据类型的使用原则；
4. 掌握字符串与字符的区别，可以使用 String 类定义字符串并进行字符串内容修改；
5. 掌握 Java 运算符的使用方法。

程序都有各自的代码组织结构，所以代码的命名需要通过标识符来完成。一个完整程序的核心意义是数据的处理，数据类型的定义及运算是重要的基本知识。本章将为读者讲解 Java 语言的注释、标识符、关键字、数据类型划分、运算符等核心基础知识。

2.1 程 序 注 释

程序注释

视频名称 0201_【掌握】程序注释

视频简介 在程序编写的过程中，使用注释可以明确地标记出代码的作用，同时也更加方便维护。本视频主要为读者讲解注释的意义，以及 Java 支持的 3 种注释的使用形式。

一套完整的程序代码由大量的程序逻辑组成，如果想对一套代码进行长期维护，就需要编写大量注释，对一些代码功能进行详细解释，这样不仅便于开发者回顾程序，也方便继任开发者读懂程序。Java 中所有的注释信息在编译时都会被跳过。Java 程序支持的注释类型一共有 3 种。

- 单行注释：每个注释中只能编写一行文字内容，无法换行编写，语法为“//注释内容”。
- 多行注释：可以编写多行文本，语法为“/* 注释内容*/。
- 文档注释：对程序结构进行说明。如果想要编写文档注释，除了要有说明文字之外，还需要使用一些特殊的标记符号，语法为“/**注释内容*/”。

范例：在程序中通过注释描述程序功能。

```
/**
 * 【文档注释】该类的主要作用是在屏幕上输出信息
 * 文档注释需要编写大量配置语法，其中“@author”描述的是作者信息，一般通过开发工具生成
 * @author 李兴华
 */
public class YootkDemo {                                      // 【单行注释】定义程序主类
    public static void main(String[] args) {                  // 【单行注释】定义程序主方法
        /* 【多行注释】下面的代码通过Java程序内部提供的输出语句在屏幕上输出信息
         * 输出信息的内容为："沐言科技：www.yootk.com"
         * */
        System.out.println("沐言科技：www.yootk.com");     // 【单行注释】信息输出
```

```
    }
}
```

程序执行结果：

```
沐言科技：www.yootk.com
```

本程序在类结构的声明处使用了文档注释对这个类的功能进行了描述，随后在 YootkDemo 类中利用单行注释和多行注释的语法对程序的功能进行了详细的描述，这些注释信息在程序编译时不会被编译器处理。

提示：利用注释实现代码屏蔽。

程序开发中的注释除了用于代码功能的说明之外，也可以用于代码的调试处理，例如，某些代码暂时不希望被执行时就可以利用注释来处理。

范例：通过注释屏蔽代码。

```
public class YootkDemo {
    public static void main(String[] args) {        // 程序主方法
        System.out.println("沐言科技讲师：李兴华");
        // 【单行注释】下面的代码使用了注释标记，所以此代码暂时不执行
        // System.out.println("沐言科技：www.yootk.com");
    }
}
```

程序执行结果：

```
沐言科技讲师：李兴华
```

本程序中原本定义了两行信息输出语句，但是对第二行代码进行了注释处理，该行代码将不被 JDK 编译，这样就可以实现局部代码屏蔽。

2.2　标识符与关键字

标识符与关键字

视频名称　0202_【掌握】标识符与关键字

视频简介　程序开发中需要为特定的代码进行唯一名称的指定，这样的名称被称为标识符。本视频主要讲解标识符的定义要求及 Java 关键字概览。

程序本质上是一个逻辑结构的综合体，Java 语言有不同的结构，如类、方法、变量结构等，对不同的结构一定要有不同的说明（例如，第 1 章中定义的“Hello”类，其中“Hello”就属于一个类结构的标记，而这个标记可以称为类名称）。这些说明在程序中被称为标识符，在进行标识符定义时一般要求采用有意义的单词。

Java 标识符定义的核心原则：由字母、数字、下画线（_）、美元符号（$）组成；不能使用数字开头；不能使用 Java 中的关键字（或被称为“保留字”）。

提示：关于标识符的定义经验分享。

随着编程经验的累积，开发者对标识符的选择一般有自己的原则（或遵从所在公司的项目开发原则）。对于标识符的使用，本书有如下建议。

- 尽量不要简单地使用数字，如 i1、i2。
- 尽量有意义，不要使用“a”“b”这样的简单标识符，而要使用“Student”“Math”等单词进行定义，这样可以通过类名称直接获取其意义。
- Java 标识符区分大小写，例如，“yootk”“Yootk”“YOOTK”是 3 个不同的标识符。因此应注意区分大小写。

- “$”符号有特殊意义（将在第 11 章为读者讲解），不要直接使用。

刚接触编程语言的读者可能觉得上面的规则很麻烦，简单一些的原则是，标识符最好用字母开头，尽量不要包含其他符号，名称要有意义。

下面通过具体实例分析标识符定义的要求。表 2-1 所示为正确的标识符，表 2-2 所示为错误的标识符。

表 2-1　正确的标识符

序号	正确的标识符	结构分析
1	yootk_name	由字母和下画线组成，符合标识符的定义要求
2	YootkDemo	由字母组成，一个域名（“Yootk”）加一个单词
3	teacherLee	由两个不同的单词组成，第一个单词的字母小写，第二个单词的首字母大写
4	num_110	由字母、数字、下画线组成，符合标识符的定义要求

表 2-2　错误的标识符

序号	错误的标识符	结构分析
1	110_No.1	使用数字开头，并且使用了“.”符号
2	yootk#hello	使用了非法的“#”符号
3	class	使用了程序中的关键字

任何编程语言都会提供大量关键字，这些关键字往往具有特殊的含义。Java 中的关键字随着版本的更新不断扩充，表 2-3 所示的关键字不能够作为标识符出现。

表 2-3　Java 中的关键字

类型	关键字
访问控制	private、protected、public
类、方法、变量修饰符	abstract、class、extends、enum、final、implements、interface、native、new、static、strictfp、synchronized、transient、volatile、void、transient
程序控制	break、continue、case、default、do、else、for、if、instanceof、switch、while
操作返回	return、yield
异常处理	assert、catch、try、throw、throws
包相关	import、package
数据类型	boolean、byte、char、double、float、int、long、short、var
特殊标记	null、true、false
操作引用	super、this
未使用	const、goto

提示：不要强记 Java 中的关键字。

表 2-3 列出的关键字在前面的很多代码中出现过。图 2-1 所示的基本程序代码，其中“public”“class”“static”“void”等是关键字。

```
public class YootkDemo {
    public static void main(String args[]) {
        System.out.println("沐言科技：www.yootk.com");
    }
}
```

图 2-1　基本程序代码

学习关键字的最佳途径并不是强行记忆，而是通过反复编写代码加深印象。开发者理解全部关键字的含义后，也就掌握了 Java 的核心语法。

为了让读者清楚地了解 Java 关键字的作用，表 2-3 依据功能对关键字进行了分类。有其他编程语言基础的读者可以发现，Java 中的部分关键字与其他语言是重叠的，如 for、if、else、switch、while 等。对于这些关键字有如下说明。

- 有两个未使用到的关键字：goto（代码调试的“万恶之首”）、const（定义常量，被 final 取代）。
- 有三个特殊标记（严格来讲不属于关键字）：null、true、false。
- JDK 1.4 之后增加了 assert 关键字，用于断言操作。
- JDK 1.5 之后增加了 enum 关键字，用于枚举定义。
- JDK 10 之后增加了 var 关键字，用于类型变量的定义。
- JDK 13 之后增加了 yield 关键字，用于局部返回。

提示：Java 支持中文标识符。

随着我国国际地位的稳步提升，以及软件市场的飞速发展，从 JDK 1.7 开始，JDK 增加了中文支持，即标识符可以使用中文定义。

范例：定义中文标识符。

```
public class 沐言科技Java {                                // 中文类名称
    public static void main(String[] args) {              // 程序主方法
        System.out.println("沐言科技：www.yootk.com");     // 信息输出
    }
}
```

程序执行结果：

```
沐言科技：www.yootk.com
```

此程序中类名称使用了中文。虽然 Java 给予了中文支持，但本书强烈建议把这些特性当作小小的“插曲”，实际开发中还是按照常规开发标准编写程序。

2.3　Java 数据类型

Java 数据类型划分

视频名称　0203_【掌握】Java 数据类型划分

视频简介　程序是一个完整的数据处理逻辑，在实际开发项目中需要通过不同的数据类型进行相关内容的描述。本视频主要为读者讲解 Java 中数据类型的划分及使用特点。

严格来讲任何程序都属于数据的处理游戏。对数据的保存必须有严格的限制，具体体现在数据类型的划分上，即不同的数据类型保存不同的数据内容。Java 的数据类型分为基本数据类型和引用数据类型两种。其中基本数据类型包括 byte、short、int、long、float、double、char、boolean 等，引用数据类型（类似 C、C++的指针）在操作时必须进行内存的开辟。Java 数据类型的划分如图 2-2 所示。

提示：本章将重点讲解基本数据类型。

对于 Java 中数据类型的划分，读者在此处必须建立一个完整的印象，同时一定要记下数据类型的名称关键字。考虑到学习层次，本章主要讲解各个基本数据类型的使用，而对于引用数据类型本书将从第 4 章开始为读者进行详细分析。最后，需要再次说明的是，基本数据类型不牵扯到内存的开辟，引用数据类型会牵扯到内存的开辟，并且引用数据类型算是 Java 入门的第一个难点。

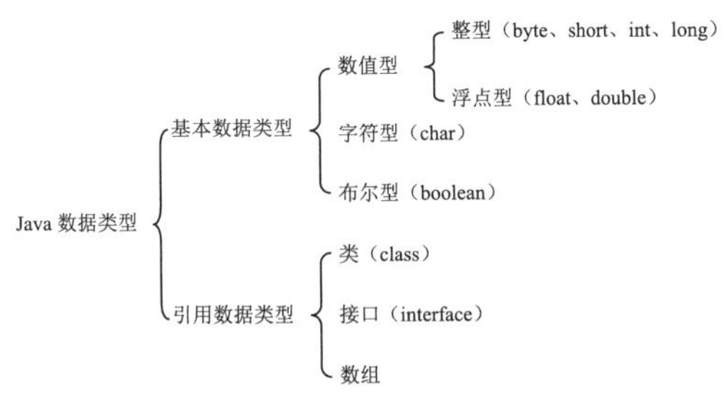

图 2-2　Java 数据类型

基本数据类型不涉及内存分配问题，而引用数据类型需要开发者为其分配内存空间，然后进行关系的匹配。Java 的基本数据类型主要以数值的方式进行定义，这些基本数据类型的大小、范围和默认值如表 2-4 所示。

表 2-4　Java 基本数据类型的大小、范围和默认值

序号	数据类型	大小/位	可表示的数据范围	默认值
1	byte（字节型）	8	−128～127	0
2	short（短整型）	16	−32 768～32 767	0
3	int（整型）	32	−2 147 483 648～2 147 483 647	0
4	long（长整型）	64	−9 223 372 036 854 775 808～9 223 372 036 854 775 807	0
5	float（单精度型）	32	−3.4E38（-3.4×10^{38}）～3.4E38（3.4×10^{38}）	0.0
6	double（双精度型）	64	−1.7E308（-1.7×10^{308}）～1.7E308（1.7×10^{308}）	0.0
7	char（字符型）	16	0（'\u0000'）～65 535（'\uffff'）	'\u0000'
8	boolean（布尔型）	—	true 或 false	false

通过表 2-4 可以发现，long 保存的整数范围是最大的，double 保存的浮点数范围是最大的，相比较，double 可以保存更多的内容。

提示：关于基本数据类型的选择。

在编程初期许多人会对选择哪种基本数据类型犹豫，也会试图记住这些数据类型所表示的数据范围，最终发现根本记不下来。下面与大家分享一些选择基本数据类型的经验。

- 表示整数时使用 int（如表示一个人的年龄），涉及小数时使用 double（如表示一个人的成绩或工资）。
- 描述日期时间、文件、内存大小（程序中以字节为单元统计大小）使用 long，较大的数据（超过了 int 范围，如数据库中的自动增长列）也使用 long。
- 表示内容传递（I/O 操作、网络编程）或编码转换时使用 byte。
- 表示逻辑的控制时使用 boolean（boolean 只有 true 和 false 两种值）。
- 处理中文时使用 char，可以避免乱码。

由于计算机硬件不断更新，数据类型的选择不再像早期编程那样受到严格的限制，short、float 等数据类型已经很少使用。

2.3.1　变量与常量

变量与常量

视频名称　0204_【掌握】变量与常量

视频简介　为了便于数据的操作，程序提供变量和常量两种数据存储结构。本视频为读者详细解释变量与常量的区别，同时通过具体的操作代码为读者分析变量默认数据类型的使用。

变量和常量是整个程序计算过程中主要使用的两种数据存储结构，其中所有给定的不能修改的

内容称为常量，所有可以修改的内容称为变量。程序开发中可以通过图 2-3 所示的结构进行变量与常量的声明和赋值操作。

图 2-3　变量与常量的声明和赋值操作

提示：保持良好的变量赋值结构。

在实际开发中，除了保证代码的正确性外，拥有良好的编程习惯也同样重要。细心的读者可以发现，在编写代码“int num = 10 ;”时，每两个操作之间都加上一个“ ”（空格），如图 2-4 所示。

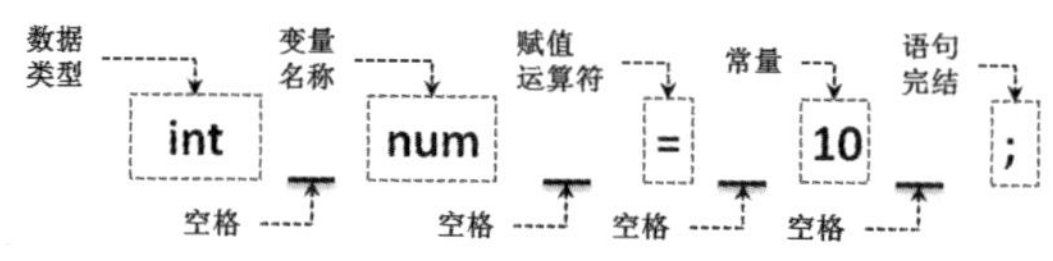

图 2-4　操作之间加空格

这样的做法出现在程序编译器早期发展阶段，因为编译器的设计不完善，如果不在操作之间加空格，有可能出现非正常性错误。后来随着编译器的不断完善，此类情况越来越少，考虑到代码结构的美观性，此类代码编写方式被沿用下来。本书中的所有代码也将按照此结构进行定义。

范例：在程序中定义变量和常量。

```
public class YootkDemo {
    public static void main(String[] args) {       // 程序主方法
        // 在程序中定义的常量内容是无法进行修改的
        System.out.println(10);                    // 【基本数据类型】整型常量
        // 在程序中定义的变量，由于变量名称本身属于一个标识，可以根据其类型任意修改内容
        int age = 16 ;                             // 【基本数据类型】定义整型变量
        age = 18 ;                                 // 修改整型变量内容，必须设置整数，18为整数
        System.out.println(age);                   // 输出变量内容
        int current = 27 ;                         // 【基本数据类型】定义整型变量
        age = current ;                            // 通过一个变量修改age变量内容
        System.out.println(age);                   // 输出变量内容
    }
}
```

程序执行结果：

```
10（输出整数10，代码“System.out.println(10)”执行结果）
18（输出age变量的内容，代码“System.out.println(age)”执行结果）
27（输出age变量修改后的变量内容，代码“System.out.println(age)”执行结果）
```

本程序演示了变量和常量的操作，在程序中所有的常量都是明确给出的数值内容，这个内容可以是 Java 数据类型中的任意一种，但是所有常量都有一个重要的特征：一旦声明则不可修改。而变量只是程序中的一个结构标识，该结构标识的内容可以随时修改。程序内存结构中的变量与常量如图 2-5 所示。

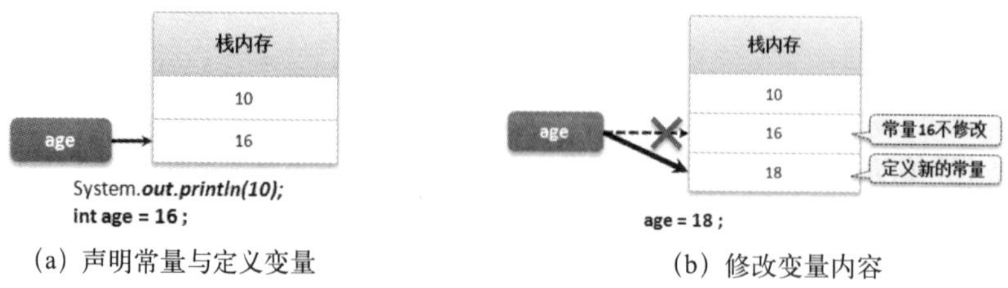

（a）声明常量与定义变量　　（b）修改变量内容

图 2-5　程序内存结构中的变量与常量

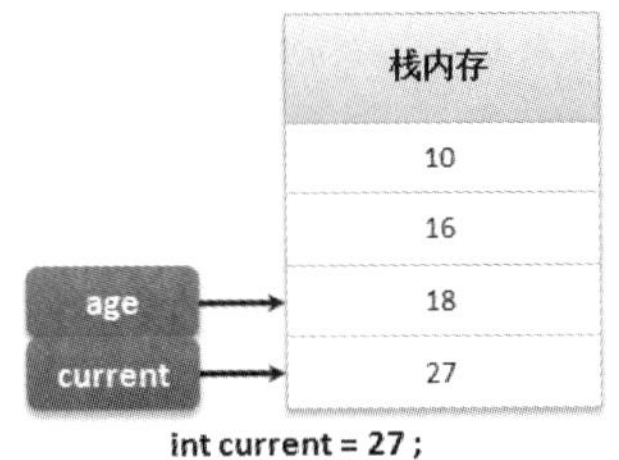

(c) 定义 current 变量

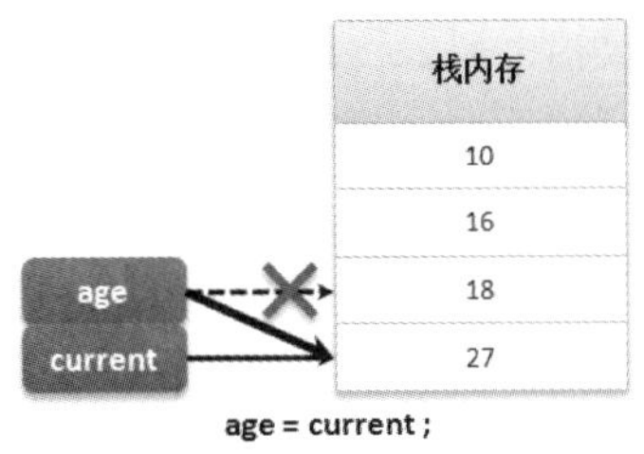

(d) 通过 current 修改 age 变量内容

图 2-5 程序内存结构中的变量与常量（续）

提示：关于变量初始化内容与默认值。

不同的数据类型均有对应的默认值，这些默认值只在定义类结构的过程中起作用，进行方法定义时都需要进行明确的初始化。关于类与方法的定义，读者可以通过后续的章节完整地学习。

另外，考虑到对不同 JDK 版本的支持，需要对赋值做出区分：JDK 1.4 及以前版本中方法定义的变量必须赋值；JDK 1.5 及以后版本中方法定义的变量可以在声明时不赋值，在使用之前进行赋值，如下所示。

范例：JDK 1.5 及以后版本中的变量声明与赋值支持。

```
public class YootkDemo {
    public static void main(String[] args) {    // 程序主方法
        int num ;                               // 定义变量，未赋值
        num = 10 ;                              // 【JDK 1.5之后正确】变量使用前赋值
        System.out.println(num);                // 输出变量内容
    }
}
```

程序执行结果：

```
10
```

同样的程序代码，如果在 JDK 1.4 及以前版本中执行就会出现错误。所有版本通用的定义形式如下。

范例：变量定义与赋值的标准结构。

```
public class YootkDemo {
    public static void main(String[] args) {    // 程序主方法
        int num = 10 ;                          // 定义变量时赋初始化内容
        System.out.println(num);                // 输出变量内容
    }
}
```

程序执行结果：

```
10
```

考虑到概念学习的层次性，为了避免造成更多概念混乱的情况，本书给出一个建议：在进行变量定义时为每个变量设置默认值。

另外，考虑到程序开发的标准性，Java 中的变量也有明确的命名要求：第一个单词的首字母小写，随后每个单词的首字母大写。例如，studentName、yootkInfo，都是正确的变量名称。

2.3.2 整型

整型

视频名称 0205_【掌握】整型

视频简介 整型描述的是整数数据，也是常用的数据类型。本视频主要讲解整型数据的使用，包括数据的溢出与解决方法，以及数据类型的转换操作。

整型数据一共有 4 种，按照保存的范围由小到大分别为 byte、short、int、long。Java 中任何一个整型常量（如 30、100 这样的数字）默认的类型都是 int。

范例：定义 int 变量并使用变量计算。

```
public class YootkDemo {
    public static void main(String[] args) {            // 程序主方法
        // 数据类型 变量名称 = 常量、整数常量的默认类型为int
        int number = 10;                                  // 定义一个整型变量
        // int变量 = int变量数值 + 20常量（int）
        number = number + 20;                             // 进行变量的加法计算
        System.out.println(number);                       // 输出变量类型为int
    }
}
```

程序执行结果：

```
30
```

任何数据类型都有其对应的数据保存范围，但是在特殊环境下计算的结果可能会超过这个限定的范围，此时就会出现数据的溢出问题。

范例：观察超过 int 数据保存范围时的情况。

```
public class YootkDemo {
    public static void main(String[] args) {            // 程序主方法
        int max = 2147483647;                             // 获取int的最大值
        int min = -2147483648;                            // 获取int的最小值
        // int变量 + int常量 = int计算结果
        System.out.println(max + 1);                      // -2147483648，最大值 + 1 = 最小值
        System.out.println(max + 2);                      // -2147483647，最大值 +2 = 次最小值
        // int变量 - int常量 = int计算结果
        System.out.println(min - 1);                      // 2147483647，最小值 - 1 = 最大值
    }
}
```

程序执行结果：

```
-2147483648（“max + 1”语句执行结果）
-2147483647（“max + 2”语句执行结果）
2147483647（“min - 1”语句执行结果）
```

本程序分别定义了两个变量：max（保存 int 最大值）、min（保存 int 最小值），由于 int 变量与 int 常量计算后的数据类型依然是 int，此时出现了数据的溢出问题，如图 2-6 所示。

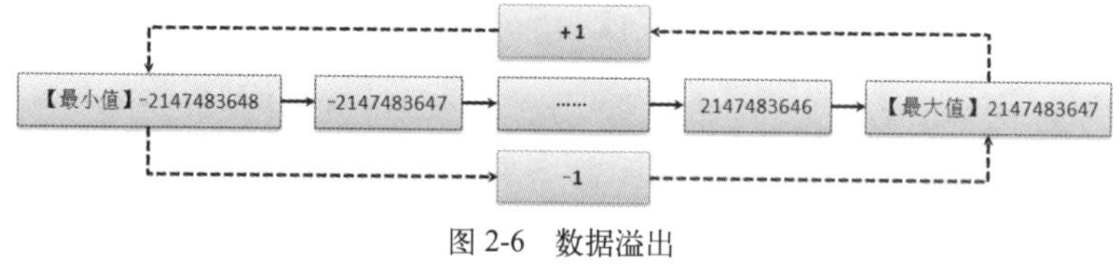

图 2-6　数据溢出

> **提示：关于数据类型溢出问题的解释。**
>
> 学习过汇编语言的读者知道，计算机中二进制位是基本的组成单元。int 数据占 32 位长度，即第 1 位是符号位，其余 31 位是数据位，当已经是该数据类型保存的最大值时，如果继续进行“+1”操作就会造成符号位的变更，导致数据溢出。需要告诉读者的是，不用过于担心开发中出现数据溢出问题，只要控制得当并且合乎逻辑（例如，定义一个人的年龄时绝对不应该出现数据溢出，如果出现了数据溢出，那么就会定义出“长生不老”的奇人），此类情况就很少出现。

解决数据溢出问题只能通过扩大数据范围的方式实现，比 int 数据范围更大的是 long，将 int

变量或常量变为 long 变量或常量有如下两种形式。

- **形式一**：int 常量转换为 long 常量，使用“数字 L”“数字 l（小写的字母 L）”完成。
- **形式二**：int 变量转换为 long 变量，使用“(long) 变量名称”完成。实际上可以用此类方式实现各种数据类型的转换，例如，将 int 变量变为 double 变量，可以使用“(double) 变量名称”，即通用转换格式为“(目标数据类型) 变量名称”。

范例：通过 long 解决 int 的数据溢出问题。

```
public class YootkDemo {
    public static void main(String[] args) {        // 程序主方法
        long max = 2147483647;                      // 获取int的最大值
        long min = -2147483648;                     // 获取int的最小值
        // long变量 + int常量 = long计算结果
        System.out.println(max + 1);                // 【正确计算结果】2147483648
        System.out.println(max + 2);                // 【正确计算结果】2147483649
        // long变量 - int常量 = long计算结果
        System.out.println(min - 1);                // 【正确计算结果】-2147483649
    }
}
```

程序执行结果：

```
2147483648（“max + 1”语句执行结果）
2147483649（“max + 1”语句执行结果）
-2147483649（“max - 1”语句执行结果）
```

为了获取正确的计算结果，本程序使用了数据类型 long 来定义 max 与 min 两个变量，这样计算出的数据即使超过了 int 数据范围（没有超过 long 数据类型），也可以获取正确的计算结果。

提示：解决数据溢出问题的另一种方法。

对于数据溢出的问题除了以上处理方式外，也可以在计算时进行强制类型转换。

```
public class YootkDemo {
    public static void main(String[] args) {        // 程序主方法
        int max = 2147483647;                       // 获取int的最大值
        int min = -2147483648;                      // 获取int的最小值
        // int变量 + long常量 = long计算结果
        System.out.println(max + 1L);               // 【正确计算结果】2147483648
        System.out.println(max + 2l);               // 【正确计算结果】2147483649
        // long变量 - int常量 = long计算结果
        System.out.println((long) min - 1);         // 【正确计算结果】-2147483649
    }
}
```

程序执行结果：

```
2147483648（“max + 1L”语句执行结果）
2147483649（“max + 2l”语句执行结果）
-2147483649（“(long) min - 1”语句执行结果）
```

将 int 常量转为 long 常量时可以使用字母“L”（大写）或“l”（小写）进行定义，也可以直接进行强制类型转换，由于 int 与 long 的计算结果依然是 long，所以可以得到正确的计算结果。

不同的数据类型之间是可以转换的，范围小的数据类型可以自动转换为范围大的数据类型，但是如果反过来，范围大的数据类型转换为范围小的数据类型，就必须采用强制性的处理模式，同时还需要考虑可能带来的数据溢出问题。

范例：数据类型强制转换。

```
public class YootkDemo {
    public static void main(String[] args) { // 程序主方法
        long num = 2147483649L;              // 此数值超过了int范围
```

```
        int temp = (int) num;                          // 【数据溢出】long范围比int范围大，不能够直接转换
        System.out.println(temp);                      // 内容输出
    }
}
```

程序执行结果：

```
-2147483647
```

本程序定义了变量 num 数据类型为 long，可以正常保存“2147483649L”常量数据（如果不加“L”，类型为 int，程序会出现错误），但是如果将变量 num 强制转型为 int，就会造成数据溢出问题。

在 Java 整型中还有一种数据类型 byte，该数据类型主要描述字节，每 1 字节由 8 位二进制数据组成，能够描述的数据范围是-128～127。

范例：定义 byte 变量。

```
public class YootkDemo {
    public static void main(String[] args) {  // 程序主方法
        byte num = 20;                         // 定义byte变量
        System.out.println(num);               // 输出byte变量
    }
}
```

程序执行结果：

```
20
```

本程序通过 byte 关键字定义了字节型的变量 num，同时为其赋值。由于 20 在 byte 的数据保存范围之中，因此可以正常赋值。

提问：为什么此时没有进行强制转型？

本程序执行“**byte** num = 20;”语句时，20 是 int 常量，为什么没有进行强制类型转换？

回答：在 byte 数据范围内可以自动将 int 常量转为 byte 常量。

Java 语言为了方便开发者为 byte 变量赋值，进行了专门的定义：如果所赋值的数据在 byte 数据范围内则可以自动转换，如果超过了 byte 数据范围则必须强制转换。代码如下所示。

范例：int 常量强制转为 byte 常量。

```
public class YootkDemo {
    public static void main(String[] args) {// 程序主方法
        byte num = (byte) 200;                 // int常量强制转换
        System.out.println(num);               // 输出byte变量
    }
}
```

程序执行结果：

```
-56
```

由于 200 超过了 byte 数据范围，必须进行强制类型转换，所以此时出现了数据溢出问题。

2.3.3　浮点型

浮点型

视频名称　0206_【掌握】浮点型

视频简介　浮点型数据是程序对小数的描述。本视频主要讲解 Java 中的数据类型 float 与 double 的使用，同时阐述整型除法操作的缺陷与解决方案。

浮点型数据描述的是小数，Java 中任意一个小数常量对应的类型为 double，描述小数时建议直接使用 double 进行定义。

范例：定义 double 变量。

```
public class YootkDemo {
    public static void main(String[] args) { // 程序主方法
        // 语法格式：double 变量 = 常量（double）
        double num_a = 99.89;                    // 定义double变量
        int num_b = 199;                         // 定义int变量
        // double变量（num_a） + double变量（num_b，int自动转为double） = double计算结果
        double result = num_a + num_b;           // 进行数学计算
        System.out.println(result);              // 输出结果：298.89
    }
}
```

程序执行结果：

```
298.89
```

本程序定义了一个 double 变量 num_a 和一个 int 变量 num_b，当两种不同数据类型的变量进行计算时，数据范围小的数据类型会自动转为数据范围大的数据类型（int 自动转换为 double），这样计算的结果就是 double。

Java 中的浮点型一共定义为两类，除了常用的 double 外还可以使用 float 定义浮点型数据，但是 float 存在二进制操作的问题，会产生计算结果精度不准确的“错误”。由于 Java 中默认的浮点型常量为 double 常量，在 Java 中如果想定义 float 变量，则必须对浮点型常量进行强制类型转换。

范例：定义 float 变量。

```
public class YootkDemo {
    public static void main(String[] args) {       // 程序主方法
        float num_a = 9.9F;                        // 将double常量强制转为float变量
        float num_b = (float) 0.3;                 // 将double常量强制转为float变量
        System.out.println(num_a + num_b);         // 数学计算
        System.out.println(num_a / num_b);         // 数学计算
    }
}
```

程序执行结果：

```
10.2（“System.out.println(num_a + num_b)”代码执行结果）
32.999996（“System.out.println(num_a / num_b)”代码执行结果）
```

本程序通过两种方式实现了 float 变量的声明与赋值操作，随后分别利用两个 float 变量实现了数学计算。通过执行结果可以发现，float 变量进行除法计算时会由于二进制位问题出现计算精度不准确的结果。

提示：关于 strictfp 关键字的使用。

精确浮点（strict float point，strictfp）是一个并不会被经常使用到的关键字。使用它定义的程序结构（如类、接口、方法等）中所有的 float 和 double 表达式都必须严格遵守精确浮点的限制，符合 IEEE-754 规范。如果希望浮点运算更加精确，并且不会因为硬件平台不同导致执行的结果不一致，就可以使用关键字 strictfp。代码如下所示。

范例：使用 strictfp 关键字定义类。

```
public strictfp class YootkDemo {
    public static void main(String[] args) {    // 程序主方法
        float num_a = 9.9F;                     // 浮点型变量
        float num_b = (float) 0.3;              // 浮点型变量
        System.out.println(num_a / num_b);      // 除法计算
    }
}
```

程序执行结果：

```
32.999996
```

可以发现，在这段程序中使用 strictfp 关键字与不使用，执行结果看不出区别，但是它是一个计算规范。该关键字的使用频率比较低。

在项目的开发中，整型和浮点型之间的区别就是小数点，也就是说所有的整型数据内容不保留小数位，如果计算本身会产生小数位，程序中又没有使用浮点型而使用整型，那么对应的小数位会全部被丢弃。

范例：整型除法计算精度的问题与解决方案。

```
public class YootkDemo {
    public static void main(String[] args) {             // 程序主方法
        int num_a = 9;                                    // 定义整型变量
        int num_b = 2;                                    // 定义整型变量
        System.out.println(num_a / num_b);                // 整型除法计算，不保留小数位
        System.out.println(num_a / (double) num_b);       // 整型转为浮点型实现除法计算
    }
}
```

程序执行结果：

```
4 （“System.out.println(num_a / num_b)”代码执行结果）
4.5 （“System.out.println(num_a / (double) num_b)”代码执行结果）
```

本程序定义了 num_a 和 num_b 两个整型变量，随后进行了两个变量的除法计算，正确的计算结果应该为 4.5，但是由于 int 不保留小数点，所以最终的结果为 4。为了解决此问题可以在计算时将整型变量 num_b 强制转为浮点型，按照数据类型的转换原则 num_a 也会自动转为浮点型，这样计算结果是正确的 4.5。

2.3.4　字符型

字符型

视频名称　0207_【掌握】字符型

视频简介　本视频主要讲解 char 数据类型的使用，讲解 Unicode 与 ASCII 的联系与区别，并通过具体的 char 与 int 间的转换操作，分析大小写转换。

在计算机的世界里，一切都以编码的形式出现。Java 使用的是十六进制的 Unicode，此类编码可以保存任意文字，在进行字符处理时可以避免位数不同造成的乱码问题。定义字符变量可以使用 char 关键字。

提示：关于 Java 中字符编码问题。

考虑到与其他语言的结合问题（C/C++），Unicode 与 ASCII 的部分编码重叠，举例如下。

- 大写字母编码：65（'A'）～90（'Z'）。
- 小写字母编码：97（'a'）～122（'z'）。大写字母编码和小写字母编码相差 32。
- 数字字符编码：48（'0'）～57（'9'）。

如果读者有过类似开发经验，此处可以 “无缝衔接”。

范例：定义字符型变量并观察其编码转换。

```
public class YootkDemo {
    public static void main(String[] args) {  // 程序主方法
        char c = 'a';                          // 字符需要使用单引号进行声明
        System.out.println(c);                 // 输出字符变量
        int num = c;                           // 将字符直接转为int（不需要强制转换）
        System.out.println(num);               // 观察字符编码
        num = num - 32 ;                       // 小写字母编码比大写字母编码多出32
        System.out.println((char) num);        // 整型强制转为字符型
    }
}
```

程序执行结果：

```
a (“System.out.println(c)”代码执行结果)
97 (“System.out.println(num)”代码执行结果)
A (“System.out.println((char) num)”代码执行结果)
```

本程序定义了字符型变量 c，并为其赋值字符“'a'”。由于所有的字符都有对应的编码，因此字符型可以与整型互相转换，通过整型编码的修改可以实现字符内容的变更。

提示：使用 char 存储中文。

由于 Unicode 可以保存任何文字，因此定义 char 时可以将内容设置为中文。

范例：设置中文字符。

```
public class YootkDemo {
    public static void main(String[] args) {        // 程序主方法
        char c = '沐';                               // 一个字符变量
        int num = c;                                 // 可以获得字符的编码
        System.out.println(num);                     // 输出编码
    }
}
```

程序执行结果：

```
27792（中文编码）
```

在 Unicode 中，每一个中文字符也都有各自的编码，所以在中文环境下当前程序是没有任何问题的。需要注意的是，此时只允许保存一个中文字符。

2.3.5 布尔型

布尔型

视频名称 0208_【掌握】布尔型

视频简介 布尔型在程序开发中描述的是一种逻辑数值（或保存逻辑运算结果）。本视频主要介绍 boolean 数据的特点及取值要求。

布尔型数据描述逻辑处理结果。在计算机的世界里除了真就是假，没有中间的过渡环节。布尔型在 Java 语言里使用 boolean 关键字进行定义，其取值只有两种：true 和 false（这两个是 Java 中有特殊含义的关键字）。

提示：“布尔”是一位数学家的名字。

乔治·布尔（George Boole，1815—1864）画像如图 2-7 所示，1815 年 11 月 2 日生于英格兰林肯，是 19 世纪最重要的数学家之一，出版了《逻辑的数学分析》，这是他对符号逻辑的诸多贡献之一。1854 年布尔出版了他最著名的著作《思维规律的研究》，这本书介绍了现在以他的名字命名的布尔代数。1864 年，布尔死于肺炎，这是他在暴风雨天气中尽管已经湿淋却仍坚持上课引起的。图 2-8 所示为布尔的墓碑。由于其对符号逻辑运算的特殊贡献，很多计算机语言中将逻辑运算称为布尔运算，将其结果称为布尔值。

图 2-7　布尔画像

图 2-8　布尔的墓碑

范例：使用 boolean。

```
public class YootkDemo {
    public static void main(String[] args) {                // 程序主方法
        boolean flag = true;                                // 定义一个布尔型的变量
        if (flag) {                                         // 如果判断条件成立
            System.out.println("沐言科技：www.yootk.com"); // 信息输出
        }
    }
}
```

程序执行结果：

```
沐言科技：www.yootk.com
```

本程序定义了一个布尔型变量 flag，由于布尔型主要描述的是程序逻辑的计算结果，因此其经常与分支结构一起使用。本处使用了一个 if 分支语句，如果 flag 的变量内容为 true，表示条件成立，那么就会在屏幕上输出信息。

提示：关于 0 与非 0 布尔值的问题。

在许多程序设计语言中，由于设计初期没有考虑到布尔型的问题，因此使用数字 0 表示 false，而非 0 数字表示 true（例如，1、2、3 都表示 true）。这样的设计不利于代码开发。Java 中不允许使用 0 或 1 填充布尔型的变量内容。

2.3.6 String

String

视频名称 0209_【掌握】String

视频简介 String 是 Java 开发中特殊且极为重要的程序类。本视频主要讲解 String 类型数据的基本特点，并分析在 String 中使用“+”实现字符串连接的操作。

字符串（String）是一种特殊的结构类型，利用字符串可以实现多个字符内容的定义。在 Java 中需要通过“"”定义字符串常量。虽然字符串属于引用数据类型，但可以像对基本数据类型那样对其进行操作。

范例：定义字符串变量。

```
public class YootkDemo {
    public static void main(String[] args) {          // 程序主方法
        // 以下两行程序等价于“System.out.println("沐言科技：www.yootk.com")”输出语句
        String message = "沐言科技：www.yootk.com";    // 字符串一定要使用“"”定义
        System.out.println(message);                   // 输出字符串对象内容
    }
}
```

程序执行结果：

```
沐言科技：www.yootk.com
```

本程序定义了一个 String 类型的变量，利用“"”可以定义字符串的内容。按照此种模式可以定义更多的字符串，字符串之间可以使用“+”进行连接。

范例：字符串连接。

```
public class YootkDemo {
    public static void main(String[] args) {          // 程序主方法
        String message = "沐言科技：";                 // 定义了一个字符串变量（对象）
        // 字符串的连接形式有两种，第一种使用常规的语法完成
        message = message + "www.yootk.com";          // 进行字符串的连接
        // 第二种使用简写符号完成
        message += " — 技术讲师：小李老师";            // 字符串连接
```

```
        System.out.println(message);                    // 输出字符串对象
    }
}
```

程序执行结果：

```
沐言科技：www.yootk.com — 技术讲师：小李老师
```

本程序定义了一个字符串变量 message，并为其设置了默认字符串，这样在通过字符串连接符“+”进行操作时会使用已有的内容连接新的内容，最终实现字符串内容的修改。

使用“+”进行字符串连接操作时，除了可以连接字符串，也可以连接任意数据类型，并且所有的数据类型都会自动转换为字符串。

范例：字符串连接其他数据类型。

```
public class YootkDemo {
    public static void main(String[] args) {            // 程序主方法
        String prompt = "数据输出：";                    // 公共使用的字符串
        System.out.println(prompt + 1);                 // 连接整型
        System.out.println(prompt + 1.1);               // 连接浮点型
        System.out.println(prompt + 'Y');               // 连接字符型
        System.out.println(prompt + true);              // 连接布尔型
    }
}
```

程序执行结果：

```
数据输出：1（“System.out.println(prompt + 1)”代码执行结果）
数据输出：1.1（“System.out.println(prompt + 1.1)”代码执行结果）
数据输出：Y（“System.out.println(prompt + 'Y')”代码执行结果）
数据输出：true（“System.out.println(prompt + true)”代码执行结果）
```

本程序首先定义了一个字符串变量 prompt，随后在输出时利用“+”让其连接了一些基本数据类型常量，所有的基本数据类型会先转换为字符串再完成连接操作。

提示：关于字符“+”在连接字符串与数值加法计算中的使用。

在字符串上使用“+”可以实现字符串的连接，需要注意的是，“+”也可以用于两个数值的加法计算，如果混合使用，则所有的数据类型将全部变为字符串，然后实现连接处理。

范例：观察“+”操作的问题和解决方法。

```
public class YootkDemo {
    public static void main(String[] args) {                    // 程序主方法
        double num_a = 9.5;                                     // double变量
        int num_b = 3;                                          // int变量
        System.out.println("数学计算：" + num_a + num_b);         // 错误的计算
        System.out.println("数学计算：" + (num_a + num_b));       // 正确的计算
    }
}
```

程序执行结果：

```
数学计算：9.53（错误操作，变成字符串连接）
数学计算：12.5（正确计算）
```

本程序原本的目的是直接输出加法计算的结果，但由于存在字符串常量，所有的数据类型全部变成了字符串，“+”成为了字符串连接符。解决此类问题可以使用“()”修改执行优先级。

在进行字符串定义的时候，一些特殊的内容是无法直接定义的，在这样的情况下就要使用转义字符。常见的转义字符有双引号（\"）、单引号（\'）、换行符（\n）、制表符（\t）、一个反斜线（\\）。

范例：定义转义字符。

```
public class YootkDemo {
    public static void main(String[] args) {                    // 程序主方法
```

```
        String message = "沐言科技：\"www.yootk.com\"\n"
                + "沐言科技讲师：李兴华老师\t江湖人称：\'小李老师\'" ;       // 使用转义字符
        System.out.println(message) ;                                         // 输出字符串变量
    }
}
```

程序执行结果：

```
沐言科技："www.yootk.com"
沐言科技讲师：李兴华老师	江湖人称：'小李老师'
```

本程序需要输出双引号“"”、单引号“'”等特殊的标记，所以定义字符串时使用了大量的转义字符，最终程序的执行通过换行符“\n”实现了完整字符串的换行处理，“\t”实现了制表符的显示效果。

2.3.7 var 关键字

var 关键字

视频名称　0210_【了解】var 关键字

视频简介　var 是 Java 新版本中添加的关键字，主要通过设置的内容进行变量类型的推断和定义。本视频为读者讲解 var 关键字的使用形式，同时分析 Java 中针对 var 关键字的设计缺陷。

Java 本身属于一门静态编程语言，在定义各个变量的时候就必须明确地声明变量的类型及变量的具体内容，随着编程语言的不断发展，推断式变量定义被广泛使用。从 JDK 10 开始，Java 提供了一个新的关键字 var，利用此关键字可以实现变量的定义，变量的数据类型会根据所赋予的内容动态定义。

范例：利用 var 关键字推断变量类型。

```
public class YootkDemo {
    public static void main(String[] args) {          // 程序主方法
        var num_a = 10.2;                             // 将自动推断num_a数据类型为double
        var num_b = 3;                                // 将自动推断num_b数据类型为int
        System.out.println(num_a - num_b);            // 数学计算
    }
}
```

程序执行结果：

```
7.199999999999999
```

本程序利用 var 关键字定义了两个变量，随后依据变量被赋予的内容推断出 num_a 数据类型为 double，num_b 数据类型为 int，在进行数学计算时会依据数据类型的自动转换原则统一使用 double 处理。

范例：在引用类型中使用 var 推断。

```
public class YootkDemo {
    public static void main(String[] args) {              // 程序主方法
        var message = "沐言科技：www.yootk.com" ;         // 引用数据类型
        System.out.println(message);                      // 数据输出
    }
}
```

程序执行结果：

```
沐言科技：www.yootk.com
```

本程序使用了 var 关键字定义了变量 message，并且利用赋值的字符串数据推断出 message 数据类型为 String。

注意：Java 中的 var 定义不可更改。

很多语言利用 var 关键字定义的变量是可以动态地进行数据类型修改的，但是 Java 中的 var 关键字没有提供类似支持，本质原因是 Java 属于静态编程语言。

范例：错误的 var 应用。

```
public class YootkDemo {
    public static void main(String[] args) {      // 程序主方法
        var message = 10.2 ;                        // 推断message数据类型为double
        message = "www.yootk.com" ;                 // 【错误】message数据类型为double
    }
}
```

本程序首先利用 var 关键字定义了一个变量 message，并且推断出该变量的数据类型为 double，在进行 message 修改时如果赋值其他数据类型会出现程序语法错误。

虽然 Java 提供动态语法，但是从本质上讲，Java 的动态变量定义不如其他语言强大（如 JavaScript 或 Python），本书不建议开发者使用此类定义形式。

2.4 运　算　符

运算符概述

视频名称 0211_【掌握】运算符概述

视频简介 运算符是程序处理数据的符号，Java 也提供了多种运算符。本视频主要对 Java 提供的运算符进行说明，并且强调了运算符的使用要点。

Java 语句有很多种形式，表达式就是其中的一种。表达式由操作数与运算符组成：操作数可以是常量、变量或方法，运算符是“+”“-”“*”“/”“%”等。以表达式“z + 10”为例，“z”与“10”是操作数，“+”是运算符，如图 2-9 所示。

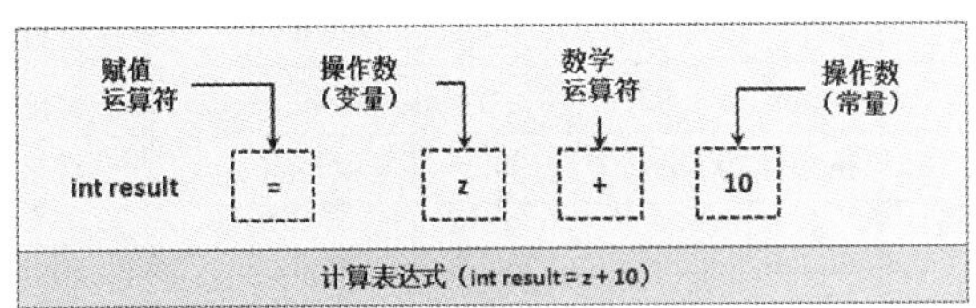

图 2-9　表达式“z+10”

图 2-9 中有两类运算符：赋值运算符（=）和数学运算符（+）。表 2-5 所示为 Java 支持的运算符、类型及相关操作范例。

表 2-5　Java 运算符

序号	运算符	类型	范例	结果	描述
1	=	赋值运算符	int x = 10 ;	x 的内容为 10	将变量 x 赋值为数字常量 10
2	?:	三目运算符	int x = 10>5?10:5 ;	x 的内容为 10	将两个数字中较大的值赋予 x
3	+	算术运算符	int x = 20 + 10 ;	x = 30	加法运算
4	-	算术运算符	int x = 20 - 10 ;	x = 10	减法运算
5	*	算术运算符	int x = 20 * 10 ;	x = 200	乘法运算
6	/	算术运算符	int x = 20 / 10 ;	x = 2	除法运算
7	%	算术运算符	int x = 10 % 3 ;	x = 1	取模（取余数）运算
8	>	关系运算符	boolean x = 20 > 10 ;	x = true	大于
9	<	关系运算符	boolean x = 20 < 10 ;	x = false	小于
10	>=	关系运算符	boolean x = 20 >= 20 ;	x = true	大于或等于
11	<=	关系运算符	boolean x = 20 <= 20 ;	x = true	小于或等于

续表

序号	运算符	类型	范例	结果	描述
12	==	关系运算符	boolean x = 20 == 20 ;	x = true	等于
13	!=	关系运算符	boolean x = 20 != 20 ;	x = false	不等于
14	++	自增运算符	int x = 10 ; int y = x ++ * 2 ;	x = 11 y = 20	“++”放在变量 x 之后，表示先使用 x 计算，之后 x 的内容再自增
			int x = 10 ; int y = ++ x * 2 ;	x = 11 y = 22	“++”放在变量 x 之前，表示先将 x 的内容自增，再进行计算
15	--	自减运算符	int x = 10 ; int y = x -- * 2 ;	x = 9 y = 20	“--”放在变量 x 之后，表示先使用 x 计算，之后 x 的内容再自减
			int x = 10 ; int y = -- x * 2 ;	x = 9 y = 18	“--”放在变量 x 之前，表示先将 x 的内容自减，再进行计算
16	&	逻辑运算符	boolean x = false & true ;	x = false	AND，与，全为 true 结果为 true
17	&&	逻辑运算符	boolean x = false && true ;	x = false	短路与，全为 true 结果为 true
18	|	逻辑运算符	boolean x = false | true ;	x = true	OR，或，有一个为 true 结果为 true
19	||	逻辑运算符	boolean x = false || true ;	x = true	短路或，有一个为 true 结果为 true
20	!	逻辑运算符	boolean x = !false ;	x = true	NOT，非，true 变 false，false 变 true
21	( )	括号运算符	int x = 10 * (1 + 2) ;	x = 30	使用()改变运算的优先级
22	&	位运算符	int x = 19 & 20 ;	x = 16	按位与
23	|	位运算符	int x = 19 | 20 ;	x = 23	按位或
24	^	位运算符	int x = 19 ^ 20;	x = 7	异或（相同为 0，不同为 1）
25	～	位运算符	int x =～19;	x = -20	取反
26	<<	位运算符	int x = 19 << 2;	x = 76	左移位
27	>>	位运算符	int x = 19 >> 2;	x = 4	右移位
28	>>>	位运算符	int x = 19 >>> 2 ;	x = 4	无符号右移位
29	+=	简化运算符	a += b ;	—	a + b 的值存放到 a 中（a = a + b）
30	-=	简化运算符	a -= b ;	—	a - b 的值存放到 a 中（a = a - b）
31	*=	简化运算符	a *= b ;	—	a * b 的值存放到 a 中（a = a * b）
32	/=	简化运算符	a /= b ;	—	a / b 的值存放到 a 中（a = a / b）
33	%=	简化运算符	a %= b ;	—	a % b 的值存放到 a 中（a = a % b）

表 2-5 所示的运算符中，重要的运算符为四则运算符、逻辑（关系）运算符、三目运算符、自增或自减运算符。所有运算符都有优先级，Java 运算符优先级如表 2-6 所示。

表 2-6　Java 运算符优先级

优先级	运算符	类型	结合性
1	()	括号运算符	由左至右
1	[]	方括号运算符	由左至右
2	!、+（正号）、-（负号）	一元运算符	由右至左
2	～	位逻辑运算符	由右至左
2	++、--	自增与自减运算符	由右至左
3	*、/、%	算术运算符	由左至右
4	+、-	算术运算符	由左至右
5	<<、>>	位左移、位右移运算符	由左至右
6	>、>=、<、<=	关系运算符	由左至右

续表

优先级	运算符	类型	结合性
7	==、!=	关系运算符	由左至右
8	&（位运算符号 AND）	位逻辑运算符	由左至右
9	^（位运算符号 XOR）	位逻辑运算符	由左至右
10	|（位运算符号 OR）	位逻辑运算符	由左至右
11	&&	逻辑运算符	由左至右
12	||	逻辑运算符	由左至右
13	?:	三目运算符	由右至左
14	=	赋值运算符	由右至左

表 2-6 所示的运算符优先级，在烦琐的运算中是需要全部记住的，但是在更多的情况下开发者为简化程序的阅读难度会大量利用括号（拥有最高的优先级）动态地改变运算符优先级。

注意：不要写复杂的运算操作。

在使用运算符编写语句时，读者一定不要写出如下所示的代码。

范例：不建议使用的代码。

```
public class YootkDemo {
    public static void main(String[] args) {     // 程序主方法
        int x = 10 ;                              // 定义int变量
        int y = 20 ;                              // 定义int变量
        // 如此复杂的代码，可能会损害脑细胞，如果你不是逻辑狂人就不需要看懂了
        int result = x-- + y++ * --y / x / y * ++x - --y + y++;
        System.out.println(result) ;              // 执行结果
    }
}
```

程序执行结果：

```
30
```

虽然以上程序可以得到最终的计算结果，但是面对如此复杂的运算，大部分人没有太大兴趣看下去。所以在编写程序的时候，开发者应该遵循“简单”原则。

2.4.1 数学运算符

数学运算符

视频名称 0212_【掌握】数学运算符

视频简介 程序设计的主体是数据操作，数学计算是数据操作的基本功能。本视频为读者讲解基础四则运算，并通过实例分析取模运算的意义及简化运算符的使用。

程序用于数据处理，它是以数学为基础的。Java 提供的运算符可以实现基础四则运算、数值自增或自减运算。数学运算符及描述如表 2-7 所示。

表 2-7 数学运算符及描述

序号	数学运算符	描述
1	+	加法
2	-	减法
3	*	乘法
4	/	除法
5	%	取模（取余数）

范例：实现四则运算。

```
public class YootkDemo {
    public static void main(String[] args) {            // 程序主方法
        int result = 89 * (29 + 100) * 2;               // 四则运算，利用括号修改优先级
        System.out.println(result);                      // 输出运算结果
    }
}
```

程序执行结果：

```
22962
```

本程序直接采用常量的形式实现了四则运算操作。由于括号内表达式的优先级最高，所以首先执行“29 + 100”的计算，随后再将计算结果与 89 和 2 进行乘法计算。

范例：模运算。

```
public class YootkDemo {
    public static void main(String[] args) {                // 程序主方法
        int number = 3;                                     // 定义变量
        int result = number % 2;                            // 求模
        System.out.println("运算结果：" + result);           // 输出计算结果
    }
}
```

程序执行结果：

```
运算结果：1
```

本程序通过“%”运算符实现了变量 number 与常量的模运算。由于 3（奇数）除以 2 无法整除，所以会返回余数（模），同理如果此时变量 number 的内容为偶数，则模 2 的结果一定为 0。

在早期的程序开发中由于硬件资源紧张，为了简化数学运算与赋值操作，编程语言会提供一些简化运算符，这些运算符表示运算后直接进行赋值操作。

范例：使用简化运算符。

```
public class YootkDemo {
    public static void main(String[] args) {            // 程序主方法
        int number = 3;                                 // 定义变量
        // 传统做法（number = number + 2 ;）是先计算再赋值，要通过两步完成
        number += 2;                                    // 用变量number加上常量2，再赋值回变量number
        System.out.println("运算结果：" + number);       // 输出计算结果
    }
}
```

程序执行结果：

```
运算结果：5
```

本程序在计算中使用了简化运算符实现变量与常量的数据相加操作，这样的计算只需要一个运算符即可实现，所以在早期的程序开发中被大量使用。随着计算机硬件不断升级，内存越来越大，CPU 的计算速度也越来越快，是否使用此类操作由开发者自行决定。

2.4.2　自增与自减运算符

自增与自减运算符

视频名称　0213_【掌握】自增与自减运算符

视频简介　在计算机的发展历程中，软件开发一直受硬件性能的影响，基础运算为了进一步减少内存的占用，会通过自增实现加 1 的操作，或者通过自减实现减 1 的操作。本视频为读者分析自增与自减两个运算符的使用及注意事项。

计算机拥有完善的操作逻辑，在数据计算的过程中可能需要进行累加或累减处理。传统的做法是“变量 +1”或“变量 −1”，而为了简化操作（也为了提升操作性能），Java 提供自增（数字+1）

与自减（数字-1）运算符，如表 2-8 所示。

表 2-8 自增与自减运算符

序号	自增与自减运算符	描述
1	++	自增，变量值加 1
2	--	自减，变量值减 1

范例：实现自增与自减运算。

```
public class YootkDemo {
    public static void main(String[] args) {        // 程序主方法
        int numA = 10;                              // 定义整型变量
        int numB = 100;                             // 定义整型变量
        System.out.println("原始的numA变量内容：" + numA + "、原始的numB变量内容：" + numB);
        numA++; // 实现自增运算（本质上为"num += 1"，但是性能更高）
        numB--; // 实现自减运算（本质上为"num -= 1"，但是性能更高）
        System.out.println("自增后的numA变量内容：" + numA + "、自减后的numB变量内容：" + numB);
    }
}
```

程序执行结果：

```
原始的numA变量内容：10、原始的numB变量内容：100
自增后的numA变量内容：11、自减后的numB变量内容：99
```

本程序实现了简单的自增（numA++）与自减（numB--）操作，操作完成后可以发现 numA 的内容变为了 11， numB 的内容变为了 99。这样的自增和自减操作是开发中常见的形式，在实际使用中自增与自减运算符根据其所处的位置有不同的执行顺序，如表 2-9 所示。

表 2-9 自增与自减执行位置

操作类型	操作形式	描述
自增运算	变量 ++	计算后再自增。先使用当前变量进行计算，计算完成后再对变量执行自增操作
	++ 变量	先自增再计算。先执行自增计算，计算完成之后再使用自增后的变量内容参与运算
自减运算	变量 --	计算后再自减。先使用当前变量进行计算，计算完成后再对变量执行自减操作
	-- 变量	先自减再计算。先执行自减计算，计算完成之后再使用自减后的变量内容参与运算

范例：自增混合运算处理。

```
public class YootkDemo {
    public static void main(String[] args) {        // 程序主方法
        int numA = 10;                              // 整型变量
        int numB = 5;                               // 整型变量
        int result = numA + ++numB;                 // 先自增再进行计算
        System.out.println("计算结果：" + result);    // 输出执行结果
        System.out.println("numA变量内容：" + numA + "、numB变量内容：" + numB);
    }
}
```

程序执行结果：

```
计算结果：16
numA变量内容：10、numB变量内容：6
```

本程序使用混合运算的形式实现了数据的加法和自增操作，由于自增符号“++”放在了变量 numB 之前，所以会首先执行 numB 的自增得到数字 6，然后与变量 numA 的内容进行加法计算。

范例：自减混合运算处理。

```
public class YootkDemo {
    public static void main(String[] args) {        // 程序主方法
        int numA = 10;                              // 整型变量
```

```
        int numB = 5;                        // 整型变量
        int result = numA + numB--;   // 首先实现numA和numB变量内容的加法，然后进行numB的自减
        System.out.println("计算结果：" + result);      // 输出执行结果
        System.out.println("numA变量内容：" + numA + "、numB变量内容：" + numB);
    }
}
```

程序执行结果：

```
计算结果：15
numA变量内容：10、numB变量内容：4
```

本程序在计算变量 result 的结果时，采用了“+”和“--”混合运算形式。由于自减符号“--”放在了变量 numB 之后，因此会先进行“numA + numB”的变量计算，计算完成后再执行“numB--”的操作，这样 numB 的最终结果为 4。

2.4.3 关系运算符

关系运算符

视频名称　0214_【掌握】关系运算符

视频简介　使用关系运算符可以进行指定数据关系比较，比较结果将通过布尔值进行保存。本视频主要讲解如何通过关系运算符实现数据的比较操作。

关系运算主要是进行大小的比较，包括大于（>）、小于（<）、大于或等于（>=）、小于或等于（<=）、不等于（!=）、等于（==）。所有的关系运算返回的判断结果都是布尔型数据。

> **注意：数据等于判断用“==”。**
>
> 很多初学者在刚刚接触关系运算符的时候，经常把等于判断错写成“=”（一个等号）。因为“=”在程序中描述的是赋值运算，所以关系运算中不得不使用“==”进行等于判断。

范例：使用关系运算符进行数据判断。

```
public class YootkDemo {
    public static void main(String[] args) {                          // 程序主方法
        int zsAge = 10;                                                // 第一个人的年龄
        int lsAge = 20;                                                // 第二个人的年龄
        boolean resultA = zsAge > lsAge;                               // 进行大小比较
        System.out.println("整型变量关系判断：" + resultA);              // 输出判断结果
        double salaryA = 1.1 ;                                         // 第一个人的工资
        double salaryB = -1000.0 ;                                     // 第二个人的工资
        boolean resultB = salaryA > salaryB ;                          // 进行数字比较
        System.out.println("浮点型变量关系判断：" + resultB);            // 输出判断结果
        System.out.println("字符型常量与整型判断：" + ('沐' == 27792)); // 字符型自动转为整型
    }
}
```

程序执行结果：

```
整型变量关系判断：false
浮点型变量关系判断：true
字符型常量与整型判断：true
```

本程序对整型、浮点型和字符型数据分别实现了关系运算，每次使用关系运算符比较后的结果全部为布尔型，如果运算符两边的数据类型不一致，也会利用数据类型的自动转换统一后再进行判断处理。

2.4.4 三目运算符

三目运算符

视频名称　0215_【掌握】三目运算符

视频简介　三目运算符是一种简化的赋值运算符，利用该运算符可以依据判断结果动态决定赋值的内容。本视频主要讲解三目运算符的语法与使用。

三目运算符在程序开发中使用得非常多，合理地利用三目运算符可以简化判断逻辑的编写。三目运算是一种赋值运算，是在一个逻辑关系的判断之后进行的赋值操作，其基本语法如下：

```
数据类型 变量 = 关系运算 ? 关系满足时的内容 : 关系不满足时的内容;
```

范例：使用三目运算符。

```
public class YootkDemo {
    public static void main(String[] args) {                    // 程序主方法
        int ageA = 10;                                          // 定义整型变量
        int ageB = 15;                                          // 定义整型变量
        // 如果“ageA > ageB”成立，则将ageA的内容赋值给maxAge，否则将ageB的内容赋值给maxAge
        int maxAge = ageA > ageB ? ageA : ageB;                 // 三目运算符
        System.out.println(maxAge);                             // 输出赋值结果
    }
}
```

程序执行结果：

```
15
```

本程序定义了“ageA”“ageB”两个整型变量，随后利用三目运算符对给定的布尔表达式“ageA > ageB”进行判断，根据判断的结果将较大的数赋值给变量 maxAge 并输出。

提示：三目运算符简化 if 判断逻辑。

程序中不使用三目运算符，也可以通过 if…else 语句实现与之相同的功能。

范例：使用 if…else 语句代替三目运算符。

```
public class YootkDemo {
    public static void main(String[] args) {    // 程序主方法
        int ageA = 10;                          // 定义整型变量
        int ageB = 15;                          // 定义整型变量
        int maxAge = 0;                         // 定义变量保存判断结果
        if (ageA > ageB) {                      // 判断变量大小关系
            maxAge = ageA;                      // 条件满足，maxAge内容为ageA内容
        } else {                                // 条件不满足
            maxAge = ageB;                      // maxAge内容为ageB内容
        }
        System.out.println(maxAge);             // 输出赋值结果
    }
}
```

程序执行结果：

```
15
```

程序将 ageA 和 ageB 两个变量中较大的数值赋予了 maxAge 变量，此时程序的执行结果与使用三目运算符处理后的结果相同，但是同样的功能需要编写更多的代码。

2.4.5 逻辑运算符

逻辑运算符

视频名称 0216_【掌握】逻辑运算符

视频简介 当程序中需要通过若干个关系运算表达式进行复杂判断时，可以采用逻辑运算符对它们进行连接。本视频主要讲解逻辑运算符的使用，分析&和&&、|和||的区别。

在使用关系运算符的过程中，有可能需要通过多个条件进行判断，这时比较好的方法是用逻辑运算符连接这些判断结果并返回最终的布尔值。Java 语言中的逻辑运算包含 3 种：与（多个条件一起满足）、或（多个条件中有一个满足）、非（true 变 false 及 false 变 true）。逻辑运算符如表 2-10 所示。

表 2-10　逻辑运算符

序号	逻辑运算符	描述
1	&	AND，与
2	&&	短路与
3	|	OR，或
4	||	短路或
5	!	非，true 变 false，false 变 true

范例：逻辑非运算。

```
public class YootkDemo {
    public static void main(String[] args) {              // 程序主方法
        int numA = 10;                                     // 定义整型变量
        int numB = 20;                                     // 定义整型变量
        System.out.println(!(numA > numB));                // 对判断结果求非
        System.out.println(numA != numB);                  // 不等于也是一种非逻辑
    }
}
```

程序执行结果：

```
true ("System.out.println(!(numA > numB))"代码执行结果)
true ("System.out.println(numA != numB)"代码执行结果)
```

在逻辑运算中非（“!”）逻辑的主要功能是对布尔值（通过关系运算也可以得到布尔值）进行“取反”操作，例如，以上程序中变量 numA 的内容小于变量 numB 的内容，所以使用“numA > numB”判断时结果一定是 false，但是由于非运算的出现“!(numA > numB)”，所以最终的结果由 false 转为了 true。

逻辑运算符可以实现若干个条件的连接，为了得到正确的判断结果，需要确定逻辑连接模式（“与”“或”）。多个条件的连接结果可以通过表 2-11 所示的真值表判断。

表 2-11　与、或真值表

序号	条件 1	条件 2	结果	
			&、&&（与）	|、||（或）
1	true	true	true	true
2	true	false	false	true
3	false	true	false	true
4	false	false	false	False

范例：逻辑与运算。

```
public class YootkDemo {
    public static void main(String[] args) {              // 程序主方法
        int x = 1;                                         // 整型变量
        int y = 1;                                         // 整型变量
        System.out.println(x == y && 2 > 1);               // 输出逻辑运算结果
    }
}
```

程序执行结果：

```
true
```

本程序执行了两个判断：“x == y”“2 > 1”。由于两个判断的结果全部为 true，因此逻辑与执行后的结果是 true。

提示：关于"&"和"&&"的区别。

逻辑与操作需要若干判断条件全部返回 true，最终的结果才为 true，如果有一个判断条件返回 false，则不管有多少个 true，最终的结果一定是 false。Java 针对逻辑与操作提供两个运算符。

- **普通与（&）**：对所有的判断条件都进行判断。
- **短路与（&&）**：如果前面的判断条件返回了 false，直接中断后续判断，最终的结果是 false。

为了帮助读者更好地理解两种逻辑与运算的区别，下面通过两个程序进行分析。

范例：使用普通与运算符。

```
public class YootkDemo {
    public static void main(String[] args) {                // 程序主方法
        // 条件一："1 > 2"返回false
        // 条件二："10 / 0 == 0"，判断时会出现"ArithmeticException"异常，导致程序中断
        System.out.println(1 > 2 & 10 / 0 == 0);            // 输出逻辑运算结果
    }
}
```

程序执行结果：

```
Exception in thread "main" java.lang.ArithmeticException: / by zero
    at YootkDemo.main(YootkDemo.java:5)
```

程序中任何数字除以 0 都会产生"ArithmeticException"算数异常，此处产生的异常也就证明两个判断条件全部执行了。程序中"1 > 2"的关系运算结果为 false，后续的所有判断不管返回多少个 true，最终的结果都是 false，此时普通与（&）运算符使用的意义就不大了，最好的方法是使用短路与（&&）运算符。

范例：使用短路与运算符。

```
public class YootkDemo {
    public static void main(String[] args) {                // 程序主方法
        // 条件一："1 > 2"返回false;
        // 条件二："10 / 0 == 0"，判断时会出现"ArithmeticException"异常，导致程序中断
        System.out.println(1 > 2 && 10 / 0 == 0);           // 输出逻辑运算结果
    }
}
```

程序执行结果：

```
false
```

本程序使用短路与，可以发现对条件二并没有进行判断，也就是说，短路与的判断性能较好。

逻辑或运算也可以连接若干个判断条件，这若干个判断条件中有一个判断结果为 true，最终的结果就是 true。

范例：逻辑或运算。

```
public class YootkDemo {
    public static void main(String[] args) {            // 程序主方法
        int x = 1;                                      // 整型变量
        int y = 1;                                      // 整型变量
        System.out.println(x != y || 2 > 1);            // 输出逻辑运算结果
    }
}
```

程序执行结果：

```
true
```

本程序执行了两个判断："x != y""2 > 1"。由于此时使用的是逻辑或运算符，所以只要两个判

断条件中有一个判断结果为 true，最终的结果就是 true。

提示：关于“|”和“||”的区别。

逻辑或运算的特点是若干个判断条件中有一个返回 true，最终的结果就是 true。Java 针对逻辑或操作提供两个运算符。

- 普通或（|）：对所有的判断条件都进行判断。
- 短路或（||）：若干个判断条件中，如果有判断条件返回了 true，那么后续的条件将不再判断，最终的结果就是 true。

为帮助读者更好地理解两种逻辑或运算的区别及使用的选择，下面通过两个程序进行分析。

范例：使用普通或运算符。

```
public class YootkDemo {
    public static void main(String[] args) {                    // 程序主方法
        // 条件一："1 != 2"返回true
        // 条件二："10 / 0 == 0"，判断时会出现"ArithmeticException"异常，导致程序中断
        System.out.println(1 != 2 | 10 / 0 == 0);             // 输出逻辑运算结果
    }
}
```

程序执行结果：

```
Exception in thread "main" java.lang.ArithmeticException: / by zero
    at YootkDemo.main(YootkDemo.java:5)
```

本程序定义了两个判断条件："1 != 2"返回 true，"10 / 0 == 0"产生"ArithmeticException"算数异常。由于使用了普通或，因此在第一个条件返回 true 后，继续对第二个判断条件进行判断，此时就产生了异常。需要注意的是，如果第一个条件返回 true，那么后面不管有多少个 false，最终的结果都应该为 true，此时可以考虑使用短路或运算符。

范例：使用短路或运算符。

```
public class YootkDemo {
    public static void main(String[] args) {                    // 程序主方法
        // 条件一："1 != 2"返回true
        // 条件二："10 / 0 == 0"，判断时会出现"ArithmeticException"异常，导致程序中断
        System.out.println(1 != 2 || 10 / 0 == 0);            // 输出逻辑运算结果
    }
}
```

程序执行结果：

```
true
```

本程序使用短路或，通过执行结果可以发现，对条件二并没有进行判断。因为短路或运算符的判断性能较好，建议在实际项目开发中对或逻辑以使用“||”为主。

2.4.6　位运算符

位运算符

视频名称　0217_【了解】位运算符

视频简介　位运算是计算机的基础运算单元，Java 为了提高程序的运算性能，允许直接通过位运算符进行计算。本视频主要讲解二进制的数据转换及各个位运算符操作。

位运算是一种计算性能较高的运算符，可以直接针对内存中保存的数据内容进行二进制的处理操作。Java 提供两类位运算符：按位逻辑运算符（&、|、^、~）、移位运算符（<<、>>、>>>），如表 2-12 所示。

表 2-12 位运算符

序号	位运算符	描述
1	&	按位与（有一位为 0 计算结果就是 0）
2	|	按位或（有一位为 1 计算结果就是 1）
3	^	按位异或（相同为 0，不同为 1）
4	～	按位非
5	<<	左移位
6	>>	右移位
7	>>>	无符号右移位

Java 中所有的数据都是以二进制数据的形式进行运算的，也就是说，int 变量进行位运算时必须变为二进制数据。二进制位进行与、或、异或操作的结果如表 2-13 所示。

表 2-13 位运算的结果表

序号	二进制位 1	二进制位 2	与操作（&）	或操作（|）	异或操作（^）
1	0	0	0	0	0
2	0	1	0	1	1
3	1	0	0	1	1
4	1	1	1	1	0

如果想使用位运算，首先要掌握十进制数转为二进制数的计算方式。处理的逻辑为，数字除以 2 取余，一直除到结果为 0，最后将所有余数倒序取出。下面分析一下如何将十进制数 13 转为二进制数，如图 2-10 所示。读者如果不清楚转换逻辑，也可以直接借助操作系统的 calc.exe 命令调用计算器实现转换（Windows 10 操作系统可以将计算器设置为“程序员”模式），如图 2-11 所示。

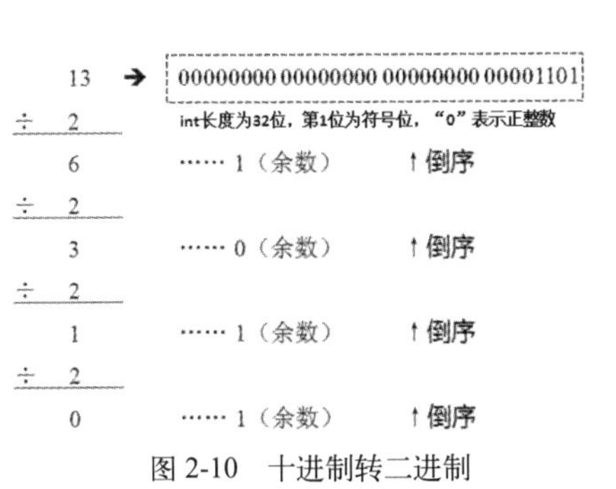

图 2-10 十进制转二进制

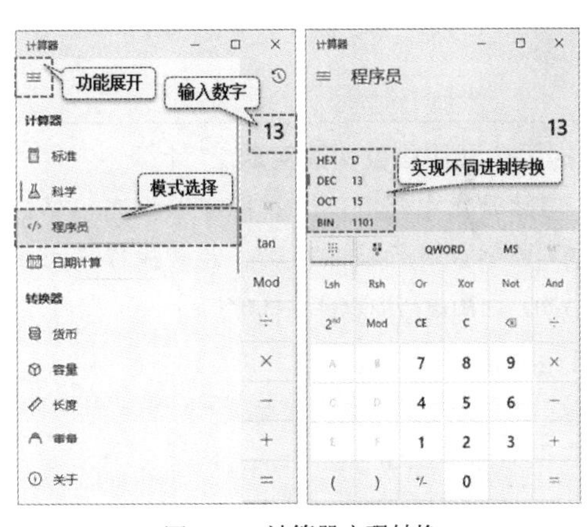

图 2-11 计算器实现转换

范例：实现按位与计算。

```
public class YootkDemo {
    public static void main(String[] args) {          // 程序主方法
        int x = 13;                                    // 十进制转二进制：1101
        int y = 7;                                     // 十进制转二进制：111
        System.out.println(x & y);                     // 按位与计算
    }
}
```

程序执行结果：

```
5（二进制为“101”）
```

本程序利用“&”对两个变量进行按位与计算，由于变量采用十进制的形式进行定义，在运算前 JVM 会先进行二进制转换，再利用二进制实现计算。如果参与计算的两位中有一位是 0，则最终的结果就是 0，只有两位都为 1 的时候计算结果才是 1。本程序的执行分析如图 2-12 所示。

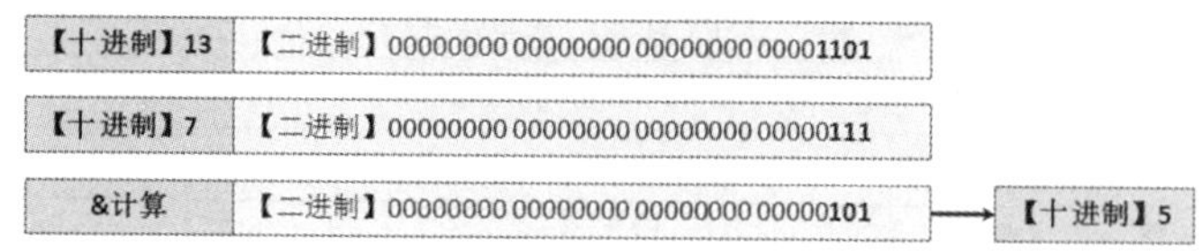

图 2-12　按位与计算分析

范例：实现按位或计算。

```
public class YootkDemo {
    public static void main(String[] args) {            // 程序主方法
        int x = 13;                                      // 十进制转二进制：1101
        int y = 7;                                       // 十进制转二进制：111
        System.out.println(x | y);                       // 按位或计算
    }
}
```

程序执行结果：

```
15
```

本程序利用“|”对两个变量进行按位或计算，在计算前会自动进行二进制转换。如果两位中有一位为 1，则计算结果就是 1，如果两位都为 0，则计算结果就是 0。本程序的执行分析如图 2-13 所示。

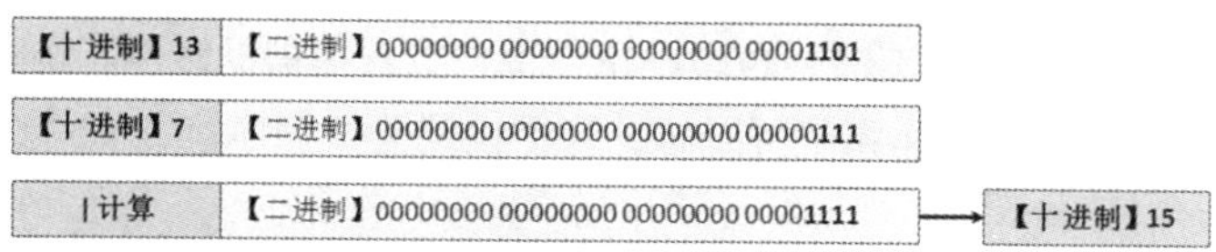

图 2-13　按位或计算分析

提示：利用移位快速实现 2^3 计算。

实际开发中利用位运算符可以提高程序的计算性能，除基本的按位与、按位或计算之外还可以对二进制数进行移位处理，这种操作不影响原始数据。

范例：利用移位提高计算性能。

```
public class YootkDemo {
    public static void main(String[] args) {          // 程序主方法
        int x = 2;                                  // 二进制：10
        System.out.println(x << 2);                 // 向左边移2位
        System.out.println(x);                      // 原始内容不改变
    }
}
```

程序执行结果：

```
8（“System.out.println(x << 2)”代码执行结果）
2（“System.out.println(x)”代码执行结果）
```

本程序通过“<<”运算符将二进制数向左移动 2 位，移动之后对应的十进制数为 8，这样就快速地实现了 2^3 数学计算。程序执行分析如图 2-14 所示。

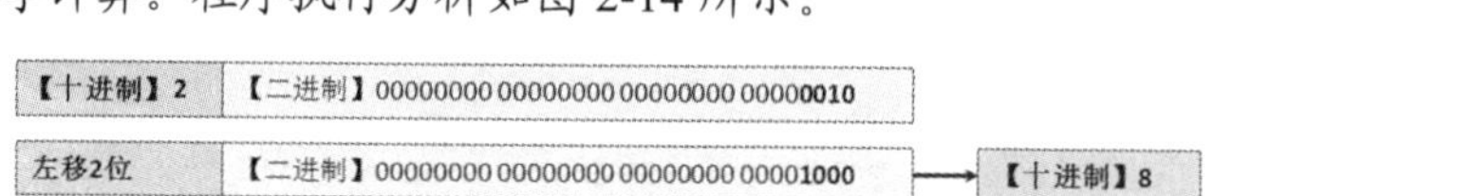

图 2-14　二进制移位计算分析

2.5 本章概览

1．利用注释可以提升程序源代码的可读性。Java 提供 3 类注释：单行注释、多行注释和文档注释。

2．标识符是程序单元定义的唯一标记，可以定义类、方法、变量。Java 标识符组成原则：由字母、数字、_、$组成；不能以数字开头；不能使用 Java 的关键字；可以使用中文。

3．Java 的数据类型分为两种：基本数据类型和引用数据类型。其中，基本数据类型可以直接进行内容处理，引用数据类型在进行内存空间的分配后才可以使用。

4．Unicode 为每个字符指定了唯一的编码，在任何语言、平台和程序中都可以安心使用。

5．布尔型的变量只有 true（真）和 false（假）两个值。

6．数据类型的转换可分为“自动类型转换”与“强制类型转换”。在进行强制类型转换时需要注意数据溢出。

7．JDK 10 之后的版本提供了 var 关键字，利用该关键字可以根据赋值的数据自动进行数据类型推断。

8．算术运算符有加法运算符、减法运算符、乘法运算符、除法运算符和取余数运算符。

9．递增与递减运算符有着相当大的便利性，善用它们可提高程序的简洁程度。

10．任何运算符都有执行顺序，在实际开发中建议利用括号修改运算符的优先级。

11．逻辑与和逻辑或操作分别提供“普通与、短路与”与“普通或、短路或”运算符，实际开发中建议使用“短路与、短路或”操作提高程序的执行性能。

第 3 章
程序逻辑结构

本章学习目标

1. 掌握程序多条件分支语句的定义与使用方法；
2. 掌握 switch 开关语句的使用方法；
3. 掌握 for、while 循环语句的使用方法，并可以通过 break、continue 控制循环操作；
4. 掌握方法的主要作用及基础定义语法；
5. 掌握方法的参数传递与处理结果返回；
6. 掌握方法重载的用法及相关限制；
7. 理解方法递归调用操作。

程序是一场数据的处理游戏，要想让这些处理更具逻辑性，就需要利用分支与循环结构，也可以使用方法方便地管理这些结构。本章将为读者讲解分支、循环结构的使用以及方法的定义。

3.1 程 序 逻 辑

程序逻辑结构

视频名称 0301_【掌握】程序逻辑结构

视频简介 程序逻辑是程序进行数据处理的基本流程。本视频主要为读者讲解 3 种程序逻辑结构及其作用。

程序逻辑是编程语言的重要组成部分，Java 的程序逻辑结构有 3 种：顺序结构、分支（选择）结构和循环结构。这 3 种结构有一个共同点，就是它们都只有一个入口，也只有一个出口。程序中使用这些结构有什么好处呢？单一的入口与出口可以让程序易读、易维护，可以减少调试的时间。下面以流程图的方式讲解这 3 种结构。

1. 顺序结构

本书前两章所讲的例子都采用了顺序结构，程序自上而下逐行执行，一条语句执行完之后继续执行下一条语句，一直到程序的末尾，这种结构如图 3-1 所示。所有的 Java 程序都由主方法开始执行，而后依据主方法中代码定义的顺序执行，如图 3-2 所示，这本身就属于一种顺序结构。

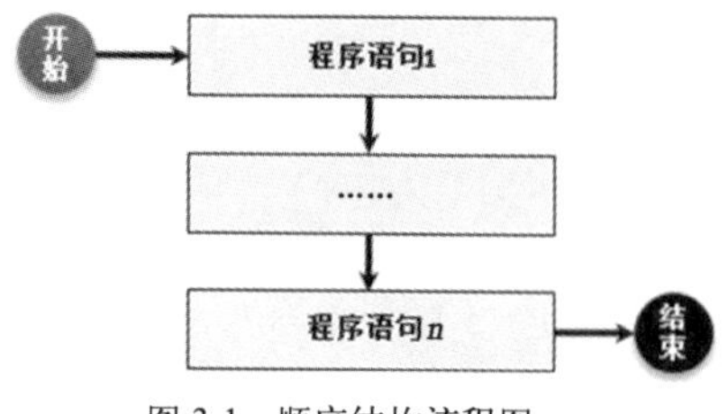

图 3-1 顺序结构流程图

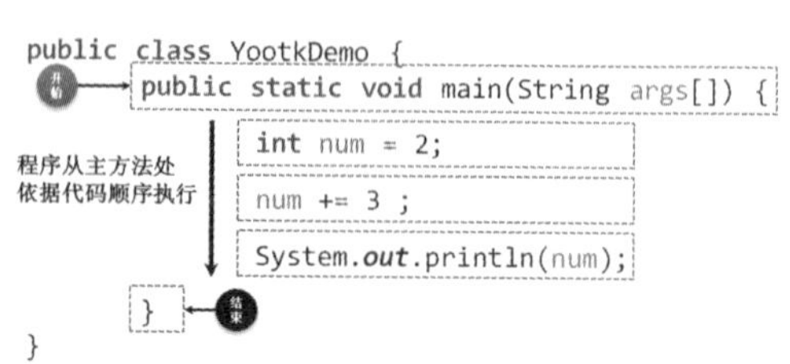

图 3-2 程序中的顺序结构

顺序结构是程序设计中常用到的结构，在程序中扮演了非常重要的角色，大部分程序是依照这种由上而下的流程设计的。由于前面章节一直按照顺序结构编写程序，因此本章只对分支结构和循环结构进行详细讲解。

2. 分支（选择）结构

分支（选择）结构是根据判断条件的成立与否决定要执行哪些语句的一种结构，其流程图如图 3-3 所示。这种结构可以依据判断条件决定要执行的语句。在图 3-3 中，当判断条件的值为真时，执行“程序语句 2”；当判断条件的值为假时，执行“程序语句 3”。不论执行哪一条语句，最后都回到“其他语句”继续执行。

3. 循环结构

循环结构根据判断条件的成立与否，决定程序段落的执行次数，这个程序段落被称为循环主体。循环结构的流程图如图 3-4 所示。

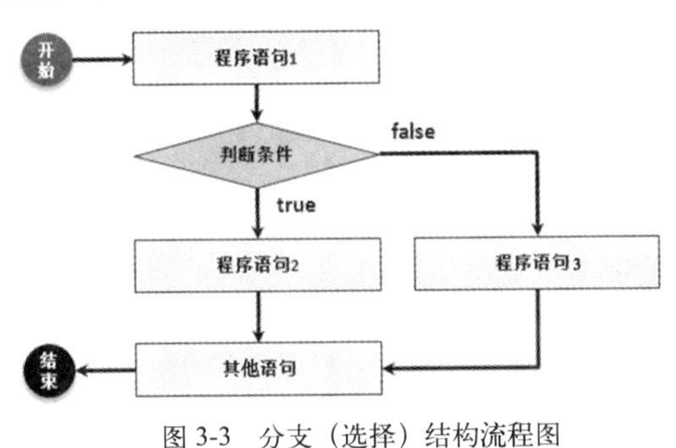

图 3-3　分支（选择）结构流程图

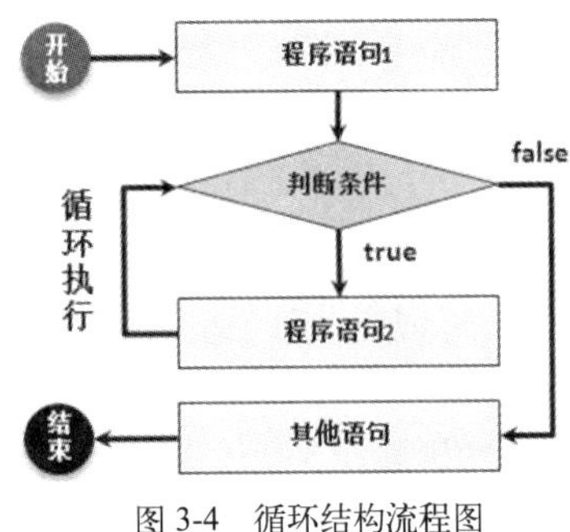

图 3-4　循环结构流程图

3.2　分支结构

分支结构主要根据布尔表达式的判断结果决定是否执行某段程序代码。在 Java 语言里面，分支结构有两类：if 分支结构和 switch 分支结构。

3.2.1　if 分支结构

if 分支结构

视频名称　0302_【掌握】if 分支结构

视频简介　分支结构可以依据布尔表达式的运算结果实现不同程序语句块的执行。本视频主要讲解 Java 中 3 种 if 分支结构的使用。

if 分支结构主要针对逻辑运算的处理结果判断是否执行某段代码。在 Java 中可以使用 if 与 else 两个关键字实现此类结构，一共有以下 3 种组合形式，3 种判断的流程图如图 3-5～图 3-7 所示。

if 判断：

```
if (布尔表达式) {
    条件满足时执行 ;
}
```

if…else 判断：

```
if (布尔表达式) {
    条件满足时执行 ;
} else {
    条件不满足时执行 ;
}
```

多条件判断：

```
if (布尔表达式) {
    条件满足时执行 ;
} else if (布尔表达式) {
    条件满足时执行 ;
} else if (布尔表达式) {
    条件满足时执行 ;
} [else {
    条件不满足时执行 ;
}]
```

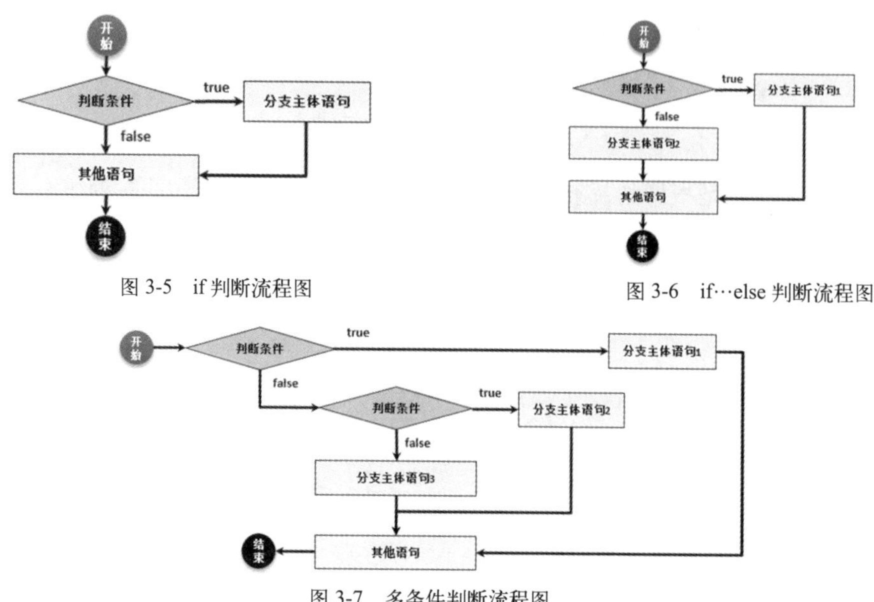

图 3-5　if 判断流程图

图 3-6　if…else 判断流程图

图 3-7　多条件判断流程图

if 分支结构会根据布尔表达式的结果判断执行哪些分支主体语句，分支主体语句执行完毕后都会回归到程序主流程中，一直到程序执行完毕。下面通过几个具体的程序代码演示 if 分支结构。

范例：if 判断。

```
public class YootkDemo {
    public static void main(String[] args) {        // 程序主方法
        int age = 20;                                // 整型变量
        if (age >= 18 && age <= 22) {                // 分支处理
            System.out.println("我是个大学生，拥有无穷的拼搏与探索精神！");
        }
        System.out.println("开始为自己的梦想不断努力拼搏！");
    }
}
```

程序执行结果：

```
我是个大学生，拥有无穷的拼搏与探索精神！
开始为自己的梦想不断努力拼搏！
```

if 语句根据逻辑判断的结果决定是否要执行花括号中的语句，由于此时判断条件成立，因此花括号中的代码可以正常执行。

范例：if…else 判断。

```
public class YootkDemo {
    public static void main(String[] args) {        // 程序主方法
        double money = 20.00;                        // 当前口袋中的全部资产
        if (money >= 19.8) {                         // 19.8为饭费，如果当前资产大于饭费，则可以购买
            System.out.println("大胆地走到售卖处，霸气地拿出20元，说:不用找了，来份盖浇饭！");
        } else {                                     // 当前口袋中的资产不够支付饭费
            System.out.println("回家取钱。");
        }
        System.out.println("好好吃饭，好好地喝！");  // 判断之后的执行语句
    }
}
```

程序执行结果：

```
大胆地走到售卖处，霸气地拿出20元，说:不用找了，来份盖浇饭！
好好吃饭，好好地喝！
```

本程序 if…else 语句执行了布尔表达式的判断，如果条件满足则执行 if 语句代码，反之则执行

else 语句代码。

范例：多条件判断。

```
public class YootkDemo {
    public static void main(String[] args) {            // 程序主方法
        double score = 90.00;                           // 表示考试成绩
        if (score >= 90.00 && score <= 100) {           // 判断条件1
            System.out.println("优等生。");               // 信息输出
        } else if (score >= 60 && score < 90) {         // 判断条件2
            System.out.println("良等生。");               // 信息输出
        } else {                                        // 条件不满足时执行
            System.out.println("差等生。");               // 信息输出
        }
    }
}
```

程序执行结果：

```
优等生。
```

多条件判断中，第一个条件使用 if 定义，其余条件使用 else if 定义，如果所有条件都不满足，则执行 else 语句代码。

3.2.2 switch 分支结构

switch 分支结构

视频名称 0303_【掌握】switch 分支结构

视频简介 switch 是分支结构的另外一种实现形式，与 if 分支结构不同的地方在于，switch 不支持逻辑运算符判断。本视频主要讲解 Java 中的 switch 语法，并分析 break 语句的作用。

switch 是一个开关语句，主要根据内容进行判断。需要注意的是，switch 语句只能判断数据（int、char、枚举、String），而不能使用布尔表达式进行判断。switch 分支结构流程图如图 3-8 所示。switch 语法如下：

```
switch(整型 | 字符型 | 枚举 | String) {
    case 内容 :                          // 内容匹配时执行
        内容匹配时执行 ;
        [break ;]                        // 结束switch语句
    case 内容 : {                        // 可以使用"{}"定义匹配时要执行的代码
        内容匹配时执行 ;
        [break ;]                        // 结束switch语句
    } ...
    [default : {                         // 内容不匹配时执行
        内容都不匹配时执行 ;
        [break ;]                        // 结束switch语句
    }]
}
```

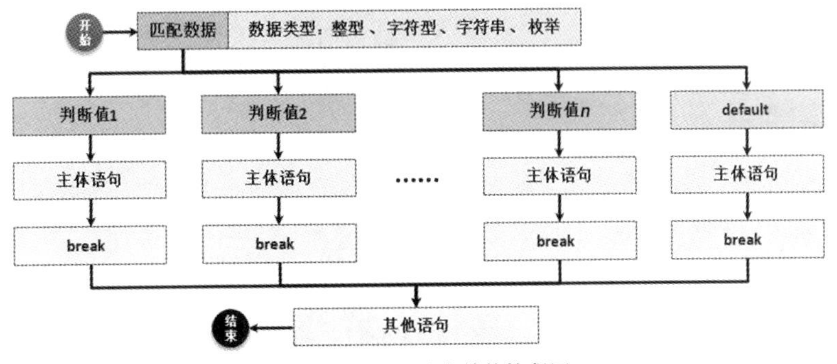

图 3-8 switch 分支结构流程图

> **注意：switch 无法判断布尔表达式。**
>
> 在分支结构中，if 分支结构可以判断布尔表达式的结果，switch 分支结构不能使用布尔表达式。switch 最早只能进行整型或字符型数据的判断，JDK 1.5 开始支持枚举判断，JDK 1.7 支持了 String 判断，JDK 13 支持了 yield 局部返回。

case 语句里面出现的 break 语句，表示的是停止 case 的执行，因为 switch 语句默认情况下会从第一个 case 语句条件满足时开始执行全部代码，直到整个 switch 语句执行完毕或遇见 break 语句时结束。

范例：使用 switch 语句进行判断。

```
public class YootkDemo {
    public static void main(String[] args) {                    // 程序主方法
        int ch = 1;                                             // 定义整型变量
        switch (ch) {                                           // 整型变量内容判断
            case 2:                                             // 匹配内容2
                System.out.println("【2】edu.yootk.com");       // 信息输出
            case 1: {                                           // 匹配内容1
                System.out.println("【1】www.yootk.com");       // 信息输出
            }
            default: {                                          // 匹配不成功时执行
                System.out.println("【X】沐言科技讲师：李兴华"); // 信息输出
            }
        }
    }
}
```

程序执行结果：

```
【1】www.yootk.com（"case 1"语句执行结果）
【X】沐言科技讲师：李兴华（"default"语句执行结果）
```

本程序只使用了 switch 语句，由于没有在每一个 case 语句中定义 break，因此会在第一个满足条件处一直执行，直到 switch 语句执行完毕。如果不希望影响到其他 case 语句执行，可以在每一个 case 语句中使用 break。

范例：使用 break 中断其余 case 语句执行。

```
public class YootkDemo {
    public static void main(String[] args) {                    // 程序主方法
        int ch = 1;                                             // 定义整型变量
        switch (ch) {                                           // 整型变量内容判断，语句位置任意排列
            default: {                                          // 匹配不成功时执行
                System.out.println("【X】沐言科技讲师：李兴华"); // 信息输出
                break ;
            }
            case 1: {                                           // 匹配内容1
                System.out.println("【1】www.yootk.com");       // 信息输出
                break ;
            }
            case 2:                                             // 匹配内容2
                System.out.println("【2】edu.yootk.com");       // 信息输出
                break ;
        }
    }
}
```

程序执行结果：

```
【1】www.yootk.com
```

本程序在 case 语句里面定义了 break 语句，执行时不会执行其他 case 语句。另外需要注意的是，从 JDK 1.7 开始，switch 语句支持对 String 的判断。

范例：使用 switch 语句判断字符串内容。

```
public class YootkDemo {
    public static void main(String[] args) {                              // 程序主方法
        String message = "yootk";                                           // 定义字符串数据
        switch (message) {                                                  // 内容匹配
            case "yootk":                                                   // 数据匹配
                System.out.println("【yootk】www.yootk.com");              // 信息输出
                break;                                                      // 退出switch结构
            case "沐言科技":                                                // 数据匹配
                System.out.println("【沐言科技】爆可爱的小李老师！");       // 信息输出
                break;                                                      // 退出switch结构
            default:                                                        // 匹配不成功时执行
                System.out.println("【NOTHING】请适当用人类的语言描述一下。");  // 信息输出
                break;                                                      // 退出switch结构
        }
    }
}
```

程序执行结果：

```
【yootk】www.yootk.com
```

本程序使用了 switch 语句判断字符串的内容，需要注意的是，该判断区分大小写，即只有字符串的内容和大小写完全匹配时才会执行相应的 case 语句。

3.2.3 yield 局部返回

yield 关键字

视频名称 0304_【理解】yield 关键字

视频简介 yield 是 JDK 13 提供的新关键字，主要与 switch 结合实现局部返回操作。本视频为读者分析 yield 关键字的使用形式，以及 switch 中 yield 完整语法的使用和简化语法的使用。

yield 是在 JDK 13 之后正式加入 Java 的新的关键字。这个关键字的主要作用是进行内容的局部返回，现阶段其主要是结合 switch 语句来使用的。

范例：使用 yield 局部返回。

```
public class YootkDemo {
    public static void main(String[] args) {    // 程序主方法
        String data = "one" ;                   // 定义字符串数据
        int result = switch (data) {            // 要求直接接收switch返回结果
            case "one" : yield 1 ;              // 匹配并局部返回1，等价于“case "one" -> 1 ;”
            case "two" : yield 2 ;              // 匹配并局部返回2，等价于“case "two" -> 2 ;”
            default : {                         // 没有匹配项，等价于“default -> -1 ;”
                yield -1 ;                      // 局部返回
            }
        };
        System.out.println(result) ;            // 输出返回结果
    }
}
```

程序编译命令：

```
javac --enable-preview --release 13 YootkDemo.java
```

程序执行命令：

```
java --enable-preview YootkDemo
```

程序执行结果：

```
1
```

本程序采用 switch 分支结构并使用 yield 进行了局部数据返回操作，需要注意的是，除了可以明确地使用“yield 返回值”的形式实现局部返回，也可以使用“-> 数据”实现简化定义。

提问：yield 有什么实际的应用？

本程序使用 yield 实现了局部返回，那么在 JDK 13 之前版本的 JDK 中要想实现这样的结果该如何处理？这样做的意义是什么？

回答：局部返回有可能开启 Java 新的应用模式。

读者可以发现，要想使用这种局部返回的代码结构，就必须在程序的编译上追加"**--enable-preview --release 13**"匹配参数，同时在程序解释的时候也必须追加"**--enable-preview**"匹配参数，所以严格来讲该功能还未全部融合在 Java 的体系之中，是一种预览技术。JDK 13 以前版本的程序代码如果想实现这样的局部返回，就要采用如下语法结构。

范例：传统开发中的局部返回。

```
public class YootkDemo {
    public static void main(String[] args) {        // 程序主方法
        String data = "one" ;                         // 定义字符串数据
        int result = 0 ;                              // 接收数据的返回值
        switch (data) {                               // switch匹配
            case "one":                               // 匹配内容
                result = 1 ;                          // 为result重新赋值
                break ;                               // 退出switch结构
            case "two":                               // 匹配内容
                result = 2 ;                          // 为result重新赋值
                break ;                               // 退出switch结构
            default:                                  // 不匹配任何数据
                result = -1 ;                         // 为result重新赋值
                break ;                               // 退出switch结构
        }
        System.out.println(result) ;                  // 输出结果
    }
}
```

程序执行结果：

```
1
```

传统程序开发中的局部返回必须使用变量接收的形式进行处理，通过代码的长度可以直观地发现 yield 局部返回代码更加精简。现在可以大胆预估 yield 是为新的并发设计编程准备的，对这方面有兴趣的读者可以参考笔者的《Python 从入门到项目实战》。

3.3　循环结构

循环结构的主要特点是可以根据某些判断条件重复执行某段程序代码。Java 语言的循环结构有两种类型：while 循环结构和 for 循环结构。

3.3.1　while 循环结构

while 循环结构

视频名称　0305_【掌握】while 循环结构

视频简介　循环结构可以实现某一段代码的重复执行。本视频主要讲解 while、do…while 循环语句的使用，并分析两种循环的区别。

while 循环结构是一种较为常见的循环结构，利用 while 语句可以实现循环条件的判断，当判断条件满足时则执行循环体的内容。Java 中的 while 循环结构有以下两类。

while 循环：

```
while (循环判断) {
    循环体 ;
    修改循环条件 ;
}
```

do…while 循环：

```
do {
    循环体 ;
    修改循环条件 ;
} while (循环判断) ;
```

通过以上两类语法可以发现，while 循环需要先判断循环条件，再执行程序代码，do…while 循环需要先执行一次循环体，再进行后续循环的判断。所以在循环条件都不满足的情况下，do…while 循环的循环体至少执行一次，while 循环的循环体一次都不会执行。这两种语法的流程图如图 3-9 和图 3-10 所示。

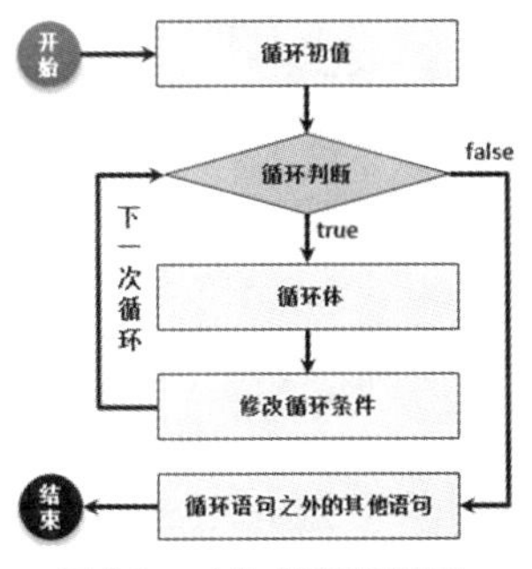

图 3-9　while 循环流程图

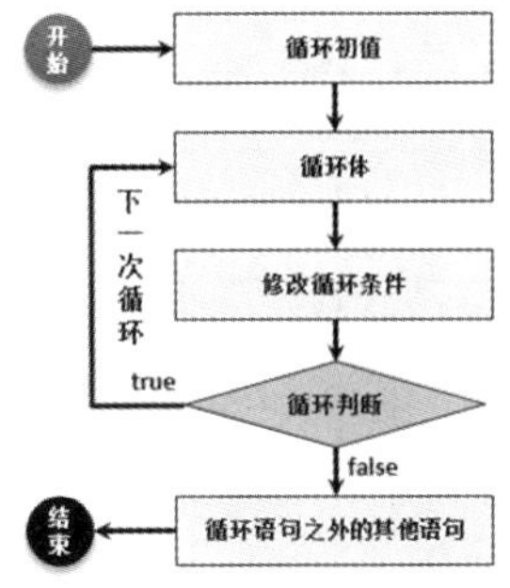

图 3-10　do…while 循环流程图

注意：避免死循环。

对许多初学者而言，循环是程序学习中的第一道关口。相信很多读者都遇到过死循环的问题，死循环很容易理解，就是循环条件一直满足，于是循环体一直被执行，所以死循环唯一的原因就是每次执行循环时都没有修改循环条件。

所有循环语句里都必须有循环的初始条件，程序每次执行循环的时候都要去修改这个条件，以判断循环是否结束。下面通过具体范例解释两种 while 循环结构。

范例：使用 while 循环实现 1～100 数字累加计算。

```
public class YootkDemo {
    public static void main(String[] args) {        // 程序主方法
        int sum = 0;                                // 保存最终的计算总和
        int num = 1;                                // 进行循环控制
        while (num <= 100) {                        // 循环执行条件判断
            sum += num;                             // 数字累加
            num++;                                  // 修改循环条件
        }
        System.out.println(sum);                    // 输出累加结果
    }
}
```

程序执行结果：

```
5050
```

本程序利用 while 循环实现了数字的累加处理。由于判断条件为“num <= 100”，并且每循环一次变量 num 自增长量为 1，所以该循环语句会执行 100 次，当变量 num 增长到 101 时结束循环体的执行，流程图如图 3-11 所示。

范例：使用 do…while 循环实现 1～100 数字累加计算。

```
public class YootkDemo {
    public static void main(String[] args) {        // 程序主方法
        int sum = 0;                                 // 保存最终的计算总和
        int num = 1;                                 // 进行循环控制
        do {                                         // 先执行一次循环体
            sum += num;                              // 数字累加
            num++;                                   // 修改循环条件
        } while (num <= 100);                        // 判断循环条件
        System.out.println(sum);                     // 输出累加结果
    }
}
```

程序执行结果：

```
5050
```

本程序使用 do…while 循环实现了数字累加，在进行循环判断前，先进行一次循环体的执行，当循环条件（“num <= 100”）不满足时结束整个循环的执行，流程图如图 3-12 所示。

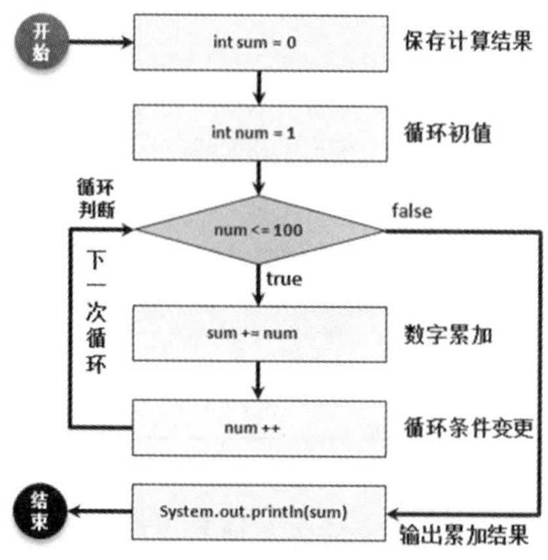

图 3-11　while 累加程序流程图

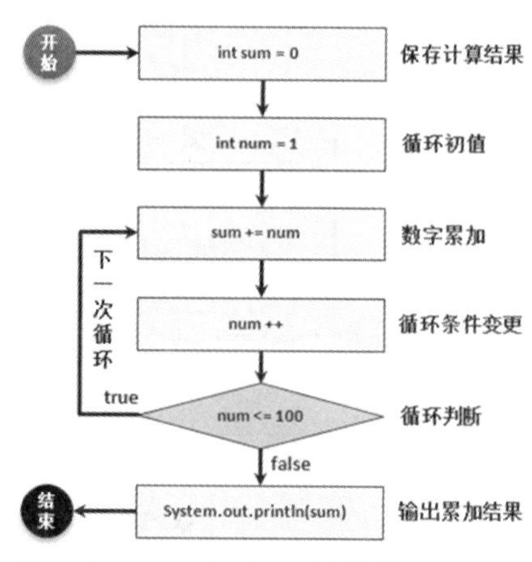

图 3-12　do…while 累加程序流程图

3.3.2　for 循环结构

for 循环结构

视频名称　0306_【掌握】for 循环结构

视频简介　while 循环结构依据判断结果实现循环控制，在明确知道循环次数的情况下，可以使用 for 实现循环控制。本视频主要讲解 for 循环结构的使用。

使用 while 循环结构首先要单独编写语句进行循环初值的定义，随后使用 while 进行循环条件判断，当循环条件满足时就可以执行循环体内容。如果已经明确地知道循环次数，则可以通过 for 循环结构更加简单地进行循环处理。首先观察 for 循环结构的语法：

```
for (循环初始条件 ; 循环判断 ; 修改循环条件) {
    循环体 ;
}
```

通过给定的格式可以发现，for 循环结构在定义的时候将循环初始条件、循环判断、修改循环条件等操作都放在了同一行语句中，执行的时候循环初始条件只执行一次，而后每次执行循环体前都会进行循环判断，并且每次循环体执行完毕后都会自动修改循环条件，流程图如图 3-13 所示。

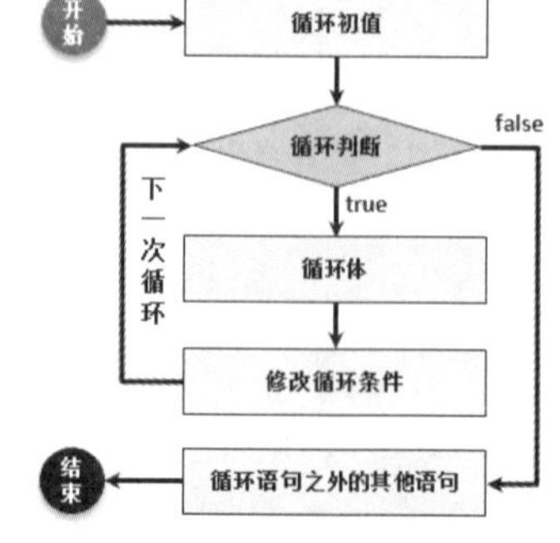

图 3-13　for 循环结构流程图

提问：用哪种循环好？

本节给出了 while、do…while、for 3 种循环，那么在实际工作中如何选择？

回答：主要使用 while 循环和 for 循环。

就笔者的经验来讲，在程序开发中 while 循环和 for 循环使用次数较多，这两者的使用环境如下。

- **while 循环**：在不确定循环次数，但是确定循环结束条件的情况下使用。
- **for 循环**：在确定循环次数的情况下使用。

例如，现在要求一口一口地吃饭，到吃饱为止，可是现在并不知道到底要吃多少口，只知道结束条件，所以使用 while 循环比较好；如果现在要求绕操场跑两圈，明确知道了循环的次数，那么使用 for 循环更加方便。do…while 循环在程序开发中使用较少。

范例：使用 for 循环实现数字累加。

```
public class YootkDemo {
    public static void main(String[] args) {      // 程序主方法
        int sum = 0;                              // 保存最终的计算总和
        // 设置循环初始条件num，同时此变量用于累加操作，每次执行循环体前都要判断（num <= 100）
        // 循环体执行完毕后会自动执行num++改变循环条件，并重新判断循环条件，条件满足时继续执行语句
        for (int num = 1; num <= 100; num++) {
            sum += num;                           // 循环体中实现累加操作
        }
        System.out.println(sum);                  // 输出累加结果
    }
}
```

程序执行结果：

```
5050
```

本程序利用 for 循环实现了数字累加。for 循环可以直接进行循环变量初始化、设置循环条件、修改循环变量等操作，而在循环结构内部只需要编写要执行的核心语句。for 累加程序流程图如图 3-14 所示。

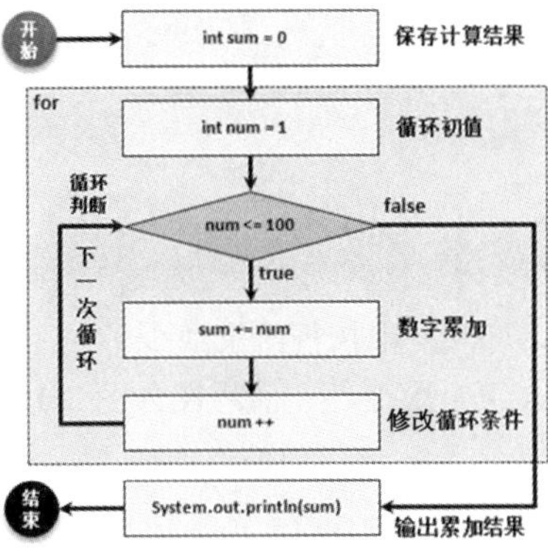

图 3-14 for 累加程序流程图

提示：避免 for 循环拆分使用。

循环初值和循环条件的变更，正常情况下可以由 for 语句自动控制，但是根据不同需求也可以将其分开定义。

范例：拆分 for 循环。

```
public class YootkDemo {
    public static void main(String[] args) {      // 程序主方法
        int sum = 0;                              // 保存最终的计算总和
```

```
        int num = 1;                                // 循环初始条件
        for (; num <= 100;) {                       // for循环
            sum += num;                             // 循环体中实现累加操作
            num++;                                  // 修改循环条件
        }
        System.out.println(sum);                    // 输出累加结果
    }
}
```

程序执行结果：

```
5050
```

程序将循环变量的初始化定义在了 for 循环的外部，将循环变量的修改定义在了 for 循环的内部。通过 for 语句的使用可以发现这两部分代码的位置依然需要保留。虽然此种方式最终实现了数字累加的正确计算，但是除非有特殊需要，本书不推荐这种方式。

3.3.3　循环控制语句

循环控制语句

视频名称　0307_【掌握】循环控制语句

视频简介　循环结构可以重复执行代码，为了保证程序可以对循环进行中断控制，Java 语言提供了 break 与 continue 关键字。本视频为读者讲解这两个关键字的使用。

在循环结构中只要循环条件满足，循环体的代码就会重复执行，因此程序提供两个循环控制语句：continue（退出本次循环）语句和 break（退出整个循环）语句。循环控制语句在使用时往往结合分支语句进行判断。

范例：使用 continue 退出单次循环。

```
public class YootkDemo {
    public static void main(String[] args) {        // 程序主方法
        for (int num = 0; num < 10; num++) {        // for循环结构
            if (num == 3) {                         // 循环中断判断
                continue;                           // 结束本次循环，后续代码本次不执行
            }
            System.out.print(num + "、");            // 输出循环结果
        }
    }
}
```

程序执行结果：

```
0、1、2、4、5、6、7、8、9、
```

程序中使用了 continue 语句，可以发现执行结果缺少了 3，这是因为使用了 continue 语句，当 num=3 时结束本次循环，直接进入下一次循环，流程图如图 3-15 所示。

范例：使用 break 结束整体循环。

```
public class YootkDemo {
    public static void main(String[] args) {        // 程序主方法
        for (int num = 1; num < 10; num++) {        // for循环结构
            if (num == 3) {                         // 循环中断判断
                break;                              // 退出循环结构
            }
            System.out.print(num + "、");            // 输出循环结果
        }
    }
}
```

程序执行结果：

```
0、1、2、
```

本程序在 for 循环中使用了一个分支语句（num == 3）来判断是否需要结束整体循环。通过执行结果可以发现，当 num 的内容为 3 时，循环不再执行，流程图如图 3-16 所示。

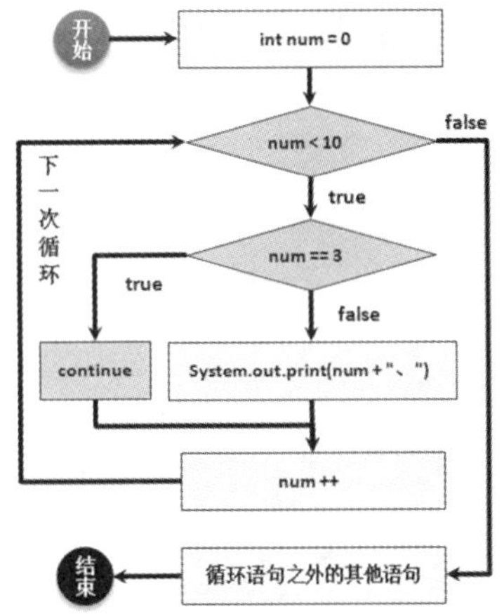

图 3-15 continue 循环控制流程图

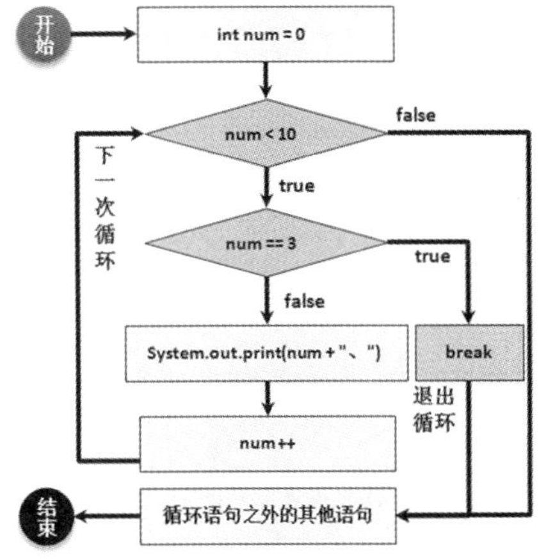

图 3-16 break 循环控制流程图

3.3.4 循环嵌套

循环嵌套

视频名称 0308_【理解】循环嵌套

视频简介 循环结构可以通过语法嵌套的形式实现更加复杂的逻辑控制操作。本视频主要讲解如何利用循环嵌套打印乘法口诀表与三角形。

循环结构在内部嵌入若干个子循环结构，可以实现更加复杂的循环控制。需要注意的是，这类循环结构可能导致程序复杂度提高。

范例：打印乘法口诀表。

```
public class YootkDemo {
    public static void main(String[] args) {        // 程序主方法
        for (int x = 1; x <= 9; x++) {              // 第一层（外层）循环
            for (int y = 1; y <= x; y++) {          // 第二层（内层）循环
                System.out.print(y + "*" + x + "=" + (x * y) + "\t");
            }
            System.out.println();                    // 换行
        }
    }
}
```

程序执行结果：

```
1*1=1
1*2=2	2*2=4
1*3=3	2*3=6	3*3=9
1*4=4	2*4=8	3*4=12	4*4=16
1*5=5	2*5=10	3*5=15	4*5=20	5*5=25
1*6=6	2*6=12	3*6=18	4*6=24	5*6=30	6*6=36
1*7=7	2*7=14	3*7=21	4*7=28	5*7=35	6*7=42	7*7=49
1*8=8	2*8=16	3*8=24	4*8=32	5*8=40	6*8=48	7*8=56	8*8=64
1*9=9	2*9=18	3*9=27	4*9=36	5*9=45	6*9=54	7*9=63	8*9=72	9*9=81
```

本程序使用了两层循环控制输出，其中第一层循环是控制输出行和乘法口诀表中左边的数字（3 * 7= 21，x 控制的是数字 7，而 y 控制的是数字 3），第二层循环是控制输出列，并且为了防止出现重复数据（例如，“1 * 2”和“2 * 1”计算结果重复），设置 y 每次的循环次数受到 x 的限制，每次里面的循环执行完毕后就输出一个换行。本程序的流程图如图 3-17 所示。

范例：打印三角形。

```
public class YootkDemo {
    public static void main(String[] args) {      // 程序主方法
        int line = 5;                              // 总体行数
        for (int x = 0; x < line; x++) {           // 外层循环控制三角形行数
            for (int y = 0; y < line - x; y++) {   // 每行的空格数量逐步减少
                System.out.print(" ");             // 输出空格
            }
            for (int y = 0; y <= x; y++) {         // 每行输出的“*”逐步增加
                System.out.print("* ");            // 输出“*”
            }
            System.out.println();                  // 换行
        }
    }
}
```

程序执行结果：

```
    *
   * *
  * * *
 * * * *
* * * * *
```

本程序利用外层 for 循环进行了三角形行数的控制，并且在每行输出完毕后都输出换行；在内层 for 循环进行了空格与“*”的输出，随着输出行数的增加，空格数量逐步减少，而“*”数量逐步增加。本程序流程图如图 3-18 所示。

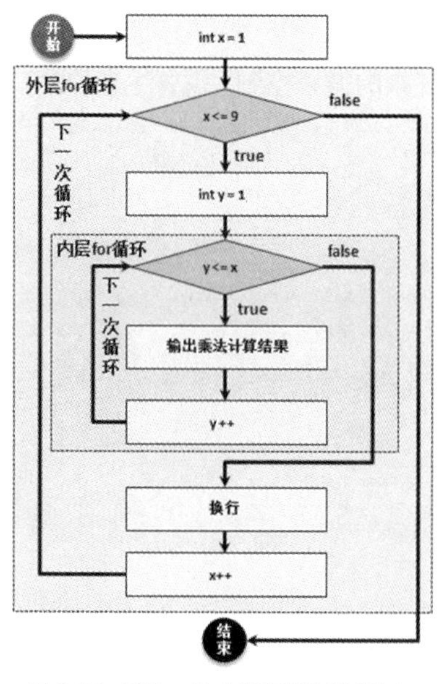

图 3-17 乘法口诀表循环控制流程图

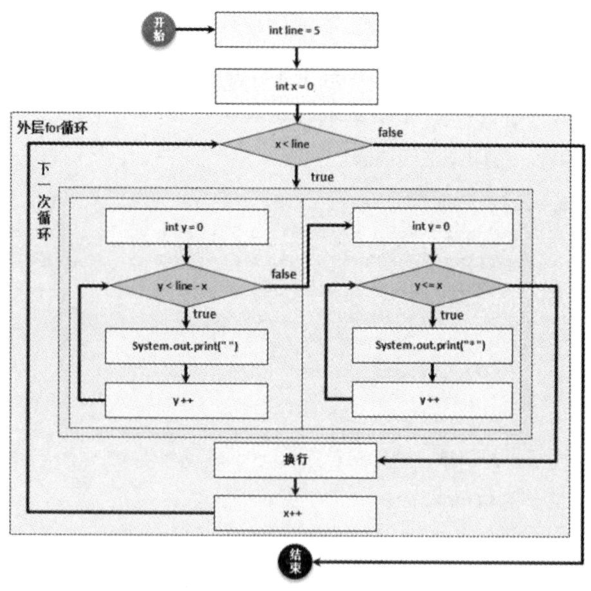

图 3-18 打印三角形循环控制流程图

提示：关于 continue 语句与循环嵌套的使用问题。

循环嵌套的代码设计可以使用 continue 语句并结合代码标记实现跳出处理（本操作机制类似 C 语言的 goto 关键字，而 goto 在 Java 语言中属于未使用到的关键字）。

范例：使用 continue 语句进行跳出处理。

```
public class YootkDemo {
    public static void main(String[] args) {      // 程序主方法
        point: for (int x = 0; x < 3; x++) {       // 外层for循环，定义代码标记
```

```
            for (int y = 0; y < 3; y++) {      // 内存for循环
                if (x == y) {                  // 执行判断
                    continue point;            // 循环跳转到指定外层循环
                }
                System.out.print(x + "、");  // 输出内容
            }
            System.out.println();              // 换行
        }
    }
}
```

程序执行结果：

```
1、2、2、
```

本程序在外层 for 循环定义了“point”代码标记，在内层循环利用 continue 语句跳转到指定代码标记处。本书不推荐使用这类结构，读者了解即可。

3.4 方 法

方法作用概述

视频名称 0309_【理解】方法作用概述

视频简介 方法是程序开发中一种常见的代码结构，在 Java 项目开发中被大量使用。为了便于读者理解方法的本质和作用，本视频从生活的角度通过实例来分析方法的主要作用。

方法（Method，在很多语言中称为 Function，即函数）指一段可以被重复调用的代码。方法可以实现庞大程序的拆分，是一种代码重用的技术手段，并且有利于代码维护。在设计合理的软件项目中经常大量采用方法来管理程序结构。

3.4.1 方法基本定义

方法基本定义

视频名称 0310_【掌握】方法基本定义

视频简介 方法是进行代码重用的一种技术手段。本视频主要讲解 Java 方法的基本作用和定义格式，并利用实例演示方法的定义及使用。

我们在程序开发中经常遇到各种重复代码，为了方便管理这些重复的代码，可以通过方法来保存它们，实现重复调用。方法的定义可以使用以下格式。

```
public static 返回值类型 方法名称(参数类型 参数变量, ...) {
    方法体（本方法要执行的若干操作）;
    [return [返回值];]
}
```

方法定义的返回值类型与传递的参数类型均为 Java 的数据类型（基本数据类型、引用数据类型）。在方法中可以进行返回值的处理，返回值可以使用 return 描述，返回值的数据类型与方法定义的返回值类型相同。如果不返回数据，该方法可以使用 void 进行声明。

提示：关于方法的定义格式。

进行方法定义时本节使用了 static 关键字，这是因为当前的方法需要定义在主类中，并且由主方法直接调用。当然，是否使用 static 需要根据相应的条件进行判断。static 的使用问题本书第 4 章将为读者详细解释。

另外，Java 对方法名称有严格的要求：第一个单词首字母小写，而后每个单词的首字母大写。例如，printInfo()、getMessage()。

范例：定义一个无参且无返回值的方法。

```
public class YootkDemo {
    public static void main(String[] args) {              // 程序主方法
        printMessage();                                    // 直接在主方法中调用自定义的方法
        printMessage();                                    // 直接在主方法中调用自定义的方法
    }
    public static void printMessage() {                    // 自定义方法
        System.out.println("沐言科技：www.yootk.com");  // 信息输出
    }
}
```

程序执行结果：

```
沐言科技：www.yootk.com
沐言科技：www.yootk.com
```

本程序在 YootkDemo 主类中定义了一个 printMessage()方法，此方法主要进行内容的输出。方法声明返回值时使用了 void，然后主方法调用了两次 printMessage()方法，执行流程如图 3-19 所示。

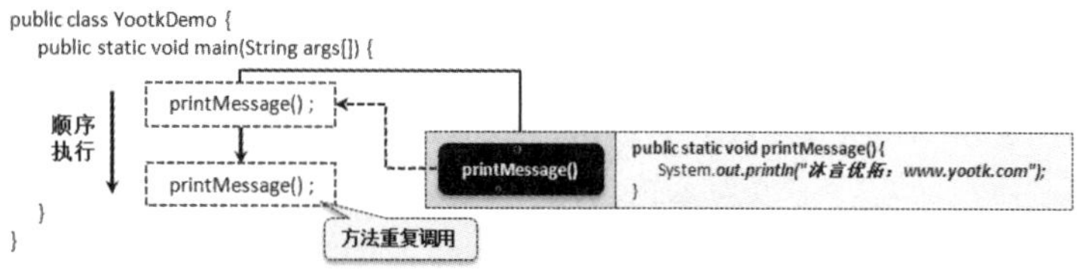

图 3-19 方法调用执行流程

提问：怎样判断需要定义方法?

方法是一段可以被重复调用的代码，那么把哪些代码封装为方法有没有明确的要求?

回答：实践出真知。

在项目开发中将哪些代码封装为方法实际上并没有严格的标准，往往依靠开发者的经验。初学者应该以完成功能为主，在此基础上再更多地考虑代码结构的合理性。如果在开发中发现一直进行着部分代码的“复制—粘贴”操作，开发者就应该考虑将这些代码封装为方法以进行重复调用。

范例：定义一个有参数有返回值的方法。

```
public class YootkDemo {
    public static void main(String[] args) {              // 程序主方法
        String result = payAndGet(20.0);                   // 接收返回值
        System.out.println(result);                        // 输出执行结果
        System.out.println(payAndGet(5.0));                // 直接输出返回值
    }
    /**
     * 定义一个支付并获取内容的方法，该方法可以由主方法直接调用
     * @param money 要支付的金额
     * @return 根据支付结果获取相应的反馈信息
     */
    public static String payAndGet(double money) {
        if (money >= 10.0) {                               // 判断金额是否充足
            return "购买一份快餐，找零：" + (money - 10.0);   // 返回一个字符串
        } else {                                           // 金额不足
            return "对不起，你的余额不足，请先充值。";        // 信息输出
        }
    }
}
```

程序执行结果：

```
购买一份快餐，找零：10.0
对不起，你的余额不足，请先充值。
```

本程序定义的 payAndGet()方法需要接收数据类型为 double 的参数，返回数据类型为 String 的处理结果。方法根据传入的内容进行判断，返回不同的处理结果。

如果在定义的方法中使用 void 声明了返回值类型（表示该方法不会返回数据），则可以利用 return 语句结束当前的方法调用。

范例：使用 return 语句结束方法调用。

```java
public class YootkDemo {
    public static void main(String[] args) {                    // 程序主方法
        sale(3);                                                // 调用方法
        sale(-3);                                               // 调用方法
    }
    /**
     * 定义销售方法，可以根据金额输出销售信息
     * @param amount 要销售的数量，必须为正数
     */
    public static void sale(int amount) {                       // 自定义方法
        if (amount <= 0) {                                      // 销售数量出现错误
            return;                                             // 后续代码不执行了
        }
        System.out.println("销售" + amount + "本图书。");        // 信息输出
    }
}
```

程序执行结果：

```
销售3本图书。
```

本程序定义了 sale()图书销售方法，根据传入的销售数量进行判断，如果销售数量小于或等于 0，则认为销售逻辑出现问题，直接利用 return 语句结束方法调用。

3.4.2 方法重载

方法重载

视频名称 0311_【掌握】方法重载

视频简介 方法重载是实现方法名称重用的一种技术手段。本视频主要讲解方法重载的实现要求与使用限制。

方法重载是方法名称重用的一种技术形式，主要特点为“方法名称相同，参数的类型或个数不同”，在调用时会根据传递的参数类型和个数执行不同的方法体。

例如，一个 sum()方法可能执行 2 个整数的相加，也可能执行 3 个整数的相加，或者执行 2 个小数的相加，显然，在这样的情况下，一个方法体无法满足要求，需要为 sum()方法定义多个方法体，此时就需要方法重载概念的支持。

范例：定义重载方法。

```java
public class YootkDemo {
    public static void main(String[] args) {                    // 程序主方法
        int resultA = sum(10, 20);                              // 调用2个int参数的方法
        int resultB = sum(10, 20, 30);                          // 调用3个int参数的方法
        int resultC = sum(11.2, 25.3);                          // 调用2个double参数的方法
        System.out.println("加法执行结果：" + resultA);          // 信息输出
        System.out.println("加法执行结果：" + resultB);          // 信息输出
        System.out.println("加法执行结果：" + resultC);          // 信息输出
    }
    /**
```

```
     * 实现2个整型数据的加法计算
     * @param x 计算数字1
     * @param y 计算数字2
     * @return 加法计算结果
     */
    public static int sum(int x, int y) {
        return x + y;                              // 2个数字相加
    }
    /**
     * 实现3个整型数据的加法计算
     * @param x 计算数字1
     * @param y 计算数字2
     * @param z 计算数字3
     * @return 加法计算结果
     */
    public static int sum(int x, int y, int z) {
        return x + y + z;                          // 3个数字相加
    }
    /**
     * 实现2个浮点型数据的加法计算
     * @param x 计算数字1
     * @param y 计算数字2
     * @return 加法计算结果，去掉小数位
     */
    public static int sum(double x, double y) {
        return (int) (x + y);                      // 2个数字相加
    }
}
```

程序执行结果：

```
加法执行结果：30
加法执行结果：60
加法执行结果：36
```

本程序在主类中共定义了 3 个 sum()方法，但是后 2 个 sum()方法分别与第 1 个 sum()方法在参数个数和类型上存在不同，即此时的 sum()方法被重载了。调用方法时，虽然方法的调用名称相同，但是根据声明的参数个数及类型执行不同的方法体，调用过程如图 3-20 所示。

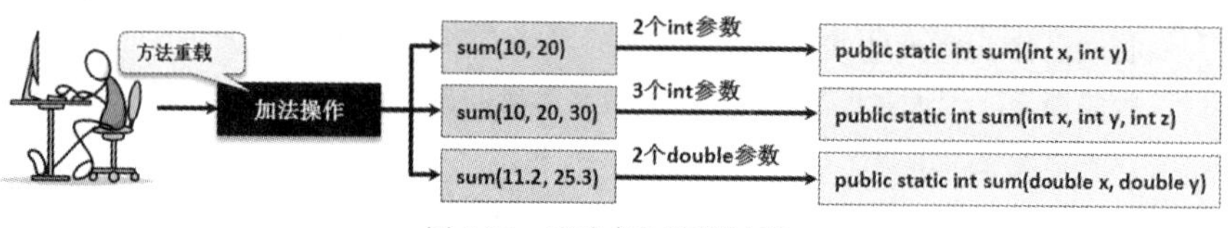

图 3-20　重载方法调用过程

提问：关于 sum()方法的返回值问题。

本程序进行 sum()方法重载时采用了这样一个方法“public static int sum(double x, double y)”，该方法接收 2 个 double 参数，但是最终却返回了 int 数据，为什么？

回答：考虑到标准性，方法重载时建议统一返回值类型。

在方法重载的概念中并没有对方法的返回值进行强制性的约束，这意味着方法重载时返回值可以根据用户的需求自由定义，例如，对 sum()方法使用以下方式定义也是正确的。

```
public static double sum(double x, double y) {
    return x + y;                              // 2个数字相加
}
```

需要注意的是，一旦这样定义，就会造成方法调用的混淆问题。考虑到程序开发的标准性，进行方法重载时建议统一方法的返回值类型。

实际上在 Java 提供的许多类库中也存在方法重载的使用，例如，屏幕信息打印“System.out.println()”中的 println()方法（也包括 print()方法）就属于方法重载的应用。

范例：观察输出操作的重载实现。

```
public class YootkDemo {
    public static void main(String[] args) {          // 程序主方法
        System.out.println("yootk.com");              // 输出String
        System.out.println(1);                        // 输出int
        System.out.println(10.2);                     // 输出double
        System.out.println('M');                      // 输出char
        System.out.println(false);                    // 输出boolean
    }
}
```

程序执行结果：

```
yootk.com（“System.out.println("yootk.com")”代码执行结果）
1（“System.out.println(1)”代码执行结果）
10.2（“System.out.println(10.2)”代码执行结果）
M（“System.out.println('M')”代码执行结果）
false（“System.out.println(false)”代码执行结果）
```

本程序利用 System.out.println()重载的特点分别输出了不同数据类型的信息，可以得出明显的结论：println()方法在 JDK 中通过方法重载进行了定义。

3.4.3 方法递归调用

方法递归调用

视频名称 0312_【了解】方法递归调用

视频简介 递归调用（Recursion Algorithm）是一种特殊的方法嵌套调用形式，可以利用递归调用实现更为复杂的计算。本视频主要讲解方法递归调用的操作形式。

递归调用是一种特殊的调用形式，指的是方法“自己调用自己”，执行流程如图 3-21 所示。递归调用必须满足以下条件。

- 递归调用必须有结束条件。
- 每次调用时都需要根据需求改变传递的参数内容。

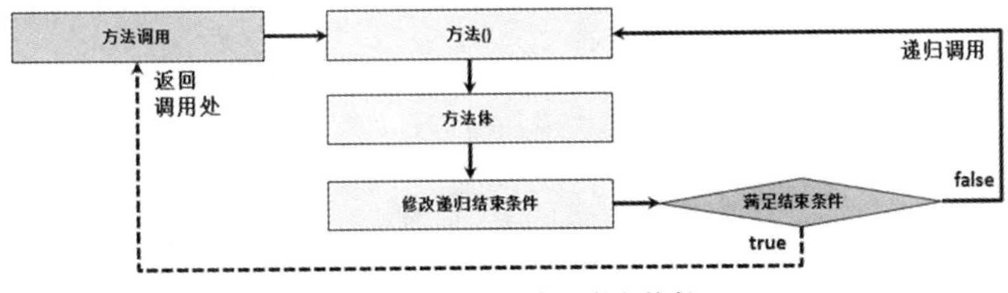

图 3-21 方法递归调用执行流程

提示：关于递归结构的使用。

递归调用是迈向数据结构开发的第一步，读者如果想熟练掌握递归操作方法，则需要大量地编写代码积累经验。换个角度来讲，在应用层项目开发中一般很少出现递归操作，因为一旦处理不当就会导致内存溢出。

范例：实现 1～100 数字累加。

```
public class YootkDemo {
    public static void main(String[] args) {          // 程序主方法
        System.out.println(sum(100));                 // 1～100累加
    }
```

```
    /**
     * 数据的累加操作，传入数据累加操作的最大操作数，然后进行数据的递减，累加到该数据为1为止
     * @param num 要进行累加的操作数
     * @return 累加结果
     */
    public static int sum(int num) {                          // 最大操作数
        if (num == 1) {                                       // 递归结束条件
            return 1;                                         // 最终结果返回一个1
        }
        return num + sum(num - 1);                            // 递归调用
    }
}
```

程序执行结果：

```
5050
```

本程序使用递归结构进行了数字的累加操作，当传递的参数为 1 时，直接返回一个数字 1（递归调用结束条件）。本程序的操作分析如下。

- 【第 1 次执行 sum()，主方法执行】return 100 + sum(99)。
- 【第 2 次执行 sum()，sum()递归调用】return 99 + sum(98)。

……

- 【第 99 次执行 sum()，sum()递归调用】return 2 + sum(1)。
- 【第 100 次执行 sum()，sum()递归调用】return 1。

最终执行的效果相当于 return 100 + 99 + 98 + … + 2 + 1（if 结束条件）。本程序的执行流程如图 3-22 所示。

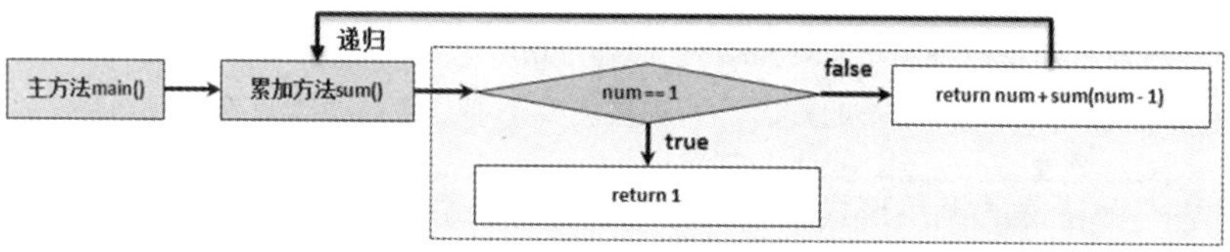

图 3-22 递归实现数据累加的执行流程

范例：计算 1! + 2! + 3! + 4! + 5! + … + 90!的结果。

```
public class YootkDemo {
    public static void main(String[] args) {                  // 程序主方法
        System.out.println(sum(90));                          // 实现阶乘操作
    }
    /**
     * 实现阶乘数据的累加操作，根据每一个数字进行阶乘操作
     * @param num 要处理的数字
     * @return 指定数字的阶乘结果
     */
    public static double sum(int num) {
        if (num == 1) {                                       // 递归结束条件
            return factorial(1);                              // 返回1的阶乘
        }
        return factorial(num) + sum(num - 1);                 // 保存阶乘结果
    }
    /**
     * 定义方法实现阶乘计算
     * @param num 根据传入的数字实现阶乘
     * @return 阶乘结果
     */
    public static double factorial(int num) {
        if (num == 1) {                                       // 定义阶乘结束条件
            return 1;                                         // 返回1 * 1的结果
        }
```

```
        return num * factorial(num - 1);                    // 递归调用
    }
}
```

程序执行结果：

```
1.502411534554385E138
```

本程序实现了指定数据范围阶乘的累加计算。由于阶乘的数值较大，本程序使用了数据类型double进行最终计算结果的保存，执行流程如图3-23所示。

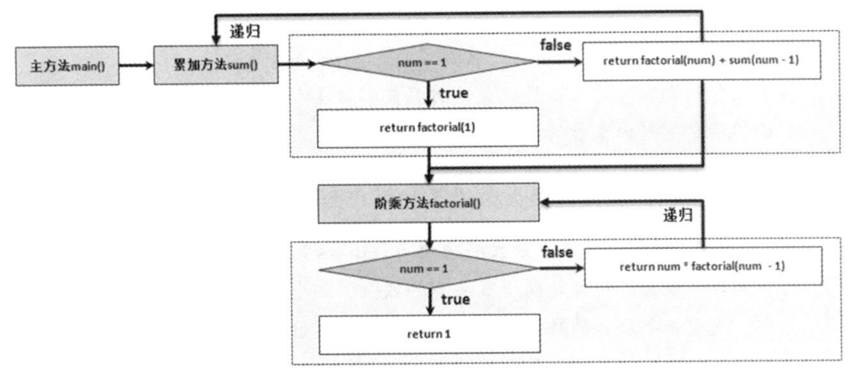

图3-23　递归实现阶乘累加的执行流程

3.5　本章概览

1．if语句可依据判断的结果来决定程序的流程。

2．选择结构包括if、if…else及switch语句。选择结构就像是十字路口，选择不同，程序的运行方向与结果也不同。

3．需要重复执行某段代码时，循环是比较好的选择。可以根据需求与习惯，选择使用Java提供的for、while或do…while循环。

4．break语句可以强制程序逃离循环。程序运行到break语句时，会离开循环，继续执行循环外的下一个语句；如果break语句出现在嵌套循环中的内层循环，则只逃离当前层循环。

5．continue语句可以强制程序跳到循环的起始处。程序运行到continue语句时，会停止执行剩余的循环体，返回循环的起始处继续运行。

6．方法是一段可重复调用的代码。本章中的方法可以由主方法直接调用，因此要加入public static关键字进行修饰。

7．方法的重载：方法名称相同，参数的类型或个数不同，则此方法被称为重载方法。

8．方法递归调用指本方法的自身重复执行。在使用递归调用时一定要设置好方法的结束条件，否则就会出现内存溢出问题，造成程序中断。

3.6　实战自测

1．编写程序代码实现任意两个整数的互换。

数字交换

视频名称　0313_【掌握】数字交换

视频简介　数字交换是一种原始的变量处理操作。数字交换的原始做法是通过第三方变量进行处理。本视频在为读者分析原始做法的同时实现不引入第三方变量情况下的数据交换。

2．打印 100～1000 的所有水仙花数。所谓“水仙花数”是指一个三位数，其各位数字立方和等于该数本身。例如，153 是一个水仙花数，因为 $153=1^3+5^3+3^3$。

打印水仙花数

视频名称　0314_【掌握】打印水仙花数

视频简介　水仙花数是一种特殊结构的三位数。本视频利用循环结构并基于分支结构实现了 1000 以内的水仙花数的数据输出。

3．打印 1～1000 的素数。素数指大于 1 且只能被 1 和其本身整除的数。

打印素数

视频名称　0315_【掌握】打印素数

视频简介　素数又称为质数，是一种只能够被 1 和其自身整除的数。本视频通过循环结构实现了指定范围内素数的输出。

4．任意给出两个数字，计算出其最大公约数和最小公倍数。

最大公约数与最小公倍数

视频名称　0316_【掌握】最大公约数与最小公倍数

视频简介　最大公约数是两个数共有的因数，最小公倍数是两个数共有的因数及其他因数之积，这是一个基本的数学运算逻辑。本视频通过任意给出两个数字，实现了对应的最大公约数和最小公倍数的计算。

5．一皮球从 100 米高处自由落下，每次落地后反弹回原高度一半，再落下，求：它在第 10 次落地时，共经过多少米？第 10 次反弹多高？

计算皮球反弹高度

视频名称　0317_【掌握】计算皮球反弹高度

视频简介　本视频通过一种线性的模拟结构实现了皮球自由落体运动数据的统计处理，分析了 int 和 double 两种数据类型对程序的影响。

6．猴子有若干个桃子，第一天吃了一半，还不解馋，又多吃了一个；第二天吃剩下的桃子的一半，还不过瘾，又多吃了一个；以后每天都吃前一天剩下的一半多一个，到第十天想再吃时，只剩下一个桃子了。问：第一天共吃了多少个桃子？

猴子吃桃

视频名称　0318_【掌握】猴子吃桃

视频简介　猴子吃桃是一道经典基础程序逻辑题。本视频讲解利用线性结构和循环的处理特点，采用逆序推理的方式实现数据统计处理。

第 4 章

类与对象

本章学习目标

1. 了解面向过程与面向对象的区别，理解面向对象的主要特点；
2. 掌握类与对象定义格式，理解引用数据类型的内存分配机制；
3. 掌握引用传递的分析方法，理解垃圾的产生原因；
4. 掌握 private 关键字的用法，理解封装性的主要特点；
5. 掌握构造方法的定义要求、主要特点及相关使用限制；
6. 掌握简单 Java 类的开发原则并会使用简单 Java 类结构自定义实体类；
7. 掌握 static 关键字的使用方法，深刻理解 static 定义成员属性与方法的意义。

面向对象（Object Oriented，OO）是现在流行的软件设计与开发方法。Java 本身的一个重要特点就在于其属于面向对象的编程语言。面向对象编程有两个核心概念：类、对象。本章为读者介绍面向对象程序的主要特点，并通过完善的实例分析类与对象的定义与使用。

4.1　面向对象概述

面向对象概述

视频名称　0401_【理解】面向对象概述

视频简介　程序开发经历了面向过程与面向对象两个阶段。本视频主要讲解两种开发方法的宏观区别，并解释面向对象的 3 个主要特性。

面向对象是现在流行的程序设计方法，当前的程序开发绝大多数都以面向对象为基础。在面向对象设计方法出现之前，程序开发广泛采用的是面向过程设计方法。面向过程以程序的基本功能实现为主要目标，并不考虑项目的可维护性。面向对象更多的是进行子模块的设计，每一个模块单独存在，并且可以被重复利用，所以面向对象是一个标准化的开发模式。

提示：关于面向过程与面向对象的区别。

考虑到读者还没有掌握面向对象的概念，下面先使用一些较为直白的方式帮助读者理解面向过程与面向对象的区别。例如，要制造一辆汽车，可以有两种做法。

- **做法 1（面向过程）：** 将制造汽车所需的材料准备好，由一个人自行设置汽车的标准，如车身长度、车体宽度、发动机规格等。但是这仅仅是一台汽车的设计标准，如果某个零件需要更换，就需要依据自定义的标准单独构建模具来重新生产，所以这种做法没有通用性。
- **做法 2（面向对象）：** 首先由一个设计人员设计出整台汽车各个零件的标准，并将不同的零件生产任务交给不同的制造部门；然后各个部门按照标准生产；最后统一由某个部门进行组装。这样即使某一个零件坏掉了，也可以轻松进行维修。这样的设计具备通用性，并且符合标准模块化设计要求。

面向对象程序设计有 3 个主要特性：封装性、继承性和多态性。下面简单介绍这 3 种特性，本书后续章节将对这 3 个方面进行全面的阐述。

1. 封装性

封装是面向对象程序设计遵循的一个重要原则。封装具有两层含义：一层含义是把对象的成员属性和行为看成一个密不可分的整体，将这两者“封装”在一个不可分割的独立单元（对象）中；另一层含义是 “信息隐蔽”，把不需要让外界知道的信息隐藏起来。有些对象的属性及行为允许外界用户知道或使用，但不允许更改；有些属性或行为不允许外界知晓，或者只允许外界使用对象的功能，而尽可能隐蔽对象功能的实现细节。

封装机制在程序设计中表现为，把描述对象属性的变量与实现对象功能的方法组合在一起，定义为一个程序结构，并保证外界不能任意更改内部的属性值，也不能任意调用内部的功能方法。封装机制的另一个特点是，给封装在一个整体内的变量及方法规定了不同级别的“可见性”或访问权限。

2. 继承性

继承是面向对象程序设计中的重要概念，是提高软件开发效率的重要手段：首先定义反映事物一般属性的类；然后在其基础上派生出反映事物特殊属性的类。例如，现有汽车的类，该类描述了汽车的普遍属性和行为，可进一步产生轿车的类，轿车的类继承汽车的类，轿车的类不仅拥有汽车的全部属性和行为，还具备轿车特有的属性和行为。

在 Java 程序设计中，实现继承前一定要有一些已经存在的类（可以是自定义的类，也可以是由类库提供的类）。用户开发的程序类需要继承这些已有的类。这样，新定义的类结构可以继承已有的类结构（属性或方法）。被继承的类称为父类或超类，经继承产生的类称为子类或派生类。根据继承机制，派生类继承了超类的所有内容，并相应地增加了自己的新的成员。

面向对象程序设计中的继承机制，大大增强了程序代码的可重用性，提高了软件的开发效率，降低了程序产生错误的可能性，也为程序的修改、扩充提供了便利。

一个子类只允许继承一个父类称为单继承；如果允许继承多个父类，则称为多继承。目前 Java 语言不支持多继承，而是通过接口来弥补子类不能享有多个父类的缺憾。

3. 多态性

多态是面向对象程序设计的又一个重要特性。多态是指允许程序中出现重名。Java 语言中有方法重载与对象多态这两种形式的多态。

- 方法重载：在一个类中，允许多个方法使用同一个名字，但方法的参数不同，完成的功能也不同。
- 对象多态：子类对象可以与父类对象相互转换，而且所属子类不同，完成的功能也不同。

多态性使程序的抽象程度和简洁程度更高，有助于程序设计人员对程序分组及协同开发。

4.2　类与对象

类与对象概述

视频名称　0402_【理解】类与对象概述

视频简介　类与对象是面向对象的核心元素。本视频利用概念讲解类与对象的区别，并分析类的基本组成结构。

在面向对象程序设计中类和对象是最基本、最重要的组成单元，那么什么是类呢？类实际上是对客观世界具有某些共同特征的群体的抽象，属于概念集合。那么什么是对象呢？对象就是一个个具体的、可以操作的事物，例如，李四的账户、王五的汽车，这些都是真实、具体的事物，就可以理解为对象。对象表示的是一个个独立的个体。

例如，人类如果想持续进步，就需要不断地学习，这样就需要阅读大量的图书。图书本身是一个广义的抽象概念，所以图书就是一个类，依照此类的标准可以生产不同内容的图书，这些生产出来的图书可以被用户直接使用，这时可以将每本书称为对象，如图 4-1 所示，每个对象都拥有各自的属性，并拥有图书类中定义的公共行为（行为可以理解为方法），如阅读、获取图书信息等。

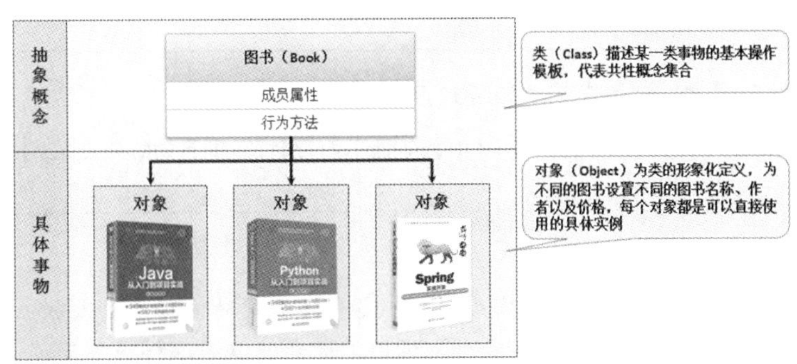

图 4-1 类与对象定义

 **提示：对类与对象的简单理解。**

面向对象程序设计中有这样一句话，可以很好地解释类与对象的区别："类是对象的模板，对象是类的实例"，即对象所具备的所有行为都是由类来定义的。因此，在程序开发中，应该先定义类的结构，再通过对象来使用这个类。

4.2.1 类与对象定义

类与对象基本定义

视频名称 0403_【掌握】类与对象基本定义

视频简介 本视频主要讲解如何在程序中进行类的定义，并讲解对象的实例化格式及对象的使用方法。

类是由成员属性和方法组成的。成员属性主要定义类的具体信息，实际上一个成员属性就是一个变量，方法是操作行为。在程序设计中，定义类也有具体的语法，如需要使用 class 关键字定义等。类的定义基础语法如下。

```
class 类名称 {                                          // 遵守命名规则，每个单词的首字母大写
    [访问修饰符] 数据类型 成员属性（变量） ;
    [访问修饰符] 数据类型 成员属性（变量） ;
        …
    [访问修饰符] 返回值类型 方法名称([参数类型 参数1, 参数类型 参数2, …]) {
        本方法处理语句 ;
        [return [返回值] ;]
    }
}
```

一个类可以同时定义多个成员属性（Field）和多个方法（Method）。为便于读者理解，本章定义成员属性采用默认修饰符（即不定义任何修饰符），方法采用"public"修饰符。下面依据此格式定义一个描述图书信息的类。

范例：定义描述图书信息的类。

```
class Book {                                            // 【类名称】定义图书信息
    String title;                                       // 【成员属性】图书名称
    String author;                                      // 【成员属性】图书作者
    double price;                                       // 【成员属性】图书价格
```

```
    public void getInfo() {                          // 【普通方法】输出图书的信息
        System.out.println("图书名称：" + title + "、图书作者：" + author + "、图书价格：" + price);
    }
}
```

本程序定义了一个描述图书信息的 Book 类，里面有 3 个成员属性 title（图书名称，String）、author（图书作者，String）和 price（图书价格，double），然后又定义了一个 getInfo ()方法，该方法可以输出 3 个成员属性的内容。

提问：为什么 Book 类定义的 getInfo ()方法没有加上 static?

第 3 章讲述方法定义时方法前加了 static 关键字，为什么在 Book 类定义的 getInfo()方法前不加 static?

回答：调用形式不同。

第 3 章讲解的是在主类中定义，并且由主方法直接调用的方法，必须加上 static，现在的情况不同， Book 类的 getInfo()方法将由对象调用。读者可以先这样简单理解：由对象调用的方法定义时不加 static，不是由对象调用的方法才加 static。关于 static 关键字的使用，本章会为读者详细讲解。

一个类定义完成后并不能够被直接使用，因为类描述的只是一个广义的概念，而具体的操作必须通过对象来执行。由于类属于 Java 引用数据类型，所以对象的定义格式如下。

声明并实例化对象：

```
类名称 对象名称 = new 类名称 () ;
```

分步定义格式如下。

声明对象：

```
类名称 对象名称 = null ;
```

实例化对象：

```
对象名称 = new 类名称 () ;
```

在 Java 中引用数据类型是需要进行内存分配的，所以在定义对象时必须通过 new 关键字来为其分配相应的内存空间，此时该对象也被称为“实例化对象”。一个实例化对象可以采用以下的方式进行类结构的操作。

- 对象.成员属性：表示调用类中的成员属性，可以为其赋值或者获取其内容。
- 对象.方法()：表示调用类中的方法。

范例：通过实例化对象进行类操作。

```
// 注意：考虑到篇幅有限，本节后续内容中对Book类不再重复定义。
class Book {                                         // 【类名称】定义图书信息
    String title;                                    // 【成员属性】图书名称
    String author;                                   // 【成员属性】图书作者
    double price;                                    // 【成员属性】图书价格
    public void getInfo() {                          // 【普通方法】输出图书的信息
        System.out.println("图书名称：" + title + "、图书作者：" + author + "、图书价格：" + price);
    }
}
public class YootkDemo {
    public static void main(String args[]) {         // 程序主方法
        Book book = new Book() ;                     // 声明并实例化对象
        book.title = "Java从入门到项目实战" ;          // 为对象的title属性赋值
        book.author = "李兴华" ;                      // 为对象的author属性赋值
```

```
        book.price = 99.8 ;                          // 为对象的price属性赋值
        book.getInfo() ;                             // 调用类中的方法
    }
}
```

程序执行结果：

```
图书名称：Java从入门到项目实战、图书作者：李兴华、图书价格：99.8
```

本程序通过 new 关键字取得了 Book 类的实例化对象，获取实例化对象后就可以为类中的属性赋值，并实现类中方法的调用。

提示：关于类的成员属性默认值。

本书第 2 章为读者讲解了数据类型的默认值，并且强调方法中定义的变量一定要进行初始化，但是在进行类结构定义时可以不为成员变量赋值，使用默认值进行初始化。

范例：观察数据类型的默认值。

```
// Book类不再重复定义，请参考前面的程序代码
public class YootkDemo {
    public static void main(String args[]) {     // 程序主方法
        Book book = new Book() ;                 // 产生了一个实例化对象
        book.getInfo() ;                         // 调用类中的方法
    }
}
```

程序执行结果：

```
图书名称：null、图书作者：null、图书价格：0.0
```

本程序实例化 Book 类对象后并没有为成员属性赋值，所以在调用方法输出信息时，name 内容为 null（String 为引用数据类型），age 内容为 0（int 默认值）。

4.2.2 对象内存分析

对象内存分析

视频名称 0404_【掌握】对象内存分析

视频简介 类属于引用数据类型，引用传递也是 Java 的核心操作单元。本视频主要为读者分析对象实例化之后内存空间的开辟，以及属性操作对内存的影响，并通过实例分析 NullPointerException（空指向异常）的产生。

Java 中类属于引用数据类型，所有的引用数据类型在使用过程中都要通过 new 关键字开辟新的内存空间，对象拥有内存空间后才可以实现成员属性的信息保存。在引用数据类型操作中，重要的内存有两块，如图 4-2 所示。

图 4-2 Java 引用数据类型内存结构及关系

- 堆内存：保存对象的具体信息（成员属性）。在程序中堆内存空间的开辟是通过关键字 new 完成的。
- 栈内存：保存一块堆内存的地址，通过地址可找到堆内存，然后找到对象内容。为了简化分析，可以简单地理解为对象名称保存在栈内存中。

提示：关于方法信息的保存。

类中所有的成员属性都是每个对象私有的，而类中的方法是所有对象共有的。方法的信息保存在“全局方法区”这样的公共内存中。

程序设计中每当使用 new 关键字都会为指定类型的对象进行堆内存空间的开辟，在堆内存中保存相应的成员属性信息。当对象调用类中的方法进行成员属性信息赋值时，会从对象对应的堆内存中获取相应的内容。

范例：引用数据类型内存分析。

```
class Book{}                                          // Book类代码前面已给出，结构体略
public class YootkDemo {
    public static void main(String args[]) {          // 程序主方法
        Book book = new Book() ;                      // 声明并实例化对象
        book.title = "沐言科技" ;                      // 为对象中的title属性赋值
        book.author = "李兴华" ;                       // 为对象中的author属性赋值
        book.price = 99.8 ;                           // 为对象中的price属性赋值
        book.getInfo() ;                              // 调用类中的方法
    }
}
```

程序执行结果：

```
图书名称：沐言科技、图书作者：李兴华、图书价格：99.8
```

本程序是基本的对象实例化及对象属性赋值操作。在对对象进行操作之前要使用 new 关键字开辟堆内存空间，然后采用“对象.属性”的访问形式进行堆内存中内容的配置。本程序的内存结构如图 4-3 所示。

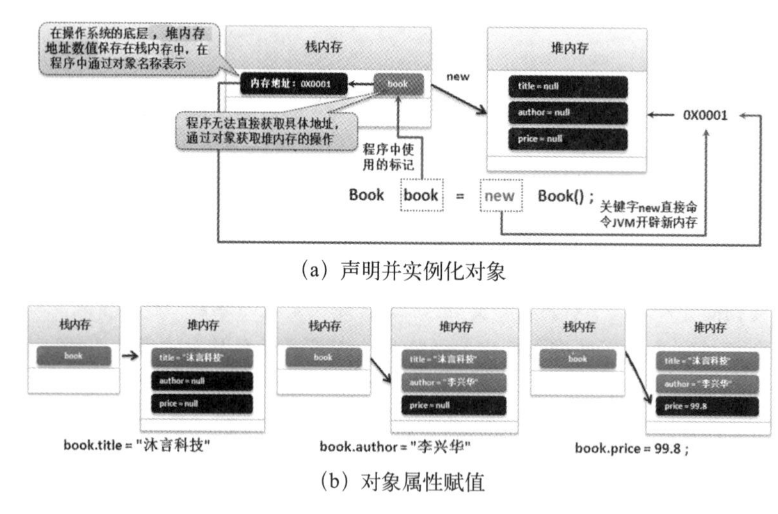

（a）声明并实例化对象

（b）对象属性赋值

图 4-3　引用数据类型内存结构

从图 4-3 可以发现，实例化对象需要对应的内存空间，而内存空间的开辟需要通过 new 关键字来完成。每一个对象在刚刚实例化后，里面所有成员属性的内容都是对应数据类型的默认值，只有设置了成员属性的内容，成员属性才可以替换为用户设置的数据。

 **提示：关于内存的示意图。**

所有堆内存都有相应的内存地址，同时栈内存会保存堆内存的地址数值。为了方便读者理解程序，内存的示意图采用简单的描述形式，即栈内存中保存的是对象名称。

在 Java 程序设计中对象的声明和实例化是两个不同的步骤，所以对象的创建和实例化。可以分步完成。

范例：对象实例化处理。

```
class Book{}                                          // Book类代码前面已给出，结构体略
public class YootkDemo {
```

```
    public static void main(String args[]) {            // 程序主方法
        Book book = null ;                              // 声明对象
        book = new Book() ;                             // 实例化对象
        book.title = "沐言科技" ;                        // 为对象中的title属性赋值
        book.author = "李兴华" ;                         // 为对象中的author属性赋值
        book.price = 99.8 ;                             // 为对象中的price属性赋值
        book.getInfo() ;                                // 调用类中的方法
    }
}
```

程序执行结果：

```
图书名称：沐言科技、图书作者：李兴华、图书价格：99.8
```

本程序首先声明了一个 Book 类的对象，此时并没有进行该对象的实例化，为了让该对象可以使用，必须通过 new 关键字开辟堆内存空间，然后就可以进行该对象属性的赋值操作。本程序的内存结构如图 4-4 所示。

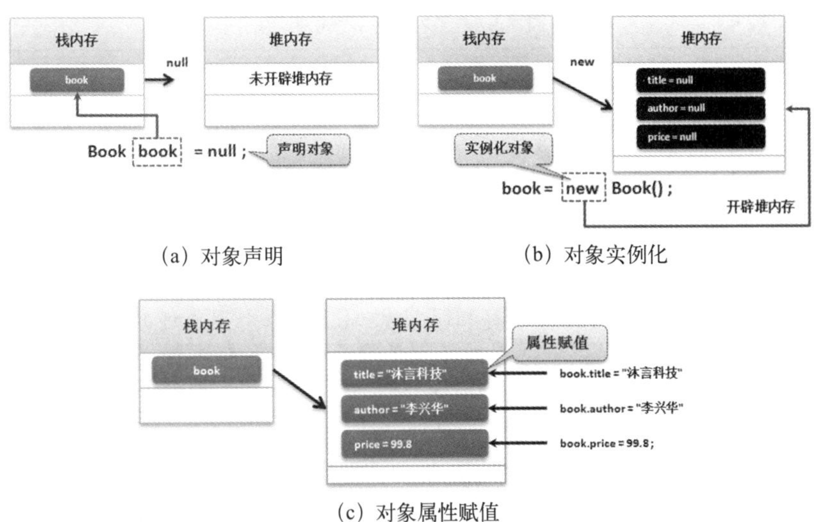

图 4-4 对象声明与实例化内存结构

提示：对象使用前必须进行实例化操作。

引用数据类型在使用之前要进行实例化操作，如果在程序中出现了以下代码，程序运行时肯定会产生异常。

范例：产生异常的代码。

```
public class YootkDemo {
    public static void main(String args[]) {        // 程序主方法
        Book book = null ;                          // 声明对象
        book.getInfo() ;                            // 调用类中的方法
    }
}
```

程序执行结果：

```
Exception in thread "main" java.lang.NullPointerException
    at YootkDemo.main(YootkDemo.java:13)
```

异常信息为 NullPointerException（空指向异常），这种异常只会在引用数据类型上产生，并且只要是进行项目开发都有可能遇到此类异常。此类异常的唯一解决方法是**查找引用数据类型，并观察其是否被正确实例化。**

4.2.3　对象引用传递分析

引用传递

视频名称　0405_【掌握】引用传递

视频简介　引用传递是 Java 的核心概念，类似于 C / C++的指针操作。本视频为读者讲解对象引用传递的处理，同时基于此概念进行方法对象参数的形式分析。

类是一种引用数据类型，Java 中引用数据类型的核心问题是堆内存和栈内存的分配与指向处理。在程序开发中，不同的栈内存可以指向同一个堆内存空间（相当于为同一块堆内存设置不同的对象名称），这样不同的对象可以对同一个堆内存空间同时进行操作，内存结构如图 4-5 所示。

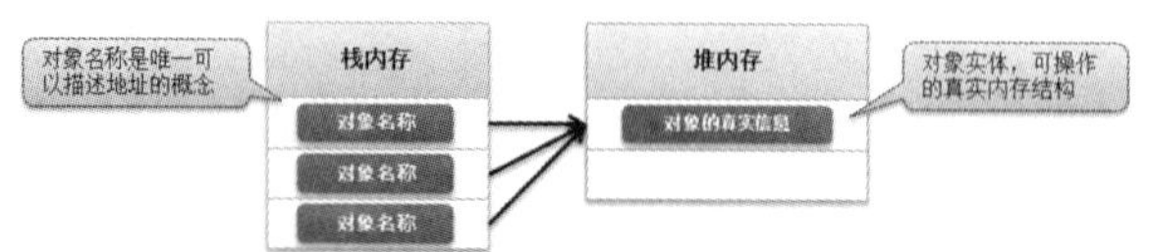

图 4-5　对象引用传递内存结构

提示：对对象引用传递的简单理解。

读者首先一定要清楚一件事情：程序来源于生活，是对生活的理性抽象。本着这个原则，对对象引用传递可以换种简单的方式来理解。

例如，有一位逍遥自在的小伙子叫“张麻蛋”，村里人都叫他的乳名“麻雷子”，外面的朋友都叫他“麻子哥”。有一天“张麻蛋”出去办事不小心被车撞了腿，导致骨折，此时“麻雷子”与“麻子哥”也一定骨折，也就是说一个人可以有多个不同的名字（栈内存不同），即不同的对象名称可以指向同一个对象实体（堆内存相同），这就是对象引用传递的本质。

范例：对象引用传递。

```
class Book{}                                            // Book类代码前面已给出，结构体略
public class YootkDemo {
    public static void main(String args[]) {            // 程序主方法
        Book bookA = new Book() ;                       // 声明并实例化对象
        bookA.title = "沐言科技" ;                       // 为对象中的title属性赋值
        bookA.author = "李兴华" ;                        // 为对象中的author属性赋值
        bookA.price = 99.8 ;                            // 为对象中的price属性赋值
        Book bookB = bookA ;                            // 引用传递
        bookB.title = "Java训练营";                      // 修改属性内容
        bookB.price = 6800.00 ;                         // 修改属性内容
        bookA.getInfo() ;                               // 调用类中的方法
    }
}
```

程序执行结果：

```
图书名称：Java训练营、图书作者：李兴华、图书价格：6800.0
```

本程序中重要的代码为“Book bookB = bookA”，其核心意义在于，将 bookA 对象保存的堆内存的地址赋值给 bookB 对象，这样相当于两个不同的栈内存指向了同一个堆内存空间。本程序的内存结构如图 4-6 所示。

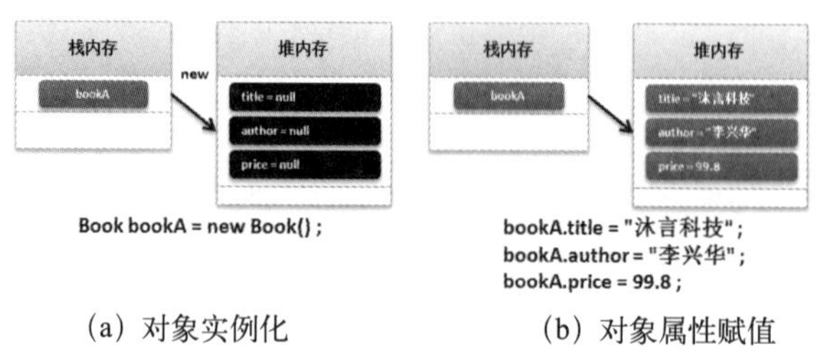

（a）对象实例化　　　　（b）对象属性赋值

图 4-6　对象引用传递内存结构

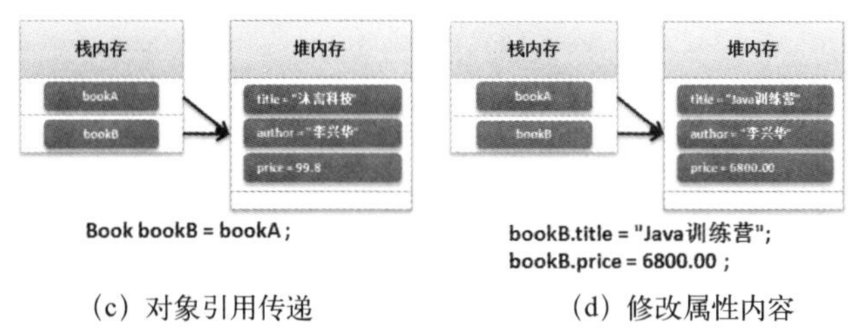

（c）对象引用传递　　（d）修改属性内容

图 4-6　对象引用传递内存结构（续）

在实际项目开发中，引用传递使用比较多的情况是结合方法进行操作，即通过方法的参数接收引用对象，或通过方法返回一个引用对象。

范例：方法接收对象引用。

```
class Book{}                                        // Book类代码前面已给出，结构体略
public class YootkDemo {
    public static void main(String args[]) {        // 程序主方法
        Book bookA = new Book() ;                   // 声明并实例化对象
        bookA.title = "沐言科技" ;                  // 为对象中的title属性赋值
        bookA.author = "李兴华" ;                   // 为对象中的author属性赋值
        bookA.price = 99.8 ;                        // 为对象中的price属性赋值
        changeInfo(bookA) ;                         // 引用传递，等价于代码：Book bookB = bookA
        bookA.getInfo() ;                           // 调用类中的方法
    }
    public static void changeInfo(Book bookB) {
        bookB.author = "小李老师" ;                 // 修改属性内容
        bookB.price = 6800.00 ;                     // 修改属性内容
    }
}
```

程序执行结果：

```
图书名称：沐言科技、图书作者：小李老师、图书价格：6800.0
```

本程序定义了一个 changeInfo()方法，并且该方法要接收 Book 类对象实例，相当于主方法中的 bookA 与 changeInfo()方法中的 bookB 指向同一个堆内存空间，所以 changeInfo()方法对属性的修改会影响 bookA 中的属性内容。程序的内存结构如图 4-7 所示。

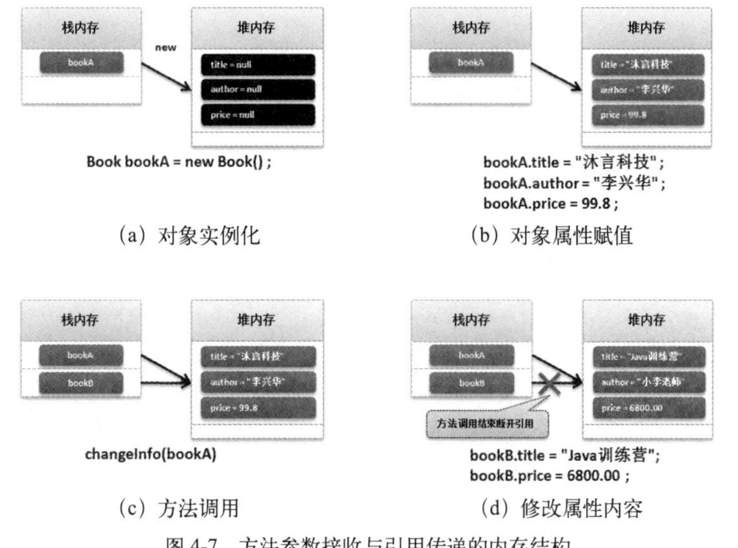

（a）对象实例化　　（b）对象属性赋值

（c）方法调用　　（d）修改属性内容

图 4-7　方法参数接收与引用传递的内存结构

4.2.4　垃圾产生分析

垃圾产生分析

视频名称　0406_【掌握】垃圾产生分析

视频简介　为了方便内存管理，Java 提供了垃圾回收（GC）机制。本视频主要在前面程序的基础上进一步分析引用传递的操作过程，并分析垃圾空间的产生原因。

引用传递的本质意义在于，同一个堆内存空间可以被不同的栈内存引用，每一块栈内存都保存堆内存的地址信息，并且只允许保存一个堆内存地址信息，即如果一块栈内存中已经存在其他堆内存的引用，当需要改变引用指向时，它必须丢弃已有的引用实体。

范例：垃圾空间产生分析。

```
class Book{}                                         // Book类代码前面已给出，结构体略
public class YootkDemo {
    public static void main(String args[]) {         // 程序主方法
        Book bookA = new Book() ;                    // 声明并实例化对象
        Book bookB = new Book() ;                    // 声明并实例化对象
        bookA.title = "沐言科技" ;                   // 为对象中的title属性赋值
        bookA.author = "李兴华" ;                    // 为对象中的author属性赋值
        bookA.price = 99.8 ;                         // 为对象中的price属性赋值
        bookB.title = "Java训练营" ;                 // 为对象中的title属性赋值
        bookB.author = "小李老师" ;                  // 为对象中的author属性赋值
        bookB.price = 6800.00 ;                      // 为对象中的price属性赋值
        bookB = bookA ;                              // 引用传递，垃圾产生
        bookB.title = "架构师训练营" ;               // 修改属性，实际上修改的是bookA对象属性
        bookB.price = 11800.00 ;                     // 修改属性，实际上修改的是bookA对象属性
        bookA.getInfo() ;
    }
}
```

程序执行结果：

```
图书名称：架构师训练营、图书作者：李兴华、图书价格：11800.00
```

本程序首先通过 new 关键字开辟了两个堆内存空间，然后为不同的实例化对象进行了属性内容的设置，随后又发生了一次引用传递“bookB = bookA”。由于此时 bookB 存在对应的引用指向，因此它需要先断开已有的引用指向，才可以指向 bookA 对应的堆内存空间，但是原始 bookB 指向的堆内存空间由于没有任何栈内存引用，就成了垃圾空间。所有垃圾空间都会被 Java 自动管理，由 GC 机制进行回收。本程序的内存结构如图 4-8 所示。

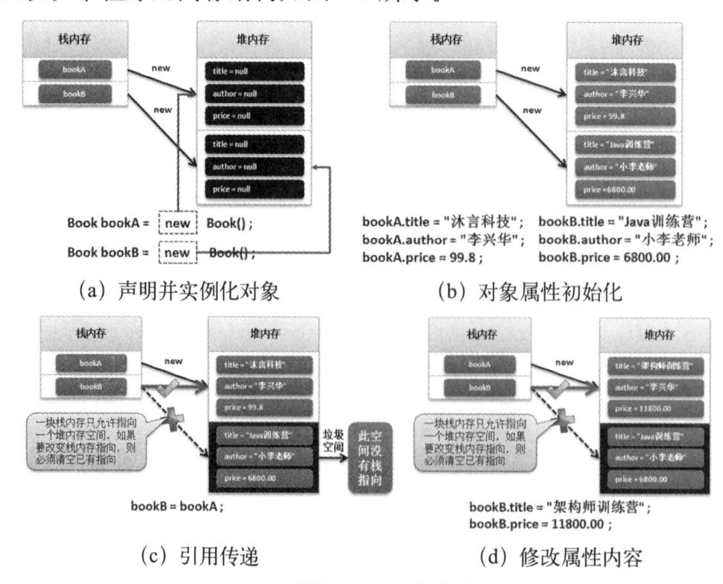

(a) 声明并实例化对象　(b) 对象属性初始化

(c) 引用传递　(d) 修改属性内容

图 4-8　引用传递与垃圾空间产生内存结构

 **提示：程序开发中尽量减少垃圾。**

虽然 Java 本身提供了 GC 机制，但是在代码编写中如果产生了过多的垃圾，也会对程序的性能带来影响，所以开发人员在编写代码的过程中，应该尽量减少无用对象，避免垃圾的产生。

4.3 成员属性封装

成员属性封装

视频名称 0407_【掌握】成员属性封装

视频简介 封装性是面向对象程序设计的第一大特性。本视频讲解程序封装性的初步分析及 private 关键字的使用，同时给出了封装操作的开发原则。

面向对象程序设计的第一大特性指的就是封装性，即内部结构对外不可见。在前面的操作中可以发现，所有类中的成员属性都可以直接通过实例化对象在类的外部调用，而这样的调用是不安全的。稳妥的做法是利用 private 关键字实现成员属性的封装处理。一旦使用了 private 封装，是不允许外部对象直接访问成员属性的，如果访问则需要按照 Java 的开发标准定义 setter（更改器）、getter（访问器）方法来处理。

- setter 方法（以“private String title”属性为例）：public void setTitle(String t)。
- getter 方法（以“private String title”属性为例）：public String getTitle()。

提示：关于完整的封装性定义。

封装性是本书为读者讲解的第一个面向对象程序设计特性。实际上在一个类中不仅可以针对成员属性进行封装，还可以针对方法、内部类实现封装，本节暂时只讨论成员属性封装。

严格来讲，封装是程序对访问控制权限的处理。Java 中访问控制权限共有 4 种：public、protected、default（默认，什么都不写）、private。本书第 9 章将为读者具体讲解。

范例：使用 private 封装成员属性。

```
class Book {                                        // 【类名称】定义图书信息
    private String title;                           // 【成员属性】图书名称
    private String author;                          // 【成员属性】图书作者
    private double price;                           // 【成员属性】图书价格
    public void setTitle(String t) {                // 设置title属性内容
        title = t;                                  // 为title赋值
    }
    public void setAuthor(String a) {               // 设置author属性内容
        author = a;                                 // 为author赋值
    }
    public void setPrice(double p) {                // 设置price属性内容
        price = p;                                  // 为price赋值
    }
    public String getTitle() {                      // 获取title属性内容
        return title;                               // 返回title属性内容
    }
    public String getAuthor() {                     // 获取author属性内容
        return author;                              // 返回author属性内容
    }
    public double getPrice() {                      // 获取price属性内容
        return price;                               // 返回price属性内容
    }
    public void getInfo() {                         // 【普通方法】输出图书的信息
```

```
        System.out.println("图书名称：" + title + "、图书作者：" + author + "、图书价格：" + price);
    }
}
public class YootkDemo {
    public static void main(String args[]) {                // 程序主方法
        Book book = new Book() ;                            // 声明并实例化对象
        book.setTitle("Java从入门到项目实战") ;              // 为title属性赋值
        book.setAuthor("李兴华") ;                           // 为author属性赋值
        book.setPrice(99.8) ;                               // 为price属性赋值
        book.getInfo() ;                                    // 获取对象信息
    }
}
```

程序执行结果：

```
图书名称：Java从入门到项目实战、图书作者：李兴华、图书价格：99.8
```

本程序在 Book 类中定义了 3 个属性（title、author、price），由于这 3 个属性全部使用了 private 进行封装，属性的设置就必须通过 setter 方法来进行，获取属性内容则必须调用 getter 方法。

提问：为什么此处没有在程序中使用 getter 方法？

在本程序定义 Book 类的时候已有 getTitle()、getAuthor()和 getPrice()方法，但是在程序设计中并没有使用这三个方法，那么定义它们还有什么用？

回答：开发代码需要依据设计原则进行编写。

在类中定义 setter、getter 方法的目的就是设置和取得属性的内容，也许某一个操作暂时不需要使用 getter 方法，但这并不表示以后不会使用，所以从开发角度来讲，必须全部提供。

对此，本书给出重要的开发原则：在定义类的时候，类中所有的普通成员属性都通过 private 封装，并为封装之后的属性编写相应的 setter、getter 方法，供外部使用。

4.4　构造方法

构造方法

视频名称　0408_【掌握】构造方法

视频简介　构造方法是进行类属性初始化的重要技术手段。本视频首先通过直观的概念为读者解释构造方法存在与否的区别，然后分析构造方法的定义要求及构造方法的重载。

构造方法是类中的一种特殊方法，它在一个类使用 new 关键字实例化新对象时默认调用，主要功能是完成对象属性的初始化操作。在 Java 语言中，类中构造方法的定义要求如下。

- 构造方法是在实例化对象时调用的，所以构造方法的名称要与类名称保持一致。
- 构造方法与普通方法有区别，所以构造方法不允许有返回值类型声明。

提示：关于构造方法的补充说明。

本章开篇就为读者讲解了对象实例化定义格式，该格式就包含构造方法的调用。现将此格式拆分，并一一为读者解释：①类名称 ②对象名称 ③new ④类名称()。

①类名称：对象所有的功能必须由类定义，也就是说本操作告诉程序类所具有的功能。

②对象名称：实例化对象的唯一标识，在程序中利用此标识可以找到一个对象。

③new：类属于引用数据类型，所以对象的实例化一定要用 new 开辟堆内存空间。

④类名称()：一般只有在定义方法的时候才需要加上“()”，这里就表示调用构造方法。

需要提醒读者的是，一旦开始定义构造方法，类中就会存在构造方法与普通方法两种方法，区别在于：构造方法是在实例化对象的时候使用的，而普通方法是在实例化对象产生之后使用的。

由于对象实例化操作一定需要构造方法，所以在类中如果没有明确定义构造方法，则会自动生成一个无参数且无返回值的构造方法供用户使用；如果已经明确定义了一个构造方法，则不会自动生成无参数且无返回值的构造方法。也就是说，一个类中至少存在一个构造方法。

提示：关于默认构造方法。

一个类中至少存在一个构造方法，而前面编写的程序实际上并没有定义构造方法，那么当使用 javac 命令编译程序时就会自动为类生成一个无参数且无返回值的构造方法。

范例：默认自动创建一个无参数构造方法。

源代码定义的类：

```
class Book {
}
```

编译后*.class 文件中保存的类：

```
class Book {
    public Book() {}        // 自动生成无参数构造方法
}
```

正是因为存在这样的构造方法，当实例化对象调用“new Book()”时才不会提示没有无参数构造方法。

范例：定义构造方法并实现属性内容的初始化。

```
class Book {                                            // 【类名称】定义图书信息
    private String title;                               // 【成员属性】图书名称
    private String author;                              // 【成员属性】图书作者
    private double price;                               // 【成员属性】图书价格
    public Book(String tempTitle, String tempAuthor, double tempPrice) {
        title = tempTitle;                              // 设置title属性内容
        author = tempAuthor;                            // 设置author属性内容
        price = tempPrice;                              // 设置price属性内容
    }
    // setter和getter代码重复，略
    public void getInfo() {                             // 【普通方法】输出图书的信息
        System.out.println("图书名称：" + title + "、图书作者：" + author + "、图书价格：" + price);
    }
}
public class YootkDemo {
    public static void main(String args[]) {            // 程序主方法
        Book book = new Book("Java从入门到项目实战", "李兴华", 99.8) ;  // 声明并实例化对象
        book.getInfo() ;                                // 获取对象信息
    }
}
```

程序执行结果：

```
图书名称：Java从入门到项目实战、图书作者：李兴华、图书价格：99.8
```

本程序在 Book 类中定义了一个 3 个参数的构造方法，并且利用这个构造方法为类中的 3 个属性进行初始化赋值，这样就可以在一个类对象实例化的同时实现属性内容的初始化。

提问：关于类中 setter 方法的意义。

本程序通过 Book 类的有参数构造方法在类对象实例化时实现了 title、author、price 属性内容的初始化，这样可以减少 setter 方法的调用，简化代码，在这样的情况下类中继续提供 setter 方法是否还有意义？

回答：setter 可以实现属性内容修改。

setter 方法除了有初始化属性内容的功能，也可以修改属性内容，所以在类定义中是必不可少的。

构造方法虽然定义形式特殊，但是其本质依然是方法，所以构造方法也可以重载。构造方法重载的时候只需考虑参数的类型及个数，方法名称也一定要和类名称保持一致。

范例：构造方法重载（注：本书程序中的虚构图书信息仅为讲解示例）。

```
class Book {                                                    // 【类名称】定义图书信息
    private String title;                                       // 【成员属性】图书名称
    private String author;                                      // 【成员属性】图书作者
    private double price;                                       // 【成员属性】图书价格
    public Book() {}                                            // 无参数构造方法
    public Book(String tempTitle) {                             // 单参数构造方法
        title = tempTitle;                                      // 保存外部设置的title属性内容
        author = "沐言科技";                                    // 设置author默认值
        price = -1.0;                                           // 设置price默认值
    }
    public Book(String tempTitle, String tempAuthor, double tempPrice) {
        title = tempTitle;                                      // 设置title属性内容
        author = tempAuthor;                                    // 设置author属性内容
        price = tempPrice;                                      // 设置price属性内容
    }
    // setter、getter代码重复，略
    public void getInfo() {                                     // 【普通方法】输出图书的信息
        System.out.println("图书名称：" + title + "、图书作者：" + author + "、图书价格：" + price);
    }
}
public class YootkDemo {
    public static void main(String args[]) {                    // 程序主方法
        Book book = new Book("Java从入门到项目实战");           // 声明并实例化对象
        book.getInfo();                                         // 获取对象信息
    }
}
```

程序执行结果：

```
图书名称：Java从入门到项目实战、图书作者：沐言科技、图书价格：-1.0
```

本程针对 Book 类的构造方法进行了重载，分别定义了无参数构造方法、单参数构造方法、三参数构造方法，这样在进行对象实例化的时候就可以通过不同的构造方法进行属性内容初始化。

注意：构造方法重载时的顺序问题。

在一个类中重载构造方法时，所有重载的方法按照参数的个数由多到少或由少到多排列，如下所示。

根据参数个数升序排列：

```
class Book {
    public Book() {}
    public Book(String tempTitle) {}
    public Book(String tempTitle,
        String tempAuthor,
        double tempPrice) {}
}
```

根据参数个数降序排列：

```
class Book {
    public Book(String tempTitle,
        String tempAuthor,
        double tempPrice) {}
```

```
    public Book(String tempTitle) {}
    public Book() {}
}
```

以上两种写法是按照参数个数升序或降序排列，这样代码会显得比较整洁。下面的写法就属于不规范定义（但语法没有错误）。

```
class Book {
    public Book(String tempTitle, String tempAuthor, double tempPrice) {}
    public Book() {}
    public Book(String tempTitle) {}
}
```

上面在 Book 类中定义构造方法的写法从语法的角度来讲是正确的，但从代码编写规范上来讲就不合适，读者在日后编写代码过程中务必注意。

学习面向对象程序设计到这个阶段，可以发现每个类中都有成员属性、构造方法、普通方法。这三者定义的规范顺序是，首先定义成员属性，其次定义构造方法，最后定义普通方法。

4.5 匿名对象

匿名对象

视频名称 0409_【掌握】匿名对象

视频简介 匿名对象是一种特殊的对象。本视频为读者分析匿名对象和有名对象的区别与联系，并通过具体的实例讲解匿名对象的实际作用。

在对象实例化定义格式中， new 关键字的主要功能是进行堆内存空间的开辟，而对象名称的功能是引用该堆内存，这样不仅方便使用堆内存，而且可以防止其变为垃圾空间，即对象真正的内容在堆内存里。而有了构造方法之后就可以在开辟堆内存空间的同时进行对象实例化，这样即便没有栈内存引用指向，该对象也可以使用一次。这种没有指向的对象就称为匿名对象，如图 4-9 所示。

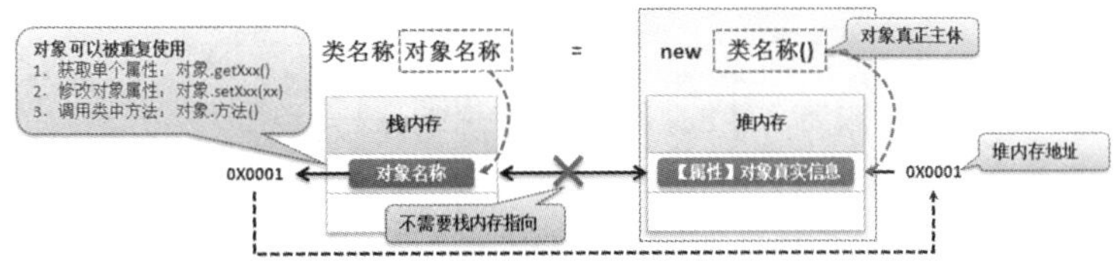

图 4-9 匿名对象内存结构

范例：使用匿名对象操作类结构。

```
class Book {                                        // 【类名称】定义图书信息
    private String title;                           // 【成员属性】图书名称
    private String author;                          // 【成员属性】图书作者
    private double price;                           // 【成员属性】图书价格
    public Book(String tempTitle, String tempAuthor,
            double tempPrice) {                     // 【构造方法】属性初始化
        title = tempTitle;                          // 设置title属性内容
        author = tempAuthor;                        // 设置author属性内容
        price = tempPrice;                          // 设置price属性内容
    }
    // setter和getter代码重复，略
    public void getInfo() {                         // 【普通方法】输出图书的信息
        System.out.println("图书名称：" + title + "、图书作者：" + author + "、图书价格：" + price);
    }
}
public class YootkDemo {
```

```
    public static void main(String args[]) {                    // 程序主方法
        new Book("Java从入门到项目实战", "李兴华", 99.8).getInfo(); // 匿名对象调用
    }
}
```

程序执行结果：

```
图书名称：Java从入门到项目实战、图书作者：李兴华、图书价格：99.8
```

本程序直接通过“new Book("Java 从入门到项目实战", "李兴华", 99.8)”代码语句实例化了一个匿名对象（此时并没有为该实例化对象设置具体的对象名称），然后通过此匿名对象调用了getInfo()方法实现内容输出，但是由于该对象没有栈内存引用指向，所以使用一次之后该对象就成为垃圾对象，等待 JVM 进行垃圾回收与内存空间释放。

提问：对象该如何定义比较好？

现在有了匿名对象和有名对象这两种类型的实例化对象，在程序开发中使用哪种会比较好？

回答：根据实际情况选择。

匿名对象的特点是使用一次就丢掉了，就好比一次性饭盒，用过一次后直接丢弃；而有名对象由于存在引用关系，可以反复使用。对于初学者而言，没有必要把太多的精力放在对象类型的选择上，代码开发需要根据实际的情况来做决定。

4.6　this 关键字

this 是在类中使用的关键字，通过 this 关键字可以明确地表示当前对象，可以明确地标记本类属性调用、本类普通方法调用和本类构造方法调用。本节通过具体的代码演示 this 关键字的作用。

4.6.1　this 调用本类成员属性

this 调用本类成员属性

视频名称　0410_【掌握】this 调用本类成员属性

视频简介　类中成员属性和方法参数由于表示含义的需要可能会重名，通过 this 关键字可以解决这类问题。本视频主要讲解“this.属性”语法。

通过 setter 或构造方法为类中的成员设置属性内容时，为了可以清楚地描述具体参数与成员属性的关系，开发者往往会使用同样的名称，此时就需要通过 this 调用本类成员属性。

范例：使用 this 调用本类成员属性。

```
class Book {                                                    // 【类名称】定义图书信息
    private String title;                                       // 【成员属性】图书名称
    private String author;                                      // 【成员属性】图书作者
    private double price;                                       // 【成员属性】图书价格
    // 为方便属性赋值，构造方法中的参数名称与属性名称相同
    public Book(String title, String author, double price) {    // 【构造方法】属性初始化
        this.title = title;                                     // 设置title属性内容
        this.author = author;                                   // 设置author属性内容
        this.price = price;                                     // 设置price属性内容
    }
    // setter和getter代码重复，略
    public void getInfo() {                                     // 【普通方法】输出图书的信息
        System.out.println("图书名称：" + this.title + "、图书作者：" +
```

```
            this.author + "、图书价格：" + this.price);
    }
}
public class YootkDemo {
    public static void main(String args[]) {                          // 程序主方法
        new Book("Java从入门到项目实战", "李兴华", 99.8).getInfo(); // 匿名对象调用
    }
}
```

程序执行结果：

```
图书名称：Java从入门到项目实战、图书作者：李兴华、图书价格：99.8
```

本程序在 Book 类中明确地使用了“this.属性”的形式进行了本类成员属性的标记，这样即便构造方法中的参数名称与属性名称相同也不会影响正常的赋值操作。

提示：调用属性时要加上 this。

在日后的程序开发中，为了避免 bug，建议调用类中成员属性都使用“this.属性”的形式。

4.6.2 this 调用本类方法

this 调用本类普通方法

视频名称 0411_【掌握】this 调用本类普通方法

视频简介 类中的方法都是基于对象的形式进行调用的，在进行本类方法调用时可以使用“this.方法()”的形式或直接使用“方法()”的形式。本视频为读者分析在类的构造方法和普通方法中调用本类方法的操作。

在一个类中往往存在大量的方法，按照面向对象程序设计的传统要求，所有类中定义的方法都必须通过实例化对象的形式进行调用。而在一个类的内部，当这些普通方法需要互相调用时，也可以明确地使用“this.方法()”的形式。

范例：本类方法互调用。

```
class Book {                                                    // 【类名称】定义图书信息
    private String title;                                       // 【成员属性】图书名称
    private String author;                                      // 【成员属性】图书作者
    private double price;                                       // 【成员属性】图书价格
    public Book(String title, String author, double price) {    // 【构造方法】属性初始化
        this.setTitle(title);                                   // 调用本类setTitle()方法
        this.setAuthor(author);                                 // 调用本类setAuthor()方法
        this.setPrice(price);                                   // 调用本类setPrice()方法
    }
    public String getTitle() {                                  // 获取title属性内容
        return title;                                           // 返回title属性内容
    }
    public void setTitle(String title) {                        // 设置title属性内容
        this.title = title;                                     // 修改title属性内容
    }
    public String getAuthor() {                                 // 获取author属性内容
        return author;                                          // 返回author属性内容
    }
    public void setAuthor(String author) {                      // 设置author属性内容
        this.author = author;                                   // 修改author属性内容
    }
    public double getPrice() {                                  // 获取price属性内容
        return price;                                           // 返回price属性内容
    }
    public void setPrice(double price) {                        // 设置price属性内容
        this.price = price;                                     // 修改price属性内容
```

```
    }
    public void getInfo() {                                      // 输出图书的信息
        System.out.println("图书名称：" + this.getTitle() +
            "、图书作者：" + this.getAuthor() + "、图书价格：" + this.getPrice());
    }
}
public class YootkDemo {
    public static void main(String args[]) {                     // 程序主方法
        new Book("Java从入门到项目实战", "李兴华", 99.8).getInfo(); // 匿名对象调用
    }
}
```

程序执行结果：

```
图书名称：Java从入门到项目实战、图书作者：李兴华、图书价格：99.8
```

本程序为了便于对象属性赋值定义了一个三参数构造方法，在此构造方法中直接调用了本类提供的普通方法进行属性内容的保存，调用时为了明确表示是本类属性，采用了“this.方法()”的形式。

4.6.3　构造方法互调用

构造方法互调用

视频名称　0412_【掌握】构造方法互调用

视频简介　构造方法可以实现对象属性初始化，所以在复杂类的结构中需要考虑构造方法的可重用性。本视频为读者分析构造方法互调用存在的意义，并通过具体的实例讲解构造方法调用操作的实现与注意事项。

一个类中构造方法是允许重载的，在重载构造方法的过程中只需要考虑方法的参数类型及个数的不同，一个类里构造方法可能有多个，这时就可以利用“this()”语法实现同一类中构造方法的互相调用。

提示：构造只允许执行一次。

一个类的实例化对象在通过 new 关键字实例化时一定要调用构造方法，虽然构造方法可以互相调用，但是整体的构造操作（包括内存分配、构造方法执行、引用处理等）只执行一次。

假设在类中存在 3 个构造方法，分别是无参数构造方法、单参数构造方法、三参数构造方法，如果不管调用哪一个构造方法都可能执行某些相同的操作，则可以采用如下形式进行调用。

范例：通过 this 实现构造方法互调用。

```
class Book {                                                     // 【类名称】定义图书信息
    private String title;                                        // 【成员属性】图书名称
    private String author;                                       // 【成员属性】图书作者
    private double price;                                        // 【成员属性】图书价格
    public Book() {                                              // 无参数构造方法
        System.out.println("【对象实例化】沐言科技：www.yootk.com"); // 将此语句想象为30行代码
    }
    public Book(String title) {                                  // 单参数构造方法
        this();                                                  // 调用无参数构造方法
        this.title = title;                                      // 属性初始化
    }
    public Book(String title, String author, double price) {     // 多参数构造方法
        this(title);                                             // 调用单参数构造方法
        this.author = author;                                    // 属性初始化
        this.price = price;                                      // 属性初始化
    }
    // setter和getter代码重复，略
}
```

```
public class YootkDemo {
    public static void main(String args[]) {                    // 程序主方法
        new Book("Java从入门到项目实战", "李兴华", 99.8);          // 调用多参数构造方法
        new Book("Python从入门到项目实战");                      // 调用单参数构造方法
        new Book();                                             // 调用无参数构造方法
    }
}
```

程序执行结果：

```
【对象实例化】沐言科技：www.yootk.com
【对象实例化】沐言科技：www.yootk.com
【对象实例化】沐言科技：www.yootk.com
```

本程序在 Book 类中定义了 3 个构造方法，由于构造方法中存在 this 关键字，所以可以根据传递的参数类型及个数的不同执行不同的构造方法。

注意：在使用“this()”调用构造方法的时候要注意以下问题。

问题一：所有类的构造方法在对象实例化时被默认调用，而且在调用普通方法之前调用，所以使用“this()”调用构造方法的操作一定要放在构造方法的首行。

范例：错误的构造方法调用。

```
class Book {                                   // 【类名称】定义图书信息
    private String title;                      // 【成员属性】图书名称
    private String author;                     // 【成员属性】图书作者
    private double price;                      // 【成员属性】图书价格
    public Book() {                            // 无参数构造方法
        System.out.println("【对象实例化】沐言科技：www.yootk.com") ;
    }
    public Book(String title) {                // 单参数构造方法
        this.title = title ;                   // 属性赋值
        this() ;                               // 【错误】调用无参数构造方法，没有放在构造方法首行
    }
    public Book(String title, String author, double price) { // 多参数构造方法
        this.author = author ;                 // 属性赋值
        this.price = price ;                   // 属性赋值
    }
    public void set(String title) {  // 普通方法
        this(title) ;                          // 【错误】调用单参数构造方法，set()不是构造方法
    }
    // setter和getter代码重复，略
}
```

本程序在调用构造方法时的第一个错误是“this()”调用操作没有放在构造方法的首行，第二个错误是“this()”调用操作放在了 set()方法的首行，由于 set()不是构造方法，所以程序编译的时候出现了语法错误提示。

问题二：如果一个类中存在多个构造方法，并且这些构造方法都使用了“this()”互相调用，那么至少要保留一个构造方法不调用其他构造方法，以作为程序的出口。

范例：错误的构造方法调用。

```
class Book {                                   // 【类名称】定义图书信息
    private String title;                      // 【成员属性】图书名称
    private String author;                     // 【成员属性】图书作者
    private double price;                      // 【成员属性】图书价格
    public Book() {                            // 无参数构造方法
        this("Python", "小李", 88.9) ;          // 【错误】构造方法递归调用
        System.out.println("【对象实例化】沐言科技：www.yootk.com") ;
    }
```

```
    public Book(String title) {             // 单参数构造方法
        this() ;                            // 【错误】构造方法递归调用
        this.title = title ;                // 属性赋值
    }
    public Book(String title, String author, double price) { // 多参数构造方法
        this(title) ;                       // 【错误】构造方法递归调用
        this.author = author ;              // 属性赋值
        this.price = price ;                // 属性赋值
    }
    // setter和getter代码重复，略
}
```

本程序虽然符合构造方法调用要放在构造方法首行这一要求，却出现了构造方法的递归调用，所以依然不正确。

构造方法的互调用主要的目的是提升构造方法中代码的可重用性。为了更好地说明这一点，下面讲解一个构造方法的实例。

假设有一个 Book 类（包含 3 个成员属性“title”“author”“price”），这个类中提供如下 3 种构造方法。

- **无参数构造方法**：要求图书名称为“李兴华编程训练营”，作者为“沐言科技”，价格为 9988.66。
- **单参数构造方法**：要求接收图书名称，但是默认情况下的作者为“小李老师”，价格为 5566.88。
- **三参数构造方法**：要求接收全部 3 个成员属性的内容。

范例：利用构造方法互调用简化程序。

```
class Book {                                                        // 【类名称】定义图书信息
    private String title;                                           // 【成员属性】图书名称
    private String author;                                          // 【成员属性】图书作者
    private double price;                                           // 【成员属性】图书价格
    public Book() {                                                 // 无参数构造方法
        this("李兴华编程训练营", "沐言优拓", 9988.66) ;              // 调用三参数构造方法
    }
    public Book(String title) {                                     // 单参数构造方法
        this(title, "小李老师", 5566.88) ;                          // 调用三参数构造方法
    }
    public Book(String title, String author, double price) {        // 多参数构造方法
        this.title = title ;                                        // 属性赋值
        this.author = author ;                                      // 属性赋值
        this.price = price ;                                        // 属性赋值
    }
    public String getInfo() {
        return "图书名称：" + this.title + "、图书作者：" + this.author + "、图书价格：" + this.price ;
    }
    // setter和getter，略
}
public class YootkDemo {
    public static void main(String args[]) {                        // 程序主方法
        Book bookA = new Book() ;                                   // 无参数构造实例化对象
        Book bookB = new Book("Java从入门到项目实战") ;              // 单参数构造实例化对象
        Book bookC = new Book("Python从入门到项目实战", "李兴华", 99.8) ; // 三参数构造实例化对象
        System.out.println(bookA.getInfo()) ;                       // 输出对象信息
        System.out.println(bookB.getInfo()) ;                       // 输出对象信息
        System.out.println(bookC.getInfo()) ;                       // 输出对象信息
    }
}
```

程序执行结果：

```
图书名称：李兴华编程训练营、图书作者：沐言优拓、图书价格：9988.66
图书名称：Java从入门到项目实战、图书作者：小李老师、图书价格：5566.88
图书名称：Python从入门到项目实战、图书作者：李兴华、图书价格：99.8
```

本程序利用构造方法的互调用实现了属性赋值操作的简化，这样可以减少赋值操作语句，使代码结构清晰且调用方便。

4.6.4 当前对象 this

当前对象 this

视频名称 0413_【理解】当前对象 this

视频简介 一个类中可以产生若干个实例化对象，并且都可以进行本类结构的调用。本视频主要讲解当前对象的概念，并通过实例分析当前对象的使用。

一个类可以实例化出若干个对象，这些对象都可以调用类中提供的方法。当前正在访问类中方法的对象称为当前对象，在一个类的内部可以用 this 指代当前对象。

提示：关于对象输出信息说明。

实际上所有引用数据类型都是可以打印输出的，默认情况下打印输出的是一个对象的编码信息，这一点在下面的范例中可以发现。本书第 7 章会为读者详细解释对象打印。

范例：在类中获取当前对象。

```
class Book {
    // 调用类中的普通方法一定要通过实例化对象的形式
    public void print() {                                          // 类中的普通方法
        System.out.println("【Book类-print()方法】" + this) ;      // 直接输出this的信息
    }
}
public class YootkDemo {
    public static void main(String args[]) {                       // 程序主方法
        Book bookA = new Book() ;                                  // 实例化Book类对象
        System.out.println("【main()方法】bookA = " + bookA);     // 直接进行对象的输出
        bookA.print() ;                                            // 调用类中的普通方法
        System.out.println("------------------ 类别清晰的分割线 -------------------") ;
        Book bookB = new Book() ;                                  // 实例化Book类对象
        System.out.println("【main()方法】bookB = " + bookB);     // 直接进行对象的输出
        bookB.print() ;                                            // 调用类中的普通方法
    }
}
```

程序执行结果：

```
【main()方法】bookA = Book@28a418fc
【Book类-print()方法】Book@28a418fc
------------------------ 类别清晰的分割线 ------------------------
【main()方法】bookB = Book@5305068a
【Book类-print()方法】Book@5305068a
```

本程序在主方法中实例化了两个 Book 类对象，为了更加明确地解释类中的 this 表示当前调用的对象，在主方法中直接进行对象输出，同时在 Book 类的 print()方法中直接输出“this”通过执行结果的比较可以发现，不同 Book 类对象调用 print()方法时，this 都明确指代当前 Book 类对象（因为对象的地址编码相同），如图 4-10 与图 4-11 所示。

非常清楚，在整个 Java 里面 this 的内容可以被灵活改变，它会随当前调用的实例化对象的不同而不同，那么前面分析过的“this.方法()”或“this.属性”，严格意义上来讲所描述的就是当前调用的实例化对象中的方法或属性。

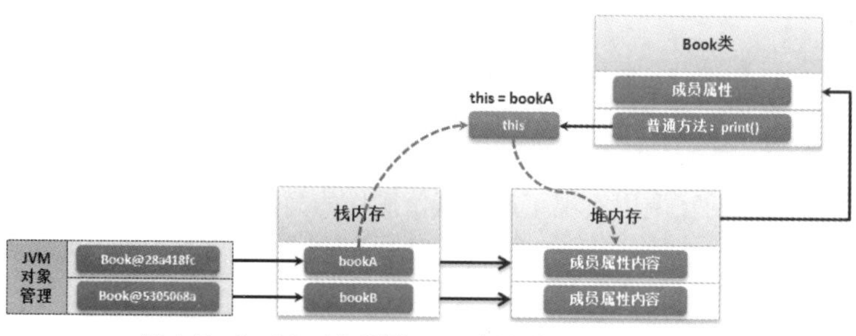

图 4-10　bookA 对象调用 print()方法时 this 表示 bookA

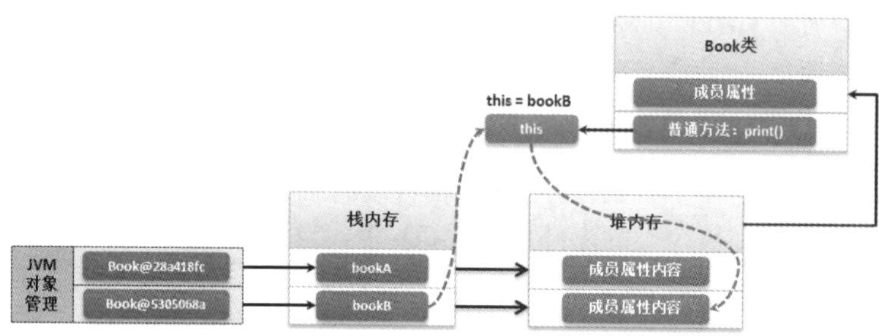

图 4-11　bookB 对象调用 print()方法时 this 表示 bookB

this 关键字的处理逻辑比较复杂，尤其是 this 关键字与引用传递之间的关联操作。我们也可以直接使用 this 描述当前对象的关系。

范例：传递当前对象引用。

```
class Message {                                                    // 要发送的消息内容
    private String title ;                                         // 消息标题
    private String content ;                                       // 消息内容
    private Channel channel ;                                      // 消息通道
    public Message(Channel channel, String title, String content) { // 构建消息
        this.channel = channel ;                                   // 属性赋值
        this.title = title ;                                       // 属性赋值
        this.content = content ;                                   // 属性赋值
    }
    public void send() {                                           // 进行消息的发送
        if (this.channel.connect()) {                              // 判断通道是否可以连接
            System.out.println("【Message】消息发送，消息标题：" +
                this.title + "、消息内容：" + this.content) ;        // 提示信息
            this.channel.close() ;                                 // 关闭消息发送通道
        } else {                                                   // 连接失败
            System.out.println("【Error】没有可用的消息发送通道，消息发送失败…") ; // 错误信息
        }
    }
}
class Channel {                                                    // 消息通道
    private Message message ;                                      // 消息主体
    public Channel(String title, String content) {                 // 构建通道
        this.message = new Message(this, title, content) ;         // 构建消息
        this.message.send() ;                                      // 消息发送
    }
    public boolean connect() {                                     // 通道连接
        System.out.println("【Channel】建立消息发送通道…") ;          // 提示信息
        return true ;
    }
    public void close() {                                          // 关闭通道
        System.out.println("【Channel】关闭消息发送通道…") ;          // 提示信息
    }
```

```
}
public class YootkDemo {
    public static void main(String args[]) {                    // 程序主方法
        new Channel("沐言科技", "www.yootk.com") ;                 // 构建通道
    }
}
```

程序执行结果：

```
【Channel】建立消息发送通道…
【Message】消息发送，消息标题：沐言科技、消息内容：www.yootk.com
【Channel】关闭消息发送通道…
```

本程序定义了两个类：消息主体类（Message）和消息通道类（Channel）。如果想进行消息的发送操作，那么必须以消息发送通道存在为前提，所以需要先构建 Channel 类的对象实例，并通过 Channel 类的构造方法实例化 Message 类对象，这样就可以在 Channel 类的构造方法中通过 this 将当前的 Channel 类对象实例传递到 Message 类中，程序结构如图 4-12 所示。

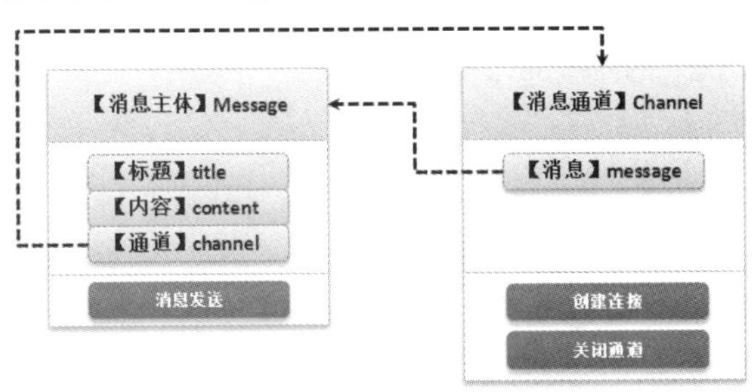

图 4-12　消息发送程序结构

4.7　简单 Java 类

简单 Java 类

视频名称　0414_【掌握】简单 Java 类

视频简介　本节结合前面所学的面向对象概念进行总结性代码开发，采用了非常重要的开发技术。本视频主要讲解简单 Java 类的第一层实现，读者可以通过此代码建立基本的面向对象思维模式。

简单 Java 类指的是可以描述某一类信息的程序类，如描述个人信息、描述图书信息、描述部门信息等，并且这个类中并没有特别复杂的逻辑操作，其只作为信息保存的媒介存在。以前面定义的图书类（Book）为例，可以发现其组成简单，只是为了描述图书的相关信息，如图 4-13 所示。

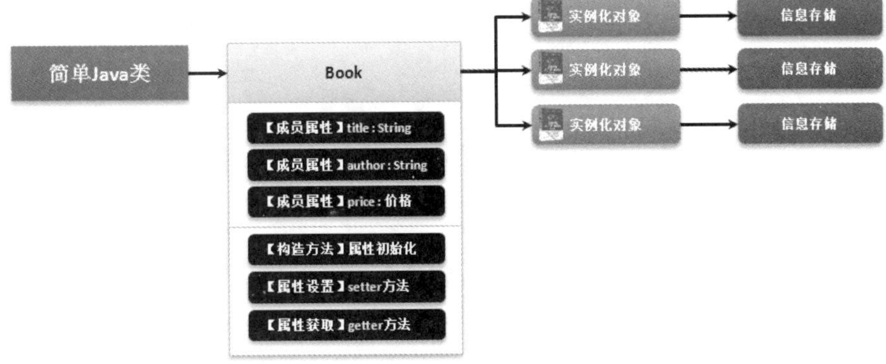

图 4-13　简单 Java 类举例

随着对本书的深入阅读，读者会慢慢理解简单 Java 类的实际使用，包括设计上的不断改良。

现给出简单 Java 类的开发要求。

- 类名称一定要有意义，可以明确地描述某一类事物。
- 类中的所有属性必须使用 private 进行封装，封装后的属性必须提供 setter、getter 方法。
- 类中可以提供多个构造方法，但是必须保留无参数构造方法。
- 类中不允许出现任何输出语句，所有内容的获取必须返回。
- 【可选】可以提供一个获取对象详细信息的方法，暂时将此方法名称定义为 getInfo()。

提示：简单 Java 类的开发很重要。

简单 Java 类不仅是对前面概念的总结，更是以后项目开发的重要组成部分。每一个读者都应该清楚地记下给出的开发要求，后面的章节将进一步延伸与扩展。

简单 Java 类也有许多种，如 POJO（Plain Ordinary Java Object，无规则简单 Java 对象）、VO（Value Object，值对象）、PO（Persistent Object，持久对象）、TO（Transfer Object，传输对象）。这些简单 Java 类结构类似，概念上只有些许区别，读者先有个印象即可。

范例：定义一个描述部门信息的简单 Java 类。

```
class Dept {                                                    // 类名称本身存在意义
    private long deptno ;                                       // 描述部门编号
    private String dname ;                                      // 部门名称
    private String loc ;                                        // 部门位置
    public Dept() {}                                            // 无参数构造方法
    public Dept(long deptno, String dname, String loc) {        // 三参数构造方法
        this.deptno = deptno ;                                  // 属性赋值
        this.dname = dname ;                                    // 属性赋值
        this.loc = loc ;                                        // 属性赋值
    }
    public void setDeptno(long deptno) {                        // 设置部门编号
        this.deptno = deptno ;                                  // 属性赋值
    }
    public void setDname(String dname) {                        // 设置部门名称
        this.dname = dname ;                                    // 属性赋值
    }
    public void setLoc(String loc) {                            // 设置部门位置
        this.loc = loc ;                                        // 属性赋值
    }
    public long getDeptno() {                                   // 获取部门编号
        return this.deptno ;                                    // 返回属性内容
    }
    public String getDname() {                                  // 获取部门名称
        return this.dname ;                                     // 返回属性内容
    }
    public String getLoc() {                                    // 获取部门位置
        return this.loc ;                                       // 返回属性内容
    }
    public String getInfo() {                                   // 获取对象信息
        return "【部门】部门编号：" + this.deptno + "、部门名称：" + this.dname +
            "、部门位置：" + this.loc ;
    }
}
public class YootkDemo {
    public static void main(String args[]) {                    // 程序主方法
        Dept dept = new Dept(10, "沐言科技教学部", "北京") ;      // 实例化类对象
        System.out.println(dept.getInfo()) ;                    // 进行内容的输出
    }
}
```

程序执行结果：

```
【部门】部门编号：10、部门名称：沐言科技教学部、部门位置：北京
```

本程序定义的 Dept 类没有复杂的业务逻辑，只是作为一个描述部门信息的基础类。使用简单 Java 类的过程往往就是进行对象实例化、设置内容、获取内容等几个核心操作。

4.8 static 关键字

static（静态）是一个用于声明程序结构的关键字，此关键字可以用于全局属性（又称公共属性）和全局方法的声明，主要特点是可以避免对象实例化的限制，在没有实例化对象的时候直接进行此类结构的访问。

4.8.1 static 属性

static 属性

视频名称 0415_【掌握】static 属性

视频简介 类中的成员有普通成员（非 static）和静态成员（static）。本视频主要讲解 static 属性与非 static 属性在使用形式上的区别，并利用内存关系分析两者在存储上的区别。

一个类主要由属性和方法（分构造方法与普通方法两种）组成，其每一个对象都分别拥有各自的属性内容（不同对象的属性保存在不同的堆内存中）。如果要将类中的某个属性定义为公共属性（所有对象都可以使用的属性），则可以在声明属性时加上 static 关键字。

范例：在类中定义 static 属性（注：本书程序中的虚构图书信息仅为讲解示例）。

```
class Book {                                                    // 定义描述图书的类
    private String title ;                                      // 图书名称
    private String author ;                                     // 图书作者
    private double price ;                                      // 图书价格
    // 同一个出版社出版的图书，每本书对应的出版社的名称一定是相同的
    static String pub = "沐言科技出版社" ;                       // 此时的属性暂时不封装
    // setter、getter、无参数构造方法略
    public Book(String title, String author, double price) {
        this.title = title ;                                    // 属性赋值
        this.author = author ;                                  // 属性赋值
        this.price = price ;                                    // 属性赋值
    }
    public String getInfo() {                                   // 获取对象信息
        return "【图书】名称：" + this.title + "、作者：" + this.author +
            "、价格：" + this.price + "、出版社：" + this.pub ;
    }
}
public class YootkDemo {
    public static void main(String args[]) {                    // 程序主方法
        Book bookA = new Book("Java从入门到项目实战", "李兴华", 99.8) ; // 对象实例化
        Book bookB = new Book("Spring开发实战", "李兴华", 69.8) ;    // 对象实例化
        Book.pub = "YOOTK出版社" ;                               // 修改static属性内容
        System.out.println(bookA.getInfo()) ;                   // 获取对象信息
        System.out.println(bookB.getInfo()) ;                   // 获取对象信息
    }
}
```

程序执行结果：

```
【图书】名称：Java从入门到项目实战、作者：李兴华、价格：99.8、出版社：YOOTK出版社
【图书】名称：Spring开发实战、作者：李兴华、价格：69.8、出版社：YOOTK出版社
```

本程序定义了一个描述图书的 Book 类，类中定义了一个用 static 声明的 pub 属性，这样该属性就成为公共属性，会保存在全局数据区中，所有对象都可以获取相同的对象内容，其中一个对象修改 static 属性内容将影响其他所有对象。其内存结构如图 4-14 所示。

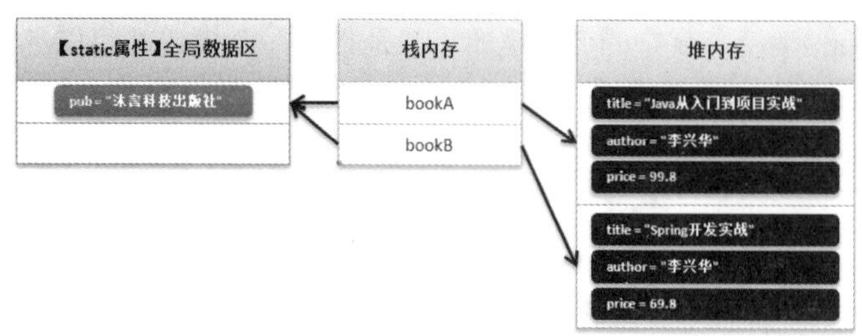

图 4-14　static 属性内存结构

提示：关于 static 属性访问的标准化操作。

本程序对 Book 类中的 pub 属性是直接通过类名称进行访问的，如下所示：

```
Book.pub = "YOOTK出版社" ;                    // 类名称直接修改static属性内容
```

除了这种方式，也可以通过具体的实例化对象进行访问，例如，通过 bookA 对象访问，如下所示：

```
bookA.pub = "YOOTK出版社" ;                   // 实例化对象直接修改static属性内容
```

虽然两种方式的本质是相同的，但是从代码编写的合理性来讲，建议通过类名称访问 static 属性，因为 static 代表公共属性，并非某一个对象的属性。

提问：可以不将 pub 属性声明为 static 吗？

本程序如果在 Book 类中定义时没有将 pub 属性声明为 static，不是也可以实现同样的效果吗？

回答：使用 static 才表示公共属性。

本程序中 pub 是一个公共属性，这是使用 static 关键字的主要原因。如果在代码中不使用 static 声明 pub 属性，则每个对象都会拥有此属性。

范例：不使用 static 声明 pub 属性。

```
class Book {                            // 定义描述图书的类
    private String title ;              // 图书名称
    private String author ;             // 图书作者
    private double price ;              // 图书价格
    // 其他代码操作略
}
```

由于 pub 属性没有使用 static 声明，因此在进行对象实例化操作时内存结构如图 4-15 所示。

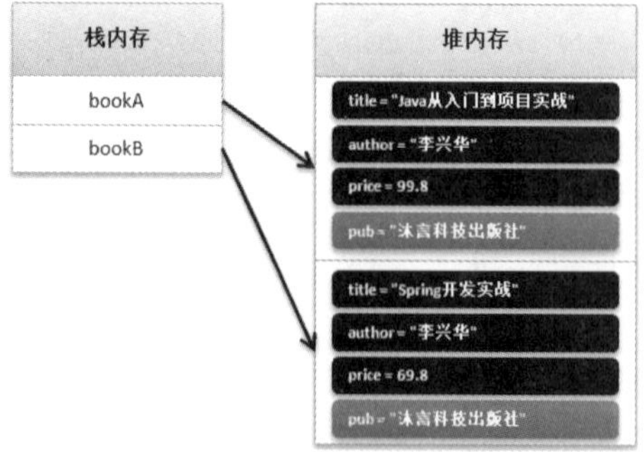

图 4-15　非 static 属性内存结构

可以想象一下，如果现在每一个对象都拥有各自的 pub 属性，那么此属性不再是公共属性，当 pub 属性更新时，必然修改所有类的对象，这样在实例化对象较多时一定会带来性能与操作上的问题。

此时类中除了普通的非 static 属性，又提供了 static 属性，而且重要的是，所有的 static 属性可以在没有实例化对象的时候直接调用。

范例：通过类名称直接访问 static 属性。

```
class Book {                                                    // 定义描述图书的类
    // Book类定义与上一范例相同，代码不再重复列出
}
public class YootkDemo {
    public static void main(String args[]) {                    // 程序主方法
        Book.pub = "YOOTK出版社" ;                               // 修改属性内容
        System.out.println(Book.pub);                           // 输出属性内容
        Book book = new Book("Java从入门到项目实战", "李兴华", 99.8) ;  // 对象实例化
        System.out.println(book.getInfo());                     // 输出对象信息
    }
}
```

程序执行结果：

```
YOOTK出版社
【图书】名称：Java从入门到项目实战、作者：李兴华、价格：99.8、出版社：YOOTK出版社
```

本程序在没有产生实例化对象的时候直接利用类名称输出和修改 static 属性的内容。通过本程序可以发现，static 属性虽然定义在类中，但是不受对象实例化的限制。

注意：通过本程序，读者应该清楚以下几点。

- 使用 static 声明的属性内容不在堆内存中保存，而是保存在全局数据区。
- 使用 static 声明的属性内容表示类属性，类属性可以由类名称直接调用（虽然可以通过实例化对象调用，但是在 Java 开发标准中不提倡此类格式）。
- static 属性虽然定义在了类中，但是可以在没有实例化对象的时候进行调用（普通属性保存在堆内存里，static 属性保存在全局数据区中）。

需要提醒读者的是，在进行类设计的过程中，首选还是普通属性，是否定义 static 属性需要根据实际的设计条件决定。

4.8.2 static 应用案例

static 应用案例

视频名称 0416_【掌握】static 应用案例

视频简介 类中除定义普通方法之外还可以进行 static 方法的定义。本视频主要讲解 static 定义方法的特点，以及与非 static 属性和方法间的操作限制。

static 关键字一个重要的使用目的就是避免对象实例化的限制，直接进行属性或方法的调用。static 属性还可以描述公共数据的特点。下面讲解 static 属性的应用案例。

范例：统计实例化对象个数。

```
class Book {                                          // 图书类
    private static int count = 0;                     // 进行对象的计数操作
    public Book() {                                   // 构造方法
        Book.count++;                                 // 对象个数增加
        System.out.println("当前产生的实例化对象个数：" + Book.count);
    }
}
public class YootkDemo {
    public static void main(String args[]) {          // 程序主方法
        for (int x = 0; x < 3; x++) {                 // 创建3个对象
            new Book();                               // 实例化对象
        }
    }
}
```

程序执行结果：

```
当前产生的实例化对象个数：1
当前产生的实例化对象个数：2
当前产生的实例化对象个数：3
```

进行对象个数统计，需要一个公共属性来进行个数的保存，所以本程序定义了一个 static 属性 count，通过调用构造方法进行对象实例化的过程中会进行个数的累加处理。此时程序只需稍加修改就可以实现一个属性内容的自动设置。

假设 Book 类中有两个构造方法：无参数构造方法和单参数构造方法（设置 title 属性）。要求不管调用哪一个构造方法都可以为 title 属性设置一个内容，通过 static 属性进行自动命名。

范例：属性自动赋值。

```java
class Book {                                                    // 图书类
    private static int count = 0;                               // 对象计数统计
    private String title ;                                      // 图书名称
    public Book() {                                             // 无参数构造方法
        this("李兴华编程就业系列图书 - " + Book.count) ;          // 调用单参数构造方法
        Book.count ++ ;                                         // 对象个数增加
    }
    public Book(String title) {                                 // 单参数构造方法
        this.title = title ;                                    // 属性赋值
    }
    public String getTitle() {                                  // 获取title属性
        return this.title ;                                     // 返回属性内容
    }
}
public class YootkDemo {
    public static void main(String args[]) {                    // 程序主方法
        System.out.println(new Book().getTitle()) ;             // 匿名对象获取属性
        System.out.println(new Book().getTitle()) ;             // 匿名对象获取属性
        System.out.println(new Book("Java从入门到项目实战").getTitle()) ; // 匿名对象获取属性
    }
}
```

程序执行结果：

```
李兴华编程就业系列图书 - 0
李兴华编程就业系列图书 - 1
Java从入门到项目实战
```

本程序利用 static 属性的共享特点，定义了一个对象的计数操作，这样每当调用无参数构造方法时都可以自动设置一个 title 属性内容。

提示：在多线程中存在此类操作。

第 13 章讲解多线程开发的时候也会出现线程名称的自动命名处理，这样做的好处是确保每一个线程都有对应的唯一名称，实现机制与本程序相同。

4.8.3　static 方法

static 方法

视频名称　0417_【掌握】static 方法

视频简介　static 结构可以不受对象实例化的限制，并实现多个实例化对象的共享操作。本视频将利用 static 属性的技术特点实现对象个数统计与自动命名。

static 除了可以用于属性定义之外，也可以用于方法的定义。一旦使用 static 声明了方法，此方法就可以在没有实例化对象的情况下调用。

范例：定义 static 方法。

```java
class Book {                                                    // 定义描述图书的类
    private String title ;                                      // 图书名称
    private String author ;                                     // 图书作者
```

```
    private double price ;                                              // 图书价格
    // 同一个出版社出版的图书，每本书对应的出版社的名称一定是相同的
    private static String pub = "沐言科技出版社" ;                      // 公共属性
    public static void setPub(String paramPub) {                        // static属性设置
        pub = paramPub ;                                                // 保存公共属性
    }
    // setter、gette、无参数构造方法略
    public Book(String title, String author, double price) {
        this.title = title ;                                            // 属性赋值
        this.author = author ;                                          // 属性赋值
        this.price = price ;                                            // 属性赋值
    }
    public String getInfo() {                                           // 获取对象信息
        return "【图书】名称：" + this.title + "、作者：" + this.author +
            "、价格：" + this.price + "、出版社：" + this.pub ;         // 返回对象信息
    }
}
public class YootkDemo {
    public static void main(String args[]) {                            // 程序主方法
        Book.setPub("YOOTK出版社") ;                                    // 修改static属性内容
        Book bookA = new Book("Java从入门到项目实战", "李兴华", 99.8) ; // 对象实例化
        Book bookB = new Book("Spring开发实战", "李兴华", 69.8) ;       // 对象实例化
        System.out.println(bookA.getInfo()) ;                           // 获取对象信息
        System.out.println(bookB.getInfo()) ;                           // 获取对象信息
    }
}
```

程序执行结果：

```
【图书】名称：Java从入门到项目实战、作者：李兴华、价格：99.8、出版社：YOOTK出版社
【图书】名称：Spring开发实战、作者：李兴华、价格：69.8、出版社：YOOTK出版社
```

本程序对 static 属性 pub 进行了封装处理，这样类的外部将无法直接进行此属性的调用。为了解决 pub 属性的修改问题，设置了一个 static 方法 setPub()。由于用 static 声明的方法和属性均不受对象实例化的限制，因此可以直接利用类名称进行 static 方法调用。

注意：关于方法的调用问题。

此时类中的普通方法实际上分为两种：static 方法和非 static 方法。这两种方法之间的调用也存在着以下限制。

- static 方法不能调用非 static 方法或属性。
- 非 static 方法可以调用 static 方法或属性。

以上两点，读者可以编写代码自行验证，或者参考本书附赠的学习视频。存在这样的限制，主要原因如下。

- static 属性和方法可以在没有实例化对象的时候使用（如果没有实例化对象，也就没有了表示当前对象的 this，static 方法内部无法使用 this 关键字的原因就在于此）。
- 非 static 属性和方法必须在创建实例化对象之后调用。

第 3 章讲解 Java 方法定义格式时提出，如果一个方法在主类中定义，并且由主方法直接调用，那么前面必须有 public static，即使用以下格式：

```
public static 返回值类型 方法名称 (参数列表) {
    方法体;
    [return [返回值] ;]
}
```

这样定义是因为主方法声明时使用了 static 关键字，可以直接调用。

范例：观察主类中的方法的调用。

```
public class YootkDemo {
    public static void main(String args[]) {        // 程序主方法
        printMessage() ;                             // 调用本类static方法
    }
```

```
    public static void printMessage() {                     // 主类定义，static声明
        System.out.println("沐言科技：www.yootk.com");      // 信息输出
    }
}
```

程序执行结果：

```
沐言科技：www.yootk.com
```

按照前面学习的概念，此程序表示一个 static 方法调用其他 static 方法。如果 print()方法的定义中没有使用 static 呢？则必须使用实例化对象来调用非 static 方法，即所有的非 static 方法几乎都有一个特点：**方法要由实例化对象调用**。

范例：实例化本类对象调用非 static 方法。

```
public class YootkDemo {
    public static void main(String args[]) {               // 程序主方法
        new YootkDemo().printMessage() ;                    // 调用非static方法
    }
    public void printMessage() {                            // 主类定义
        System.out.println("沐言科技：www.yootk.com");      // 信息输出
    }
}
```

程序执行结果：

```
沐言科技：www.yootk.com
```

在讲解本章概念前，考虑到知识层次的问题，本书并没有强调 static 这个关键字，所以才给出了一个简单的格式用于定义方法。在本章中，由于方法是通过实例化对象调用的，所以没有使用 static 关键字来定义。

同时需要提醒读者的是，在实际项目开发的过程中，类里面的方法在大部分情况下都是非 static 方法，也就是说大部分类的方法都是需要通过实例化对象调用的，所以设计时应该把非 static 方法作为首选，只有在不考虑实例化对象的情况下才定义 static 方法。

4.9　代　码　块

代码块是程序中使用"{}"括起来的一段程序，根据声明位置以及声明关键字的不同，代码块分为 4 种：普通代码块、构造代码块、静态代码块和同步代码块（同步代码块将在第 13 章讲解）。

4.9.1　普通代码块

普通代码块

视频名称　0418_【理解】普通代码块

视频简介　代码块是程序结构的组成部分，在代码块中加上相应的关键字可以描述不同的功能。本视频主要讲解普通代码块的使用特点及可能出现的操作形式。

普通代码块是定义在方法中的代码块，利用这类代码块可以解决一个方法中代码过长导致重复定义变量的问题。首先来观察以下代码。

范例：观察一个程序。

```
public class YootkDemo {
    public static void main(String args[]) {                 // 程序主方法
        if (true) {                                           // if分支结构区域
            String title = "沐言优拓：www.yootk.com" ;        // 定义title变量
            System.out.println(title) ;                       // 输出title变量
        }
        String title = "李兴华编程训练营：edu.yootk.com" ;    // 定义title变量
        System.out.println(title) ;                           // 输出title变量
```

```
    }
}
```

程序执行结果：

```
沐言优拓：www.yootk.com
李兴华编程训练营：edu.yootk.com
```

本程序在 if 分支结构内部定义了一个变量 title，此变量作用于 if 分支结构内部，所以不影响在主方法中定义的 title，也就是说，由于作用域不同，所以两个同名变量不会互相影响，如图 4-16 所示。

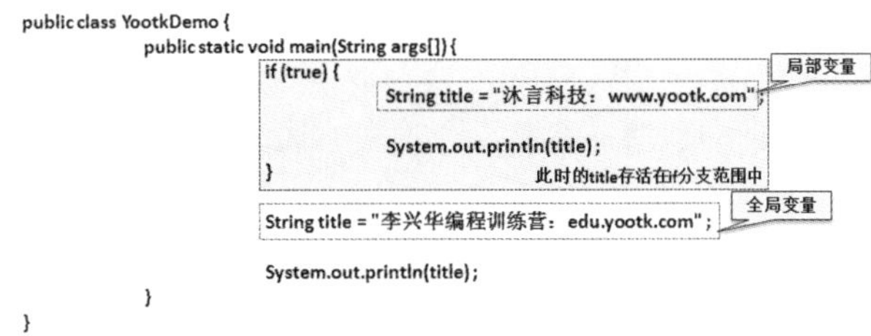

图 4-16　title 变量作用域

提问：什么叫全局变量？什么叫局部变量？

范例中给出的全局变量和局部变量的概念是固定的吗？还有什么其他注意事项吗？

回答：全局变量和局部变量是一种相对性的概念。

全局变量和局部变量是根据情况而定的，只是一种相对的概念。例如，在以上的范例中，由于第一个变量 title 定义在了 if 语句中（即定义在了一个“{}”中），所以相对于第二个变量 title 其就成为局部变量。在以下代码中，情况就不一样了。

范例：全局变量与局部变量。

```
public class YootkDemo {
    static String title = "李兴华编程训练营：edu.yootk.com" ;
    public static void main(String args[]) {
        System.out.println(title);
        if (true) {
            String title = "沐言优拓：www.yootk.com" ;
            System.out.println(title) ;
        }
    }
}
```

程序执行结果：

```
李兴华编程训练营：edu.yootk.com
沐言优拓：www.yootk.com
```

此程序中，相对于主方法中定义的变量 title 而言，在类中定义的变量 title 就成为全局变量，如图 4-17 所示。

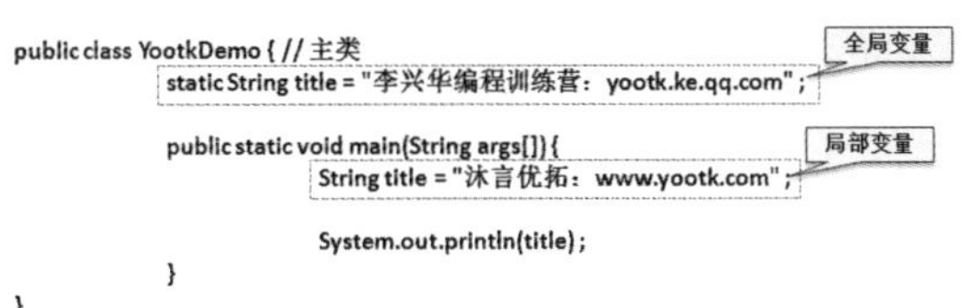

图 4-17　全局变量与局部变量作用域

通过分析以上结构可以得出结论：全局变量和局部变量是相对而言的。

对于以上范例，如果将 if 语句取消，这部分代码实际上就变为了普通代码块，可以保证两个 title 不会相互影响。

范例：定义普通代码块。

```
public class YootkDemo {
    public static void main(String args[]) {                   // 程序主方法
        {                                                       // 普通代码块
            String title = "沐言优拓：www.yootk.com" ;           // 定义局部变量title
            System.out.println(title) ;                         // 输出变量title
        }
        String title = "李兴华编程训练营：edu.yootk.com" ;        // 定义全局变量title
        System.out.println(title) ;                             // 输出变量title
    }
}
```

程序执行结果：

```
沐言优拓：www.yootk.com
李兴华编程训练营：edu.yootk.com
```

本程序直接使用一个“{}”定义了一个普通代码块，还将一个变量 title 定义在“{}”中，使其不会与全局变量 title 相互影响。所以，使用普通代码块可以对一个方法中的代码进行分割。

4.9.2　构造代码块

构造代码块

视频名称　0419_【理解】构造代码块

视频简介　类对象实例化依靠构造方法实现，除了构造方法，也可以将代码块定义在类中。本视频主要讲解构造代码块与构造方法的使用关系。

将代码块定义在一个类中，就产生了构造代码块（简称构造块）。构造代码块的主要特点是在使用 new 关键字实例化新对象时调用。

范例：在类中定义构造块。

```
class Book {                                                          // 定义图书类
    {   // 定义构造块，实际上可以在类中做属性的一些处理
        String title = "沐言科技：" ;                                  // 定义局部变量
        title = title + "www.yootk.com" ;                             // 变量计算
        System.out.println("【构造块】" + title) ;                     // 信息输出
    }
    public Book() {                                                   // 构造方法
        System.out.println("【构造方法】Hello 李兴华") ;                 // 信息输出
    }
}
public class YootkDemo {
    public static void main(String args[]) {                          // 程序主方法
        new Book() ;                                                  // 对象实例化
        new Book() ;                                                  // 对象实例化
    }
}
```

程序执行结果：

```
【构造块】沐言科技：www.yootk.com
【构造方法】Hello 李兴华
【构造块】沐言科技：www.yootk.com
【构造方法】Hello 李兴华
```

通过程序的执行结果可以发现，每一次实例化新对象都会调用构造块，并且构造块的执行优先于构造方法的执行。

4.9.3　静态代码块

静态代码块

视频名称　0420_【理解】静态代码块

视频简介　静态代码块在类中具有优先执行的权限，是对构造块的进一步定义。本视频主要讲解定义静态代码块的形式与特点，并分析主类与非主类中的静态代码块的执行。

静态代码块（简称静态块）也定义在类中，如果在定义一个构造代码块时使用了 static 关键字，该构造代码块就成为静态代码块。定义静态代码块要考虑两种情况。

- 在非主类中定义的静态代码块。
- 在主类中定义的静态代码块。

范例：在非主类中定义的静态代码块。

```
class Book {                                                      // 定义图书类
    {   // 定义构造块，实际上可以在类中做属性的一些处理
        String title = "沐言科技：" ;                              // 定义局部变量
        title = title + "www.yootk.com" ;                         // 变量计算
        System.out.println("【构造块】" + title) ;                 // 信息输出
    }
    public Book() {                                               // 构造方法
        System.out.println("【构造方法】Hello 李兴华") ;             // 信息输出
    }
    static {                                                      // 静态代码块
        System.out.println("【静态块】Hello MuYan") ;               // 信息输出
    }
}
public class YootkDemo {
    public static void main(String args[]) {                      // 程序主方法
        new Book() ;                                              // 对象实例化
        new Book() ;                                              // 对象实例化
    }
}
```

程序执行结果：

```
【静态块】Hello MuYan（静态块只执行一次）
【构造块】沐言科技：www.yootk.com
【构造方法】Hello 李兴华
【构造块】沐言科技：www.yootk.com
【构造方法】Hello 李兴华
```

本程序实例化了多个类对象，可以发现静态代码块优先于构造代码块执行，并且不管实例化多少个对象，静态代码块只执行一次。

提示：利用静态代码块可以实现 static 初始化操作。

在实际项目的开发中，由于静态代码块优先于所有程序代码执行，所以可以利用静态代码块实现一些初始化代码的执行。

范例：利用静态代码块执行初始化代码。

```
class Book {
    public static String title = null ;                           // 静态封装
    static {                                                      // 静态代码块
        title = "沐言科技：www.yootk.com\n" ;                       // 模拟处理逻辑
        title = title + "李兴华编程训练营：edu.yootk.com\n" ;        // 模拟处理逻辑
        title = title + "Hello 小李老师" ;                          // 模拟处理逻辑
        System.out.println("【静态块】" + title) ;
    }
}
public class YootkDemo {
    public static void main(String args[]) {                      // 程序主方法
        new Book() ;                                              // 对象实例化
        new Book() ;                                              // 对象实例化
    }
}
```

程序执行结果：

```
【静态块】沐言科技：www.yootk.com
李兴华编程训练营：edu.yootk.com
Hello 小李老师
```

本程序利用静态代码块执行了部分程序代码，这些代码可以在类第一次使用的时候实现初始化操作。这是在实际开发中使用较多的一种代码结构。

静态代码块还有一种比较特殊的使用环境：如果静态代码块定义在主类中（主类一般都有主方法），静态代码块将优先于主方法执行。

范例：在主类中定义的静态代码块。

```
public class YootkDemo {
    static {                                                                  // 静态代码块
        System.out.println("【静态块】沐言科技：www.yootk.com") ;              // 信息输出
    }
    public static void main(String args[]) {                                  // 程序主方法
        System.out.println("【主方法】李兴华编程训练营：edu.yootk.com" ) ;      // 信息输出
    }
}
```

程序执行结果：

```
【静态代码块】沐言科技：www.yootk.com
【主方法】李兴华编程训练营：edu.yootk.com
```

通过此执行结果可以发现，静态代码块优先于主方法执行。由于主方法处于一个类中，类中有可能存在 static 属性，而 static 属性不受对象实例化限制，所以一定要先进行 static 属性的内容设置。

注意：JDK 1.7 之后的改变。

在 JDK 1.7 之前，Java 中一直存在一个 bug。按照标准来讲，所有的程序应该由主方法开始执行，可是通过以上范例可以发现，静态代码块会优先于主方法执行。所以在 JDK 1.7 之前，是可以使用静态代码块来代替主方法的，即以下程序是可以执行的。

范例：JDK 1.7 之前的 bug。

```
public class YootkDemo {                                     // 主类中不定义主方法
    static {                                                 // 静态代码块
        System.out.println("沐言科技：www.yootk.com");       // 信息输出
        System.exit(1);                                      // 程序结束
    }
}
```

本程序在 JDK 1.7 之后就无法执行了。这个 bug 从 1995 年持续到 2012 年。

4.10 本章概览

1．面向对象程序设计是现在主流的程序设计方法，它有三大主要特性：封装性、继承性和多态性。

2．类与对象的关系：类是对象的模板，对象是类的实例。类只能通过对象使用。

3．类的组成：成员属性（Field）、方法（Method）。

4．对象的实例化格式：类名称 对象名称 = new 类名称()。new 关键字用于内存空间的开辟。

5．如果一个对象没有被实例化而直接使用，则使用时会出现空指向异常（NullPointerException）。

6．类属于引用数据类型，进行引用传递时，传递的是堆内存的使用权（一块堆内存可以被多个栈内存指向，而一块栈内存只能够保存一个堆内存的地址）。

7．类的封装性：通过 private 关键字进行修饰的属性不能被外部直接调用，只能通过 setter 或 getter 方法访问。类中的属性必须全部封装。

8．构造方法可以用于类中的属性初始化。构造方法名称与类名称相同，无返回值类型声明。如果类中没有明确地定义出构造方法，则会自动生成一个无参数的、什么都不做的构造方法。一个类中的构造方法可以重载，但是每个类都必须至少有一个构造方法。

9．在 Java 中使用 this 关键字可以表示当前对象，通过“this.属性”可以调用本类中的属性，通过“this.方法()”可以调用本类中的其他方法，也可以通过“this()”调用本类中的构造方法，但是调用时要放在构造方法的首行。

10.使用 static 关键字声明的属性和方法可以由类名称直接调用，static 属性是所有对象共享的，所有对象都可以对其进行操作。

4.11　实 战 自 测

1．定义并测试一个代表地址的 Address 类，地址信息由“国家”“省份”“城市”“街道”“邮编”组成，要求可以返回完整地址信息。

地址信息类

视频名称　0421_【掌握】地址信息类

视频简介　类与对象是面向对象的基本元素。为了帮助读者了解简单 Java 类的设计与使用，本视频通过定义一个地址信息类进行类的实际使用分析。

2．定义并测试一个代表员工的 Employee 类，员工属性包括“编号”“姓名”“基本薪水”“薪水增长率”，还包括计算薪水增长额及计算增长后的工资总额的方法。该类要提供以下 4 个构造方法。

- 【无参数构造方法】编号定义为“1000”，姓名定义为“无名氏”，其他内容均为默认值。
- 【单参数构造方法】传递编号，姓名定义为“新员工”，基本薪水为“3000.00”，薪水增长率为“1%”。
- 【三参数构造方法】传递编号、姓名、基本薪水，薪水增长率为“5%”。
- 【四参数构造方法】所有的属性全部进行传递。

员工信息类

视频名称　0422_【掌握】员工信息类

视频简介　类与对象是面向对象的基本元素。为了帮助读者了解简单 Java 类的设计与使用，本视频通过定义一个员工信息类进行类的实际使用分析。

3．定义一个表示用户的 User 类，要求类中的变量有“用户名”“口令”，定义类的 3 个构造方法（无参数、为用户名赋值、为用户名和口令赋值）、获取和设置口令的方法、返回类信息的方法，同时编写一个进行登录验证的处理逻辑。

用户登录

视频名称　0423_【掌握】用户登录

视频简介　本程序在简单 Java 类的基础上追加了一些业务逻辑功能，目的是帮助读者区分相关概念。本视频通过登录逻辑控制讲解工具类的定义。

4．定义一个图书类，其成员属性为“书名”“编号（利用静态变量实现自动编号）”“书价”，以及静态属性“册数”“总册数”。在构造方法中利用静态变量为“编号”赋值，在主方法中定义多个对象，并求出“总册数”。

static 综合应用

视频名称　0424_【掌握】static 综合应用

视频简介　static 可以实现公共属性的定义，在开发中可以利用其自增的处理方式。本视频基于题目要求，进行了代码的具体实现。

第 5 章

数　　组

本章学习目标

1. 掌握数组在程序中的主要作用及定义语法；
2. 掌握数组引用传递操作方法，并掌握数组引用传递内存分析方法；
3. 掌握数组的相关操作案例，会实现数组排序与数组转置；
4. 掌握对象数组的使用方法，深刻理解对象数组的存在意义；
5. 掌握简单 Java 类与对象数组在实际开发中的使用模式。

数组是程序设计中一种重要的数据类型。在 Java 中数组属于引用数据类型，所以数组也会涉及堆栈内存空间的分配与引用传递的问题。本章为读者讲解数组的相关定义、操作语法，以及对象数组的使用。

5.1　数组定义与使用

数组在程序中很常见，利用数组可以实现多个变量的线性管理。本节为读者讲解 Java 中数组的定义及基本使用。

5.1.1　数组定义

数组定义

视频名称　0501_【掌握】数组定义

视频简介　数组是基础的线性存储结构，可以有效地实现一组变量的关联管理。本视频主要讲解数组的基本概念、定义语法与使用形式，同时分析数组的长度限制及数组越界异常。

在编写程序时可以通过定义变量的形式管理所有的操作数，但是传统变量都采用分散式结构定义，例如，定义 100 个整型变量，按照传统的做法可能会编写出如下形式的代码。

范例：定义 100 个整型变量。

```
public class YootkDemo {
    public static void main(String args[]) {                          // 程序主方法
        // 【伪代码】定义100个整型变量，则需要重复使用int定义100次
        int i1 = 0 ; int i2 = 0 ; int i3 = 0 ; ... int i100 = 0 ;
        System.out.println(i1) ;                                      // 输出变量内容
        System.out.println(i2) ;                                      // 输出变量内容
        // 【伪代码】此处省略97行代码
        System.out.println(i100) ;                                    // 输出变量内容
    }
}
```

如果这 100 个整型变量都有相关性，那么该如何对这 100 个变量进行调用管理呢？难道每一次都要指明具体的变量吗？为了解决这样的设计问题，人们提出了数组的概念，使用数组可以直接解决一组相关变量的定义与管理问题。

Java 中的数组比较特殊。任何语言中的数组实际上都会牵扯内存的分配机制，在这样的环境下 Java 将数组归纳为引用数据类型，针对数组的创建，Java 支持两类语法。

第一类：声明并开辟数组空间。

```
数据类型 [] 数组名称 = new 数据类型 [数组长度] ;          // “[]”放在数据类型后
数据类型 数组名称 [] = new 数据类型 [数组长度] ;          // “[]”放在数组名称后
```

第二类：先声明数组，再开辟数组空间。

声明数组：

```
数据类型 [] 数组名称 = null ;                            // “[]”放在数据类型后，默认值为null
数据类型 数组名称 [] = null ;                            // “[]”放在数组名称后，默认值为null
```

开辟数组空间：

```
数组名称 = new 数据类型 [数组长度] ;                     // 通过new关键字开辟数组内存空间
```

数组定义完成后，可以采用“数组名称[索引]”的形式进行数组元素的访问。需要注意的是，数组的索引是从 0 开始的，最大索引为“数组长度 －1”。

> **提示：数组默认值。**
>
> 以上给出的数组定义格式采用的是数组动态初始化。采用动态初始化操作时，数组中的默认值都是其对应数据类型的默认值。例如，如果动态定义了整型数组，则数组中每一个元素的默认值为 0；如果动态定义了浮点型数组，则数组中每一个元素的默认值为 0.0。

范例：定义并访问数组。

```java
public class YootkDemo {
    public static void main(String args[]) {                   // 程序主方法
        int data [] = new int [3] ;                            // 声明并开辟数组空间
        System.out.println("【0】数组第一个元素：" + data[0]) ;  // 输出第1个变量
        System.out.println("【1】数组第二个元素：" + data[1]) ;  // 输出第2个变量
        System.out.println("【2】数组第三个元素：" + data[2]) ;  // 输出第3个变量
    }
}
```

程序执行结果：

```
【0】数组第一个元素：0
【1】数组第二个元素：0
【2】数组第三个元素：0
```

本程序定义了一个长度为 3 的整型数组，在数组定义后直接采用“data[索引]”的形式输出了数组中的每一个元素。由于当前数组类型是整型，所以数组中每一个元素的默认值都是 0。如果有需要也可以对数组内容进行修改。

范例：修改数组内容。

```java
public class YootkDemo {
    public static void main(String args[]) {                   // 程序主方法
        int data[] = new int[3];                               // 声明并开辟数组空间
        data[0] = 10;                                          // 修改数组内容
        data[1] = 20;                                          // 修改数组内容
        data[2] = 30;                                          // 修改数组内容
        System.out.println("【0】数组第一个元素：" + data[0]);   // 输出第1个变量
        System.out.println("【1】数组第二个元素：" + data[1]);   // 输出第2个变量
        System.out.println("【2】数组第三个元素：" + data[2]);   // 输出第3个变量
    }
}
```

程序执行结果：

```
【0】数组第一个元素：10
【1】数组第二个元素：20
【2】数组第三个元素：30
```

本程序在数组动态初始化后采用了“数组名称[索引] = 数值”的语法结构为数组中的元素赋值，整个赋值操作除变量名称采用数组形式外和普通变量赋值操作没有任何区别。本程序的操作形式如图 5-1 所示。

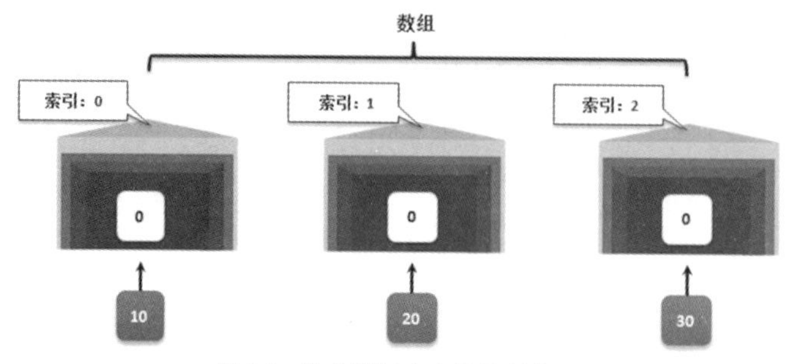

图 5-1　修改数组内容操作形式

注意：数组越界异常。

在通过索引访问数组元素的操作中，如果索引超过了数组索引的取值范围，就会出现数组越界异常（ArrayIndexOutOfBoundsException）。

范例：数组越界异常。

```
public class YootkDemo {
    public static void main(String args[]) {          // 程序主方法
        int data [] = new int [3] ;                 // 声明并开辟数组空间
        System.out.println(data[3]);                  // 索引越界
    }
}
```

程序执行结果：

```
Exception in thread "main" java.lang.ArrayIndexOutOfBoundsException: Index 3 out of bounds
for length 3
    at YootkDemo.main(YootkDemo.java:4)
```

由于此时的数组长度被定义为 3，所以数组索引取值范围是 0～2，如果超过了此范围，程序运行时就会抛出异常“ArrayIndexOutOfBoundsException”。

5.1.2　数组静态初始化

数组静态初始化

视频名称　0502_【掌握】数组静态初始化

视频简介　数组是一组相关的变量的集合，为了方便数组内所有变量内容的初始化，Java 提供了静态数组定义格式。本视频为读者分析数组静态初始化定义语法及数组元素的操作。

数组采用动态初始化之后保存的数据为对应数据类型默认值，如果希望在数组定义时就明确地设置数组中的元素内容，则可以采用静态初始化语法，包括如下两类语法。

第一类：简化结构数组静态初始化定义格式。

```
数据类型 [] 数组名称 = {数值, 数值, …数值} ;                          // “[]”放在数据类型后
数据类型 数组名称 [] = {数值, 数值, … 数值} ;                         // “[]”放在数组名称后
```

第二类：完整结构数组静态初始化定义格式。

```
数据类型 [] 数组名称 = new 数据类型 [] {数值, 数值, …数值}            // “[]”放在数据类型后
数据类型 数组名称 [] = new 数据类型 [] {数值, 数值, …数值}            // “[]”放在数组名称后
```

采用以上两类格式可以在数组定义时对应的数据内容填充到数组中，填充的数据个数就是数组的最终长度。

提示：推荐使用完整结构。

在数组静态初始化操作中，建议读者使用完整结构。例如，定义匿名数组可以直接使用“new int[]{1, 2, 3}”这样的形式，但是匿名数组定义无法使用简化结构完成。

范例：数组静态初始化。

```
public class YootkDemo {
    public static void main(String args[]) {            // 程序主方法
        int data [] = new int [] {10, 20, 30} ;         // 数组静态初始化
        System.out.print(data[0] + "、") ;              // 输出元素内容
        System.out.print(data[1] + "、") ;              // 输出元素内容
        System.out.print(data[2]) ;                     // 输出元素内容
    }
}
```

程序执行结果：

```
10、20、30
```

本程序采用静态初始化的方式定义了 data 数组，这样在数组定义时就已经设置好了每个元素对应的内容，避免了重复的数组赋值操作。

数组本身就是一组变量的集合，既然是变量的集合，那么数组中的每一个元素对应的内容也是可以修改的。

范例：修改数组元素内容。

```
public class YootkDemo {
    public static void main(String args[]) {            // 程序主方法
        int data [] = new int [] {10, 20, 30} ;         // 数组静态初始化
        data [0] *= 2 ;                                 // 将原始的内容乘2之后重新赋值
        data [1] += 2 ;                                 // 将原始的内容加2之后重新赋值
        data [2] = data[0] + data[1] ;                  // 修改元素内容
        System.out.print(data[0] + "、") ;              // 输出元素内容
        System.out.print(data[1] + "、") ;              // 输出元素内容
        System.out.print(data[2]) ;                     // 输出元素内容
    }
}
```

程序执行结果：

```
20、22、42
```

本程序首先采用静态初始化的方式进行了数组定义，随后对数组中每一个元素的内容进行了修改，最后输出的就是修改后的数据。

注意：数组长度不可更改。

不管是数组的动态初始化还是数组的静态初始化，定义数组后用户能够操作的都是已经开辟好的数组元素。如果此时发现数组元素不够，是不可以进行动态扩充或缩小的，这也是数组使用中最大的问题。为了解决这个问题，不同的编程语言提供了不同的数据结构支持。Java 为了进一步减少数据结构对开发者的制约，提供了 Java 类集框架，这一概念读者可以在本套丛书的其他图书中学习。

5.1.3 数组与 for 循环

数组与 for 循环

视频名称 0503_【掌握】数组与 for 循环

视频简介 数组是一种线性的存储结构，只要进行合适的索引操作，就可以实现对数组元素的控制。本视频为读者分析如何结合 for 循环实现数组的操作，以及 length 属性的作用。

数组是一种线性存储结构，在实际使用中只需要进行合理的索引控制就可以方便地获取数组中的每一个元素内容。常见的索引控制可以通过 for 循环实现。

范例：采用 for 循环输出数组元素。

```
public class YootkDemo {
    public static void main(String args[]) {                    // 程序主方法
        int data[] = new int[] { 10, 20, 30 };                  // 定义整型数组
        for (int x = 0; x < 3; x++) {                           // for循环控制索引
            System.out.print(data[x] + "、");                   // 根据索引获取数据
        }
    }
}
```

程序执行结果：

```
10、20、30、
```

本程序通过数组的静态初始化定义了一个 data 数组，随后利用 for 循环生成数组的索引，依据索引获取数组内容并进行输出。程序的操作流程如图 5-2 所示。

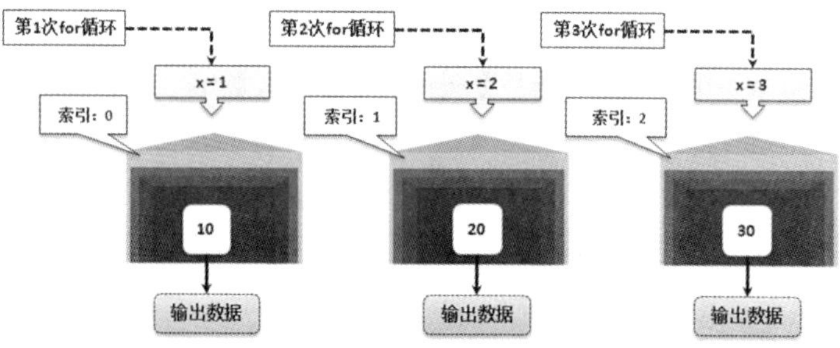

图 5-2　for 循环获取数组内容操作流程

在使用 for 循环获取数组内容时一定要设置数组长度，不同的情况下数组会有不同的长度，为了方便动态地获取数组长度，可以采用“数组名称.length”的方式，此操作返回的数据类型为 int。

范例：通过 length 动态获取数组长度。

```
public class YootkDemo {
    public static void main(String[] args) {                     // 程序主方法
        int data[] = new int[] { 10, 20, 30 };                   // 定义整型数组
        System.out.println("data数组长度：" + data.length);      // 输出数组长度
        for (int x = 0; x < data.length; x++) {                  // for循环控制索引
            System.out.print(data[x] + "、");                    // 根据索引获取数据
        }
    }
}
```

程序执行结果：

```
data数组长度：3
10、20、30、
```

本程序通过“data.length”语句动态地获取 data 数组的长度，随后利用该数组长度结合 for 循环实现数组内容的输出。

5.1.4　foreach 输出

foreach 输出

视频名称　0504_【掌握】foreach 输出

视频简介　数组的输出除了采用循环与索引，还可以采用 foreach 结构。本视频主要讲解如何使用 foreach 实现数组的输出，同时分析 foreach 输出数组的操作流程。

在传统编程中，由于数组属于线性存储结构，只需要利用 for 循环实现索引控制，就可以方便地实现数组的输出。JDK 1.5 开始提供一种更加方便的 foreach 结构，这种结构属于增强型 for 循环，可以帮助开发者回避数组的索引操作问题。该结构的语法如下：

```
for (数据类型 变量 : 数组 | 集合) {    // foreach为增强型for循环
    // 数组内容处理
}
```

在使用 foreach 结构进行数组迭代操作时，每次循环都会顺序获取一个数组内容并将其赋值给变量保存，这样在循环体中就可以直接对数组内容进行操作。操作流程如图 5-3 所示。

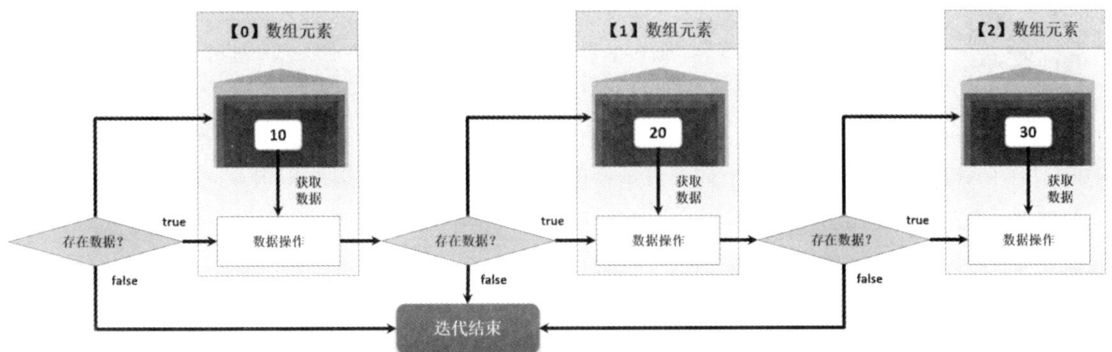

图 5-3 数组 foreach 迭代操作流程

范例：使用 foreach 输出数组内容。

```
public class YootkDemo {
    public static void main(String[] args) {            // 程序主方法
        int data[] = new int[] { 10, 20, 30 };          // 定义整型数组
        for (int temp : data) {                         // foreach迭代
            System.out.print(temp + "、");              // 输出当前数组内容
        }
    }
}
```

程序执行结果：

```
10、20、30、
```

本程序采用 foreach 循环，每一次迭代时都会顺序获取 data 数组中的每一个元素，并且将元素的内容保存在变量 temp 内供循环体操作。

提问：数组输出方式的选择。

数组输出可以通过 for 循环结合索引的形式获取元素内容，也可以利用 foreach 迭代直接获取元素内容，在实际开发中，这两种方式如何选择？

回答：foreach 无法进行索引控制。

在传统编程中数组都是通过 for 循环结合索引的形式进行控制的，这在一些数组数据操作中（如排序与反转，后面会讲到）会更加便利。foreach 结构是 JDK 1.5 之后的语法，仅能够获取内容，无法获取索引，虽然简单，但是功能有限。

综合来讲，如果对数组数据要进行烦琐的操作，推荐使用 for 循环结合索引的形式进行处理；如果仅仅进行简单的数据获取和操作，推荐使用 foreach 结构。

5.2　数组引用传递

Java 中的数组属于引用数据类型，所以每一次开辟数组空间时都会用到 new 关键字。本节为读者全面地讲解数组引用传递及与方法的结合使用。

5.2.1　数组引用分析

数组引用分析

视频名称　0505_【掌握】数组引用分析

视频简介　数组属于引用数据类型，所以数组本身也涉及堆栈内存的使用问题。本视频主要讲解数组的内存结构，同时采用引用操作的形式分析不同栈内存对同一堆内存中的数组内容的操作。

Java 中的引用数据类型一般占用堆、栈两个内存空间，所有的数据内容都保存在堆内存中，栈内存保存堆内存地址的引用。下面通过基本的数组操作来观察数组的引用。

范例：定义并修改数组内容。

```
public class YootkDemo {
    public static void main(String[] args) {                // 程序主方法
        int data[] = new int[3];                            // 采用动态初始化实例化数组
        data[0] = 10;                                       // 为数组内容赋值
        data[1] = 20;                                       // 为数组内容赋值
        data[2] = 30;                                       // 为数组内容赋值
        for (int temp : data) {                             // foreach迭代
            System.out.print(temp + "、");                  // 输出当前数组内容
        }
    }
}
```

程序执行结果：

```
10、20、30、
```

本程序首先采用动态初始化的形式实例化了 data 数组，这样数组中的所有元素全部默认为“0”；随后利用数组索引的方式修改了数组内容。本程序的内存操作流程如图 5-4 所示。

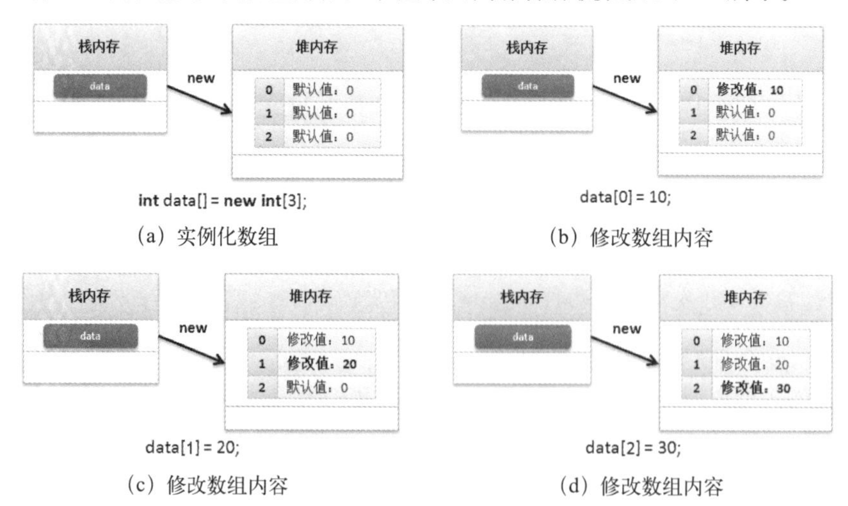

（a）实例化数组　（b）修改数组内容　（c）修改数组内容　（d）修改数组内容

图 5-4　数组内存操作流程

通过图 5-4 可以清楚地发现，数组内存操作流程和对象的处理操作流程非常相似。既然数组也拥有这样的堆栈关系，那么就可以实现数组的引用传递。

范例：数组引用传递。

```
public class YootkDemo {
    public static void main(String[] args) {          // 程序主方法
        int data[] = new int[] { 1, 3, 5 };           // 数组静态初始化
        int array[] = data;                           // 数组引用传递
        array[1] = 90;                                // 修改数组内容
        array[2] = data[0] + data[1] ;                // 修改数组内容
        for (int temp : data) {                       // foreach迭代
            System.out.print(temp + "、");            // 输出当前数组内容
        }
    }
}
```

程序执行结果：

```
1、90、91、
```

本程序采用数组的静态初始化定义了一个 data 数组，随后基于引用的形式将 data 数组的引用地址赋值给了 array 数组，当 array 数组修改内容时，实际上会直接影响 data 数组中的数据。本程序的内存操作流程如图 5-5 所示。

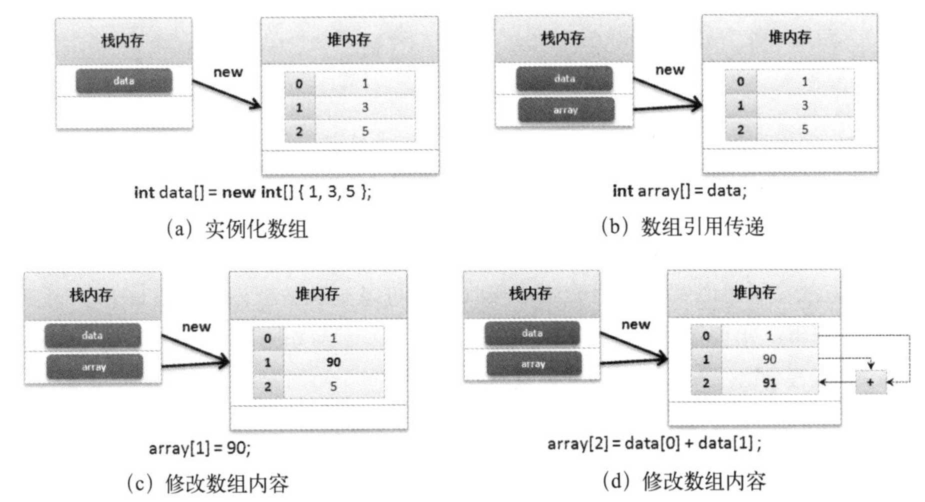

图 5-5 数组引用传递内存操作流程

5.2.2 数组与方法

数组与方法

视频名称 0506_【掌握】数组与方法

视频简介 在程序开发中，引用传递和方法的参数接收有很强的结合性。本视频主要讲解数组的引用传递，借助方法进一步实现引用分析，并讲解如何利用方法接收数组或返回数组。

数组的引用传递操作是将一个堆内存地址赋值给多个数组对象，然后通过这些数组对象实现在同一内存中的操作。在实际开发中，可以利用方法的参数实现引用的传递，这样就可以在方法中直接进行数组内容的获取与修改。

范例：方法接收数组引用并输出。

```
public class YootkDemo {
    public static void main(String[] args) {          // 程序主方法
        int data[] = new int[] { 1, 3, 5 };           // 静态初始化
        printArray(data);                             // 数组输出，等价于“int [] temp = data;”
    }
```

```
    /**
     * 数组输出方法，本方法需要接收数组引用，并通过循环输出数组全部数据
     * @param temp 保存数组引用，该参数为整型数组
     */
    public static void printArray(int temp[]) {
        for (int x = 0; x < temp.length; x++) {        // for循环输出
            System.out.print(temp[x] + "、");           // 依据索引获取数组内容
        }
    }
}
```

程序执行结果：

```
1、3、5、
```

本程序首先通过数组的静态初始化形式定义了一个整型数组，随后将此数组的引用传递到了 printArray()方法中。由于传递的是整型数组，所以在 printArray()中必须定义一个与之类型匹配的整型数组参数 temp。由于 temp 与 data 指向同一个堆内存空间，所以在 printArray()方法中可以实现全部数组内容的打印。本程序的内存操作流程如图 5-6 所示。

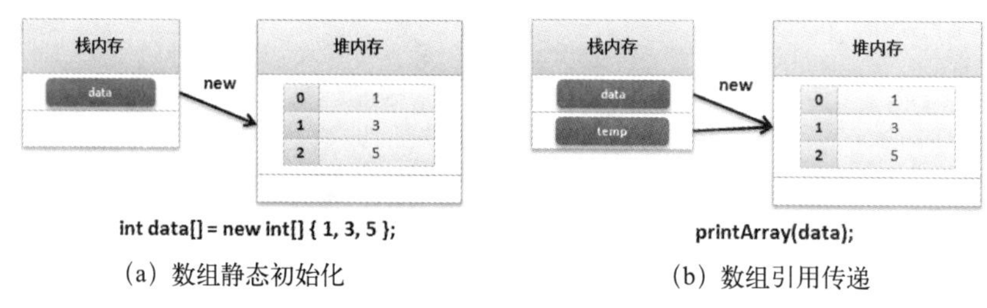

（a）数组静态初始化　　（b）数组引用传递

图 5-6　方法接收数组引用内存操作流程

在 Java 中方法除了可以实现数组的引用接收，也可以实现数组内容的返回，只需要将方法的返回值类型设为数组。下面定义一个数组工具类，并在类中实现数组的初始化、修改及输出。

范例：通过类管理数组。

```
class ArrayUtil {                                      // 数组工具类
    public static void change(int temp[]) {            // 修改数组内容
        for (int x = 0 ; x < temp.length ; x ++) {     // for循环输出
            temp[x] = temp[x] * 2;                     // 修改数组内容
        }
    }
    public static void printArray(int arr[]) {         // 数组输出
        for (int x = 0 ; x < arr.length ; x ++) {      // for循环输出
            System.out.print(arr[x] + "、");            // 依据索引获取数组内容
        }
    }
    public static int[] init() {                       // 数组返回
        return new int [] {1, 3, 5};                   // 返回匿名数组
    }
}
public class YootkDemo {
    public static void main(String[] args) {           // 程序主方法
        int data [] = ArrayUtil.init();                // 方法返回的是数组，使用数组对象接收
        ArrayUtil.change(data);                        // 修改数组内容
        ArrayUtil.printArray(data);                    // 进行数组的输出
    }
}
```

程序执行结果：

```
2、6、10、
```

本程序为了方便数组的操作，定义了一个 ArrayUtil 数组工具类，并在此类中提供了 3 个数组操作方法：数组初始化方法（init()）、数组修改方法（change()）、数组输出方法（printArray()）。在数组初始化操作中，利用数组的引用传递，init()方法直接返回了一个匿名数组的引用，并使用堆内存对主方法中的 data 数组进行初始化；然后程序利用 change()实现了数组内容的修改；最后通过 printArray()方法实现数组输出。本程序的内存操作流程如图 5-7 所示。

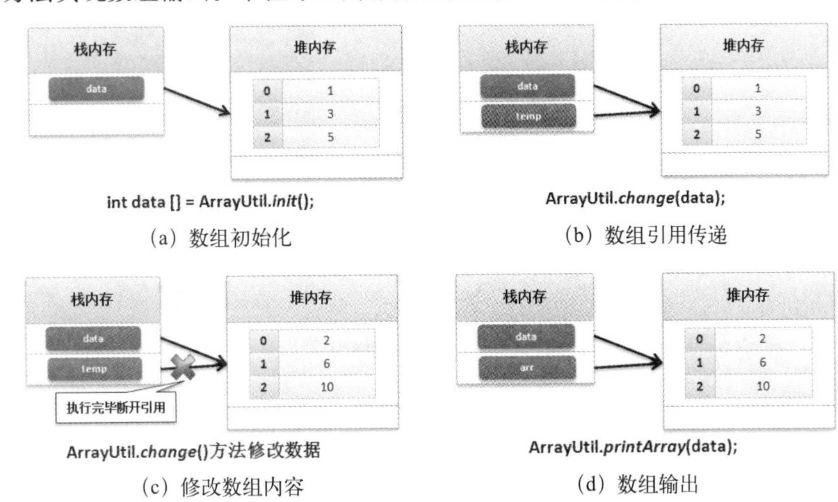

（a）数组初始化　（b）数组引用传递

（c）修改数组内容　（d）数组输出

图 5-7　数组工具类内存操作流程

5.2.3　数组统计案例

数组信息
统计案例

视频名称　0507_【掌握】数组信息统计案例

视频简介　方法在进行数据处理时只能够返回单个数据。本视频为读者分析如何在一个方法中利用数组返回多个数据项，同时通过讲解面向过程和面向对象两种实现模式阐述面向对象的优势。

一个数组可能包含很多数据（假设为随机生成的原始数据），在现实操作中使用者可能并不关心这些原始数据的内容，但希望确定这些数据的最大值、最小值、平均值（只保留整数部分）、总和，如图 5-8 所示。

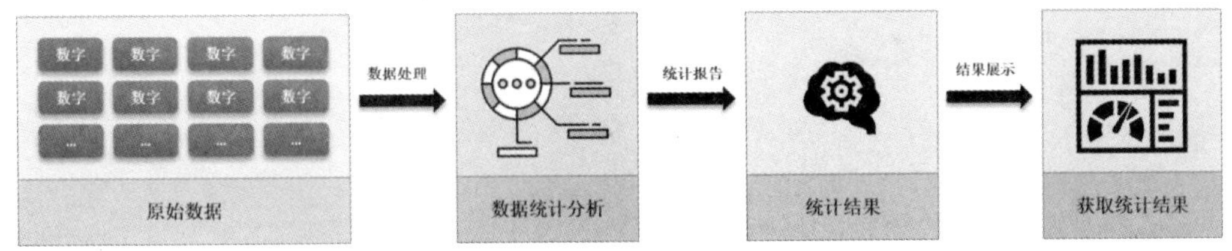

图 5-8　数据统计

考虑到面向对象的模块化设计形式，我们将定义一个专属的数据统计工具类，然后在主类中将要统计的数据传递到此类中，实现数据统计，最后通过这个数据统计工具类获取对应的统计结果。程序的类结构设计如图 5-9 所示。

> **提示：面向过程与面向对象实现对比。**
>
> 在本章的数组操作案例分析中，为了帮助读者向面向对象的设计思维过渡，在对应讲解视频中给出了两种实现形式：第一种是基于主方法的开发实现；第二种是基于工具类的开发实现。读者可以通过视频讲解进行对比。

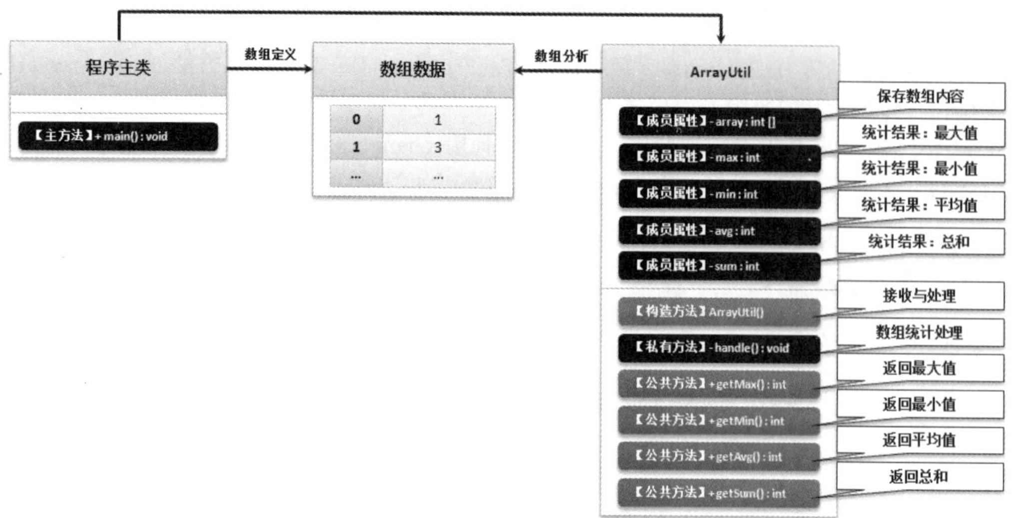

图 5-9　数据统计的类结构设计

范例：数组统计。

```
class ArrayUtil {                                              // 数组统计工具类
    private int[] array;                                       // 保存数组的属性
    private int max;                                           // 保存数组最大值
    private int min;                                           // 保存数组最小值
    private int avg;                                           // 保存数组平均值（忽略小数）
    private int sum;                                           // 保存数组总和
    public ArrayUtil(int[] array) {                            // 构造方法
        this.array = array;                                    // 保存数组数据
        this.handle();                                         // 构造方法直接进行数据处理
    }
    private void handle() {                                    // 【私有方法】数据统计处理
        this.max = this.array[0];                              // 假设第一个内容为最大值
        this.min = this.array[0];                              // 假设第一个内容为最小值
        for (int x : this.array) {                             // foreach迭代
            if (this.max < x) {                                // 不是最大值
                this.max = x;                                  // 修改当前最大值
            }
            if (this.min > x) {                                // 不是最小值
                this.min = x;                                  // 修改当前最小值
            }
            this.sum += x;                                     // 求和
        }
        this.avg = this.sum / this.array.length;               // 总和 ÷ 长度 = 平均值
    }
    public int getMax() {                                      // 返回数据最大值
        return this.max;                                       // 最大值
    }
    public int getMin() {                                      // 返回数据最小值
        return this.min;                                       // 最小值
    }
    public int getAvg() {                                      // 返回数据平均值
        return this.avg;                                       // 平均值
    }
    public int getSum() {                                      // 返回数据总和
        return this.sum;                                       // 总和
    }
}
```

```
public class YootkDemo {
    public static void main(String[] args) {                    // 程序主方法
        int[] data = new int[] { 5, 6, 7, 1, 10, 19, 21, 27, 13, 15 }; // 数组内容随意定义
        ArrayUtil util = new ArrayUtil(data);                    // 交由数组统计工具类负责处理
        System.out.println("数组最大值: " + util.getMax());        // 统计结果输出
        System.out.println("数组最小值: " + util.getMin());        // 统计结果输出
        System.out.println("数组平均值: " + util.getAvg());        // 统计结果输出
        System.out.println("数组总和: " + util.getSum());          // 统计结果输出
    }
}
```

程序执行结果：

```
数组最大值：27
数组最小值：1
数组平均值：12
数组总和：124
```

本程序定义了一个ArrayUtil数组统计工具类，并且在这个类中利用构造方法调用类的handle()方法进行了对传入的数组数据的分析，随后将数据分析的结果依次保存在ArrayUtil类的若干属性中。由于这些属性全部使用了private封装，所以程序定义了对应的getter方法，以方便获取数据。

5.2.4 数组排序案例

数组排序案例

视频名称 0508_【掌握】数组排序案例

视频简介 数组中可以保存多个数据，这样在操作时就可以进行数组数据的排序保存。本视频主要分析数组排序的原理，并讲解数组排序的实现。

数组是由一系列数据组成的，由于用户设置的随意性，数组中保存的数据有可能是无序的。对无序的数据很难做出高效的数据处理，所以在实际的项目中产生了数组排序的需求。例如，有如下数组定义：

```
int data [] = new int [] {3, 1, 5, 2, 8, 6, 9, 0} ;
```

此时data数组中保存了8个数据，但是这些数据没有任何规律，要想进行有效的处理，首先应该考虑按照数据的升序排列，即处理之后的data数组中的数据顺序为“[0, 1, 2, 3, 5, 6, 8, 9]”。这种排序操作需要利用数组的线性结构来完成，可以利用索引控制实现。图5-10给出了一个数组排序的实现结构。

原始数据内容	3	1	5	2	8	6	9	0	→ 数组长度为8
第1次数据排序	**1**	**3**	**2**	**5**	**6**	**8**	**0**	**9**	数组排序7次
第2次数据排序	1	**2**	**3**	5	6	**0**	**8**	9	
第3次数据排序	1	2	3	5	**0**	**6**	8	9	
第4次数据排序	1	2	3	**0**	**5**	6	8	9	
第5次数据排序	1	2	**0**	**3**	5	6	8	9	
第6次数据排序	1	**0**	**2**	3	5	6	8	9	
第7次数据排序	**0**	**1**	2	3	5	6	8	9	

图5-10 数组排序

要想实现数组排序，按照面向对象的程序开发原则，应该首先定义一个数组排序工具类ArrayUtil，在这个类中提供数组数据操作方法。程序的类结构设计如图5-11所示。

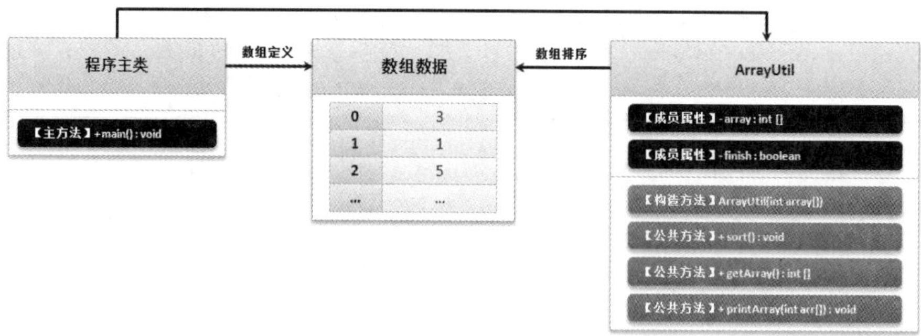

图 5-11　数组排序的类结构设计

范例：数组排序。

```
class ArrayUtil {                                                     // 数组排序工具类
    private int array [] ;                                            // 保存数组内容
    private boolean finish = false ;                                  // 是否排序的标记
    public ArrayUtil(int array[]) {                                   // 构造方法
        this.array = array ;                                          // 引用赋值
    }
    public void sort() {                                              // 数组排序方法
        if (!this.finish) {                                           // 防止重复排序
            for (int x = 0 ; x < this.array.length ; x ++) {          // 控制排序次数
                for (int y = 0 ; y < this.array.length - 1 ; y ++) {  // 单次排序处理
                    if (this.array[y] > this.array[y + 1]) {          // 数据比较
                        int temp = this.array[y] ;                    // 数据临时保存
                        this.array[y] = this.array[y + 1] ;           // 修改“array[y]”的内容
                        this.array[y + 1] = temp ;                    // 获取“array[y]”的内容
                    }
                }
            }
            this.finish = true ;                                      // 已经排序过了
        }
    }
    public int[] getArray() {                                         // 获取数组内容
        return this.array ;                                           // 返回array属性内容
    }
    public static void printArray(int arr[]) {                        // 数组输出
        for (int x = 0 ; x < arr.length ; x ++) {                     // for循环输出
            System.out.print(arr[x] + "、");                          // 依据索引获取数组内容
        }
    }
}
public class YootkDemo {
    public static void main(String[] args) {                          // 程序主方法
        int data [] = new int [] {3, 1, 5, 2, 8, 6, 9, 0} ;           // 实例化数组
        ArrayUtil util = new ArrayUtil(data) ;                        // 实例化数组排序工具类
        util.sort() ;                                                 // 数组排序
        ArrayUtil.printArray(util.getArray()) ;                       // 数组打印
    }
}
```

程序执行结果：

```
0、1、2、3、5、6、8、9、
```

本程序为了便于数组排序功能的实现，专门设计了一个 ArrayUtil 数组排序工具类，这个类的构造方法默认接收一个数组数据，并将数组引用保存在 array 属性中，这样在调用 sort()方法排序时，就可以直接将 array 中保存的数组引用排序。同时为了防止重复进行排序操作，程序在 ArrayUtil 类中又提供了一个 finish 属性，用来防止重复调用 sort()方法。

提问：为什么要在数组工具类中定义 static 方法?

在 ArraysUtil 类中定义了一个 printArray()方法，为什么这个方法定义的时候要用 static 声明？不可以使用非 static 方法吗？

回答：减少无用对象的产生。

本章讲解的很多数组操作都包含数组输出，这是一个常用功能，所以在定义 ArrayUtil 类时将其定义为 static 方法，这样即便没有实例化 ArrayUtil 类对象，也可以实现该方法的调用，换句话说，在进行数组输出时就可以减少实例化对象的个数，从而提升程序性能。

5.2.5 数组转置案例

数组转置案例

视频名称 0509_【掌握】数组转置案例

视频简介 数组转置是一种常见的数据操作，即利用算法的设计将数组首尾保存的数据进行交换。本视频主要讲解数组转置的实现思路及具体步骤。

数组转置指的是实现一个数组的首尾数据交换。现在假设有如下数组：

```
原始数组:          1、2、3、4、5、6
转置后的数组:          6、5、4、3、2、1
```

数组的转置可以通过索引控制的方法，循环获取数组的首尾数据，然后交换保存的内容来实现。需要注意的是，在每次进行数组转置操作之前一定要动态地计算出交换的次数，交换次数为“数组长度 ÷ 2”，如图 5-12 所示。

【数组长度÷2】6÷2=3

原始数组内容	1	2	3	4	5	6
第1次数组转置	6	2	3	4	5	1
第2次数组转置	6	5	3	4	2	1
第3次数组转置	6	5	4	3	2	1

图 5-12 数组转置

范例：数组转置。

```
class ArrayUtil {                                         // 数组转置工具类
    private int[] array;                                  // 操作数组
    private boolean finish;                               // 转置完成标记
    public ArrayUtil(int[] array) {                       // 传入数组内容
        this.array = array;                               // 保存数组引用
    }
    public void reverse() {                               // 数组转置
        if (!this.finish) {                               // 防止重复交换
            int center = array.length / 2;                // 计算循环次数
            int head = 0;                                 // 首索引
            int tail = array.length - 1;                  // 尾索引
            for (int x = 0; x < center; x++) {            // 转置交换
                int temp = array[head];                   // 保存交换前数据
                array[head] = array[tail];                // 修改数据
                array[tail] = temp;                       // 修改数据
                head++;                                   // 索引自增
                tail--;                                   // 索引自减
            }
```

```
            this.finish = true;                             // 修改标记
        }
    }
    public int[] getArray() {                               // 获取数组
        return this.array;                                  // 返回数组内容
    }
    public static void printArray(int arr[]) {              // 数组输出
        for (int x = 0; x < arr.length; x++) {              // for循环输出
            System.out.print(arr[x] + "、");                // 依据索引获取数组内容
        }
    }
}
public class YootkDemo {
    public static void main(String[] args) {                // 程序主方法
        int data[] = new int[] { 3, 1, 5, 2, 8, 6, 9, 0 };  // 实例化数组
        ArrayUtil util = new ArrayUtil(data);               // 实例化数组转置工具类
        util.reverse();                                     // 数组转置
        ArrayUtil.printArray(util.getArray());              // 数组打印
    }
}
```

程序执行结果：

```
0、9、6、8、2、5、1、3、
```

本程序通过 ArrayUtil 数组转置工具类实现了数组转置，首先接收一个要处理的整型数组引用，然后通过 reverse()方法并利用索引控制实现数组首尾数据的交换。

5.3 二 维 数 组

二维数组

视频名称 0510_【掌握】二维数组

视频简介 两个数组嵌套就可以形成二维数组。二维数组是一种矩阵结构。本视频主要讲解二维数组的特点、定义语法，以及二维数组的数据访问操作。

数组变量与普通变量的区别在于数组定义时需要明确地使用“[]”进行标记，前面讲解的数组中只存在一个“[]”，这样的数组称为一维数组。一维数组利用一个索引即可实现一个数组元素的操作。一维数组元素定位如图 5-13 所示。

索引	0	1	2	3	4	5	6	7	8	9
数据	91	81	71	72	63	65	31	33	5	7

使用单个索引进行定位

图 5-13　一维数组元素定位

如果想描述多行、多列的结构（表结构形式），则可以使用二维数组。在定义二维数组时需要使用两个“[][]”进行标记，行索引与列索引共同定位一个二维数组元素，如图 5-14 所示。

列索引

索引	0	1	2	3	4	5	6	7	8	9
0	87	12	45	56	1	6	8	90	12	65
1	78	98	65	9	12	56	67	76	87	98
2	12	3	6	87	56	65	[illegible]	[illegible]	[illegible]	90

行索引

使用两个索引进行定位

图 5-14　二维数组元素定位

提示：关于多维数组。

二维及以上维度的数组都称为多维数组。二维数组需要通过行索引和列索引两个索引来进行访问，可以表示一张表（本质上是数组的嵌套）。三维数组可以描述一个立体结构。理论上，可以继续增加数组的维度，但是随着数组维度追加，处理的复杂度也越来越高，所以在项目开发中尽量不使用多维数组。

如果要在程序中进行二维数组的定义，可以采用动态初始化与静态初始化两种方式，具体定义语法如下。

动态初始化：

```
数据类型 数组名称 [][] = new 数据类型[行数][列数] ;
数据类型 [][] 数组名称 = new 数据类型[行数][列数] ;
```

静态初始化：

```
数据类型 数组名称 [][] = {{数据, 数据, 数据, …}, {数据, 数据, 数据, …}, …}
数据类型 数组名称 [][] = new 数据类型[][] {{数据, 数据, 数据, …}, {数据, 数据, 数据, …}, …}
```

为了便于读者理解，下面使用静态初始化的形式定义一个二维数组，同时为了说明二维数组定义的灵活性，该二维数组每一行的长度有所不同。具体的二维数组静态初始化定义结构如图 5-15 所示。

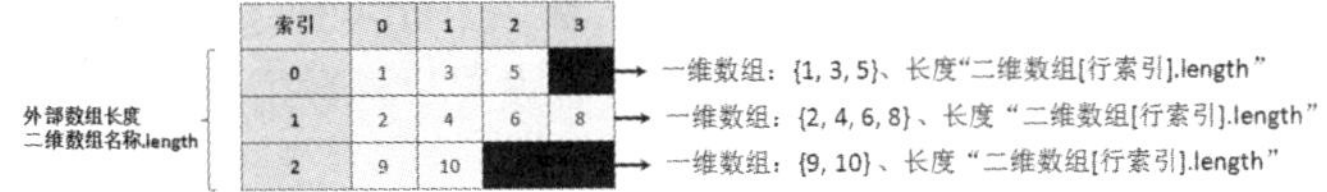

图 5-15 二维数组静态初始化定义结构

范例：定义并输出二维数组。

```java
public class YootkDemo {
    public static void main(String[] args) {                    // 程序主方法
        int data [][] = new int [][] {{1, 3, 5},
                        {2, 4, 6, 8}, {9, 10}} ;               // 二维数组静态初始化
        for (int x = 0 ; x < data.length ; x ++) {             // 行循环次数
            for (int y = 0 ; y < data[x].length ; y ++) {      // 列循环次数
                System.out.print("data[" + x + "][" + y + "] = " +
                        data[x][y] + "\t") ;                    // 数据输出
            }
            System.out.println() ;                              // 换行显示
        }
    }
}
```

程序执行结果：

```
data[0][0] = 1   data[0][1] = 3   data[0][2] = 5
data[1][0] = 2   data[1][1] = 4   data[1][2] = 6   data[1][3] = 8
data[2][0] = 9   data[2][1] = 10
```

本程序实现了一个二维数组的定义和输出。由于二维数组采用双层嵌套结构，所以在输出时需要采用两个 for 循环进行索引定位。

5.4 JDK 内置数组操作方法

JDK 内置数组操作方法

视频名称 0511_【掌握】JDK 内置数组操作方法

视频简介 数组是常用的数据存储结构，随着编程语言的不断进步，不同的语言针对数组的操作方法提供不同的支持。本视频主要讲解 JDK 支持的数组复制与数组排序操作。

一门完善的编程语言除基本的语法支持之外，还需要有大量的类库提供开发支持。为了方便开发者进行代码的编写，Java 提供了一些与数组有关的操作类库。考虑到学习的层次，本节先为读者讲解数组的两种常用操作：数组复制、数组排序。

1. 数组复制

从一个数组中复制部分内容到另外一个数组中，语法如下：

```
System.arraycopy（源数组名称，源数组开始点，目标数组名称，目标数组开始点，复制长度）
```

范例：Java 类库数组复制功能。

```
public class YootkDemo {
    public static void main(String[] args) {                        // 程序主方法
        int arrayA[] = new int[] { 1, 2, 3, 4, 5, 6, 7, 8, 9 };     // 源数组
        int arrayB[] = new int[] { 11, 22, 33, 44, 55, 66, 77, 88, 99 };  // 目标数组
        System.arraycopy(arrayA, 4, arrayB, 2, 3);                   // 数组复制
        for (int x : arrayB) {                                       // foreach迭代
            System.out.print(x + "、");                              // 数据输出
        }
    }
}
```

程序执行结果：

```
11、22、5、6、7、66、77、88、99、
```

本程序定义了两个数组，源数组（arrayA）和目标数组（arrayB）。程序利用 System.arraycopy()方法将源数组中从索引 4 开始的内容复制到目标数组，并且设置目标数组开始点为索引 2，复制长度为 3。

2. 数组排序

按照由小到大的规则对基本数据类型的数组（例如，int 数组、double 数组都为基本数据类型数组）进行排序，语法如下：

```
java.util.Arrays.sort(数组名称)。
```

提示：先按照语法使用。

java.util 是一个 Java 系统包的名称，Arrays 是该包中的一个工具类。包的定义将在第 9 章讲解，对此语法不熟悉暂时不影响使用。

范例：Java 类库数组排序功能。

```
public class YootkDemo {
    public static void main(String[] args) {              // 程序主方法
        int array [] = new int [] {8, 1, 3, 6, 2, 9, 10} ;  // 原始数组
        java.util.Arrays.sort(array) ;                     // 数组排序
        for (int x : array) {                              // foreach迭代
            System.out.print(x + "、") ;                   // 数据输出
        }
    }
}
```

程序执行结果：

```
1、2、3、6、8、9、10、
```

本程序首先定义了一个未排序的原始数组（array），然后利用 Java 内置的 java.util.Arrays.sort()方法传递了数组的引用并实现了数组排序。

5.5　方法可变参数

方法可变参数

视频名称　0512_【掌握】方法可变参数

视频简介　为了进一步实现方法使用的灵活性，JDK 1.5 开始提供更加灵活的动态参数结构。本视频主要讲解方法可变参数的意义，以及可变参数与数组的关系。

为了方便开发者更加灵活地进行方法的定义，避免方法中参数的执行限制，Java 提供了方法可变参数，程序可以在调用方法时采用动态形式传递若干个参数。方法可变参数定义语法如下：

```
public [static] [final] 返回值类型 方法名称 (参数类型 … 参数变量) {   // 定义方式改变，本质上是个数组
    [return [返回值] ;]
}
```

方法可变参数定义与方法定义相比有了一些变化，这里的可变参数可以看作数组，是按照数组方式操作的。

范例：定义可变参数方法。

```
class MathUtil {                                            // 数学工具类
    /**
     * 实现数据累加计算，根据需要动态传递参数
     * @param args 可变参数，任意传递
     * @return 返回数据累加结果
     */
    public static int sum(int ... args) {                   // 本次不考虑数据的溢出问题
        int result = 0 ;                                    // 保存最终的累加结果
        for (int x : args) {                                // foreach输出
            result += x ;                                   // 进行数据的累加操作
        }
        return result ;                                     // 返回计算结果
    }
}
public class YootkDemo {
    public static void main(String[] args) {                // 程序主方法
        System.out.println("三个数字数据累加: " + MathUtil.sum(new int [] {1, 3, 5})) ;
        System.out.println("五个数字数据累加: " + MathUtil.sum(new int [] {1, 3, 5, 7, 9})) ;
    }
}
```

程序执行结果：

```
三个数字数据累加: 9
五个数字数据累加: 25
```

本程序利用可变参数定义了一个 MathUtil.sum()方法，这个方法可以根据用户需要动态地传递若干个参数，并对传递的参数进行数据累加处理。

提示：关于混合参数定义。

Java 提供的可变参数虽然方便，但是也存在一个比较明显的问题：传统的方法中参数都是利用“,”分隔的，如果方法需要同时定义普通参数与可变参数，则可变参数一定要放在最后。

范例：定义混合参数方法。

```
class MathUtil {
    public static void sum(String name, String url, int… data) {
        ……
    }
}
```

本方法在调用时，前面的两个参数必须要传递，可变参数可以根据需求传递。

5.6 对象数组

对象数组

视频名称 0513_【掌握】对象数组

视频简介 单一对象可以描述一个实例，如果要描述多个实例，可以采用对象数组的形式。本视频为读者讲解对象数组的定义与使用。

在 Java 中，所有的数据类型均可以定义为数组，也就是说，除了基本数据类型可以定义为数组，引用数据类型也可以定义为数组，后者称为对象数组。对象数组的定义语法如下。

对象数组动态初始化：

```
类名称 对象数组名称 [] = new 类名称 [长度];
类名称 [] 对象数组名称 = new 类名称 [长度];
```

对象数组静态初始化：

```
类名称 对象数组名称 [] = new 类名称 [] {对象实例, 对象实例, 对象实例, …};
类名称 [] 对象数组名称 = new 类名称 [] {对象实例, 对象实例, 对象实例, …};
```

范例：对象数组动态初始化。

```
class Book {                                                               // 图书类
    private String title ;                                                 // 图书名称
    private String author ;                                                // 图书作者
    private double price ;                                                 // 图书价格
    // 无参数构造方法、setter、getter略
    public Book(String title, String author, double price) {               // 构造方法
        this.title = title ;                                               // title属性赋值
        this.author = author ;                                             // author属性赋值
        this.price = price ;                                               // price属性赋值
    }
    public String getInfo() {                                              // 获取对象信息
        return "图书名称：" + this.title + "、图书作者：" + this.author + "、图书价格：" + this.price ;
    }
}
public class YootkDemo {
    public static void main(String[] args) {                               // 程序主方法
        // 动态初始化的对象数组所有元素的内容全部为null
        Book [] books = new Book[3] ;                                      // 开辟长度为3的对象数组
        books[0] = new Book("Java从入门到项目实战", "李兴华", 99.8) ;       // 对象实例化
        books[1] = new Book("Python从入门到项目实战", "李兴华", 99.8) ;     // 对象实例化
        books[2] = new Book("Golang从入门到项目实战", "李兴华", 99.8) ;     // 对象实例化
        for (Book book : books) {                                          // 数组迭代
            System.out.println(book.getInfo()) ;                           // 输出对象信息
        }
    }
}
```

程序执行结果：

```
图书名称：Java从入门到项目实战、图书作者：李兴华、图书价格：99.8
图书名称：Python从入门到项目实战、图书作者：李兴华、图书价格：99.8
图书名称：Golang从入门到项目实战、图书作者：李兴华、图书价格：99.8
```

本程序采用了对象数组动态初始化的形式，首先实例化一个长度为 3 的对象数组，默认情况下此时数组中的全部内容都为 null，所以需要按照数组索引分别为数组中的每一个元素进行对象实例化。本程序的内存操作流程如图 5-16 所示。

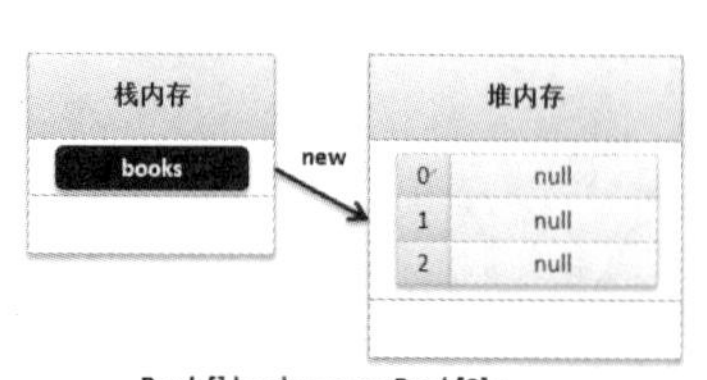

(a) 对象数组实例化

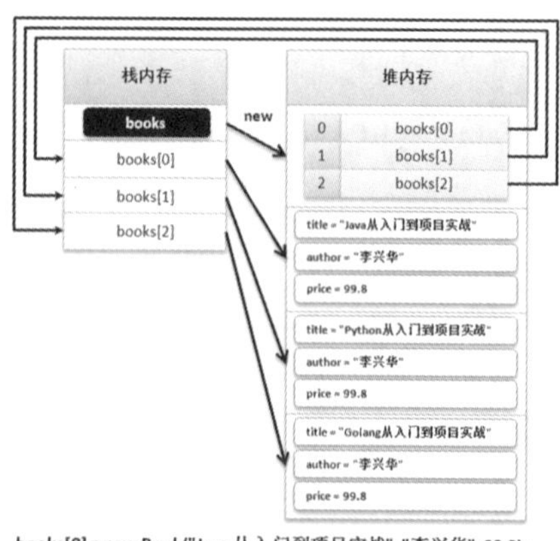

(b) 实例化数组元素

图 5-16　对象数组动态初始化内存操作流程

5.7 引用传递应用案例

引用传递是 Java 项目中的核心技术，也是实际开发中常见的一种操作。读者清楚了对象数组的概念之后，就可以结合简单 Java 类实现一些现实事物的关系模型。

5.7.1 引用关联

类关联结构

视频名称 0514_【掌握】类关联结构

视频简介 在 Java 程序设计中，初学者难理解的是引用数据的使用。为了帮助读者理解此类操作，本视频采用类关联的形式描述现实事物。

在面向对象编程中，每一个类都可以明确地描述某一类实体的特征。假设有这样一种场景：一个人有一辆汽车（或者没有汽车），人与汽车的关联如图 5-17 所示，如果采用面向对象的设计方式，那么一定有两个类：描述人的信息的类和描述汽车的信息的类，这两个类彼此拥有对方的引用属性以实现关联，如图 5-18 所示。

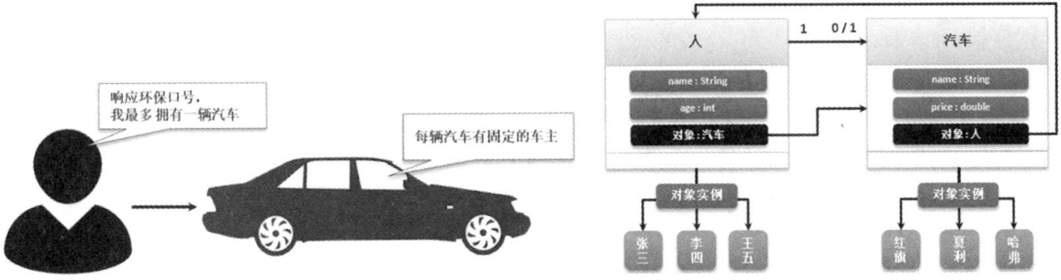

图 5-17 人与汽车的关联

图 5-18 类关联设计

范例：实现类关联结构（注：本书程序中的虚构汽车信息仅为讲解示例）。

```
class Person {                                          // 描述人的信息
    private String name ;                               // 姓名
    private int age ;                                   // 年龄
    private Car car ;                                   // 描述人拥有的汽车
    public Person() {}                                  // 无参数构造方法
    public Person(String name, int age) {               // 双参数构造方法
        this.name = name ;                              // 保存name属性
        this.age = age ;                                // 保存age属性
    }
    public void setCar(Car car) {                       // 保存汽车引用
        this.car = car ;                                // 建立人与汽车的关联
    }
    public Car getCar() {                               // 返回车主对应的汽车信息
        return this.car ;                               // 返回汽车引用
    }
    // 部分setter、getter方法略
    public String getInfo() {                           // 返回对象信息
        return "【人】姓名：" + this.name + "、年龄：" + this.age ;
    }
}
class Car {                                             // 描述汽车的信息
    private String name ;                               // 名称
    private double price ;                              // 价格
    private Person person ;                             // 描述车主
    public Car() {}                                     // 无参数构造方法
    public Car(String name, double price) {             // 双参数构造方法
        this.name = name ;                              // 保存name属性
        this.price = price ;                            // 保存price属性
    }
    public void setPerson(Person person) {              // 建立汽车与人的关联
```

```
        this.person = person ;                                  // 保存车主信息
    }
    public Person getPerson() {                                 // 返回车主信息
        return this.person ;                                    // 返回引用属性
    }
    // 部分setter、getter方法略
    public String getInfo() {                                   // 获取汽车信息
        return "【车】品牌：" + this.name + "、价格：" + this.price ;
    }
}
public class YootkDemo {
    public static void main(String[] args) {                    // 程序主方法
        // 1. 声明并实例化各自的类对象，但是这个时候两者之间没有建立任何关联
        Person per = new Person("张三", 40) ;                   // 人的个体
        Car car = new Car("奔驰G50", 1588888.00) ;              // 汽车的个体
        // 2. 设置彼此的引用关联
        per.setCar(car) ;                                       // 通过人来设置汽车的引用
        car.setPerson(per) ;                                    // 汽车属于一个人
        // 3. 通过引用进行信息的获取
        System.out.println(car.getPerson().getInfo()) ;         // 通过汽车找到对应的车主
        System.out.println(per.getCar().getInfo()) ;            // 通过人找到对应的汽车
    }
}
```

程序执行结果：

```
【人】姓名：张三、年龄：40
【车】品牌：奔驰G50、价格：1588888.0
```

本程序首先定义了 Person 与 Car 两个类，由于这两个类之间存在引用关联，所以在类中分别设置彼此的对象引用。在实际操作中，可以通过 Person 对象获取对应的 Car 对象信息，也可以通过 Car 找到对应的 Person 信息。

5.7.2　自身关联

自身关联

视频名称　0515_【掌握】自身关联

视频简介　不同类之间允许关联，自身类结构同样也可以实现关联。本视频基于引用关联的基础结构，为读者讲解自身关联存在的意义及使用方法。

在进行类关联描述的过程中，除了可以关联其他类，也可以实现自身关联。例如，假设每个人有一辆车，每个人可能还有子女，子女也可能有一辆车，这个时候就可以用自身关联的形式描述人的后代的关系，如图 5-19 所示。由于每个人的子女也是人，所以子女可以采用图 5-20 所示的形式描述。

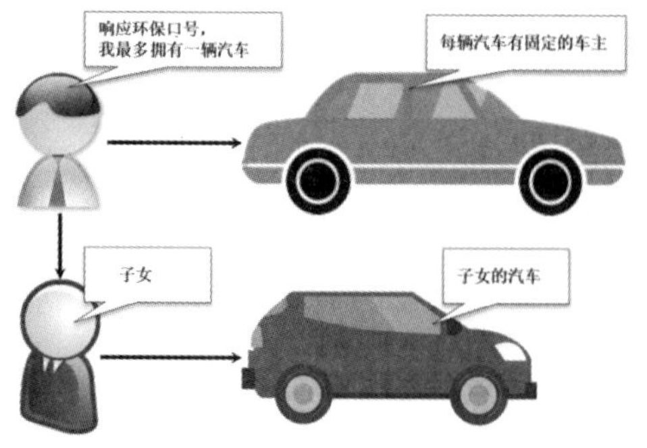

图 5-19　人与后代的关联

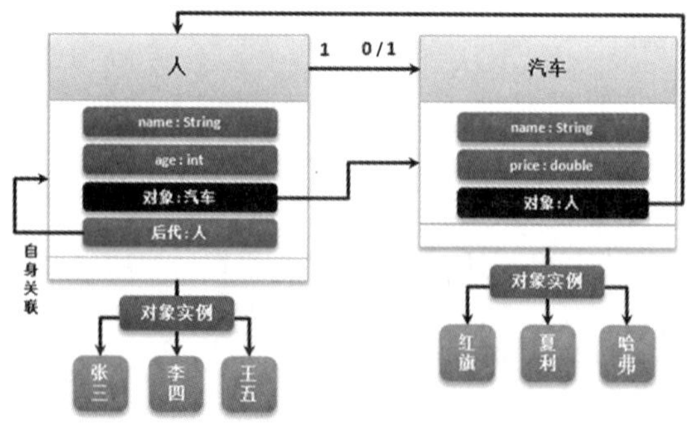

图 5-20　自身关联

范例：实现自身关联结构。

```
class Person {                                                        // 描述人的信息
    private String name ;                                             // 姓名
    private int age ;                                                 // 年龄
    private Car car ;                                                 // 描述人拥有的汽车
    private Person child ;                                            // 子女
    public Person() {}                                                // 无参数构造方法
    public Person(String name, int age) {                             // 双参数构造方法
        this.name = name ;                                            // 保存name属性
        this.age = age ;                                              // 保存age属性
    }
    public void setCar(Car car) {                                     // 汽车类关联
        this.car = car ;                                              // 建立人与汽车的关联
    }
    public void setChild(Person child) {                              // 设置子女关联
        this.child = child;                                           // 自身关联
    }
    public Car getCar() {                                             // 返回汽车引用
        return this.car ;                                             // 返回人拥有汽车的信息
    }
    public Person getChild() {                                        // 获取子女信息
        return this.child;                                            // 返回子女引用
    }
    // 部分setter、getter方法略
    public String getInfo() {                                         // 返回对象信息
        return "【人】姓名：" + this.name + "、年龄：" + this.age ;
    }
}
class Car {                                                           // 描述汽车信息
    private String name ;                                             // 名称
    private double price ;                                            // 价格
    private Person person ;                                           // 描述车主
    public Car() {}                                                   // 无参数构造方法
    public Car(String name, double price) {                           // 双参数构造方法
        this.name = name ;                                            // 保存name属性
        this.price = price ;                                          // 保存price属性
    }
    public void setPerson(Person person) {                            // 建立汽车与人的关联
        this.person = person ;                                        // 保存车主信息
    }
    public Person getPerson() {                                       // 返回车主信息
        return this.person ;                                          // 返回引用属性
    }
    // 部分setter、getter方法略
    public String getInfo() {                                         // 获取汽车信息
        return "【车】品牌：" + this.name + "、价格：" + this.price ;
    }
}
public class YootkDemo {
    public static void main(String[] args) {                          // 程序主方法
        // 1. 声明并实例化各自的类对象，但是这个时候两者之间没有建立任何关联
        Person per = new Person("张三", 40) ;                          // 人的个体
        Person child = new Person("李四", 25) ;                        // 人的个体
        Car car = new Car("奔驰G50", 1588888.00) ;                     // 汽车的个体
        Car sport = new Car("法拉利", 700000.00) ;                     // 汽车的个体
        // 2. 设置彼此的引用关联
        per.setCar(car) ;                                             // 通过人来设置对汽车的引用
        car.setPerson(per) ;                                          // 汽车属于一个人
```

```
        per.setChild(child) ;                                    // 定义自身关联
        child.setCar(sport) ;                                    // 定义子女与汽车的关联
        // 3. 通过引用进行信息的获取
        System.out.println(per.getChild().getInfo());            // 获取子女信息
        System.out.println(per.getChild().getCar().getInfo()) ; // 通过人找到他的子女拥有的汽车
    }
}
```

程序执行结果：

```
【人】姓名：李四、年龄：25
【车】品牌：法拉利、价格：700000.0
```

本程序在 Person 类中采用自身关联的形式定义了一个 child 属性，这样每一个 Person 内部都可以有 0 个或 1 个自身引用。在进行对象引用设置时，也需要先实例化各自的对象，再根据实际环境进行引用配置。

5.7.3 合成设计模式

合成设计模式

视频名称 0516_【理解】合成设计模式

视频简介 面向对象设计的本质在于模块化的定义，将一个完整的程序类拆分为若干个子类，通过引用关联形成合成设计。本视频主要讲解合成设计模式的使用。

将对象的引用关联进一步扩展可以实现更多的结构描述。Java 中有一种合成设计模式（Composite Pattern），此设计模式的核心思想为，通过不同的类实现子结构定义，然后将其在一个父结构中整合。例如，要描述一个计算机的类结构，就必须进行拆分，计算机分为两个部分——显示器和主机，主机上需要设置一系列硬件，可以采用如下伪代码描述。

范例：伪代码描述合成设计模式。

```
class 计算机 {                                // 【父结构】描述计算机
    private 显示器 对象数组 [] ;                // 一台计算机可以连接多台显示器
    private 主机 对象 ;                        // 一台计算机只允许有一个主机
}
class 显示器 {}                               // 【子结构】显示器是一个独立类
class 主机 {                                  // 【子结构】定义主机类
    private 主板 对象 ;                        // 主机有一块主板
    private 鼠标 对象 ;                        // 主机上插一个鼠标
    private 键盘 对象 ;                        // 主机上插一个键盘
}
class 主板 {                                  // 【子结构】定义主板类，实际上也属于一个父结构
    private 内存 对象数组 [] ;                 // 主板上可以追加多条内存
    private CPU 对象数组 [] ;                  // 主板上可以有多块CPU
    private 显卡 对象 ;                        // 主板上插有一块显卡
    private 硬盘 对象数组 [] ;                 // 主板上插有多块硬盘
}
class 键盘 {}                                 // 【子结构】键盘类
class 鼠标 {}                                 // 【子结构】鼠标类
class 内存 {}                                 // 【子结构】内存类
class CPU {}                                  // 【子结构】CPU类
class 显卡 {}                                 // 【子结构】显卡类
class 硬盘 {}                                 // 【子结构】硬盘类
```

以上伪代码体现了面向对象的基本设计思想。Java 提供的引用类型不仅仅描述内存操作形式，更包含了抽象与关联的设计思想。

5.8 数据表与类映射

数据表与类映射

视频名称 0517_【掌握】数据表与类映射

视频简介 在实际项目开发中，简单 Java 类的定义可以依据数据表进行转换。本视频主要讲解“dept-emp”的数据表映射实现与关系配置。

在现代项目开发中数据库是核心组成部分，几乎所有项目代码都是围绕着数据表的业务逻辑结构展开的，在程序中往往使用简单 Java 类进行数据表结构的描述。本节通过具体的案例分析数据表与简单 Java 类之间的转换。

提示：关于数据库。

本书的所有讲解都与项目的实际开发密不可分，对数据库不熟悉的读者，可以参考笔者编写的《名师讲坛——Oracle 开发实战经典》一书自行学习，该书是专为程序开发人员提供的数据库参考书。

数据库中有若干张数据表，每一张数据表都可以描述一些具体的事物。例如，在数据库中如果想描述一个部门中存在多个雇员的逻辑关系，就需要提供两张表：部门（dept）、雇员（emp），如图 5-21 所示。在这样的数据表结构中一共存在 3 个对应关系：一个部门有多个雇员；一个雇员属于一个部门；每个雇员都有一个领导。

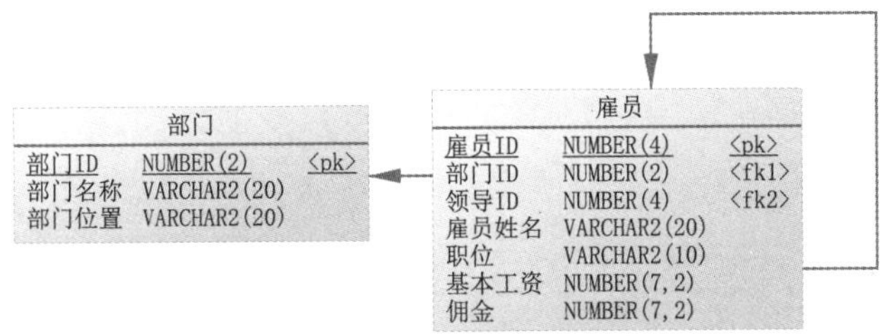

图 5-21 部门与雇员数据表结构

提示：数据表与简单 Java 类的相关概念对比。

程序中类的定义形式实际上和这些数据表差别不大。在实际的项目开发中数据表与简单 Java 类之间的基本映射关系如下。

- 简单 Java 类的类名称 = 数据表的表名称
- 简单 Java 类中的属性名称及内容 = 数据表中数据列的名称及内容
- 简单 Java 类中的引用关联 = 数据表中的外键或自身关联
- 简单 Java 类的一个实例化对象 = 数据表中的一行数据信息
- 简单 Java 类的多个实例化对象（对象数组）= 数据表中的多行记录

以部门表的操作为例，可以得到图 5-22 所示的映射。

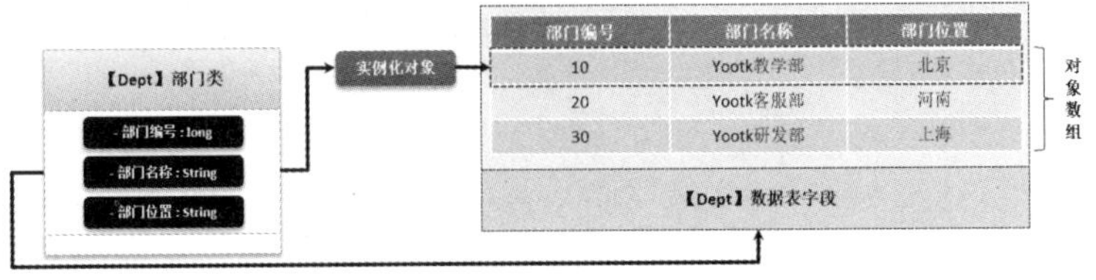

图 5-22 部门表与简单 Java 类映射

图 5-21 给出的数据表采用了一对多的结构关联，在表中存在如下关系。

- 一个部门保存多个雇员的信息（多个雇员可以通过对象数组描述）。
- 一个雇员属于一个部门（每一个雇员一定要保存部门的引用）。
- 一个雇员有一个领导，领导一定也是一个雇员，所以应该使用自身关联的形式进行处理。

范例：数据表一对多关联映射。

```
class Dept {                                                    // 描述部门表（dept）
    private long deptno;                                        // 部门编号
    private String dname;                                       // 部门名称
    private String loc;                                         // 部门位置
    private Emp emps[];                                         // 保存多个雇员信息
    public Dept(long deptno, String dname, String loc) {
        this.deptno = deptno;                                   //  deptno初始化
        this.dname = dname;                                     // dname初始化
        this.loc = loc;                                         // loc初始化
    }
    public void setEmps(Emp[] emps) {                           // 设置部门与雇员的关联
        this.emps = emps;
    }
    public Emp[] getEmps() {                                    // 获取一个部门的全部雇员
        return this.emps;
    }
    // setter、getter、无参数构造方法略
    public String getInfo() {
        return "【部门信息】部门编号 = " + this.deptno + "、部门名称 = " + this.dname
                + "、部门位置 = " + this.loc;
    }
}
class Emp {                                                     // 描述雇员表（emp）
    private long empno;                                         // 雇员编号
    private String ename;                                       // 雇员姓名
    private String job;                                         // 雇员职位
    private double sal;                                         // 基本工资
    private double comm;                                        // 雇员佣金
    private Dept dept;                                          // 所属部门
    private Emp mgr;                                            // 所属领导
    public Emp(long empno, String ename, String job, double sal, double comm) {
        this.empno = empno;                                     // empno初始化
        this.ename = ename;                                     // ename初始化
        this.job = job;                                         // job初始化
        this.sal = sal;                                         // sal初始化
        this.comm = comm;                                       // comm初始化
    }
    // setter、getter、无参数构造方法略
    public String getInfo() {
        return "【雇员信息】编号 = " + this.empno + "、姓名 = " + this.ename
            + "、职位 = " + this.job + "、工资 = " + this.sal + "、佣金 = " + this.comm;
    }
    public void setDept(Dept dept) {                            // 设置部门引用
        this.dept = dept;
    }
    public void setMgr(Emp mgr) {                               // 设置领导引用
        this.mgr = mgr;
    }
    public Dept getDept() {                                     // 获取部门引用
        return this.dept;
    }
    public Emp getMgr() {                                       // 获取领导引用
        return this.mgr;
    }
}
```

本程序提供两个简单 Java 类，存在如下 3 个对应关系。

- 【dept 类】“**private** Emp emps[]”：一个部门对应多个雇员，通过对象数组描述。
- 【emp 类】“**private** Emp mgr”：一个雇员有一个领导，由于领导也是雇员，所以自身关联。
- 【emp 类】“**private** Dept dept”：一个雇员属于一个部门。

范例：设置引用数据并实现数据获取。

```
public class YootkDemo {
    public static void main(String[] args) { // 程序主方法
        // 第一步：根据关系进行类的定义
        // 定义出各个实例化对象，此时并没有任何关联定义
        Dept dept = new Dept(10, "MLDN教学部", "北京");                        // 部门对象
        Emp empA = new Emp(7369L, "SMITH", "CLERK", 800.00, 0.0);             // 雇员信息
        Emp empB = new Emp(7566L, "FORD", "MANAGER", 2450.00, 0.0);           // 雇员信息
        Emp empC = new Emp(7839L, "KING", "PRESIDENT", 5000.00, 0.0);         // 雇员信息
        // 根据数据表定义的数据关系，利用引用进行对象间的联系
        empA.setDept(dept);                                                    // 设置雇员与部门的关联
        empB.setDept(dept);                                                    // 设置雇员与部门的关联
        empC.setDept(dept);                                                    // 设置雇员与部门的关联
        empA.setMgr(empB);                                                     // 设置雇员与领导的关联
        empB.setMgr(empC);                                                     // 设置雇员与领导的关联
        dept.setEmps(new Emp[] { empA, empB, empC });                          // 部门与雇员
        // 第二步：根据关系获取数据
        System.out.println(dept.getInfo());                                    // 部门信息
        for (int x = 0; x < dept.getEmps().length; x++) {                      // 获取部门中的雇员
            System.out.println("\t|- " + dept.getEmps()[x].getInfo());         // 雇员信息
            if (dept.getEmps()[x].getMgr() != null) {                          // 该雇员有领导
                System.out.println("\t\t|- " + dept.getEmps()[x].getMgr().getInfo());
            }
        }
        System.out.println("----------------------------------");              // 分隔符
        System.out.println(empB.getDept().getInfo());                          // 根据雇员获取部门信息
        System.out.println(empB.getMgr().getInfo());                           // 根据雇员获取领导信息
    }
}
```

程序执行结果：

```
【部门信息】部门编号 = 10、部门名称 = MLDN教学部、部门位置 = 北京
    |- 【雇员信息】编号 = 7369、姓名 = SMITH、职位 = CLERK、工资 = 800.0、佣金 = 0.0
        |- 【雇员信息】编号 = 7566、姓名 = FORD、职位 = MANAGER、工资 = 2450.0、佣金 = 0.0
    |- 【雇员信息】编号 = 7566、姓名 = FORD、职位 = MANAGER、工资 = 2450.0、佣金 = 0.0
        |- 【雇员信息】编号 = 7839、姓名 = KING、职位 = PRESIDENT、工资 = 5000.0、佣金 = 0.0
    |- 【雇员信息】编号 = 7839、姓名 = KING、职位 = PRESIDENT、工资 = 5000.0、佣金 = 0.0
----------------------------------
【部门信息】部门编号 = 10、部门名称 = MLDN教学部、部门位置 = 北京
【雇员信息】编号 = 7839、姓名 = KING、职位 = PRESIDENT、工资 = 5000.0、佣金 = 0.0
```

本程序首先实例化了各个对象，然后根据两个类之间的关联设置了数据间的引用配置，在数据配置完成后就可以依据对象间的引用关系获取对象的相应信息。

5.9 本章概览

1．数组是一组相关数据变量的线性集合，利用数组可以方便地实现一组变量的关联。数组的缺点在于其长度不可改变。

2．访问数组需要通过“数组名称[索引]”的形式，索引范围为 0～数组长度 －1。如果超过数组索引范围，则会出现“java.lang.ArrayIndexOutOfBoundsException”异常。

3．数组长度可以使用“数组名称.length”的形式动态获取。

4．数组采用动态初始化时，数组中每个元素的内容都是其对应数据类型的默认值。

5．数组属于引用数据类型，在使用前需要通过 new 关键字为其开辟相应的堆内存空间。如果使用了未开辟堆内存空间的数组，则会出现“java.lang.NullPointerException”异常。

6．JDK 为了方便数组操作提供 System.arraycopy()与 java.util.Arrays.sort()两个方法实现数组复制与数组排序。

7．JDK 1.5 追加了可变参数，这使得方法可以任意接收多个参数，接收的可变参数使用数组形式处理。

8．对象数组可以实现对一组对象的管理，在开发中用于描述多个实例。

9．简单 Java 类可以实现数据表结构的映射转换，通过面向对象的关联形式描述数据表存储结构。

5.10　实 战 自 测

1．如图 5-23 所示，一个分类下有许多子分类，每一个分类下有若干种课程，每一个子分类下也有若干种课程，于是三张表里面有两个一对多的数据关联。依据结构实现如下操作。

- 可以通过一个分类找到其对应的所有子分类，以及每一个分类下的所有课程信息。
- 可以通过一个子分类找到对应的课程信息。
- 可以通过一个课程找到其对应的分类与子分类的信息。

一对多映射转换

视频名称　0518_【掌握】一对多映射转换

视频简介　数据表中一对多的关联较为常见。本视频通过一对多的数据表映射与简单 Java 类的转换进行代码映射与数据引用关联的相关讲解。

2．如图 5-24 所示，一个用户拥有多个角色，每一个角色拥有多个权限，用户和角色之间属于多对多的关联，角色和权限之间属于一对多的关联。要求通过简单 Java 类转换以上数据表，同时实现如下数据操作。

- 可以根据一个用户获取其对应的所有角色，以及每一个角色对应的所有权限。
- 可以根据一个角色获取拥有此角色的所有用户，以及此角色对应的所有权限。
- 可以根据一个权限获取拥有此权限的角色，以及拥有此权限的用户。

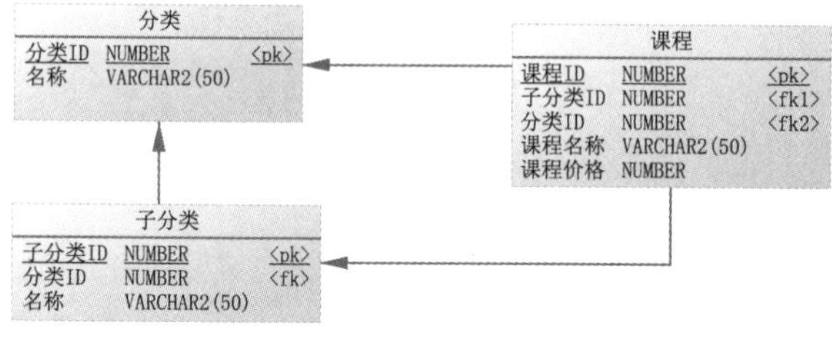

图 5-23　一对多映射转换

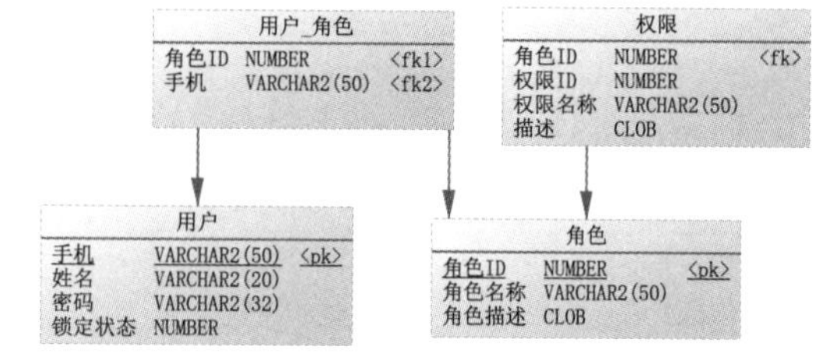

图 5-24　多对多映射转换

多对多映射转换

视频名称　0519_【掌握】多对多映射转换

视频简介　多对多映射可以通过三张数据表实现数据关联。本视频通过具体的数据表存储案例讲解多对多映射关系及数据引用关联的数据配置。

第 6 章

字符串

本章学习目标

1. 掌握 String 类两种实例化方式的使用方法与区别；
2. 掌握字符串相等比较的处理方法；
3. 掌握 String 类与字符串之间的联系；
4. 理解 String 类对象中常量池的使用特点；
5. 掌握 String 类的相关操作方法。

在实际项目开发中 String 是一个经常会使用到的程序类，可以说是项目的核心组成类。在 Java 程序里面所有的字符串都要求使用“"”进行定义，同时可以利用“+”实现字符串的连接。String 类实际上还有自身的特点，本章通过具体的实例进行 String 类的特点分析。

6.1 字符串基本定义

String 类对象实例化

视频名称 0601_【掌握】String 类对象实例化

视频简介 本视频主要讲解 String 类的作用，然后给出了 String 类对象实例化的两种方式：直接赋值实例化、构造方法实例化。视频还为读者分析了 String 类中不同 JDK 版本的源代码实现，最后讲解了 JDK 13 之后提供的文本块预览功能。

在 Java 程序中使用双引号可以定义字符串，字符串的内容和长度可以由用户任意定义。所有的字符串对应的都是 String 类，获取 String 类的实例化对象可以采用如下两种方式。

- 直接赋值：String 字符串对象 ="字符串内容"。
- 构造方法实例化：String 字符串对象 =new String("字符串内容")。

范例：采用直接赋值实例化 String 类对象。

```
public class YootkDemo {
    public static void main(String[] args) {                    // 程序主方法
        String message = "沐言科技：www.yootk.com" ;             // 直接赋值实例化对象
        System.out.println(message) ;                           // 输出String类对象
    }
}
```

程序执行结果：

```
沐言科技：www.yootk.com
```

本程序通过双引号的形式定义了一个字符串，并以此字符串的内容实例化了一个 String 类对象，这样在进行 String 类实例化对象输出的时候就会直接返回字符串内容。

 **提示：String 类内部实现源代码分析。**

很多传统的编程语言通过数组的形式实现字符串的定义， Java 为了帮助开发者简化程序，提供了 String 字符串处理类，但是其内部依然采用了数组的方式实现，这一点可以直接通过 String 类的源代码观察到。

JDK 8 及以前版本的 String 类实现源代码：

```
private final char value[];
```

JDK 9 及以后版本的 String 类实现源代码：

```
private final byte[] value;
```

在 JDK 9 之后，String 类中的数组由字符数组变为了字节数组，这样做是为了便于程序处理。另外读者可能会发现一个 String 类设计问题：字符串既然内部使用的是数组保存，那么在进行最终处理的时候就会存在数组的长度限制问题——字符串的长度不可能轻易改变。

String 类的对象实例化虽然可以通过直接赋值的形式实现，但是 String 本身属于一个类，既然是一个类，内部就一定会存在构造方法，所以可以通过 String 类构造方法进行对象实例化。

范例：使用构造方法实例化 String 类对象。

```
public class YootkDemo {
    public static void main(String[] args) {                    // 程序主方法
        String message = new String("沐言科技：www.yootk.com") ;  // 构造方法实例化对象
        System.out.println(message) ;                           // 输出String类对象
    }
}
```

程序执行结果：

```
沐言科技：www.yootk.com
```

本程序直接利用了 String 类中的单参数构造方法（此方法接收一个 String 类对象），结合 new 关键字实例化了一个 String 类对象，通过最终的执行结果可以发现与直接赋值方式效果相同。

提示：采用文本块定义字符串。

从 JDK 13 开始，Java 语言吸收了 Python 语言中多行字符串定义的语法形式，也提供了文本块的语法结构，即使用 3 个双引号包装多行字符串。

范例：定义字符串文本块。

```
public class YootkDemo {
    public static void main(String[] args) {           // 程序主方法
        String message = """
                沐言科技：www.yootk.com
                李兴华编程训练营：  edu.yootk.com """;     // 定义字符串
        System.out.println(message) ;                   // 输出String类对象
    }
}
```

程序预览编译：

```
javac --enable-preview --release 13 StringDemo.java
```

程序预览解释执行：

```
java --enable-preview StringDemo
```

程序执行结果：

```
沐言科技：www.yootk.com
李兴华编程训练营：edu.yootk.com
```

通过代码的执行可以发现，此功能暂时还属于预览功能，所以在编译和解释执行时都必须配置“--enable-preview”参数。通过执行的结果也可以发现，在文本块中定义的结构都会被完整地保留下来。

6.2　字符串比较

字符串比较

视频名称　0602_【掌握】字符串比较

视频简介　字符串对象的实例化形式特殊，所以其比较操作也有一些需要注意的问题。本视频通过内存关系详细解释“==”与“equals()”的区别。

字符串的实例化可以采用赋值运算符“=”直接完成，和基本数据类型的赋值格式相同，但是在进行字符串比较时却不能直接使用“==”完成，因为“==”是数值比较，而应用于字符串对象时其主要完成的是堆内存地址的比较。

范例：利用“==”实现字符串比较。

```
public class YootkDemo {
    public static void main(String[] args) {                    // 程序主方法
        String strA = "yootk" ;                                 // 直接赋值实例化字符串对象
        String strB = new String("yootk") ;                     // 构造方法实例化字符串对象
        String strC = strB ;                                    // 引用传递（两个对象指向同一块堆内存）
        System.out.println(strA == strB) ;                      // false
        System.out.println(strA == strC) ;                      // false
        System.out.println(strB == strC) ;                      // true
    }
}
```

程序执行结果：

```
false（“strA == strB”代码执行结果）
false（“strA == strC”代码执行结果）
true（“strB == strC”代码执行结果）
```

本程序采用直接赋值和构造方法分别实例化了 2 个 String 类对象（strA、strB），随后利用引用传递将 strB 的内存空间的地址数值赋给了 strC，这样 strB 和 strC 就会指向同一个内存空间。虽然这 3 个 String 类对象的内容完全相同，但是“==”比较的结果并非如此，主要原因是堆内存地址不同。具体比较分析如图 6-1 所示。

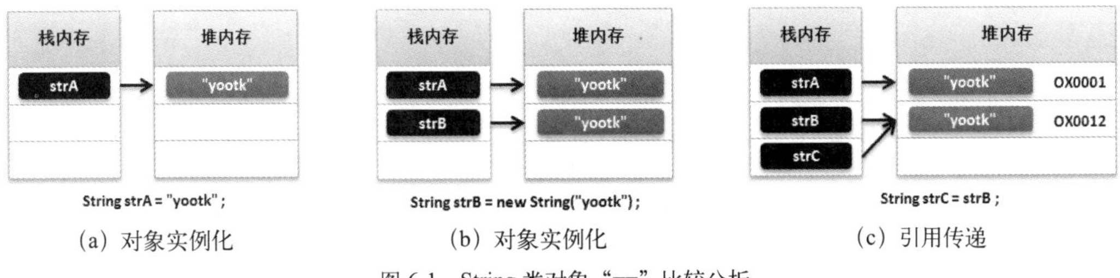

（a）对象实例化　（b）对象实例化　（c）引用传递

图 6-1　String 类对象“==”比较分析

通过图 6-1 可以发现，strA 与 strB 和 strC 的堆内存地址不同，而 strB 和 strC 的堆内存地址相同。所以，“==”是根据对象的内存空间地址数值实现的判断，而并非根据对象内容进行判断。如果想实现字符串内容的比较，可以通过 String 类中提供的 equals()方法完成。

范例：使用“equals()”实现字符串比较。

```
public class YootkDemo {
    public static void main(String[] args) {                    // 程序主方法
        String strA = "yootk" ;                                 // 直接赋值实例化字符串对象
        String strB = new String("yootk") ;                     // 构造方法实例化字符串对象
        String strC = strB ;                                    // 引用传递（两个对象指向同一块堆内存）
        System.out.println(strA.equals(strB)) ;                 // true
```

```
        System.out.println(strA.equals(strC)) ;                  // true
        System.out.println(strB.equals(strC)) ;                  // true
    }
}
```

程序执行结果：

```
true（"strA.equals(strB)"代码执行结果）
true（"strA.equals(strC)"代码执行结果）
true（"strB.equals(strC)"代码执行结果）
```

本程序采用直接赋值、构造方法和对象引用的形式实例化了 3 个 String 类对象（strA、strB、strC），虽然这 3 个对象的堆内存地址有所不同，但是由于内容相同，所以 equals()比较结果均为 true。

提示：String 类对象比较中"=="和"equals()"的区别。

"=="和"equals()"都可以用于 Java 中的数据比较，区别在于"=="为 Java 内置运算符，而"equals()"是一个系统方法。

"=="实现的是堆内存的地址数值比较，"equals()"实现的是对象内容的比较。

6.3　字符串常量

字符串常量

视频名称　0603_【掌握】字符串常量

视频简介　常量是不会修改的内容。JDK 为了方便开发者使用字符串，提供了自动实例化的操作形式。本视频通过代码实现了验证字符串数据类型，以及实际开发中字符串的比较操作。

Java 程序可以直接使用双引号定义字符串，每一个被定义的字符串实际上都是 String 类的匿名对象，所以采用直接赋值形式实例化 String 类对象的核心意义在于：为字符串的匿名对象设置名称。由于 String 类的内部采用字节数组的形式进行字符串内容存储，所以每一个被定义的字符串都是不可更改的，都属于字符串常量。

范例：观察字符串匿名对象。

```
public class YootkDemo {
    public static void main(String[] args) {                    // 程序主方法
        String str = "www.yootk.com";                           // 字符串对象
        // 既然是匿名对象，则一定可以进行String类中equals()方法的调用
        System.out.println("www.yootk.com".equals(str));        // 字符串比较
    }
}
```

程序执行结果：

```
true
```

此时的字符串常量可以直接进行 equals()方法的调用，表示字符串常量的确是一个 String 类的匿名对象，那么前面提到的直接赋值，本质上是为一个匿名对象设置名称，如图 6-2 所示。

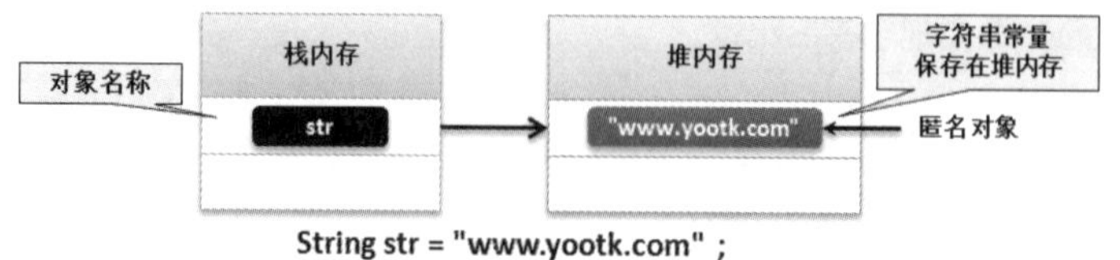

图 6-2　直接赋值实例化 String 类对象

提示：合理利用 equals()避免空指向异常。

所有的字符串都是 String 类的匿名对象，也就是说字符串对象永远不可能为空，那么就可以将这样的规则应用在字符串比较中。

范例：避免空指向的 equals()操作。

```
public class YootkDemo {
    public static void main(String[] args) {          // 程序主方法
        String input = null;                          // 假设该内容由键盘输入
        if ("yootk".equals(input)) {                  // 字符串比较
            System.out.println("www.yootk.com");      // 提示信息
        } else {
            System.out.println(
                "您没有输入正确的沐言科技的官方网址，所以不能正常显示信息。");
        }
    }
}
```

程序执行结果：

```
您没有输入正确的沐言科技的官方网址，所以不能正常显示信息。
```

此程序的关键一步在于“"yootk".equals(input)”，如果没有将字符串常量写在前面，而是写成了“input.equals("yootk")”，那么当 input 内容为 null 时，程序执行就会出现空指向异常（NullPointerException）。

6.4　String 类对象实例化方式比较

String类对象实例化方式比较

视频名称　0604_【掌握】String 类对象实例化方式比较

视频简介　String 类对象实例化有两种方式。为了帮助读者更好地理解 String 类实例化操作的特点，本视频主要讲解两种实例化方式的区别，并通过内存关系与实际操作代码进行详细验证。

前面我们学习了 String 类的对象存在两种实例化方式，其实除了语法结构有区别之外，这两种 String 类对象实例化方式还有一些内在的区别。下面通过具体的分析来进行观察。

范例：直接赋值实例化字符串对象。

```
public class YootkDemo {
    public static void main(String[] args) {              // 程序主方法
        String strA = "yootk.com";                        // 字符串对象
        // 【注意】自动引用已有实例，因为字符串内容相同，等同于“String strB = strA ;”
        String strB = "yootk.com";                        // 直接赋值；
        System.out.println(strA == strB);                 // 对象地址数值比较
        System.out.println(strA == "yootk.com");          // 与匿名String类对象进行地址数值比较
    }
}
```

程序执行结果：

```
true（“strA == strB”代码执行结果）
true（“strA == "yootk.com"”代码执行结果）
```

本程序采用直接赋值的方式实例化了 String 类对象 strA 与 strB，由于两个字符串对象的内容完全相同，所以在实例化 strB 对象时会自动引用已有的 strA 对应的实例化对象，即相同内容的字符串不会重复开辟堆内存。String 类对象直接赋值实例化特点如图 6-3 所示。

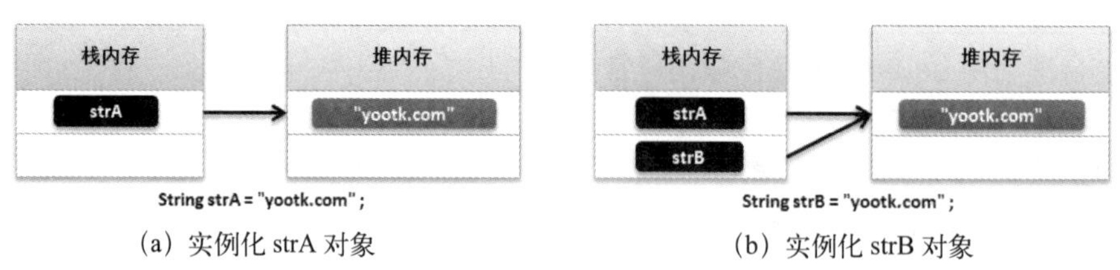

（a）实例化 strA 对象　　（b）实例化 strB 对象

图 6-3　String 类对象直接赋值实例化特点

提示：关于字符串对象池。

JVM 的底层有一个对象池（String 只是对象池中的一种数据类型，还有其他数据类型），当代码中使用了直接赋值的方式定义一个 String 类对象时，该匿名对象会入池保存，如图 6-4 所示。如果后续还有其他 String 类对象也采用了直接赋值的方式，并且设置了同样的内容，那么程序将不会开辟新的堆内存空间，而会使用已有的对象进行引用分配，如图 6-5 所示。

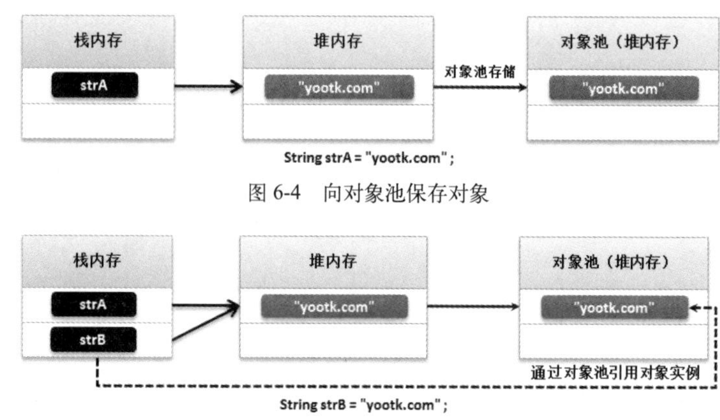

图 6-4　向对象池保存对象

图 6-5　通过对象池引用对象

对象池的本质为共享设计模式的一种应用，可以用一个比喻来简单解释共享设计模式：如果有一天你需要用螺丝刀，发现家里没有，那么你要去买一把新的，但是用完之后你不会把它丢掉，而会将其放到工具箱中，以备下次需要时继续使用，并且工具箱中保存的工具将为家庭中的每一个成员服务。

通过分析可以发现，采用直接赋值的方式进行 String 类对象实例化可以有效地避免无意义的堆内存空间开辟。通过构造方法获取 String 类对象则有可能带来性能问题。

范例：构造方法实例化字符串对象。

```
public class YootkDemo {
    public static void main(String[] args) {                  // 程序主方法
        String str = new String("yootk.com") ;               // 构造方法实例化字符串对象
        System.out.println(str);                              // 输出字符串对象
    }
}
```

程序执行结果：

```
yootk.com
```

本程序采用构造方法实例化了 String 类对象，但是通过前面的分析读者应该已经清楚，任何字符串常量都是一个 String 类的匿名对象，而这里的实例化对象又通过 new 关键字实例化了第二个 String 类对象，这样程序中就会存在两个内容相同的堆内存空间，而最终 str 对象指向的是 new 关键字开辟的堆内存空间，如图 6-6 所示。

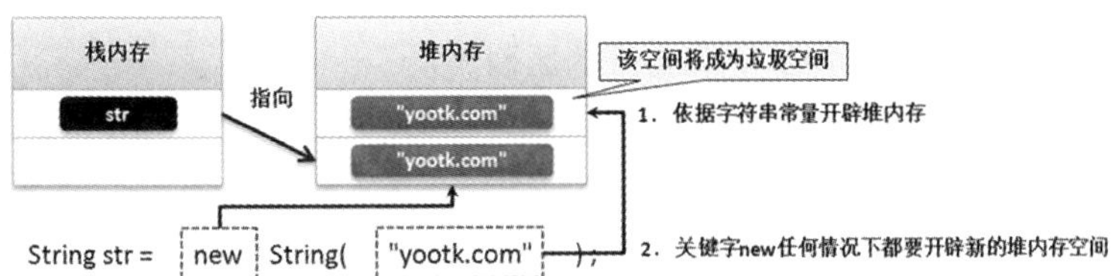

图 6-6 构造方法实例化 String 类对象内存结构

通过 new 关键字进行对象实例化操作时总会无条件地开辟新的堆内存空间，所以此时会开辟两个堆内存空间，并且无法利用 String 类对象池自动引用已有堆内存的功能。

范例：观察 String 类构造方法实例化的缺陷。

```
public class YootkDemo {
    public static void main(String[] args) {                    // 程序主方法
        String strA = "yootk.com" ;                             // 直接赋值实例化
        String strB = new String("yootk.com") ;                 // 构造方法实例化
        System.out.println(strA == strB) ;                      // 地址数值比较
    }
}
```

程序执行结果：

```
false
```

此时的判断结果为 false，可以很好地证明当前的两个 String 类实例化对象的堆内存地址数值是不同的，即没有发生对象池引用。内存结构如图 6-7 所示。

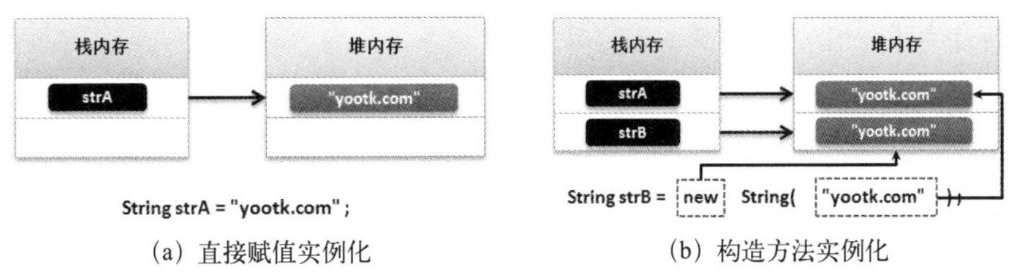

（a）直接赋值实例化　　（b）构造方法实例化

图 6-7 构造的新对象无法实现对象池引用的内存结构

通过以上分析可以得出一个非常清晰的结论：通过 new 关键字调用构造方法进行的对象初始化，其创建的实例化对象是不会自动入池的，也就是说该对象的堆内存数据只能够被一个 String 使用。Java 为了解决这种不能自动入池的设计问题，在 String 类中提供一个手工入池的方法：public String intern()。

范例：字符串实例手工入池保存。

```
public class YootkDemo {
    public static void main(String[] args) {                    // 程序主方法
        String strA = "yootk.com" ;                             // 直接赋值实例化
        String strB = new String("yootk.com").intern() ;        // 构造方法实例化并手工入池
        System.out.println(strA == strB) ;                      // 地址数值比较
    }
}
```

程序执行结果：

```
true
```

本程序通过构造方法实例化 String 类对象后，使用了 intern()方法进行字符串的对象池存储，这样通过“==”进行对象地址数值比较后返回的结果为 true，表示两个 String 类的实例化对象保存在同一个堆内存空间中。

提示：关于 String 类对象两种实例化方式的区别。

（1）【推荐做法】直接赋值：只会开辟一个堆内存空间，并且该实例化对象会自动地保存在对象池中，供相同内容的字符串对象直接引用，这样可以减少重复的堆内存空间开辟。

（2）【不推荐做法】构造方法：会开辟两个堆内存空间，其中一个堆内存空间将成为垃圾空间，同时该实例化对象不会自动入池，如果需要可以通过 String 类中定义的 intern()方法手工入池。

6.5　字符串常量池

字符串常量池

视频名称　0605_【掌握】字符串常量池

视频简介　为了防止产生过多的字符串而造成无效的堆内存占用，JDK 对 String 也进行了结构上的优化。本视频主要通过实际代码分析 String 类两种常量池的区别。

在 Java 程序里面，如果字符串采用的是直接赋值，就可以自动地将字符串的内容保存在对象池中，从而减少无用的堆内存空间的开辟。这种对象池严格意义上来讲应该叫字符串常量池，在 Java 中字符串常量池分为两种类型。

- 静态常量池：程序加载时会自动分配程序中保存的字符串、常量、类和方法等。
- 运行时常量池（动态常量池）：在 Java 程序执行的时候，有一些字符串的数据是需要通过计算得来的（不是以字符串常量的形式进行定义的）。

范例：静态常量池。

```
public class YootkDemo {
    public static void main(String[] args) {                    // 程序主方法
        String strA = "www.yootk.com";                          // 字符串常量
        String strB = "www." + "yootk" + ".com";                // 字符串常量连接
        System.out.println(strA == strB);                       // 堆内存地址比较
    }
}
```

程序执行结果：

```
true
```

本程序采用直接赋值的方式定义了一个 strA 字符串对象，随后采用连接符“+”实现了若干个子字符串的连接。在最终比较的时候可以发现两个内存空间的地址完全相同，这是因为在定义 strB 对象时采用的全部是字符串常量，这样程序在编译时就会自动地将其看作一个整体，而整体的内容又与 strA 对象的内容相同，所以可以直接引用。程序的操作分析如图 6-8 所示。

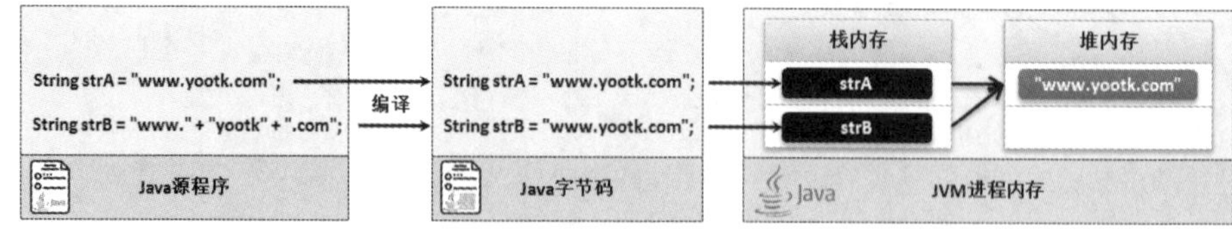

图 6-8　静态常量池操作分析

提示：关于代码编译后的字符串连接。

严格来讲 strB 对象中保存的字符串操作在编译后会变为 StringBuffer 对象连接的形式，即“StringBuffer 实例化对象.append("www").append("yootk").append("com");”。此处为了便于读者理解，将 strB 对象的内容直接转为了字符串。关于 StringBuffer 的内容可参见本系列丛书中的《Java 进阶开发实战（视频讲解版）》第 1 章。

所有的静态常量池都是通过字符串连接符连接若干个字符串常量的，如果在连接中出现了某些变量，就会造成内容不确定的问题（需要根据变量动态配置），这时就要用到运行时常量池。

范例：运行时常量池。

```
public class YootkDemo {
    public static void main(String[] args) {                    // 程序主方法
        String company = "yootk" ;                              // 字符串对象
        String strA = "www.yootk.com";                          // 字符串常量
        String strB = "www." + company + ".com";                // 字符串常量连接
        System.out.println(strA == strB);                       // 堆内存地址比较
    }
}
```

程序执行结果：

```
false
```

本程序的特点在于将一个字符串定义在了“company”变量中，这样在进行 strB 对象定义时就要用到运行常量池，所以会为 strB 分配一个新的堆内存空间。程序的操作分析如图 6-9 所示。

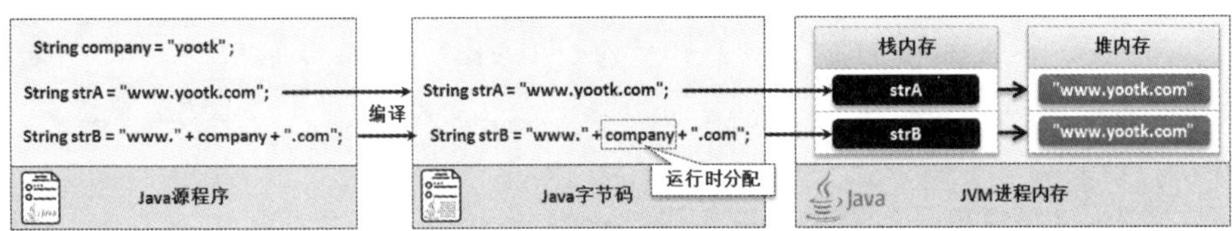

图 6-9　运行时常量池操作分析

6.6　字符串修改分析

字符串修改分析

视频名称　0606_【掌握】字符串修改分析

视频简介　常量的内容一旦定义则不可以修改，但是鉴于 String 的特殊性，在 Java 中通过重新实例化的方式可实现字符串修改。本视频通过内存关系分析字符串对象的改变过程。

在 Java 程序里可以直接使用“""”来定义字符串常量，任何字符串常量都是不可以修改的。但是 String 毕竟是一个符合 Java 变量结构的特殊的类，所以字符串的对象内容理论上是可以修改的，它所做的修改并不是修改具体的堆内存，而是创建新的堆内存。

范例：观察字符串对象修改。

```
public class YootkDemo {
    public static void main(String[] args) {          // 程序主方法
        String message = "www." ;                     // 【静态常量池】直接赋值进行对象实例化
        message += "yootk" ;                          // 【运行时常量池】进行字符串的连接修改
        message = message + ".com" ;                  // 【运行时常量池】进行字符串的修改
        System.out.println(message) ;                 // 输出字符串对象
    }
}
```

程序执行结果：

```
www.yootk.com
```

本程序定义了一个 message 字符串对象，并通过直接赋值的方式为其进行对象实例化，随后使用连接符“+”实现了两次字符串内容的修改，但是两次修改并不是在同一个堆内存中进行的，而是采用了多次引用处理。

通过图 6-10 所示的分析过程可以清楚地发现，程序执行完成之后，堆内存里面会产生大量的垃圾空间，而这些垃圾空间的出现必将导致 GC 频繁处理，从而影响整个程序的性能。

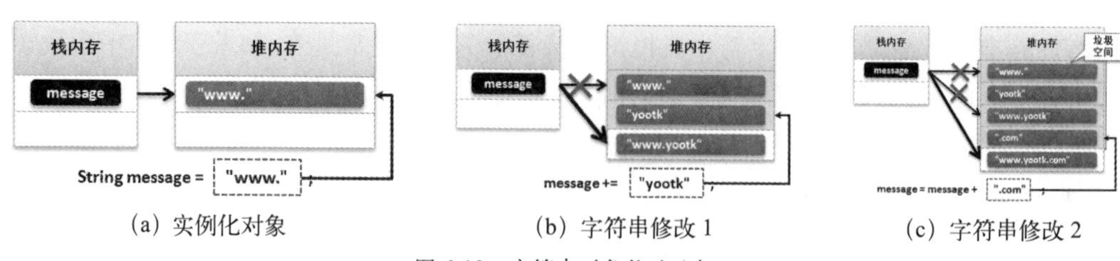

（a）实例化对象　　（b）字符串修改 1　　（c）字符串修改 2

图 6-10　字符串对象修改分析

注意：开发中需要回避的代码。

修改字符串需要进行频繁的引用处理，所以在实际的项目开发中一定要回避如下代码。

范例：不推荐的字符串修改。

```
public class YootkDemo {
    public static void main(String[] args) {       // 程序主方法
        String str = "YOOTK";                      // 采用直接赋值的方式实例化String类对象
        for (int x = 0; x < 1000; x++) {           // 循环修改字符串
            str += x;                              // 字符串内容修改 = 修改引用指向
        }
        System.out.println(str);                   // 输出最终str对象指向的内容
    }
}
```

程序执行结果：

```
YOOTK01234567891011...
```

本程序通过一个 for 循环修改了 1000 次 str 对象内容，因此将产生大量的垃圾空间，其执行性能一定是非常低下的。关于如何实现合理的字符串修改操作，读者可以参考本系列丛书中的《Java 进阶开发实战（视频讲解版）》第 1 章中的 StringBuffer 类讲解。

6.7　主方法组成分析

主方法组成分析

视频名称　0607_【掌握】主方法组成分析

视频简介　主方法是程序运行的起点，也是所有开发者最早接触到的方法。本视频将对主方法的组成及程序初始化参数的接收进行讲解。

主方法是程序执行的起点，也是所有程序启动时的推荐入口。考虑到程序结构的合理性，Java 在主方法的定义中提供了多个组成部分。下面为读者列出每个组成部分的含义。

- **public**：Java 中的访问权限的一种。public 描述的内容是公开的（private 描述的内容是私有的、不公开的），主方法既然是程序的起点，那么一定是公开的。
- **static**：按照 Java 本身的定义，static 描述的是一个类方法，类方法的特点是可以由类名称直接进行调用，在 Java 程序解释执行的时候采用的语法是“java 类名称”，所以这个时候是通过类名称调用主方法。
- **void**：主方法是一切的开始，既然开始了就没有回头路，所以不能返回任何数据。
- **main**：一个系统内置的方法名称，执行“java 类名称”时会自动调用执行。
- **String args[]**：程序执行时需要的参数，多个参数使用空格分隔。参数传递的形式：“java 类名称 参数 1 参数 2 参数 3 …”。

范例：接收程序初始化参数。

```
public class YootkDemo {
    public static void main(String[] args) {                // 程序主方法
```

```
        for (String data : args) {                               // 迭代输出初始化参数
            System.out.println("【初始化参数】" + data);          // 输出单个参数
        }
    }
}
```

配置初始化参数：

```
java YootkDemo www.yootk.com edu.yootk.com
```

程序执行结果：

```
【初始化参数】www.yootk.com
【初始化参数】edu.yootk.com
```

本程序直接使用 for 迭代输出了所有初始化参数，初始化参数都在“java 类名称”之后以空格分隔的形式进行配置。

 **提问：如何在初始化参数中配置空格？**

所有的初始化参数在配置时都通过空格进行分隔，如果初始化参数本身就包含空格，该如何处理呢？

 **回答：利用引号包装。**

如果需要在参数中追加空格，可以在配置初始化参数时利用双引号进行包装。

范例：为初始化参数设置空格。

配置初始化参数：

```
java YootkDemo "沐言优拓 www.yootk.com" "沐言教育 edu.yootk.com" "抖音直播ID muyan_lixinghua"
```

程序执行结果：

```
【初始化参数】沐言优拓 www.yootk.com
【初始化参数】沐言教育 edu.yootk.com
【初始化参数】抖音直播ID muyan_lixinghua
```

本程序中配置了 3 个初始化参数，由于这 3 个初始化参数都包含空格，所以使用引号进行了包装。

6.8 字符串常用方法

视频名称 0608_【掌握】JavaDoc 简介

视频简介 JavaDoc 文档是 Java 提供的语言使用手册与类库说明，在开发中需要反复查看。本视频主要为读者说明 JavaDoc 文档的基本组成。

在实际 Java 项目开发中，String 类几乎会出现在每一个项目中，除了 String 类的基本特点，开发者还需要熟练地掌握 String 类的常用操作方法（包括方法名称、参数类型及返回值类型）。如果想了解 String 类的方法定义，可以直接查阅 JavaDoc 文档。

 **提示：JavaDoc 一定要阅读英文版。**

JavaDoc 是 Oracle 公司提供的关于 Java 系统类功能的 API 文档。该文档详细地描述类的定义、类功能及类中的常量、构造方法和普通方法的定义。由于不同 JDK 版本对应不同的 JavaDoc 文档，因此本节的视频将讲解准确获取相关版本文档的方法，以及文档的组成。由于该部分不便形成文稿，建议读者直接通过视频进行学习。

6.8.1　字符串与字符

视频名称　0609_【掌握】字符串与字符

视频简介　字符串是一组字符。本视频主要讲解了 String 类与字符相关的构造，toCharArray()、charAt()方法的使用，并且利用字符串大小写转换分析了字符处理的意义。

传统 Java 并没有提供直接的字符串支持，往往会使用字符数组描述字符串，实际上这一思路在 String 类中也有所体现。可以通过表 6-1 所示的方法进行字符串与字符的转换操作。

表 6-1　字符串与字符转换方法

序号	方法名称	类型	描述
1	public String(char[] value)	构造	将一个字符数组的全部内容直接转为字符串
2	public String(char[] value, int offset, int count)	构造	将一个字符数组的部分内容转为字符串，offset 设置转换的开始位置，count 定义转换的长度
3	public char charAt(int index)	普通	获取指定索引位置的字符
4	public char[] toCharArray()	普通	将字符串转为一个字符数组

字符串由多个字符组成，可以直接利用索引来获取每一个字符的内容，因此可以使用 charAt()方法，但是在使用此方法的时候一定要控制好索引范围，否则就会出现数组越界异常。

范例：使用 charAt()方法获取字符。

```
public class YootkDemo {
    public static void main(String[] args) {                    // 程序主方法
        String message = "www.yootk.com" ;                       // 设置一个字符串
        System.out.println(message.charAt(5)) ;                  // 获取第6个元素
        System.out.println(message.charAt(99)) ;                 // 【异常】超过了字符串的长度
    }
}
```

程序执行结果：

```
o（第6个元素是小写字母“o”）
Exception in thread "main" java.lang.StringIndexOutOfBoundsException: String index out of rang
e: 99
```

本程序采用直接赋值的方式实例化了一个 message 字符串对象，然后利用 charAt()获取了索引为 5（第 6 个元素）的数据内容，随后又获取索引为 99 的数据，但是字符串长度不足，所以出现了数组越界异常（StringIndexOutOfBoundsException）。

字符串本身是由字符组成的，那么就可以将字符串内容转为一个字符数组，或者通过 String 类的构造将字符数组转为一个字符串。

范例：字符串小写字母转为大写字母。

```
public class YootkDemo {
    public static void main(String[] args) {                // 程序主方法
        String message = "www.yootk.com" ;                   // 设置一个字符串
        char [] data = message.toCharArray() ;               // 将字符串转为字符数组
        for (int x = 0 ; x < data.length ; x ++) {           // 数组为线性结构，通过循环实现索引控制
            if (data[x] >= 'a' && data[x] <= 'z') {          // 判断是否为小写字母范围
                data[x] -= 32 ;                              // 变更字符编码
            }
        }
        System.out.println(new String(data)) ;               // 将全部字符数组转为字符串
        System.out.println(new String(data, 4, 5)) ;         // 将全部字符数组转为字符串
    }
}
```

程序执行结果：

```
WWW.YOOTK.COM
YOOTK
```

本程序定义了一个全部由小写字母组成的字符串，随后利用 toCharArray()方法将该字符串直接转为了字符数组，这样就可以利用 for 循环获取数组中的每一个元素，如果发现当前字母为小写字母，就利用修改编码值的方式将其变为大写字母。在循环处理完成后，程序直接利用 String 类的构造方法将全部或部分字符数组转为字符串。通过执行结果可以发现，所有的小写字母已经全部转为大写字母。

6.8.2 字符串与字节

字符串与字节

视频名称 0610_【掌握】字符串与字节

视频简介 字节是网络数据传输的主要数据类型，字符串支持与字节之间的转换操作。本视频主要讲解 String 类与字节相关的构造、getBytes()方法的使用。

Java 程序中字节用 byte 描述。字节一般用于数据的传输或编码转换，String 类提供了将字符串转为字节数组的操作，目的就是便于传输及编码转换，转换方法如表 6-2 所示。

表 6-2 字符串与字节转换方法

序号	方法名称	类型	描述
1	public String(byte[] bytes)	构造	将全部字节数组转为字符串
2	public String(byte[] bytes, int offset, int length)	构造	将部分字节数组转为字符串，offset 表示转换的开始位置，length 表示要转换的字符个数
3	public byte[] getBytes(String charsetName) throws UnsupportedEncodingException	普通	实现编码转换处理，其中 charsetName 描述编码
4	public byte[] getBytes()	普通	使用默认的编码将字符串转为字节数组

从 JDK 9 开始，String 类内部提供的保存数据的数组统一设置为字节数组，所以表 6-2 所示方法与 String 源代码中的数据类型更为匹配。

范例：字符串与字节数组之间的转换。

```
public class YootkDemo {
    public static void main(String[] args) {                    // 程序主方法
        String message = "www.yootk.com" ;                      // 设置一个字符串
        byte data[] = message.getBytes() ;                      // 将字符串转为字节数组
        for (int x = 0 ; x < data.length ; x ++) {              // 字节数组循环操作
            if (data[x] >= 'a' && data[x] <= 'z') {             // 判断是否为小写字母
                data[x] -= 32 ;                                 // 编码转换
            }
        }
        System.out.println(new String(data)) ;                  // 字节数组转字符串
        System.out.println(new String(data, 4, 5)) ;            // 字节数组转字符串
    }
}
```

程序执行结果：

```
WWW.YOOTK.COM
YOOTK
```

本程序利用 String 类的 getBytes()方法将一个字符串转为了字节数组，由于所给出的字符串全部由基本字符组成（所存储的内容未超出字节保存范围），所以可以利用编码处理将所有的小写字母编码转为大写字母编码，最后利用 String 类的构造方法将全部或部分字节数组转为字符串输出。

6.8.3　字符串比较

字符串比较

视频名称　0611_【掌握】字符串比较

视频简介　字符串是引用数据类型，不能简单地直接依靠“==”进行比较。本视频主要讲解 equals()、equalsIgnoreCase()、compareTo()方法的使用。

equals()是常用的字符串比较方法，该方法只能够判断两个字符串的内容是否完全一致。除此方法外，也可以使用表 6-3 所示的其他方法实现更多的比较判断。

表 6-3　字符串比较方法

序号	方法名称	类型	描述
1	public boolean equals(Object anObject)	普通	字符串内容比较，区分大小写
2	public boolean equalsIgnoreCase(String anotherString)	普通	字符串内容比较，不区分大小写
3	public int compareTo(String anotherString)	普通	判断两个字符串的 ASCII 编码的大小关系，如果是大于关系则返回大于 0 的正整数，如果是相等关系则返回 0，如果是小于关系则返回负数
4	public int compareToIgnoreCase(String str)	普通	不区分大小写进行大小关系的比较

通过表 6-3 可以发现，equals()方法和 equalsIgnoreCase()方法的区别在于，equals()区分大小写，如果大小写不同，即便字母相同返回的也是 false，而 equalsIgnoreCase()是不关心大小写的，只要字母相同，最终的比较结果就是相同。

范例：字符串内容比较。

```
public class YootkDemo {
    public static void main(String[] args) {                    // 程序主方法
        String messageA = "www.yootk.com" ;                     // 小写字母
        String messageB = "www.YOOTK.com" ;                     // 中间有大写字母
        System.out.println("equals()比较结果：" +
            (messageA.equals(messageB))) ;                      // 区分大小写比较
        System.out.println("equalsIgnoreCase()比较结果：" +
            (messageA.equalsIgnoreCase(messageB))) ;            // 不区分大小写比较
    }
}
```

程序执行结果：

```
equals()比较结果：false
equalsIgnoreCase()比较结果：true
```

本程序中由于 messageA 与 messageB 两个字符串内容的大小写不同，所以使用 equals()方法的比较结果是 false，使用 equalsIgnoreCase()方法的比较结果是 true。

> **提示：忽略大小写比较常用于验证码操作。**
>
> 在实际项目开发中，某些重要的登录操作除用户名与密码之外，往往会使用验证码以保证账户安全。验证码判断往往不需要区分大小写，此时就可以使用 equalsIgnoreCase()方法。

在字符串比较中，除了判断两个字符串的内容是否相同，还有比较字符串 ASCII 编码大小的需求，所以 String 类提供了一个 compareTo()方法，该方法可以依次比较字符串中每一个字符的 ASCII 编码。

范例：比较两个字符串的 ASCII 编码。

```
public class YootkDemo {
    public static void main(String[] args) {                        // 程序主方法
```

```
        String messageA = "y" ;                                    // 小写字母，编码在大写字母之后
        String messageB = "Y" ;                                    // 大写字母，编码在小写字母之前
        System.out.println(messageA.compareTo(messageB)) ;         // 返回"32"，为两个字母之间的编码差值
        System.out.println(messageB.compareTo(messageA)) ;         // 返回"-32"，为两个字母之间的编码差值
        // 返回"0"，即进行不区分大小写的比较
        System.out.println(messageB.compareToIgnoreCase(messageA)) ;
    }
}
```

程序执行结果：

```
32 ("messageA.compareTo(messageB)" 代码执行结果)
-32 ("messageB.compareTo(messageA)" 代码执行结果)
0 ("messageB.compareToIgnoreCase(messageA)" 代码执行结果)
```

本程序定义了两个字符串对象，其中 messageA 保存的是小写字母"y"，messageB 保存的是大写字母"Y"，按照 ASCII 编码，这两个字母之间的编码差值为 32，使用 compareTo()方法比较就会返回这两个字符串之间的编码差值。如果要忽略大小写，可以使用 compareToIgnoreCase()方法。

6.8.4 字符串查找

字符串查找

视频名称 0612_【掌握】字符串查找

视频简介 String 类可以在一个完整的字符串中进行内容的查找。本视频主要讲解 contains()、indexOf()、lastIndexOf()、startsWith()、endsWith()方法的使用。

在一个字符串中一定会包含大量的子字符串的信息，那么该如何确认某些子字符串是否存在呢？String 类里面提供判断子字符串是否存在的操作方法，这些方法如表 6-4 所示。

表 6-4 字符串查找方法

序号	方法名称	类型	描述
1	public boolean contains(CharSequence s)	普通	判断当前的字符串是否包含子字符串（CharSequence 可暂时理解为 String）
2	public int indexOf(String str)	普通	从字符串的索引 0 开始，查找指定子字符串的开始位置，如果存在则返回位置的索引，如果不存在则返回-1
3	public int indexOf(String str, int fromIndex)	普通	从指定索引位置开始查找子字符串，如果存在则返回开始位置的索引，如果不存在则返回-1
4	public int lastIndexOf(String str)	普通	从最后一个索引位置由后向前进行子字符串的查找，如果查找不到则返回-1
5	public int lastIndexOf(String str, int fromIndex)	普通	从指定索引位置由后向前进行子字符串的查找，如果查找不到则返回-1
6	public boolean startsWith(String prefix)	普通	判断是否以指定的子字符串开头
7	public boolean startsWith(String prefix, int toffset)	普通	从指定的索引位置处判断是否以指定的子字符串开头
8	public boolean endsWith(String suffix)	普通	判断是否以指定的子字符串结尾

在 JDK 1.5 之后，为了方便判断是否存在指定的子字符串，程序提供 contains()方法。这个方法的判断结果比较直观，如果子字符串存在则返回 true，不存在则返回 false。

范例：判断子字符串是否存在。

```
public class YootkDemo {
    public static void main(String[] args) {                          // 程序主方法
        String message = "沐言优拓：www.yootk.com" ;                    // 实例化字符串对象
        System.out.println("查找"yootk"字符串：" + message.contains("yootk")) ;       // 存在
        System.out.println("查找"沐言"字符串：" + message.contains("沐言")) ;          // 存在
```

```
        System.out.println("查找“hello”字符串：" + message.contains("hello")) ;       // 不存在
    }
}
```

程序执行结果：

```
查找“yootk”字符串：true
查找“沐言”字符串：true
查找“hello”字符串：false
```

通过程序查找可以发现，如果子字符串存在则直接返回 true，不存在则返回 false，这样就可以直接结合分支语句进行判断处理。需要注意的是，contains()方法是 JDK 1.5 开始提供的，而 JDK 1.5 之前的版本通过 indexOf()方法进行判断，该方法通过查找子字符串的开始位置来判断子字符串是否存在。

范例：使用 indexOf()判断子字符串是否存在。

```
public class YootkDemo {
    public static void main(String[] args) {                      // 程序主方法
        String message = "沐言优拓：www.yootk.com" ;              // 实例化字符串对象
        System.out.println("子字符串“yootk”的索引：" + message.indexOf("yootk")) ;
        if (message.indexOf("yootk") != -1) {                     // 可以查找到子字符串的开始位置
            System.out.println("可以在字符串里面查找到“yootk”子字符串。") ;
        }
    }
}
```

程序执行结果：

```
子字符串“yootk”的索引：9（返回第一个匹配字母索引）
可以在字符串里面查找到“yootk”子字符串。
```

本程序使用 indexOf()方法实现了指定子字符串开始位置的查找，如果可以查找到，则返回第一个匹配字母的索引，如果没有查找到，则直接返回-1。程序可以通过 indexOf()是否返回-1 来判断其查找结果。

提示：contains()方法是包装 indexOf()方法产生的。

如果开发者打开 String 类中的 contains()方法源代码，可以发现如下内容：

```
public boolean contains(CharSequence s) {
    return indexOf(s.toString()) >= 0;
}
```

contains()方法内部实际上就是基于 indexOf()方法的处理，contains()可以直观地返回 true 或 false，简化了程序的判断。

在使用 indexOf()方法进行子字符串查找时，如果有多个相同的子字符串存在，那么最终只返回第一个匹配的子字符串的开始位置。如果有需要，也可以进一步设置开始查找的索引位置。

范例：查询多个相同的子字符串。

```
public class YootkDemo {
    public static void main(String[] args) {                          // 程序主方法
        String message = "沐言优拓：www.yootk.com，沐言科技编程训练营：edu.yootk.com" ;
        System.out.println(message.indexOf("yootk")) ;                // 返回第一个匹配索引：9
        System.out.println(message.indexOf("yootk", 15)) ;            // 返回第二个匹配索引：33
        System.out.println(message.lastIndexOf("yootk")) ;            // 由后向前查找：33
    }
}
```

程序执行结果：

```
9（“message.indexOf("yootk")”代码执行结果）
33（“message.indexOf("yootk", 15)”代码执行结果）
33（“message.lastIndexOf("yootk")”代码执行结果）
```

本程序在 message 字符串对象中定义了多个“yootk”子字符串，在使用 indexOf()方法查找时会自动匹配第一个“yootk”，在设置了开始查找的索引位置后匹配到后续的“yootk”，也可以直接使用 lastIndexOf()方法由后向前进行子字符串的匹配。

在实际项目开发中，字符串也可以实现一些标记的定义，例如，某些操作必须使用特定的字符串开头或结尾。为此，String 类提供了 startsWith()方法匹配开头，endsWith()方法匹配结尾。

范例：匹配字符串的开头和结尾。

```
public class YootkDemo {
    public static void main(String[] args) {                    // 程序主方法
        String message = "★★沐言科技：www.yootk.com" ;              // 实例化字符串对象
        if (message.startsWith("★★")) {                         // 匹配字符串开头
            System.out.println("字符串使用★★开头。") ;             // 输出匹配结果
        }
        if (message.endsWith(".com")) {                          // 匹配字符串结尾
            System.out.println("字符串以.com结尾。") ;              // 输出匹配结果
        }
    }
}
```

程序执行结果：

```
字符串使用★★开头。
字符串以.com结尾。
```

本程序定义了一个 message 字符串对象，并且该字符串对象以“★★”特殊标记开头，以“.com”结尾，那么此时就可以直接通过 String 类提供的方法进行开头或结尾的匹配。

6.8.5 字符串替换

字符串替换

视频名称 0613_【掌握】字符串替换

视频简介 字符串中有一系列字符，这些字符可以依据指定的规则进行更换。本视频主要讲解了 replaceAll()、replaceFirst()方法的使用。

在一个字符串里面存在信息，有时这些信息需要替换，针对这样的需求， String 类提供两个重要的替换方法，如表 6-5 所示。

表 6-5 字符串替换方法

序号	方法名称	类型	描述
1	public String replaceAll(String regex, String replacement)	普通	进行所有匹配的子字符串的替换
2	public String replaceFirst(String regex, String replacement)	普通	替换匹配的首个子字符串

范例：实现字符串的替换操作。

```
public class YootkDemo {
    public static void main(String[] args) {                                  // 程序主方法
        String message = "Hello Yootk , VIP Yootk";                             // 实例化字符串对象
        System.out.println(message.replaceAll("Yootk", "沐言科技"));             // 全部替换
        System.out.println(message.replaceFirst("Yootk", "沐言科技"));           // 替换首个
    }
}
```

程序执行结果：

```
Hello 沐言科技 , VIP 沐言科技
Hello 沐言科技 , VIP Yootk
```

本程序定义的 message 字符串中有多个“Yootk”子字符串，通过程序的执行可以发现，使用 replaceAll()方法可以实现所有“Yootk”子字符串的替换，使用 replaceFirst()方法可以实现第一个“Yootk”子字符串的替换。

6.8.6　字符串拆分

字符串拆分

视频名称　0614_【掌握】字符串拆分

视频简介　字符串可以依据组成规则拆分为若干个子字符串保存。本视频主要讲解了 split()方法的使用，并且详细讲解了字符串拆分中转义字符的作用。

如果某一个字符串的内部可能有一些相同的子字符串，就可以利用这个指定的子字符串进行字符串的拆分，拆分完字符串会以字符串数组的形式出现，拆分方法如表 6-6 所示。

表 6-6　字符串拆分方法

序号	方法名称	类型	描述
1	public String[] split(String regex)	普通	将字符串按照指定的子字符串全部拆分
2	public String[] split(String regex, int limit)	普通	将字符串按照指定的子字符串拆分为指定长度的数组

范例：字符串拆分。

```
public class YootkDemo {
    public static void main(String[] args) {                    // 程序主方法
        String message = "Hello Yootk VIP Yootk 沐言科技 李兴华编程训练营" ;    // 实例化字符串
        String result [] = message.split(" ") ;                 // 依据空格拆分为数组
        for (String temp : result) {                            // 数组迭代输出
            System.out.print(temp + "、") ;                     // 输出数组元素
        }
    }
}
```

程序执行结果：

```
Hello、Yootk、VIP、Yootk、沐言科技、李兴华编程训练营、
```

本程序定义的 message 字符串包含多个空格，可以通过 split()方法依据空格将这个完整的字符串拆分为字符串数组，随后通过 foreach 迭代输出数组中的每个元素。

提示：按照字符拆分。

在使用 split()方法时，如果设置的子字符串是一个空白字符串（不是 null，而是“split("")”），那么将按字符进行拆分，即字符串的长度就是拆分后的字符数组长度。

上面的操作采用的是全部拆分的方式，如果在使用 split()方法时设置了长度，那么拆分后的字符串数组的长度就是所设置的长度。

范例：拆分为指定长度的字符串数组。

```
public class YootkDemo {
    public static void main(String[] args) {                    // 程序主方法
        String message = "Hello Yootk VIP Yootk 沐言科技 李兴华编程训练营" ;    // 实例化字符串
        String result [] = message.split(" ", 3) ;              // 依据空格拆分为指定长度的数组
        for (String temp : result) {                            // 数组迭代输出
            System.out.print(temp + "、") ;                     // 输出数组元素
        }
    }
}
```

程序执行结果：

```
Hello、Yootk、VIP Yootk 沐言科技 李兴华编程训练营、
```

本程序在进行 message 字符串拆分时设置了长度“3”，因此拆分后的字符串数组的长度就是 3（即从第 3 个字符串开始将不再进行拆分）。另外读者需要注意的是，如果拆分后的数组长度本身不足 3（例如，字符串中只有一个空格），那么会以实际拆分出的数组长度为准，也就是要求数组的最大长度为 3。

注意：拆分特殊字符时需要进行转义处理。

使用 split()方法时并非所有的字符串都可以拆分，如果出现了无法正确拆分的字符串，则可以使用“\\”（表示一个“\”）进行转义处理。

范例：IP 地址拆分。

```
public class YootkDemo {
    public static void main(String[] args) {                // 程序主方法
        String message = "192.168.115.119";                 // IP地址
        // "."在正则表达式里面有特殊的含义，所以split()无法直接使用，必须转义
        String result[] = message.split("\\.");             // 依据转义字符拆分
        for (String temp : result) {                        // 数组迭代输出
            System.out.print(temp + "、");                  // 输出数组元素
        }
    }
}
```

程序执行结果：

```
192、168、115、119、
```

此时的字符串需要依据“.”拆分，但是由于“.”属于正则标记，直接使用是无法正确实现字符串拆分处理的，所以必须通过“\\”转义。正则表达式的相关概念参见本系列丛书中的《Java 进阶开发实战（视频讲解版）》第 1 章。

6.8.7 字符串截取

字符串截取

视频名称 0615_【掌握】字符串截取

视频简介 一个字符串为了清晰地描述数据组成会提供一系列标记性信息，如果需要从字符串里面获取有意义的内容，可以通过截取实现。本视频主要讲解 substring()方法的使用。

字符串一般都会包含较长的数据信息，有时可能需要在一个完整的字符串中提取部分字符串进行数据的处理，所以 String 类也提供了字符串截取方法，如表 6-7 所示。

表 6-7 字符串截取方法

序号	方法名称	类型	描述
1	public String substring(int beginIndex)	普通	从指定的索引位置截取到结尾
2	public String substring(int beginIndex, int endIndex)	普通	设置截取的开始索引与结束索引

范例：从指定的位置截取到结尾。

```
public class YootkDemo {
    public static void main(String[] args) {                        // 程序主方法
        String mime = "image/png";                                  // png文件的网络类型标记
        System.out.println(mime.substring(6));                      // 从指定位置截取到结尾
        // 如果不确定截取位置，也可以通过指定的子字符串位置确定截取开始索引
        System.out.println(mime.substring(mime.indexOf("/") + 1));
    }
}
```

程序执行结果：

```
png（"mime.substring(6)"代码执行结果）
png（"mime.substring(mime.indexOf("/") + 1)"代码执行结果）
```

本程序定义了一个 mime 字符串，实际上这个数据信息在网络中用于标记 png 图片，在实际的开发中可能只需要后面的"png"内容，那么就可以通过 substring()方法根据索引位置实现字符串截取。

范例：截取部分字符串。

```
public class YootkDemo {
    public static void main(String[] args) {                    // 程序主方法
        String message[] = new String[] {
                "沐言科技【yootk】：www.yootk.com",
                "李兴华编程训练营【YOOTK】：edu.yootk.com" };     // 字符串数组
        for (String temp : message) {                            // 数组迭代
            System.out.println(temp.substring(temp.indexOf("【") + 1, temp.indexOf("】")));
        }
    }
}
```

程序执行结果：

```
yootk
YOOTK
```

本程序定义了一个字符串数组，需要在字符串数组中提取"【】"内的数据信息。由于两个字符串截取的索引位置不同，所以必须通过"【"和"】"的索引来指定字符串的截取起止位置。

6.8.8　字符串格式化

字符串格式化

视频名称　0616_【掌握】字符串格式化

视频简介　传统编程语言都提供格式化输出操作功能，Java 从 JDK 1.5 开始引入格式化输出操作。本视频为读者分析了格式化输出的作用，同时利用具体的代码讲解了格式化输出操作。

在 JDK 1.5 之后，Java 为了吸引更多的编程爱好者提供了字符串格式化操作。开发者在进行字符串格式化时，可以使用一些格式化标记进行占位，随后再进行内容的填充，这样就可以避免频繁地在代码中使用"+"进行连接操作。

字符串的格式化方法在 String 类中的定义如下：

```
public static String format(String format, Object... args)
```

该方法需要接收一个格式化字符串，该字符串可以包含如下几种数据信息：字符串（%s）、整数（%d）、浮点数（%f）、字符（%c）。后面的可变参数用于内容的填充。

范例：字符串格式化处理。

```
public class YootkDemo {
    public static void main(String[] args) {                    // 程序主方法
        String name = "李兴华";                                  // 字符串对象
        int age = 18;                                            // 整型变量
        double score = 99.987821;                                // 浮点型变量
        // 字符串格式化处理，通过占位标记进行定义，随后使用具体数值进行填充
        String result = String.format("姓名：%s、年龄：%d、成绩：%5.2f", name, age, score);
        System.out.println(result);                              // 输出格式化结果
    }
}
```

程序执行结果：

```
姓名：李兴华、年龄：18、成绩：99.99
```

本程序通过 String.format()方法实现了字符串格式化操作。利用这种格式化处理机制可以避免“+”的频繁出现造成代码阅读不便，也使得代码结构更加清晰。

6.8.9 其他操作方法

String 其他操作方法

视频名称 0617_【掌握】String 其他操作方法

视频简介 本视频主要讲解了 trim()、toUpperCase()、toLowerCase()、length()、isEmpty()等方法的使用，并利用给定的方法自定义了 initcap()方法。

String 类除了提供以上方法之外，还可以通过表 6-8 所示的方法进行字符串的各种处理，如字符串重复、长度计算、大小写转换等。

表 6-8 字符串其他方法

序号	方法名称	类型	描述
1	public String concat(String str)	普通	字符串连接
2	public String repeat(int count)	普通	字符串重复定义
3	public static String copyValueOf(char[] data)	普通	将一个字符数组转为字符串
4	public boolean isBlank()	普通	判断字符串是否为空或者由空白字符组成，JDK 11 提供
5	public boolean isEmpty()	普通	判断是否为空字符串（字符串的长度为 0）
6	public int length()	普通	计算字符串长度
7	public String strip()	普通	剔除所有空白字符，但是保留 Unicode 空字符，JDK 11 提供
8	public String trim()	普通	删除前后的空格
9	public String toLowerCase()	普通	将字符串中的字母全部转为小写
10	public String toUpperCase()	普通	将字符串中的字母全部转为大写

范例：字符串连接。

```
public class YootkDemo {
    public static void main(String[] args) {                        // 程序主方法
        String messageA = "沐言科技：" + "www.yootk.com" ;           // 字符串连接
        System.out.println(messageA) ;                              // 输出字符串连接结果
        String messageB = "沐言科技：".concat("www.yootk.com") ;      // 字符串连接
        System.out.println(messageB) ;                              // 输出字符串连接结果
        System.out.println(messageA == messageB) ;                  // 内存地址比较
    }
}
```

程序执行结果：

```
沐言科技：www.yootk.com
沐言科技：www.yootk.com
false
```

本程序分别使用“+”和 concat()方法实现了字符串的连接处理。通过最终的“==”比较结果可以发现，这两种字符串的连接操作并不会引用同一个堆内存空间。如果想让“==”比较结果为 true，就必须通过 intern()方法手动保存字符串到对象池中。

范例：字符串重复定义。

```
public class YootkDemo {
    public static void main(String[] args) {                        // 程序主方法
        String message = "沐言科技：www.yootk.com\n".repeat(3) ;     // 字符串定义重复3次
        System.out.println(message);                                // 输出字符串对象
```

```
    }
}
```

程序执行结果：

```
沐言科技：www.yootk.com
沐言科技：www.yootk.com
沐言科技：www.yootk.com
```

本程序利用 repeat()方法将一个字符串常量的定义重复了三次，这就相当于字符串的重复连接处理。相较于直接使用连接的操作形式，repeat()是通过 String 类内部的字节数组操作实现的，性能会更高一些。

范例：判断空字符串。

```
public class YootkDemo {
    public static void main(String[] args) {                         // 程序主方法
        String messageA = "" ;                                        // 空字符串
        String messageB = "\t\n" ;                                    // 包含空白字符信息
        System.out.println("【字符串长度】messageA的长度 = " +
                messageA.length() + "、messageB的长度 = " + messageB.length()) ;
        // isBlank()不关心具体的长度，只关心里面是否全部为空白字符
        System.out.println("【isBlank()判断】messageA判断结果 = " +
                messageA.isBlank() + "、messageB判断结果 = " + messageB.isBlank()) ;
        // isEmpty()关心的是字符串的长度信息，如果长度为0则表示该字符串是空字符串
        System.out.println("【isEmpty()判断】messageA判断结果 = " +
                messageA.isEmpty() + "、messageB判断结果 = " + messageB.isEmpty()) ;
    }
}
```

程序执行结果：

```
【字符串长度】messageA的长度 = 0、messageB的长度 = 2
【isBlank()判断】messageA判断结果 = true、messageB判断结果 = true
【isEmpty()判断】messageA判断结果 = true、messageB判断结果 = false
```

本程序使用了 String 类提供的两个判断为空的处理方法，通过程序的执行结果可以发现，isEmpty()是依据长度进行判断的，而 isBlank()是依据字符串的内容是否为空白字符（“\t”“\n”等都为空白字符）进行判断的。

> **提示：关于 length 的说明。**
>
> 许多初学者在学完 String 类中的 length()方法（String 类对象.length()）后容易将其与数组中的 length(数组对象.length)属性混淆。在这里提醒读者的是，String 类中取得长度使用的是 length()方法，方法后面都有“()”，而数组没有 length()方法只有 length 属性。

在实际项目开发过程中，如果某些数据需要由用户自己输入，那么就必须考虑用户输入的数据可能包含无意义的空格，这样就必须手动清除。String 类提供的 trim()方法可以实现去掉前后空格的操作。

范例：去掉字符串中的空格。

```
public class YootkDemo {
    public static void main(String[] args) {                         // 程序主方法
        String message = "    沐言科技    李兴华编程训练营 www.yootk.com\u0000\u0000 "; // 字符串
        System.out.println("【原始字符串】“" + message + "”");
        // 现在会自动地清除掉字符串里面的首尾空格
        System.out.println("【trim()处理】“" + message.trim() + "”");
        // 会保留Unicode编码的空字符
        System.out.println("【strip()处理】“" + message.strip() + "”");
    }
}
```

程序执行结果：

```
【原始字符串】"        沐言科技        李兴华编程训练营 www.yootk.com    "
【trim()处理】"沐言科技        李兴华编程训练营 www.yootk.com"
【strip()处理】"沐言科技        李兴华编程训练营 www.yootk.com    "
```

本程序为了便于读者观察处理效果，首先输出了原始的字符串内容，可以发现此时的字符串包含首尾空格。使用 trim()方法会直接去掉所有的空白字符；使用 strip()方法只会删除空格，而保留空字符"\u0000"。

在通过字符数组的形式实现字符串大小写转换的处理过程中，需要不断地判断字母与非字母的编码，而大小写转换可以直接在 String 类中通过特定的方法完成。

范例：实现字符串的大小写转换。

```
public class YootkDemo {
    public static void main(String[] args) {                          // 程序主方法
        String message = "沐言科技：www.YOOTK.com" ;                    // 字符串
        System.out.println(message.toLowerCase()) ;                   // 转小写
        System.out.println(message.toUpperCase()) ;                   // 转大写
    }
}
```

程序执行结果：

```
沐言科技：www.yootk.com
沐言科技：WWW.YOOTK.COM
```

本程序定义了一个 message 字符串对象，并且该字符串并非全部由字母组成。在使用 toLowerCase()和 toUpperCase()方法处理之后，可以发现这两个方法会自动处理字母部分的大小写转换。

虽然 String 类提供了许多字符串处理方法，但是还有一个首字母大写的操作方法没有提供，这一操作在实际的项目开发中也是非常重要的，开发者可以手动实现。

范例：实现字符串首字母大写操作。

```
class StringUtil {                                                          // 创建一个字符串工具类
    public static String initcap(String str) {                              // 首字母大写
        if (str == null || str.length() == 0) {                             // 空字符串不关心
            return str;                                                     // 将传入的数据直接返回
        }
        if (str.length() == 1) {                                            // 如果只有一位
            return str.toUpperCase();                                       // 直接转大写返回即可
        }
        return str.substring(0, 1).toUpperCase() + str.substring(1);        // 首字母大写处理
    }
}
public class YootkDemo {
    public static void main(String[] args) {                                // 程序主方法
        String filedName = "yootk";                                         // 要操作的字符串
        System.out.println(StringUtil.initcap(filedName));                  // 输出处理结果
    }
}
```

程序执行结果：

```
Yootk
```

为了便于扩展字符串功能，本程序创建了一个 StringUtil 字符串工具类，在这个类中定义了一个首字母大写转换方法 initcap()，在转换过程中首先判断字符串的长度，然后通过 substring()方法截取部分字符串进行相应处理，重新连接后返回。

6.9 本章概览

1．String 类在 Java 中较为特殊，它可以通过直接赋值的方式或构造方法的方式进行实例化，前者只产生一个实例化对象，而且此实例化对象可以重用，后者将产生两个实例化对象，其中一个是垃圾空间。

2．JVM 提供两类 String 常量池：静态常量池和运行时常量池。静态常量池在编译的时候进行字符串处理，运行时常量池在程序执行时动态地实例化字符串对象。

3．进行字符串内容比较可以使用 equals()方法，“==”只是进行两个字符串的地址的比较。

4．字符串的内容一旦声明则不可改变。字符串变量的修改是通过引用地址的变更实现的，会产生垃圾空间。

5．在使用 String 类的 split()方法时需要考虑正则字符的问题，应使用“\\”进行转义处理。

6．String 类提供了大量的字符串操作方法，这些方法在开发中都很常见。表 6-9 列出了本章所使用的全部方法。

表 6-9 String 类常用字符串操作方法

序号	方法名称	类型	描述
1	public String(char[] value)	构造	将一个字符数组的全部内容直接转为字符串
2	public String(char[] value, int offset, int count)	构造	将一个字符数组的部分内容转为字符串，offset 设置转换的开始位置，count 定义转换的长度
3	public char charAt(int index)	普通	获取指定索引位置的字符
4	public char[] toCharArray()	普通	将字符串转为一个字符数组
5	public String(byte[] bytes)	构造	将全部字节数组转为字符串
6	public String(byte[] bytes, int offset, int length)	构造	将部分字节数组转为字符串，offset 表示转换的开始位置，length 表示要转换的字符个数
7	public byte[] getBytes(String charsetName) throws UnsupportedEncodingException	普通	实现编码转换处理，其中 charsetName 描述编码
8	public byte[] getBytes()	普通	使用默认的编码将字符串转为字节数组
9	public boolean equals(Object anObject)	普通	字符串内容比较，区分大小写
10	public boolean equalsIgnoreCase(String anotherString)	普通	字符串内容比较，不区分大小写
11	public int compareTo(String anotherString)	普通	判断两个字符串的 ASCII 编码的大小关系，如果是大于关系则返回大于 0 的正整数，如果是相等关系则返回 0，如果是小于关系则返回负数
12	public int compareToIgnoreCase(String str)	普通	不区分大小写进行大小关系的比较
13	public boolean contains(CharSequence s)	普通	判断当前的字符串是否包含子字符串（CharSequence 可理解为 String），该方法是 JDK 1.5 以后提供的
14	public int indexOf(String str)	普通	从字符串的索引 0 开始，查找指定子字符串的开始位置，如果存在则返回位置的索引，如果不存在则返回−1
15	public int indexOf(String str, int fromIndex)	普通	从指定索引位置开始查找子字符串，如果存在则返回开始位置的索引，如果不存在则返回−1
16	public int lastIndexOf(String str)	普通	从最后一个索引位置由后向前进行子字符串的查找，如果查找不到则返回−1
17	public int lastIndexOf(String str, int fromIndex)	普通	从指定索引位置由后向前进行子字符串的查找，如果查找不到则返回−1

续表

序号	方法名称	类型	描述
18	public boolean startsWith(String prefix)	普通	判断是否以指定的子字符串开头
19	public boolean startsWith(String prefix, int toffset)	普通	从指定的索引位置处判断是否以指定的子字符串开头
20	public boolean endsWith(String suffix)	普通	判断是否以指定的子字符串结尾
21	public String replaceAll(String regex, String replacement)	普通	进行所有匹配的子字符串的替换
22	public String replaceFirst(String regex, String replacement)	普通	替换匹配的首个子字符串
23	public String[] split(String regex)	普通	将字符串按照指定的子字符串全部拆分
24	public String[] split(String regex, int limit)	普通	将字符串按照指定的子字符串拆分为指定长度的数组
25	public String substring(int beginIndex)	普通	从指定的索引位置截取到结尾
26	public String substring(int beginIndex, int endIndex)	普通	设置截取的开始索引与结束索引
27	public static String format(String format, Object... args)	普通	字符串格式化处理
28	public String concat(String str)	普通	字符串连接
29	public String repeat(int count)	普通	字符串重复定义
30	public static String copyValueOf(char[] data)	普通	将一个字符数组转为字符串
31	public boolean isBlank()	普通	判断字符串是否为空或者由空白字符组成，JDK 11 提供
32	public boolean isEmpty()	普通	判断是否为空字符串（字符串的长度为 0）
33	public int length()	普通	计算字符串长度
34	public String strip()	普通	剔除所有空白字符，但是保留 Unicode 空字符，JDK 11 提供
35	public String trim()	普通	删除前后的空格
36	public String toLowerCase()	普通	将字符串中的字母全部转为小写
37	public String toUpperCase()	普通	将字符串中的字母全部转为大写

第 7 章

继承与多态

本章学习目标

1. 掌握面向对象设计中继承性的主要作用、代码实现与相关使用限制；
2. 掌握方法覆写的操作与相关限制，并深刻理解方法覆写在多态性中的存在意义；
3. 掌握 final 关键字的使用方法，理解常量与全局常量的意义；
4. 掌握多态性的概念与应用方法，并理解对象转型处理中的限制与 instanceof 关键字的使用；
5. 掌握 Object 类的主要特点及实际应用方法。

面向对象程序设计的主要优点是代码的模块化设计及代码的重用。只掌握类和对象的概念是无法利用这些优点的。为了开发出更好的面向对象程序，读者还需要进一步学习继承与多态的概念。本章将为读者详细地讲解面向对象继承与多态的相关知识。

7.1 面向对象继承性

继承问题的引出

视频名称 0701_【掌握】继承问题的引出

视频简介 继承性是面向对象的第二大特性。为了帮助读者更好地理解继承性，本视频将通过具体的类结构分析继承性的主要作用。

面向对象程序设计的核心设计思想是代码可重用，但是，如果只依靠当前的类的设计结构进行代码开发，是很难体现出这种核心设计思想的。例如，要定义一个描述图书的类和一个描述数学类图书的类，按照传统的做法，代码如下所示。

范例：继承问题引出。

图书类：

```
class Book {                              // 图书
    private String title ;
    private String author ;
    private double price ;
    public void setTitle(String title) {
        this.title = title ;
    }
    public void setAuthor(String author) {
        this.author = author ;
    }
    public void setPrice(double price) {
        this.price = price ;
    }
    public String getTitle() {
        return this.title ;
    }
```

数学图书类：

```
class MathBook {                          // 数学图书
    private String title ;
    private String author ;
    private double price ;
    private String type ;                 // 学科分类
    public void setTitle(String title) {
        this.title = title ;
    }
    public void setAuthor(String author) {
        this.author = author ;
    }
    public void setPrice(double price) {
        this.price = price ;
    }
    public void setType(String type) {
        this.type = type ;
```

```
    public String getAuthor() {
        return this.author ;
    }
    public double getPrice() {
        return this.price ;
    }
}
```

```
    }
    public String getTitle() {
        return this.title ;
    }
    public String getAuthor() {
        return this.author ;
    }
    public double getPrice() {
        return this.price ;
    }
    public String getType() {
        return this.type ;
    }
}
```

以上两个类使用先前讲解的方式进行了定义，通过程序代码不难发现，此时的 MathBook 类与 Book 类存在大量的相同代码。从现实的角度出发，数学图书属于图书的一个分支，两者之间存在"延续"关联，这就引出了继承问题，如图 7-1 所示。

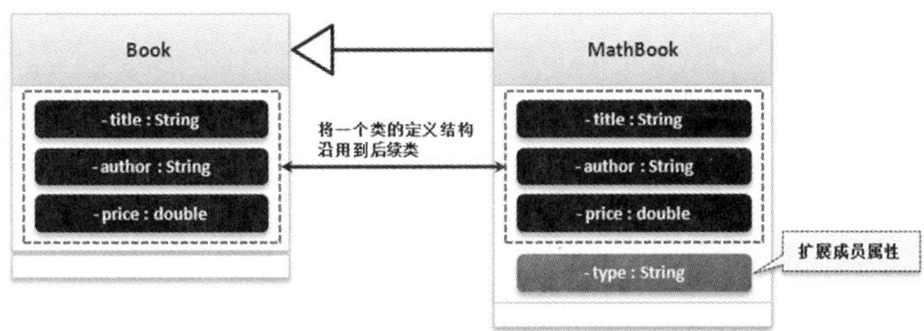

图 7-1　继承问题

7.1.1　类继承定义

类继承定义

视频名称　0702_【掌握】类继承定义

视频简介　利用继承性可以实现类结构的重用。本视频主要讲解如何在 Java 中实现类继承操作，以及继承的使用特点。

面向对象的可重用性并不局限于类或方法的包装，还体现在已有类结构的扩充上。Java 中可以通过 extends 关键字实现类继承的结构定义，此关键字的使用语法如下：

```
class 子类 extends 父类 {}
```

在类的继承关系中，子类被称为派生类，父类被称为超类。利用以上语法结构定义的子类可以直接重用父类的代码结构，又可以扩充属于自己的代码结构。

范例：继承基本实现。

```
class Book {                                                    // 图书
    private String title ;
    private String author ;
    private double price ;
    public void setTitle(String title) {
        this.title = title ;
    }
    public void setAuthor(String author) {
        this.author = author ;
    }
    public void setPrice(double price) {
        this.price = price ;
```

```
    }
    public String getTitle() {
        return this.title ;
    }
    public String getAuthor() {
        return this.author ;
    }
    public double getPrice() {
        return this.price ;
    }
}
class MathBook extends Book {                              // 继承的定义
    private String type ;                                  // 【扩展属性】学科分类
    public void setType(String type) {
        this.type = type ;
    }
    public String getType() {
        return this.type ;
    }
}
public class YootkDemo {
    public static void main(String[] args) {               // 程序主方法
        MathBook book = new MathBook() ;                    // 实例化子类对象
        book.setTitle("线性代数") ;                          // 此方法子类未定义，父类有定义
        book.setAuthor("小陈老师") ;                         // 此方法子类未定义，父类有定义
        book.setPrice(58.9) ;                               // 此方法子类未定义，父类有定义
        book.setType("大学数学") ;                           // 此方法为子类扩充的方法
        // 这些getter方法子类并没有进行定义，所有的方法都是在Book父类中定义的
        System.out.println("图书名称：" + book.getTitle() + "、图书作者：" +
            book.getAuthor() + "、图书价格：" + book.getPrice() + "、学科分类：" + book.getType()) ;
    }
}
```

程序执行结果：

```
图书名称：线性代数、图书作者：小陈老师、图书价格：58.9、学科分类：大学数学
```

本程序首先定义了一个 Book 父类，在 Book 父类中提供了基本的属性与方法，这样在通过 extends 关键字实现继承关系时，MathBook 子类就可以在已有的 Book 父类结构上根据自己的需要动态地扩充新的属性与方法，这样就实现了已有类结构的重用。本程序的类继承结构如图 7-2 所示。

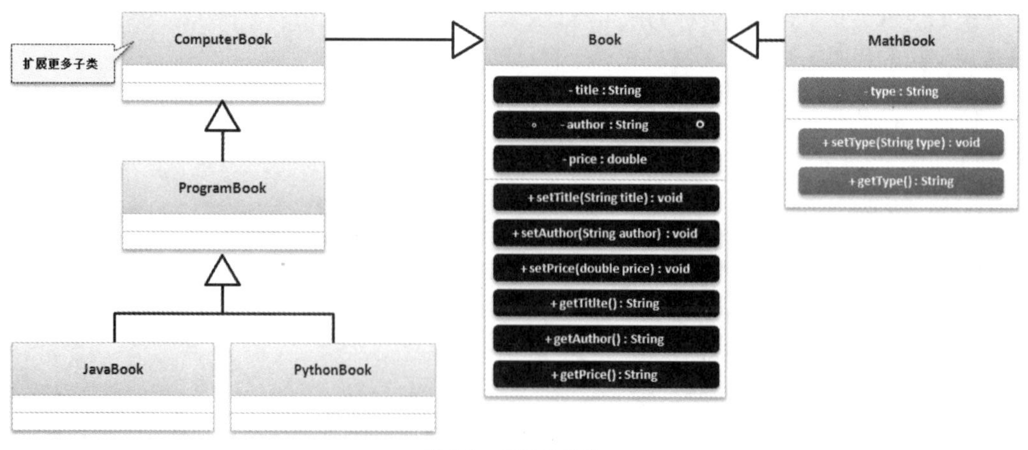

图 7-2　类继承结构

7.1.2 子类对象实例化流程

视频名称 0703_【掌握】子类对象实例化流程

视频简介 继承关系会产生父类与子类两种实例化对象。本视频主要讲解子类对象实例化处理流程及父类构造方法的调用。

在类继承结构中，子类需要重用父类中所定义的结构，由于类中的成员属性需要通过构造方法进行初始化处理，所以子类对象实际上都会进行父类对象的实例化操作，即调用子类构造前会自动调用父类构造方法。

范例：继承关系中的构造方法调用。

```
class Book {                                                    // 图书
    public Book() {                                             // 父类构造方法
        System.out.println("【Book父类】实例化Book类对象。");
    }
}
class MathBook extends Book {                                   // 继承定义
    public MathBook() {                                         // 构造方法
        System.out.println("【MathBook子类】实例化MathBook类对象。");
    }
}
public class YootkDemo {
    public static void main(String[] args) {                    // 程序主方法
        new MathBook() ;                                        // 实例化子类对象
    }
}
```

程序执行结果：

```
【Book父类】实例化Book类对象。
【MathBook子类】实例化MathBook类对象。
```

本程序实例化了一个 MathBook 子类对象，从最终的结果可以发现，首先执行的是 Book 父类的无参数构造方法，然后才调用了子类的无参数构造方法。调用父类构造方法实际上完成的是父类属性初始化，即子类对象实例化之前会默认实例化父类对象。

需要注意的是，在默认情况下子类调用的是父类中的无参数构造方法，实际上这种调用相当于在子类的首行隐藏了一个“super()”语句。

范例：观察“super()”语句的作用。

```
class Book {                                            // 图书类定义略
}
class MathBook extends Book {                           // 继承的定义
    public MathBook() {                                 // 构造方法
        super() ;                                       // 调用父类构造
        System.out.println("【MathBook子类】实例化MathBook类对象。");
    }
}
```

本程序在 MathBook 类的构造方法首行明确定义了一个“super()”语句，表示在子类构造方法中直接调用父类中的无参数构造方法，实现父类对象实例化处理。

提问：this()与 super()调用构造方法的探讨。

本书第 4 章讲解了 this 关键字，使用 this 关键字的时候必须将其放在构造方法的首行，现在有了 super()调用构造方法的形式，两个语句能否同时出现？

回答：this()与 super()调用构造方法不可以同时出现。

首先要明确一个核心概念，使用 this()代表调用本类构造方法，而使用 super()表示的是由子类调用父类构造方法。两者的意义不同，但是两者都必须放在首行，所以肯定无法同时出现。

范例：观察 this()与 super()调用构造方法的混合应用。

```
class Book {                                              // 图书
    public Book() {
        System.out.println("1.【Book】Book类无参数构造方法") ;
    }
}
class MathBook extends Book {                             // 继承的定义
    public MathBook() {                                   // 构造方法
        // this()出现在构造方法首行，super()无法使用
        this("Java从入门到项目实战") ;
        System.out.println("2.【MathBook】MathBook无参数构造方法") ;
    }
    public MathBook(String title) {
        // 此构造方法首行没有使用this()，可以使用super()
        super() ;                                         // 调用父类无参数构造方法
        System.out.println("3.【MathBook】MathBook单参数构造方法") ;
    }
}
public class YootkDemo {
    public static void main(String[] args) {              // 程序主方法
        new MathBook() ;                                  // 实例化子类对象
    }
}
```

程序执行结果：

```
1.【Book】Book类无参数构造方法
3.【MathBook】MathBook单参数构造方法
2.【MathBook】MathBook无参数构造方法
```

本程序实现了 this()与 super()的混合定义。可以发现，在构造方法中出现 this()时将无法使用 super()，所以两者不可以同时出现；而且，不管子类有多少个构造方法，在进行子类对象实例化操作时，一定要调用父类的构造方法。

使用 super()代表调用的是无参数构造方法，即便在子类中没有编写此语句，实际上也会在子类中找到父类的无参数构造方法，但是任何类设计首先考虑的一定是本类功能的完善，如果此时父类定义没有设计无参数构造方法，那么就必须在子类中明确使用 super()调用父类特定参数的构造方法。

范例：调用父类特定参数的构造方法。

```
class Book {                                                          // 图书
    public Book(String title, String author, double price) {
        System.out.println("【Book父类】调用Book类中的三参数构造方法。") ;
    }
}
class MathBook extends Book {                                         // 继承的定义
    public MathBook(String title, String author, double price, String type) {
        super(title, author, price) ;                                 // 调用父类中的三参数构造方法
    }
}
public class YootkDemo {
    public static void main(String[] args) {                          // 程序主方法
        new MathBook("线性代数", "小陈老师" , 58.9, "大学数学") ;     // 实例化子类对象
    }
}
```

此时 Book 类没有提供无参数构造方法，这样子类在进行调用时就必须通过 super()传入父类构造方法所需要的三个参数，否则在程序编译时就会出现语法错误。

7.1.3 继承限制

继承限制

视频名称 0704_【掌握】继承限制

视频简介 虽然继承可以实现代码的重用机制，但是考虑到程序结构的合理性，Java 对继承结构也有若干限制。本视频主要通过实例讲解继承的结构限制、对象产生限制等。

虽然通过继承的结构可以实现父类方法的重用，但是在 Java 程序设计过程中，继承也受到若干限制。下面通过具体的类进行解释。

限制一：一个子类只能够继承一个父类，存在单继承局限。

Java 为了保证代码的唯一性，不允许一个子类同时继承多个父类，即一个子类只能继承一个父类，子类对象实例化必须对其父类进行初始化操作。

范例：错误的类继承。

```
class Book {}                                        // 图书功能类
class Toilet {}                                      // 厕所功能类
class MathBook extends Book, Toilet {}               // 【错误】类的多继承
```

此程序让 MathBook 同时继承了 Book 与 Toilet 两个父类，由于这类语法不符合 Java 设计规范，所以在程序编译时会出现错误。如果希望 MathBook 类可以同时拥有更多的父类，在 Java 中可以通过多层继承来实现，如图 7-3 所示。

图 7-3 类的多层继承

范例：多层继承结构。

```
class Book {}                                        // 图书
class MathBook extends Book {}                       // 数学图书
class LinearAlgebra extends MathBook {}              // 线性代数图书
```

此时设计的三个类存在相关性，例如，图书可以分为计算机图书和数学图书，数学图书又可以分为线性代数图书、高等数学图书等，这样的继承结构是有意义的。

限制二：在一个子类继承父类之后，子类会同时继承父类中的全部定义结构，但是所有的非私有操作属于显式继承，所有的私有操作属于隐式继承（不能够直接进行访问）。

范例：观察类的显式继承。

```
class Book {                                         // 图书
    private String title ;                           // 属性封装
    public Book(String title) {                      // 单参数构造方法
        this.title = title ;
    }
    public String getTitle() {                       // 对外暴露操作方法
        return this.title ;
    }
}
class MathBook extends Book {                        // 数学图书
    private String type ;                            // 子类扩充成员属性
    public MathBook(String title, String type) {     // 多参数构造方法
        super(title) ;                               // 调用父类构造方法
        this.type = type ;                           // 保存属性内容
    }
```

```
    public String getInfo() {
        // 此时的title在Book类中为private定义，不能够直接访问，可以通过getter间接访问
        return "图书名称：" + this.getTitle() + "、图书分类：" + this.type ;
    }
}
public class YootkDemo {
    public static void main(String[] args) {                    // 程序主方法
        MathBook book = new MathBook("线性代数", "大学数学") ; // 实例化子类对象
        System.out.println(book.getInfo()) ;                    // 获取对象信息
    }
}
```

程序执行结果：

```
图书名称：线性代数、图书分类：大学数学
```

本程序在 Book 父类中定义了一个私有的 title 属性，然后为了便于获取该属性的内容定义了一个 getTitle()方法。需要注意的是，对于 MathBook 子类来讲，title 属性虽然可以继承，但是由于针对 title 使用了 private 封装，所以无法对 title 属性进行显式操作，必须通过 getTitle()方法才可以对其进行访问，所以 title 属性属于隐式继承，getTitle()属性属于显式继承。本程序的内存结构如图 7-4 所示。

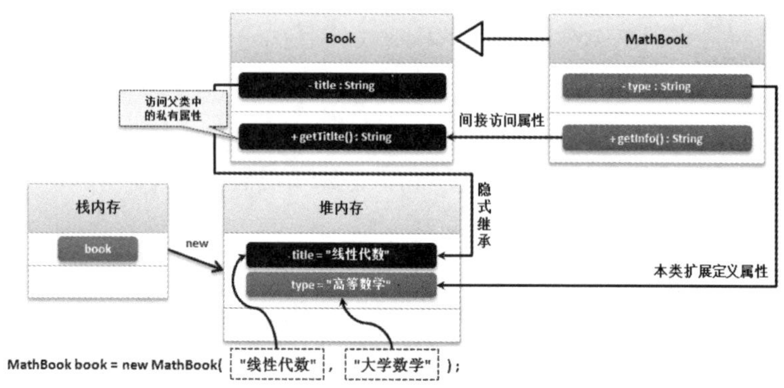

图 7-4　子类继承与对象实例化内存结构

7.2　覆　写

覆写功能简介

视频名称　0705_【掌握】覆写功能简介

视频简介　类结构中利用继承可以实现代码结构的重用，而为了让某些派生的子类拥有更加完善的处理结构，可以利用覆写技术。本视频为读者分析了覆写的作用。

在程序开发中通过类继承的结构可以有效地实现某一个类中的代码结构的复用。在子类的开发过程中，除了需要依据自身的结构进行功能实现，还可能需要对父类定义的某些操作进行功能扩充，这时就可以通过重用已有结构名称的方式来进行处理，这样的方式就称为覆写，如图 7-5 所示。

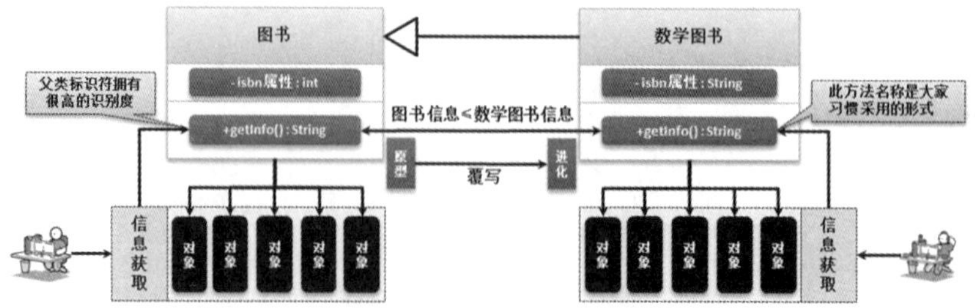

图 7-5　覆写

Java 程序中覆写有两种形式：方法的覆写、属性的覆盖（一般使用较少）。其中方法的覆写是整个 Java 项目设计与开发中重要的概念。

7.2.1 方法覆写

视频名称 0706_【掌握】方法覆写

视频简介 在项目开发中定义父类时并不会考虑所有子类的设计，那么子类就需要更多地考虑功能的扩充与操作的统一。方法覆写是子类功能扩充的有效技术手段。本视频主要讲解方法覆写的意义及实现格式。

在类继承结构中子类定义了和父类相同的方法，这就是方法覆写。在进行方法覆写的时候一定要保证所覆写方法的返回值类型、参数的类型及个数全部和父类的方法定义相同。

范例：方法覆写操作。

```
class Book {                                                    // 父类
    public String getInfo() {                                   // 常规信息获取方法
        return "【Book类】这是一本普通的图书。" ;
    }
}
class MathBook extends Book {                                   // 继承结构
    // 在进行方法覆写的时候要求方法的名称、返回值类型、参数的类型及个数都相同
    public String getInfo() {                                   // 根据自己的需要进行方法的覆写
        return "【MathBook类】这是一本学习数学知识的图书" ;
    }
}
public class YootkDemo {
    public static void main(String[] args) {                    // 程序主方法
        MathBook book = new MathBook() ;                        // 实例化的是子类
        System.out.println(book.getInfo()) ;                    // 调用覆写过的方法
    }
}
```

程序执行结果：

```
【MathBook类】这是一本学习数学知识的图书
```

此程序在 MathBook 子类里面实现了 Book 父类中的 getInfo()方法的覆写。由于 MathBook 子类已经覆写了父类中的方法，所以通过 MathBook 子类的对象实例调用的 getInfo()方法就是被覆写过的方法。

不同的子类对父类中的同一个操作方法进行覆写，会根据自己的环境而有所不同，实例化不同的子类，方法有不同的执行结构，如图 7-6 所示。

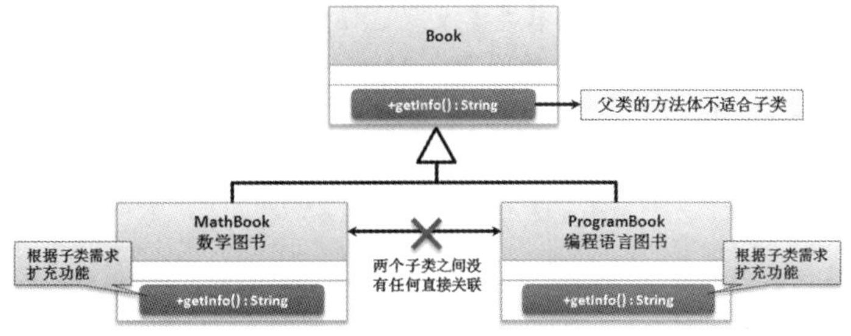

图 7-6　子类方法覆写执行结构

在程序设计中一旦有了覆写的概念，实际上就会出现一个问题，同一个方法在父类中存在，在子类中也存在，虽然父类中的方法不能够满足子类的全部需要，但是依然可以被子类拿来重用，这个时候可以采用“super.父类方法()”的形式进行调用。

范例：调用父类已存在的方法。

```
class Book {                                                       // 父类
    private String title ;
    private String author ;
    private double price ;
    public Book(String title, String author, double price) {      // 三参数构造方法
        this.title = title ;                                       // 属性初始化
        this.author = author ;                                     // 属性初始化
        this.price = price ;                                       // 属性初始化
    }
    public String getInfo() {                                      // 获取对象信息
        return "图书名称：" + this.title + "、图书作者：" +
                this.author + "、图书价格：" + this.price ;
    }
    // 无参数构造方法、setter、getter略
}
class MathBook extends Book {                                      // 子类继承
    private String type ;                                          // 子类扩充属性
    public MathBook(String title, String author,
        double price, String type) {                               // 四参数构造方法
        super(title, author, price) ;                              // 手动调用父类构造方法
        this.type = type ;                                         // 属性初始化
    }
    // 在进行方法覆写的时候要求方法的名称、返回值类型、参数的类型及个数都相同
    public String getInfo() {                                      // 根据子类需要进行方法覆写
        return super.getInfo() + "、学科：" + this.type ;           // 更新方法体
    }
}
public class YootkDemo {
    public static void main(String[] args) {                      // 程序主方法
        MathBook book = new MathBook("线性代数", "小陈老师", 58.9, "大学数学") ; // 实例化子类对象
        System.out.println(book.getInfo()) ;                       // 调用被子类覆写过的方法
    }
}
```

程序执行结果：

```
图书名称：线性代数、图书作者：小陈老师、图书价格：58.9、学科：大学数学
```

由于父类中的getInfo()方法可以继续被子类使用，所以子类利用“super.getInfo()”调用形式实现了父类中的方法的引用，同时又根据子类自己的需求实现了信息返回。

注意：小心“this.方法()”产生栈溢出。

按照常规的概念，如果此时 MathBook 类的 getInfo()方法中使用的是 this.getInfo()方法，就意味要先找到本类中的指定方法，如果本类中没有这样的方法，则需要去查找父类中与之匹配的方法，一旦处理不当，就会出现栈溢出的问题。

范例：错误的父类方法调用。

```
class MathBook extends Book {                                      // 子类继承
    // 在进行方法覆写的时候要求方法的名称、返回值类型、参数的类型及个数都相同
    public String getInfo() {                                      // 方法覆写
        return this.getInfo() + "、学科：" + this.type ;            // 更新方法体
    }
}
```

程序执行结果：

```
Exception in thread "main" java.lang.StackOverflowError
    at MathBook.getInfo(YootkDemo.java:23)
```

要避免这种本类方法之间的无限递归调用，比较好的做法是采用“super.父类方法()”。

在类继承的结构中，子类可以根据父类的需求任意地实现方法的覆写（目的是保留父类的方法名称，同时对该方法实现功能扩充），也可以根据自己的需求扩充更多属于自己的方法。

7.2.2 方法覆写限制

方法覆写限制

视频名称 0707_【掌握】方法覆写限制

视频简介 方法覆写可以弥补父类中方法设计的不足，但是为了保持程序的结构性，Java 对方法覆写有所限制。本视频为读者讲解方法覆写的相关限制。

子类利用方法覆写可以扩充父类方法的功能，但是在进行方法覆写时有一个核心的问题：**被子类所覆写的方法不能拥有比父类更严格的访问控制权限。**访问控制权限在前文中涉及 3 种：private < default< public。举例来说，如果父类中的方法使用的是 default 权限，子类覆写方法可以使用 default 或 public 两类权限；如果父类中的方法使用的是 public 权限，子类覆写方法只能够使用 public 权限。

提示：访问权限在本书第 9 章讲解。

Java 中共有 4 种访问权限（封装性的实现主要依靠访问权限）。对于这些访问权限，读者暂时不需要特别关注，只需要记住前面讲解过的 3 种访问权限的“大小”关系。

另外，从实际开发来讲，方法中使用 public 访问权限的情况较多。

范例：正确的覆写操作。

```
class Book {                                                  // 父类
    String getInfo() {                                        // 父类使用default权限
        return "【Book类】这是一本普通图书的信息，来自“www.yootk.com”。" ;
    }
    public void fun() {                                       // 父类定义的方法，子类可以直接继承
        System.out.println(this.getInfo()) ;                  // 调用getInfo()方法
    }
}
class MathBook extends Book {
    public String getInfo() {                                 // 子类使用public权限
        return "【MathBook】这是一本关于数学知识的图书" ;
    }
}
public class YootkDemo {
    public static void main(String[] args) {                  // 程序主方法
        MathBook book = new MathBook() ;                      // 实例化子类对象
        book.fun() ;                                          // 调用父类方法
    }
}
```

程序执行结果：

```
【MathBook】这是一本关于数学知识的图书
```

本程序 Book 类中定义的 getInfo()方法使用了 default 访问权限，而 MathBook 子类覆写 getInfo()方法时使用了 public 访问权限，属于权限的扩大，是正确的覆写操作。通过 MathBook 子类对象调用 fun()方法时，所调用的就是 MathBook 子类所覆写过的方法。

注意：用 private 声明的方法无法被子类覆写。

private 访问权限描述的是一个类中的私有操作，是不会被子类直接继承的，因此也无法被子类覆写。

范例：private 方法的覆写分析。

```
class Book {                                          // 父类
    private String getInfo() {                        // 使用的是一个private权限
        return "【Book类】这是一本普通图书的信息" ;
    }
    public void fun() {                               // 父类定义的方法，子类可以直接继承
        System.out.println(this.getInfo()) ;
    }
}
class MathBook extends Book {                         // 继承
    public String getInfo() {                         // 无法覆写方法
        return "【MathBook】这是一本关于数学知识的图书" ;
    }
}
public class YootkDemo {
    public static void main(String[] args) {          // 程序主方法
        MathBook book = new MathBook() ;              // 实例化子类对象
        book.fun() ;                                  // 调用父类方法
    }
}
```

程序执行结果：

```
【Book类】这是一本普通图书的信息
```

本程序中 MathBook 是 Book 的子类，按照覆写结构的要求对 getInfo()方法进行“覆写”，但是通过执行结果可以发现子类并没有成功覆写 getInfo()方法，说明用 private 声明的方法无法被子类覆写。

7.2.3　属性覆盖

属性覆盖

视频名称　0708_【掌握】属性覆盖

视频简介　子类也可以依据自身需求对父类中的属性进行重名定义，该类操作称为属性覆盖。本视频主要讲解属性覆盖操作的实现，并总结了 super 关键字与 this 关键字的区别。

在类继承的结构里面除了方法可以被子类覆写，实际上对父类中的成员属性也可以实现覆盖。与父类定义名称相同的属性即为覆盖。

提示：属性覆盖意义并不大。

如果想实现属性覆盖，则不能在成员属性中使用 private 访问权限，但是实际项目开发中一般都要求属性通过 private 封装，而封装后的属性无法被子类覆盖，子类需要重新定义属性。

范例：属性覆盖。

```
class Book {                                                  // 父类
    String message = "沐言科技：www.yootk.com" ;              // 此时属性没有封装
}
class MathBook extends Book {
    int message = 100 ;                                       // 变量名称相同，类型不同
    public void print() {                                     // 子类扩充方法
        System.out.println("【Book】message = " + super.message) ;
        System.out.println("【MathBook】message = " + this.message) ;
    }
}
public class YootkDemo {
    public static void main(String[] args) {                  // 程序主方法
        MathBook book = new MathBook() ;                      // 实例化子类对象
        book.print();                                         // 子类扩充方法
```

```
    }
}
```

程序执行结果：

```
【Book】message = 沐言科技：www.yootk.com
【MathBook】message = 100
```

本程序在 Book 类中定义了一个 message 属性，在 MathBook 类中也定义了名称相同但是类型不同的 message 属性，通过 print()方法的输出结果可以发现，使用“this.message”访问的是本类中的 message 属性，只有通过“super.message”才可以访问父类中的 message 属性。

提示：this 与 super 的区别。

通过一系列分析可以发现，this 和 super 两个关键字的语法形式是非常接近的，读者可以通过表 7-1 进行对比。

表 7-1　this 与 super 对比

序号	比较点	this 关键字	super 关键字
1	属性调用	“this.属性”表示调用本类属性	“super.属性”是由子类直接调用父类属性
2	方法调用	“this.方法()”表示调用本类方法	“super.方法()”是由子类调用父类方法
3	构造	“this()”表示调用本类构造方法	“super()”是由子类调用父类构造方法
		this()和 super()都必须放在构造方法的首行，所以两者不能够同时出现	
4	特殊	描述当前对象	—

在实际的项目开发过程中，如果使用 this 关键字，则查找是先找本类，再去找父类；如果直接使用 super，则表示不查找本类而直接找父类，这样不仅结构清晰，也方便代码的维护。在本书后面的讲解中，所有本类的结构都使用“this.”进行标记，父类的结构都使用“super.”进行标记。

7.3　final 关键字

final 关键字

视频名称　0709_【掌握】final 关键字

视频简介　为了保护父类的定义，Java 提供了 final 关键字。本视频主要讲解 final 关键字声明类、方法、常量的特点，并通过具体的代码演示程序中全局常量的作用。

final 在程序中被称为终结器。在 Java 程序里使用 final 关键字可以实现如下功能：定义不能够被继承的类；定义不能够被覆写的方法、常量（全局常量）。

（1）使用 final 声明的类不允许有子类，即子类无法使用 extends 关键字实现类继承。

```
final class Book {}                         // 该类不允许有子类
class MathBook extends Book {}              // 错误的类继承
```

程序编译结果：

```
YootkDemo.java:2: 错误: 无法从最终Book进行继承
class MathBook extends Book {}
                          ^
1个错误
```

本程序中的 Book 类由于使用了 final 关键字声明，所以任何类都无法直接继承 Book。

提示：String 类无法被继承。

由于 Java 中的 String 类在定义的时候使用了“public final class String”关键字组合，所以 String 类也无法被子类所继承。

（2）使用 final 声明的方法不允许被子类覆写。

```
class Book {
    public final void print() {}
}
class MathBook extends Book {
    public void print() {}                                    // 错误的方法覆写
}
```

程序执行结果：

```
YootkDemo.java:5: 错误: MathBook中的print()无法覆写Book中的print()
        public void print() {}  // 错误的方法覆写
                    ^
  被覆写的方法为final
1个错误
```

本程序中 Book 类定义的 print()方法使用了 final，那么 Book 类的所有子类都无法对此方法进行覆写。这样做的目的是保护一些类的核心方法，使其不会因为被子类覆写而产生功能缺陷。

（3）使用 final 声明的变量属于一个常量，而常量必须在定义时设置初始化内容，并且该内容不能够修改。

```
class Book {
    private final String MESSAGE = "沐言科技：www.yootk.com" ;     // 常量
    public void print() {
        MESSAGE = "李兴华编程训练营：edu.yootk.com" ;              // 无法修改常量内容
    }
}
```

程序执行结果：

```
YootkDemo.java:4: 错误: 无法为最终变量MESSAGE分配值
                MESSAGE = "李兴华编程训练营：edu.yootk.com" ;       // 无法修改常量内容
                ^
1个错误
```

本程序定义了一个 MESSAGE 常量，并在常量定义时为其赋值，所有的常量一旦定义则无法修改。

提示：全局常量定义。

在 Java 中使用了“public”“static”“final”3 个关键字组合声明的常量称为全局常量，例如：

```
public static final String MESSAGE = "沐言科技：www.yootk.com" ;     // 全局常量
```

public 描述的是公共的概念，即该常量属于全局；而 static 表示保存在全局数据区中，由所有的对象共享；final 表示该常量的内容是无法修改的。另外需要注意的是，所有的常量（包括全局常量）在 Java 中必须使用大写字母进行定义。

7.4　Annotation 注解

Annotation 简介

视频名称　0710_【理解】Annotation 简介

视频简介　为了实现良好的程序结构，程序的设计经历过许多结构上的变化。本视频主要介绍了 Annotation 产生的背景。

Annotation 是 JDK 1.5 推出的重要开发技术，也是现代 Java 框架开发技术的重要组成部分，利用 Annotation 注解可以实现代码的简化。为方便读者理解 Annotation 的使用，本节先为读者讲解 3

个基础 Annotation：准确覆写（@Override）、过期声明（@Deprecated）和压制警告（@SuppressWarnings）。

7.4.1 准确覆写

视频名称 0711_【理解】准确覆写

视频简介 覆写可以带来子类功能的完善，为了保证父类方法名称继续可用，为了保证程序结构，Java 提供“@Override”注解。本视频将分析此注解的作用。

一个子类继承某一个父类之后，有可能会因为父类所实现的功能不足而针对某些方法进行功能上的扩充，这个时候要在子类中利用方法覆写的概念进行此类的结构的改善。这种情况下，如果出现了错误的覆写操作，传统的做法是通过代码调试发现问题，而现在可以通过“@Override”实现准确覆写。

范例：准确的方法覆写。

```
class Book {
    public String getInfo() {
        return "【Book】这是一本图书的信息。" ;
    }
}
class MathBook extends Book {
    @Override                                                    // 该方法为覆写方法
    public String getInfo() {                                    // 方法覆写
        return "【MathBook】这是一本与数学相关的图书。" ;
    }
}
```

本程序在 MathBook 类中覆写了 getInfo()方法，同时为了保证该方法覆写的准确性，在子类的 getInfo()方法上使用了“@Override”注解进行定义。

7.4.2 过期声明

视频名称 0712_【理解】过期声明

视频简介 程序开发不是一次性的，需要不断地进行更新迭代，这样就会出现一些旧的并且不再推荐使用的结构，Annotation 对此提出了过期声明的概念。本视频主要讲解“@Deprecated”注解的使用。

任何软件项目开发都不是一次完成的，每一个项目在成功上线前都可能经历迭代的开发过程，每一次版本迭代都可能扩充新的功能，同时也可能发现一些程序类的缺陷，这样就需要使用一些新的方法来代替已有的旧方法。但是，考虑到很多历史版本及这个项目衍生的其他系统里面原始的方法需要正常地提供服务，建议保留旧方法，同时给出新方法，并且告诉后来的使用者这个旧方法不建议再使用了，这种机制就属于过期声明，如图 7-7 所示。

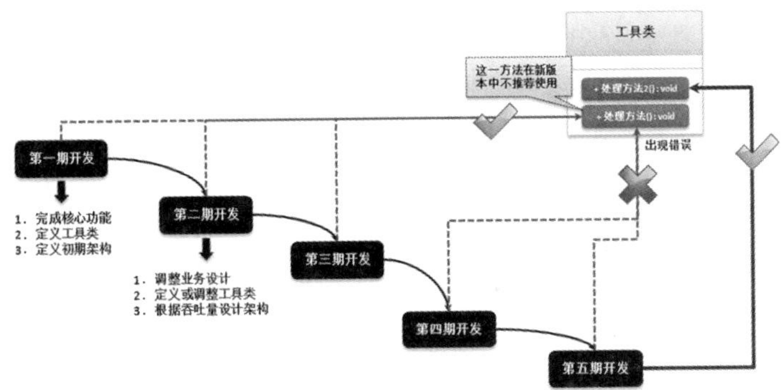

图 7-7 项目周期迭代与方法过期声明

范例：过期声明。

```
class Book {
    @Deprecated                                          // 此方法可以使用，但是不建议使用
    public String getInfo() {
        return "【Book】这是一本图书的信息。" ;
    }
}
public class YootkDemo {
    public static void main(String[] args) {             // 程序主方法
        Book book = new Book() ;                         // 实例化Book类对象
        System.out.println(book.getInfo()) ;             // getInfo()不建议使用
    }
}
```

程序编译结果：

```
注: YootkDemo.java使用或覆盖了已过时的 API。
注: 请使用 -Xlint:deprecation 重新编译。
```

程序执行结果：

```
【Book】这是一本图书的信息。
```

本程序中 Book 类定义的 getInfo()方法上使用了“@Deprecated”注解进行过期声明，这样通过 Book 类对象调用此方法时，虽然可以调用，但是会出现警告信息。

7.4.3　压制警告

压制警告

视频名称　0713_【理解】压制警告

视频简介　程序编译时为了保证结构的安全，会对错误的结构给出警告，开发者如果有需要也可以压制警告。本视频主要讲解了“@SuppressWarnings”注解的使用。

代码编译时为了严格保证安全，常会给出错误提示信息（非致命错误），但是有些错误提示信息开发者并不需要。为了防止这类提示信息的出现，Java 提供“@SuppressWarnings”注解来进行警告信息的压制，在此注解中可以通过 value 属性设置要压制的警告类型，可设置的警告类型如表 7-2 所示。

表 7-2　@SuppressWarnings 的 value 属性可设置的警告类型

序号	关键字	描述
1	deprecation	使用了不赞成使用的类或方法时的警告
2	unchecked	执行了未检查的转换时的警告，例如，泛型操作中没有指定泛型类型
3	fallthrough	switch 程序块没有 break 直接跳到下一段代码时的警告
4	path	类路径、源文件路径等中有不存在的路径时的警告
5	serial	在可序列化的类上缺少 serialVersionUID 定义时的警告
6	finally	任何 finally 子句不能正常完成时的警告

范例：压制警告。

```
class Book {
    @Deprecated                                          // 此方法可以使用，但是不建议使用
    public String getInfo() {
        return "【Book】这是一本图书的信息。" ;
    }
}
public class YootkDemo {
    @SuppressWarnings(value = { "deprecation" })         // 压制多种警告
    public static void main(String[] args) {             // 程序主方法
        Book book = new Book() ;                         // 实例化Book类对象
```

```
        System.out.println(book.getInfo()) ;                    // getInfo()不建议使用
    }
}
```

程序执行结果：

```
【Book】这是一本图书的信息。
```

本程序使用了 Book 类中的 getInfo()方法，但是由于 getInfo()方法中使用了“@Deprecated”注解，所以在使用此方法时会出现警告。为了避免这种警告的出现，可以在 main()方法中通过“@SuppressWarnings”注解进行压制。

7.5 对象多态性

多态性简介

视频名称 0714_【掌握】多态性简介

视频简介 多态性是面向对象的重要技术。本视频主要讲解多态性与对象多态性的相关概念，分析向上转型与向下转型的操作特点与操作限制。

面向对象的多态性主要指的是在特定范围内同一方法或同一类型的对象有不同的操作效果。在 Java 中多态性主要体现在以下两个方面。

展现形式一： 方法的多态性（同样的方法有不同的实现）。

- **方法重载：** 使用同一个方法名称可以根据参数类型与个数的不同实现不同方法体的调用，如图 7-8 所示。
- **方法覆写：** 使用同一个方法会根据覆写该方法子类的不同而实现不同的功能，如图 7-9 所示。

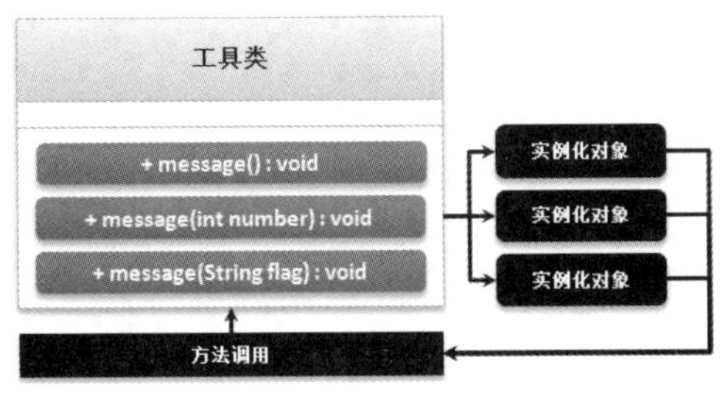

图 7-8 方法重载

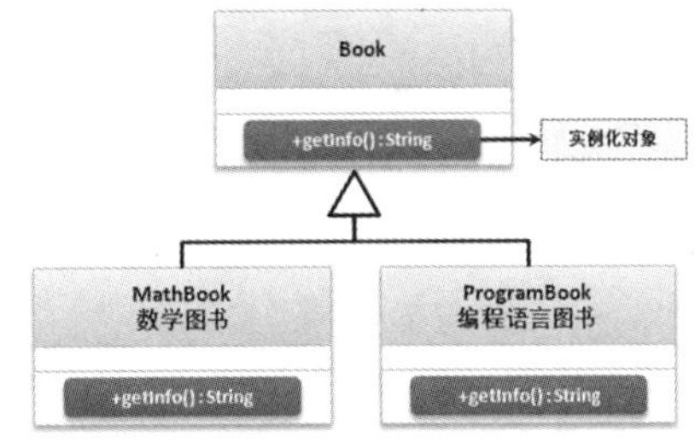

图 7-9 方法覆写

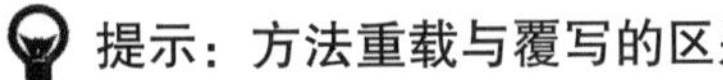

提示：方法重载与覆写的区别。

方法重载与覆写严格意义上来讲都属于面向对象多态性的形式，两者的区别如表 7-3 所示。

表 7-3 方法重载与覆写的区别

序号	项目	重载	覆写
1	英文单词	Overloading	Overriding
2	定义	方法名称相同、参数的类型及个数不同	方法名称、参数类型及个数、返回值类型完全相同
3	权限	没有权限要求	被子类覆写的方法不能拥有比父类更严格的访问控制权限
4	范围	发生在一个类中	发生在继承关系类中

方法重载时可以改变返回值类型，一般在设计的时候不会这样做，即方法的返回值类型应尽量统一。构造方法不能被继承，因此不能被覆写，但可以被重载。

展现形式二：对象的多态性（父子实例之间的转换）。

- 对象向上转型："父类 父类实例 = 子类实例"，自动完成转换。
- 对象向下转型："子类 子类实例 =(子类) 父类实例"，强制完成转换。

方法的多态性前面章节已经详细阐述，所以本节重点阐述对象的多态性，读者需要记住的是，对象多态性和方法覆写是紧密联系在一起的。

7.5.1 对象向上转型

对象向上转型

视频名称 0715_【掌握】对象向上转型

视频简介 父类定义了标准，子类定义了个性化的实现。本视频主要讲解方法覆写与对象向上转型的关系，同时分析对象向上转型的使用特点。

在类继承结构中，如果子类覆写了父类中的某些方法，那么通过子类对象实例调用时所调用的方法一定是被子类覆写过的方法，即对象最终调用的方法取决于该方法是否被子类覆写。

范例：对象向上转型。

```
class Book {
    public String getInfo() {
        return "【Book】这是一本书，创作者：www.yootk.com" ;
    }
}
class MathBook extends Book {
    @Override
    public String getInfo() {                                    // 方法覆写
        return "【MathBook】这是一本关于计算机数学的图书" ;
    }
}
public class YootkDemo {
    public static void main(String[] args) {                     // 程序主方法
        Book book = new MathBook() ;                             // 向上转型
        System.out.println(book.getInfo()) ;                     // 调用被覆写方法
    }
}
```

程序执行结果：

```
【MathBook】这是一本关于计算机数学的图书
```

本程序重要的语句在 Book 类对象实例化处（Book book = **new** MathBook()），利用 MathBook 类构造方法进行 MathBook 子类对象的实例化，随后利用对象向上转型的特点获取 Book 类的对象实例。由于 MathBook 类已经覆写了 getInfo()方法，所以最终调用的就是 MathBook 类中的 getInfo()方法，如图 7-10 所示。

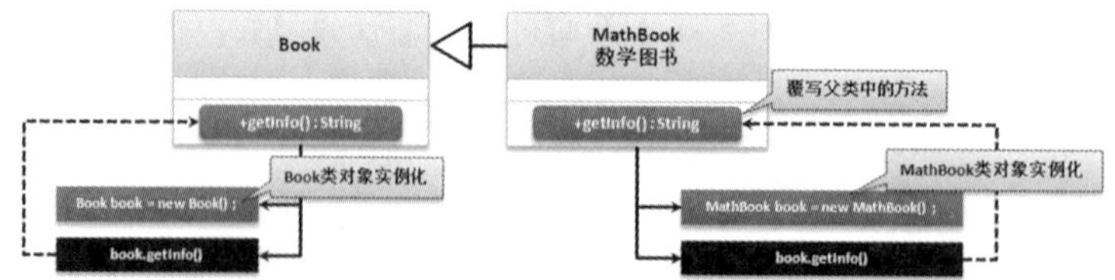

图 7-10　对象向上转型与方法覆写

对象向上转型可以通过父类对象接收所有的子类实例，在调用方法时也会调用被子类覆写过的方法，利用这样的机制可以轻松地实现方法接收参数的统一配置。

范例：利用对象向上转型统一参数接收。

```
class Book {
    public String getInfo() {
```

```
        return "【Book】这是一本书，创作者：www.yootk.com" ;
    }
}
class MathBook extends Book {
    @Override
    public String getInfo() {                               // 方法覆写
        return "【MathBook】这是一本关于计算机数学的图书" ;
    }
}
class ProgramBook extends Book {
    @Override
    public String getInfo() {                               // 方法覆写
        return "【ProgramBook】这是一本关于计算机程序设计的图书" ;
    }
}
public class YootkDemo {                                    //
    public static void main(String[] args) {                // 程序主方法
        fun(new Book());                                    // 实例化Book类对象
        fun(new MathBook()) ;                               // 实例化MathBook子类对象
        fun(new ProgramBook()) ;                            // 实例化ProgramBook子类对象
    }
    public static void fun(Book book) {                     // 接收Book子类实例
        System.out.println(book.getInfo()) ;                // 调用方法
    }
}
```

程序执行结果：

```
【Book】这是一本书，创作者：www.yootk.com
【MathBook】这是一本关于计算机数学的图书
【ProgramBook】这是一本关于计算机程序设计的图书
```

本程序主类定义了一个 fun()方法，该方法可以接收 Book 与其子类的对象实例。由于所传入对象实例对应的类中都有各自的 getInfo()方法，所以即便调用的方法名称相同，最终的执行结果也不同，如图 7-11 所示。

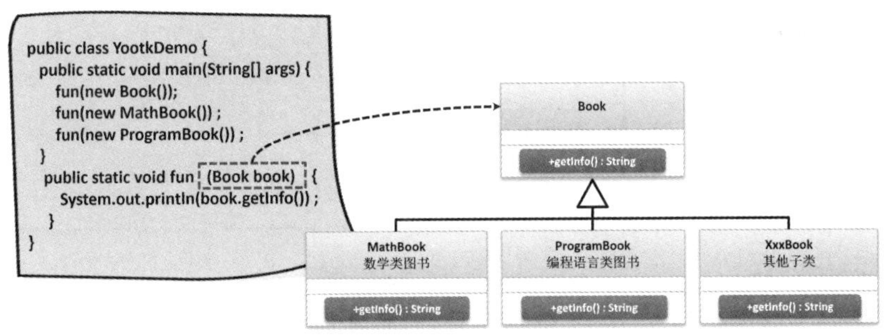

图 7-11　对象向上转型与参数类型统一

提示：对象向上转型的意义。

面向对象中的对象向上转型的核心意义在于方法接收参数类型及方法返回值类型的统一处理。这个概念在实际的生活中也很常见，例如，高速公路只允许符合标准的机动车驶入，如图 7-12 所示，只要符合机动车标准货车、小轿车等全部可以在高速公路上行驶。

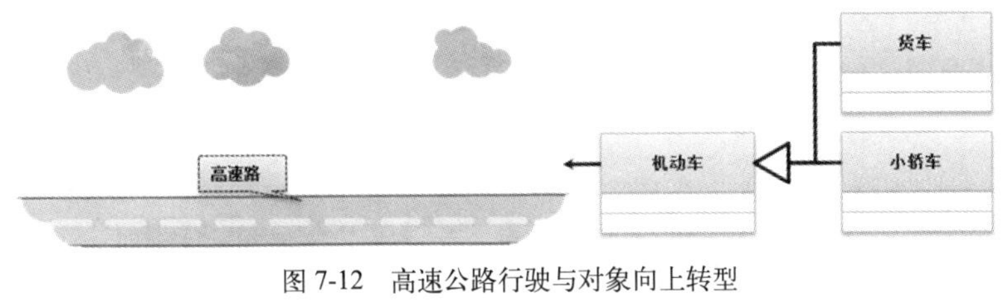

图 7-12　高速公路行驶与对象向上转型

7.5.2　对象向下转型

对象向下转型

视频名称　0716_【掌握】对象向下转型

视频简介　向上转型可以实现操作标准的统一，而向下转型可以保持子类实例的个性。本视频主要讲解对象向下转型的特点，并分析 ClassCastException 异常的产生原因。

在对象向上转型机制中，父类描述的是公共的类型，所有的子类可以向上转型，转型之后虽然还是子类的对象实例，但是能够调用的方法仅仅是父类中定义的全部方法。而子类中扩充的方法无法通过父类对象实例进行调用，只能够通过子类实例进行调用，这时就需要通过对象向下转型实现。

提示：对象向下转型的意义。

对象向下转型的核心意义是调用子类的特殊功能，例如，人是一个基础的父类，在人这个类的基础上派生出教师类和超人类(读者不必深究超人是不是人，这里姑且认为其从人类衍生而来，具有人形且能跑和唱歌)。教师类和超人类都有特定的扩充方法（比普通的人这个类所具备的功能更加丰富）。教师和超人都属于人，都具备人的基本属性，但是如果想调用一些特殊的功能，就必须通过特定的子类来完成，如图 7-13 所示。

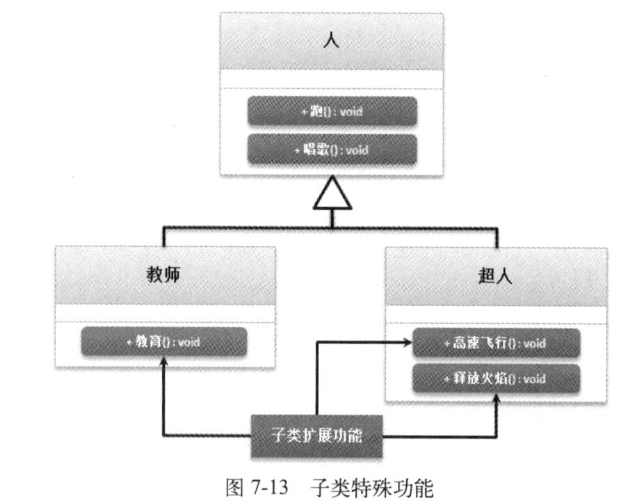

图 7-13　子类特殊功能

范例：对象向下转型。

```
class Book {
    public void read() {
        System.out.println("【Book】开始进行图书的阅读") ;
        System.out.println(this.getInfo()) ;
    }
    public String getInfo() {
        return "【Book】这是一本书，创作者：www.yootk.com" ;
    }
}
class MathBook extends Book {
    @Override
    public String getInfo() {                                   // 方法覆写
        return "【MathBook】这是一本关于计算机数学的图书" ;
    }
    public void calc() {                                        // 子类扩充的新功能
        System.out.println("【MathBook】根据数学图书中讲解的公式进行数学计算") ;
        System.out.println(this.getInfo()) ;
    }
```

```
}
public class YootkDemo {
    public static void main(String[] args) {                    // 程序主方法
        Book book = getBookInstance() ;                         // 获取Book类对象实例
        book.read();                                            // read()方法为Book类定义
        System.out.println("----------------------------------------");
        MathBook mathBook = (MathBook) book ;                   // 对象向下转型
        mathBook.calc();                                        // 调用子类扩充方法
    }
    public static Book getBookInstance() {                      // 返回Book类对象实例
        return new MathBook() ;                                 // 返回子类对象实例
    }
}
```

程序执行结果:

```
【Book】开始进行图书的阅读
【MathBook】这是一本关于计算机数学的图书
----------------------------------------
【MathBook】根据数学图书中讲解的公式进行数学计算
【MathBook】这是一本关于计算机数学的图书
```

本程序中 MathBook 类不仅继承了 Book 类，还在自己的类中扩充了一个 calc()方法，但是此方法只允许 MathBook 类的对象进行调用。程序中为了便于获取 Book 类对象实例，定义了一个 getBookInstance()方法，该方法会返回一个 MathBook 类的实例化对象，随后利用对象向上转型自动转为 Book 类对象实例，但是由于 Book 类无法直接调用 MathBook 类中扩充的 calc()方法，必须先进行强制性对象向下转型才可以调用，如图 7-14 所示。

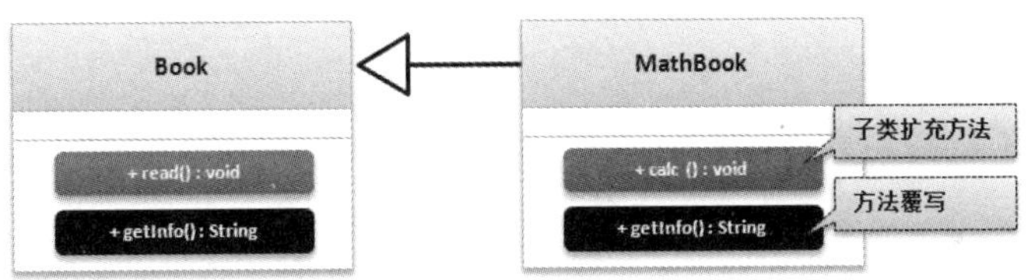

图 7-14 MathBook 类对象调用

注意：向下转型之前一定先发生向上转型。

对象向下转型需要进行强制定义，如果在发生向下转型之前没有发生向上转型，那么父子类对象实例之间将无法建立连接，程序执行时就会产生异常。

范例：错误的对象向下转型。

```
class Book {}
class MathBook extends Book {}
public class YootkDemo {
    public static void main(String[] args) {          // 程序主方法
        Book book = new Book() ;                       // 实例化父类对象
        MathBook mathBook = (MathBook) book ;          // 对象向下转型
    }
}
```

程序执行结果:

```
Exception in thread "main" java.lang.ClassCastException: class Book cannot be cast to class
 MathBook (Book and MathBook are in unnamed module of loader 'app')
    at YootkDemo.main(YootkDemo.java:6)
```

此程序在实例化 Book 类对象时没有发生对象向上转型，所以在强制将其转为 MathBook 类对象时就会出现 ClassCastException 异常，即对象向下转型存在安全隐患。

7.5.3 instanceof 关键字

instanceof 关键字

视频名称　0717_【掌握】instanceof 关键字

视频简介　为了保证对象向下转型的安全性，Java 提供了 instanceof 关键字。本视频主要讲解 instanceof 关键字的使用，同时解释 null 与 instanceof 判断之间的关系。

对象向下转型要想安全地实现，比较好的做法是在转型之前判断某一个对象实例是否属于某个类。为了解决这个问题，Java 提供了 instanceof 关键字，此关键字的使用语法如下（返回布尔型判断结果）：

```
实例化对象 instanceof 类
```

范例：使用 instanceof 关键字判断对象实例。

```
class Book {}
class MathBook extends Book {}
public class YootkDemo {
    public static void main(String[] args) {                         // 程序主方法
        Book bookA = new Book() ;                                     // 实例化父类对象
        System.out.println("【未发生向上转型】" + (bookA instanceof Book));
        System.out.println("【未发生向上转型】" + (bookA instanceof MathBook));
        System.out.println("--------------------------------------------");
        Book bookB = new MathBook() ;                                 // 对象向上转型
        System.out.println("【发生向上转型】" + (bookB instanceof Book));
        System.out.println("【发生向上转型】" + (bookB instanceof MathBook));
    }
}
```

程序执行结果：

```
【未发生向上转型】true
【未发生向上转型】false
--------------------------------------------
【发生向上转型】true
【发生向上转型】true
```

本程序通过两种方式获取了 Book 类的实例化对象，其中 bookA 对象是通过 Book 类的构造方法获取的，而 bookB 对象是通过 MathBook 实例向上转型操作实现的。通过 instanceof 关键字的判断结果可以发现，bookA 不属于 MathBook 子类的实例，所以最终的判断结果为 false。

提示：null 无法确定所属类。

instanceof 关键字可以实现对象实例所属类的判断，在进行判断时，如果对象为 null，则无法确认所属类，使用 instanceof 判断的结果为 false。

范例：使用 instanceof 判断 null 对象。

```
class Book {}
class MathBook extends Book {}
public class YootkDemo {
    public static void main(String[] args) {          // 程序主方法
        Book book = null;                              // 对象未实例化
        System.out.println(book instanceof Book);
    }
}
```

程序执行结果：

```
false
```

本程序定义了一个 Book 类对象 book，但是未对其进行实例化处理，所以对象内容为 null，那么使用 instanceof 判断 book 是否属于 Book 类实例时返回的就是 false。

7.6 Object 类

Object 类简介

视频名称 0718_【掌握】Object 类简介

视频简介 Object 是系统中重要的程序类，也是所有类的父类。本视频主要讲解了 Object 类在参数统一上的作用，并为读者介绍了其与简单 Java 类之间的联系。

在 Java 语言的设计过程中，为了方便操作类型的统一，也为了方便为每一个类定义一些公共操作，设计者专门设计了一个公共的 Object 父类（此类是唯一没有父类的类，却是所有类的父类），所有用 class 关键字声明的类都默认继承自 Object 类，即如下两种类的定义效果是相同的。

```
class Book {}
```

```
class Book extends Object {}
```

所有用户定义的类或 Java 内部的系统类都属于 Object 子类，这样就可以通过 Object 实现所有对象实例的接收。

范例：通过 Object 接收 String 类对象实例。

```
public class YootkDemo {
    public static void main(String[] args) {                    // 程序主方法
        Object obj = "沐言科技：www.yootk.com" ;                   // 字符串对象实例自动向上转型
        if (obj instanceof String) {                            // 判断obj是否为String类对象实例
            String message = (String) obj ;                     // 强制转型
            System.out.println(message.toUpperCase()) ;         // String类定义的特殊方法
        }
    }
}
```

程序执行结果：

```
沐言科技：WWW.YOOTK.COM
```

本程序利用对象向上转型机制，通过字符串常量实例化了一个 Object 类对象，然后为了方便地进行对象转型处理，首先使用了 instanceof 关键字判断 obj 是否属于 String 类实例，如果 instanceof 返回 true，则进行对象向下转型，这样就可以调用 String 子类中的 toUpperCase()方法对字符串中的字母进行大写转换。

使用 Object 类除了可以接收对象实例，也可以接收数组，但在进行向下转型时必须明确地将目标类型设置为数组。

范例：数组与 Object 转换。

```
public class YootkDemo {
    public static void main(String[] args) {                    // 程序主方法
        print(new int[] {10, 30, 50}) ;                         // 传递整型数组
    }
    public static void print(Object param) {                    // 进行数组输出
        if (param instanceof int[]) {                           // 判断是否为整型数组类型
            int [] array = (int []) param ;                     // 向下转型
            for (int temp : array) {                            // foreach输出
                System.out.print(temp + "、") ;
            }
        }
        System.out.println() ;                                  // 换行
    }
}
```

程序执行结果：

```
10、30、50、
```

本程序通过对象向上转型，使用 Object 实现了一个整型数组的接收。如果想实现数组的输出，就必须利用向下转型将 Object 实例转回整型数组。为了保证转型的正确性，本程序在转型之前使用 instanceof 实现了判断。

7.6.1　获取对象信息

获取对象信息

视频名称　0719_【掌握】获取对象信息

视频简介　在进行对象打印时可以直接获取对象信息，这需要 toString()方法的支持。本视频主要讲解了 Object 类中 toString()方法的作用，以及覆写操作的实现。

在进行实例化对象输出时，默认返回的是对象的内存地址数值，这个数值是依靠 Object 类中的 toString()方法返回的。如果希望返回的是用户自定义信息，则可以根据需要在子类中进行 toString()方法覆写。

范例：获取对象信息。

```
class Book {                                                    // 默认为Object子类
    private String title ;
    private String author ;
    private double price ;
    public Book(String title, String author, double price) {    // 三参数构造方法
        this.title = title ;                                    // 属性初始化
        this.author = author ;                                  // 属性初始化
        this.price = price ;                                    // 属性初始化
    }
    @Override
    public String toString() {                                  // 覆写Object类方法
        return "【Book-" + super.toString() + "】图书名称：" + this.title + "、图书作者：" +
                    this.author + "、图书价格：" + this.price ;
    }
}
public class YootkDemo {
    public static void main(String[] args) {                    // 程序主方法
        System.out.println(
            new Book("Java程序设计开发实战", "李兴华", 99.8)) ;      // 默认调用toString()
    }
}
```

程序执行结果：

```
【Book-Book@28a418fc】图书名称：Java程序设计开发实战、图书作者：李兴华、图书价格：99.8
```

本程序中的 Book 类由于默认为 Object 子类，所以可以直接覆写 toString()方法，这样当输出 Book 类实例化对象时，就会自动调用 Book 类中已经被覆写过的 toString()方法将对象信息以字符串的形式返回并输出。

7.6.2　对象比较

对象比较

视频名称　0720_【掌握】对象比较

视频简介　为了保证对象比较操作的标准性，Object 类提供了 equals()方法。本视频通过具体的代码实例为读者剖析了对象比较的判断步骤及具体实现。

每一个 Java 对象需要被分配不同的堆内存空间，不同的堆内存空间地址不同，因此在使用“==”进行比较时无法实现准确的对象内容比较。为此，Object 类提供了一个 equals()方法，用户定义的类可以通过覆写此方法实现对象比较的标准化操作。

范例：对象内容比较。

```
class Book {                                                        // 默认为Object子类
    private String title ;
    private String author ;
    private double price ;
    public Book(String title, String author, double price) {       // 三参数构造方法
        this.title = title ;                                        // 属性初始化
        this.author = author ;                                      // 属性初始化
        this.price = price ;                                        // 属性初始化
    }
    @Override
    public String toString() {                                      // 方法覆写
        return "【Book-" + super.toString() + "】图书名称：" + this.title +
                "、图书作者：" + this.author + "、图书价格：" + this.price ;
    }
    @Override
    public boolean equals(Object obj) {                             // 方法覆写
        if (this == obj) {                                          // 两个对象的地址数值相同
            return true ;                                           // 不再需要后续比较
        }
        if (!(obj instanceof Book)) {                               // 不是本类对象实例
            return false ;                                          // 不再进行后续比较
        }
        Book book = (Book) obj ;       // 传入的是一个Object类，使用子类属性和方法就必须向下转型
        return this.title.equals(book.title) &&
                this.author.equals(book.author) && this.price == book.price ;
    }
}
public class YootkDemo {
    public static void main(String[] args) {                        // 程序主方法
        Book bookA = new Book("Java程序设计开发实战", "李兴华", 99.8) ;     // 实例化Book类对象
        Book bookB = new Book("Java程序设计开发实战", "李兴华", 99.8) ;     // 实例化Book类对象
        if (bookA.equals(bookB)) { // 对象内容比较
            System.out.println("【√】当前两个对象的内容相等。") ;
        } else {
            System.out.println("【×】当前两个对象的内容不等。") ;
        }
    }
}
```

程序执行结果：

```
【√】当前两个对象的内容相等。
```

本程序在 Book 类中进行了 equals()方法的覆写，这样 Book 类的对象实例就实现了 Java 编程中公共的对象比较方法，在对象比较中首先进行内存地址的判断，如果地址相同则直接返回 true，如果地址不同则判断是否为本类对象实例；然后依次进行类中属性内容的判断，如果对象属性相同，最终的返回结果为 true，否则为 false。

7.7　本章概览

1．继承可以扩充已有类的功能，通过 extends 关键字实现，可将父类的成员（包含数据成员与方法）“延续”到子类。

2．Java 在执行子类的构造方法之前，会先调用父类中的无参数构造方法，其目的是对继承自父类的成员做初始化操作，父类实例构造完毕后再调用子类构造方法。

3．父类有多个构造方法时，如要调用特定的构造方法，可在子类的构造方法中通过 super()这个关键字来完成。

4．this()是在同一类内调用其他构造方法，而 super()则是从子类的构造方法调用其父类的构造

方法。

5．使用 this 调用属性或方法的时候会先从本类中查找，如果本类中没有查找到，则再从父类中查找，而使用 super 调用会直接从父类中查找需要的属性或方法。

6．this()与 super()相似之处：（1）当构造方法有重载时，两者均会根据所给予的参数的类型与个数，正确地执行对应的构造方法；（2）两者均必须编写在构造方法内的第一行，也正是出于这个原因，this()与 super()无法同时存在于同一个构造方法内。

7．“重载”（Overloading）是指在相同类内定义名称相同但参数个数或类型不同的方法，因此 Java 可依据参数的个数或类型调用相应的方法。

8．“覆写”（Overriding）是在子类当中定义名称、参数个数与类型均与父类相同的方法，用以覆写父类的方法。

9．如果父类的方法不希望被子类覆写，可在父类的方法之前加上 final 关键字，如此该方法便不会被覆写。

10．final 的另一个功用是，把它加在数据成员变量前面，该变量就变成了一个常量，无法在程序代码中再做修改。使用 public static final 可以声明一个全局常量。

11．对象多态性主要分为对象的自动向上转型与强制向下转型。为了防止向下转型时出现 ClassCastException 异常，可以在转型前利用 instanceof 关键字进行实例判断。

12．所有的类均继承自 Object 类。所有的引用数据类型都可以向 Object 类进行向上转型。利用 Object 可以实现方法接收参数或返回值类型的统一。

7.8　实 战 自 测

1．建立一个人类（Person）和一个学生类（Student），功能要求如下。

（1）Person 类包含 4 个私有的数据成员 name、addr、sex、age，分别为字符串型、字符串型、字符型及整型，表示姓名、地址、性别和年龄；一个四参数构造方法、一个两参数构造方法、一个无参数构造方法、一个输出方法显示 4 种属性。

（2）Student 类继承 Person 类，并增加成员 math、english 存放数学成绩和英语成绩；一个六参数构造方法、一个两参数构造方法、一个无参数构造方法和重写输出方法用于显示 6 种属性。

学生类继承实例

视频名称　0721_【掌握】学生类继承实例

视频简介　继承是实现类功能扩充的重要技术手段。本视频主要通过人与学生的继承关系实现了类的继承操作，同时利用方法覆写实现了所需要的子类功能扩充。

2．定义员工类，具有姓名、年龄、性别属性，并具有构造方法和显示数据方法。定义管理人员类，继承员工类，并有职务和年薪属性。定义职员类，继承员工类，并有自己的部门和月薪属性。

管理人员与职员

视频名称　0722_【掌握】管理人员与职员

视频简介　继承是实现类功能扩充的重要技术手段。本视频主要通过员工、管理人员及职员的对应关系分析了继承关系。

3．编写程序，统计出字符串“want you to know one thing”中字母 n 和字母 o 的出现次数。

字符串统计

视频名称　0723_【掌握】字符串统计

视频简介　本视频主要通过一个字符串中的字母统计，分析了程序操作功能，并利用类继承关系实现结构重用处理。

4．建立一个可以实现整型数组的操作类 Array，在里面可以操作的数组的大小由外部决定。在 Array 类里面需要提供如下功能：数据的增加（如果数据满了则无法增加）、实现数组的容量扩充、取得数组全部内容。完成之后在此基础上再派生出两个子类。

- 数组排序类：返回的数据必须是排序后的结果。
- 数组反转类：可以实现内容的首尾交换。

数组操作

视频名称 0724_【掌握】数组操作

视频简介 数组可以利用索引操作，想回避索引的问题则可以通过类进行数组封装。本视频主要通过数组操作类的形式讲解了如何动态扩充数组，以及如何利用覆写实现方法功能完善。

第 8 章 抽象类与接口

本章学习目标

1. 掌握抽象类的定义与使用方法，并理解抽象类的组成特点；
2. 掌握包装类的特点，并且可以利用包装类实现字符串与基本数据类型间的转换处理；
3. 掌握接口的定义与使用方法，理解接口设计的目的；
4. 掌握工厂设计模式、代理设计模式的使用方法；
5. 理解泛型的作用及相关定义语法。

面向对象程序设计中仅仅依靠普通类是很难设计出良好的程序结构的，所以 Java 又提供了抽象类与接口。利用抽象类与接口可以有效地实现大型系统的设计拆分，避免耦合问题的产生。本章将对抽象类与接口的概念进行完整阐述。

8.1 抽 象 类

抽象类简介

视频名称 0801_【掌握】抽象类简介

视频简介 抽象类是一种比普通类更加丰富的类结构。本视频分析了普通类的设计及使用问题，并对抽象类的基本形式进行了介绍。

在面向对象程序设计中，扩充类的功能比较好的做法是通过继承来实现，但是这对于普通类来说有一个问题：在继承的时候父类是不能够对子类提出严格的覆写要求的。例如，Java 默认提供一个 Object 父类，这个 Object 父类提供专门的对象输出方法，但是这个输出方法是每一个子类根据自己的要求来决定是否需要覆写的，也就是说 Object 父类并没有严格控制子类的覆写。

范例：观察非强制性方法覆写问题。

```
class Book {                                                    // 功能完善的程序类
    // 这个类已经有了明确的要求：输出对象的时候必须提供完善的信息
    // Object类无法对这个子类是否要覆写toString()方法提出严格的要求
    // 子类可以任意地决定是否需要覆写，因为父类没有严格规定
}
public class YootkDemo {
    public static void main(String[] args) {                    // 程序主方法
        System.out.println(new Book()) ;                        // 直接输出Book类对象
    }
}
```

程序执行结果：

```
Book@28a418fc
```

本程序中普通类无法对子类有要求，所以一些标准化的操作实现无法正确处理。如果希望在子类继承某些父类的时候可以对其有一些明确的方法覆写要求，就必须通过抽象类的形式进行描述。

提示：关于项目中的类设计。

前面所讲解的类实际上属于设计功能完整的类，这些类可以直接产生实例化对象并调用类中的属性或方法。抽象类的特点是必须要有子类，并且无法直接进行对象实例化操作。在实际项目的设计中，开发者很少去继承设计功能完整的类，大多会考虑继承抽象类。

8.1.1 抽象类基本定义

抽象类基本定义

视频名称 0802_【掌握】抽象类基本定义

视频简介 抽象类是为方法覆写而提供的特殊类结构，可以对子类的定义结构起到约定的作用。本视频主要讲解抽象类的基本定义，并分析抽象类的使用方法，以及与普通类的区别。

抽象类在 Java 中必须使用 abstract 关键字进行定义，抽象类中的抽象方法也需要使用 abstract 关键字进行定义。由于抽象类并不是一个功能完整的类，对抽象类的使用需要遵照如下原则：

- 抽象类必须提供子类，子类使用 extends 继承一个抽象类；
- 抽象类的子类（不是抽象类）一定要覆写抽象类中的全部抽象方法；
- 抽象类的对象实例化可以利用对象多态性通过子类对象向上转型的方式完成。

提示：抽象类与普通类之间的对应关系。

在实际开发中，抽象类的设计是优先于普通类的，例如，图书是一个抽象的广义概念，所涉及的面过于宽泛，而数学图书、编程图书等就有了明确的分类，属于具体的概念，但是它们都是图书这一抽象类的子类。二者关系如图 8-1 所示。

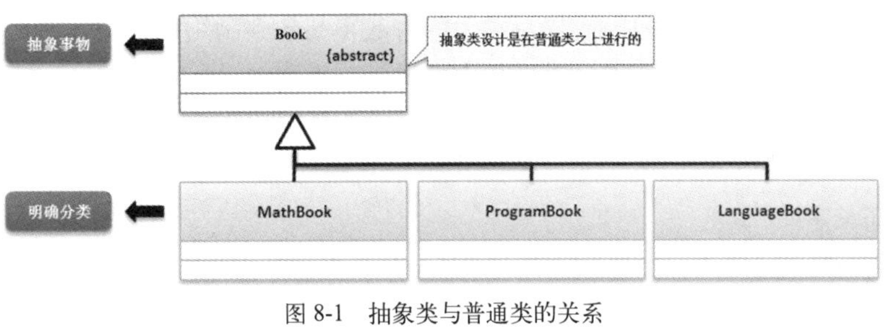

图 8-1 抽象类与普通类的关系

范例：定义抽象类。

```
abstract class Book {                                          // 抽象类
    public abstract void read();                               // 抽象方法，没有方法体
    public String toString() {                                 // 定义普通方法
        return "【Book】这是一本图书的信息。";
    }
}
class MathBook extends Book {                                  // 普通类
    @Override
    public void read() {                                       // 覆写抽象方法
        System.out.println("【MathBook】开始阅读数学图书。");
    }
}
public class YootkDemo {
    public static void main(String[] args) {                   // 程序主方法
        Book book = new MathBook();                            // 对象向上转型
        book.read();                                           // 调用被覆写的方法
    }
}
```

程序执行结果：

```
【MathBook】开始阅读数学图书。
```

本程序定义了一个 Book 抽象类，然后定义了 MathBook 子类，由于 MathBook 子类不是抽象类，所以必须在类中覆写抽象类的全部抽象方法，再利用对象向上转型实现抽象类对象实例化。

提问：为什么不能直接实例化抽象类对象？

抽象类也属于一个类，为什么其实例化操作必须通过子类完成？抽象类直接实例化有什么问题吗？

回答：抽象类中有抽象方法。

抽象类中的抽象方法仅仅是一个方法名称，并没有任何方法体。如果直接进行抽象类的对象实例化，就意味着该对象可以调用抽象类中的全部方法（包括抽象方法），但是没有方法体的抽象方法无法实现任何功能，必须通过子类进行方法覆写。因此，为了便于开发者使用，抽象类都不允许直接实例化。

8.1.2　抽象类相关说明

抽象类相关说明

视频名称　0803_【掌握】抽象类相关说明

视频简介　抽象类是一种特殊的类结构，也提供多种定义形式。本视频主要讲解了抽象类在定义上的若干形式与限制。

抽象类属于特殊的类结构，可以直接对子类的方法覆写起到制约的作用。除了这一核心特点，抽象类的组成与定义结构也有特定的形式。下面依次进行说明。

（1）由于抽象类必须被子类继承，所以抽象类中不允许使用 final 进行类定义。同理，抽象方法必须被子类覆写，所以抽象方法不允许使用 final 进行修饰。

范例：错误的抽象类定义。

```
final abstract class Book {                                   // 【错误】抽象类必须被继承
    // 如果一个类中定义有抽象方法，那么这个类必须声明为抽象类
    public final abstract void read() ;                       // 【错误】抽象方法必须被覆写
    @Override
    public String toString() {                                // 定义普通方法
        return "【Book】这是一本图书的信息。" ;
    }
}
```

程序编译结果：

```
YootkDemo.java:1: 错误: 非法的修饰符组合: abstract和final
final abstract class Book {      // 【错误】抽象类必须被继承
               ^
YootkDemo.java:3: 错误: 非法的修饰符组合: abstract和final
        public final abstract void read() ; // 【错误】抽象方法必须被覆写
```

（2）抽象类相较于普通类，仅仅在结构上增加了一些抽象方法的定义。抽象类中允许不定义任何抽象方法，但是即便没有定义抽象方法，抽象类也不允许被直接实例化。

范例：定义没有抽象方法的抽象类。

```
abstract class Book {                                      // 【错误】抽象类必须被继承
    @Override
    public String toString() {                             // 定义普通方法
        return "【Book】这是一本图书的信息。" ;
    }
}
```

```
public class YootkDemo {
    public static void main(String[] args) {                 // 程序主方法
        Book book = new Book();                              // 【错误】无法直接实例化抽象类
    }
}
```

程序编译结果：

```
YootkDemo.java:8: 错误: Book是抽象的; 无法实例化
                Book book = new Book(); // 【错误】无法直接实例化抽象类
                            ^
1个错误
```

本程序中的Book类被定义为一个抽象类，虽然Book类中没有定义抽象方法，但是依然无法通过new关键字将其实例化。正确的做法是定义Book子类，通过子类对象向上转型为抽象类对象实例化。

（3）抽象类中允许提供普通属性、普通方法、构造方法，所以抽象类的子类在进行对象实例化时会按照标准的子类对象实例化流程进行处理，即默认调用父类中的无参数构造方法或通过“super()”的形式选择父类构造方法。

范例：抽象类中的构造方法。

```
abstract class Book {                                        // 抽象类
    private String title ;
    private String author ;
    private double price ;
    public Book() {}                                         // 无参数构造方法
    public Book(String title, String author, double price) { // 三参数构造方法
        this.title = title ;                                 // 属性初始化
        this.author = author ;                               // 属性初始化
        this.price = price ;                                 // 属性初始化
    }
    @Override
    public String toString() {                               // 定义普通方法
        return "图书名称：" + this.title + "、图书作者：" + this.author + "、图书价格：" + this.price ;
    }
}
class MathBook extends Book {                                // 继承父类
    private String type ;                                    // 分类
    public MathBook() {}                                     // 无参数构造方法
    public MathBook(String title, String author, double price, String type) {
        super(title, author, price) ;                        // 调用父类构造方法
        this.type = type ;                                   // 保存子类的属性内容
    }
    @Override
    public String toString() {
        return super.toString() + "、分类：" + this.type ;
    }
}
public class YootkDemo {
    public static void main(String[] args) {                 // 程序主方法
        Book book = new MathBook("线性代数", "小陈老师", 59.8, "大学数学") ; // 对象实例化
        System.out.println(book) ;
    }
}
```

程序执行结果：

```
图书名称：线性代数、图书作者：小陈老师、图书价格：59.8、分类：大学数学
```

本程序定义的抽象类Book中定义了无参数和三参数两个构造方法，在MathBook子类中定义的无参数构造方法会自动找到Book类中的无参数构造方法，MathBook类中的三参数构造方法通过“super()”的形式调用了Book类中的三参数构造方法以实现父类属性初始化的操作。

（4）在类中如果定义static方法，所有的static操作结构并不会受类实例化对象的影响，所以可以在一个抽象类中定义static方法，也可以由类名称直接进行调用。

范例：在抽象类中定义 static 方法。

```
abstract class Book {                                                // 抽象类
    public abstract void read() ;
    public static Book getBook() {                                   // 静态方法
        return new MathBook() ;                                      // 返回子类对象实例
    }
}
class MathBook extends Book {                                        // 继承父类
    @Override
    public void read() {                                             // 方法覆写
        System.out.println("读数学书，学好数理化，走遍天下都不怕！") ;
    }
}
public class YootkDemo {
    public static void main(String[] args) {                         // 程序主方法
        Book book = Book.getBook() ;                                 // 获取Book类的对象实例
        book.read() ;                                                // 调用被覆写过的方法
    }
}
```

程序执行结果：

```
读数学书，学好数理化，走遍天下都不怕！
```

本程序定义的 Book 类中直接定义了一个 getBook()方法，该方法为一个 static 方法，可以直接通过类名称进行调用。该方法直接返回了一个 MathBook 类的对象实例，这样在主方法中执行“book.read()”操作时调用的就是 MathBook 类中的方法体。

8.1.3　模板设计模式

模板设计模式

视频名称　0804_【掌握】模板设计模式

视频简介　抽象类除了可以制约子类的方法覆写，也可以提供普通方法。本视频主要利用抽象类讲解了模板设计模式，帮助读者为日后学习 Java Web 中的 Servlet 技术打下基础。

抽象类是在普通类基础之上的设计抽象。假设有如下 3 种事物：图书、汽车、画板。图书和画板拥有信息读取功能，画板可以实现图形的绘制，汽车拥有驾驶功能。设计一个行为抽象类，在此抽象类中定义出这 3 种事物的基本抽象功能，功能通过子类来实现，最终用户在进行操作时可以传递一系列命令进行功能调用，这样行为抽象类就相当于提供了 3 种事物的操作模板。考虑到抽象类中提供的抽象方法并不是所有的类都需要，可以在行为抽象类和具体子类之间设置一个过渡类，进行方法的“假”实现。本程序的设计结构如图 8-2 所示。

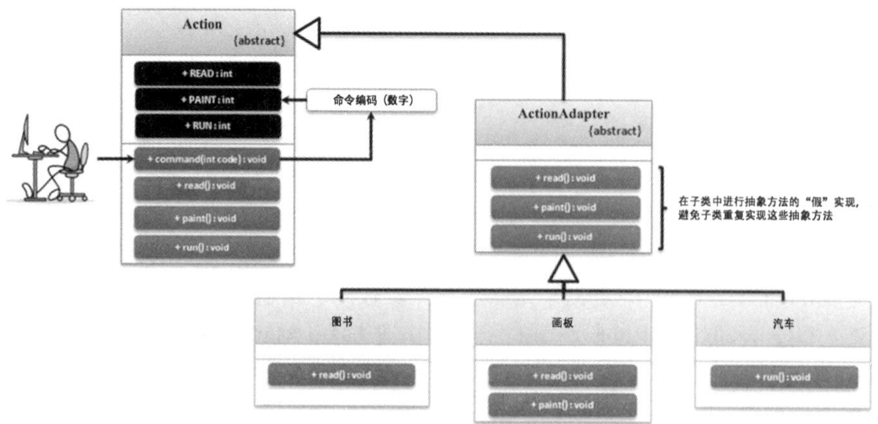

图 8-2　模板设计模式

范例：实现模板设计模式。

```
abstract class Action {                                          // 描述抽象行为
    public static final int READ = 1 ;                           // 命令代码
    public static final int PAINT = 5 ;                          // 命令代码
    public static final int RUN = 10 ;                           // 命令代码
    public void command(int code) {                              // 命令执行方法
        switch (code) {                                          // 判断命令类型
            case READ: {                                         // 读取命令
                this.read() ;                                    // 调用信息读取方法
                break ;
            }
            case PAINT: {                                        // 绘制命令
                this.paint() ;                                   // 调用图形绘制方法
                break ;
            }
            case RUN: {                                          // 驾驶命令
                this.run() ;                                     // 调用驾驶方法
                break ;
            }
        }
    }
    public abstract void read() ;                                // 抽象方法
    public abstract void paint() ;                               // 抽象方法
    public abstract void run() ;                                 // 抽象方法
}
// 此为一个抽象类，可以对Action类的抽象方法进行“假”实现
// 所有的子类可以直接以ActionAdapter作为父类，从而可以根据需要选择要覆写的方法
abstract class ActionAdapter extends Action {                    // 适配器类
    @Override
    public void read() {}                                        // 方法“假”实现
    @Override
    public void paint() {}                                       // 方法“假”实现
    @Override
    public void run() {}                                         // 方法“假”实现
}
class Book extends ActionAdapter {                               // 定义图书类
    @Override
    public void read() {                                         // 根据需要覆写方法
        System.out.println("【Book】认真读书。") ;
    }
}
class Sketchpad extends ActionAdapter {                          // 定义画板类
    @Override
    public void read() {                                         // 根据需要覆写方法
        System.out.println("【Sketchpad】读取图像的思想。") ;
    }
    @Override
    public void paint() {                                        // 根据需要覆写方法
        System.out.println("【Sketchpad】在画板上进行绘图。") ;
    }
}
class Car extends ActionAdapter {                                // 定义汽车类
    @Override
    public void run() {                                          // 根据需要覆写方法
        System.out.println("【Car】汽车在奔跑。") ;
    }
}
public class YootkDemo {
    public static void main(String[] args) {                     // 程序主方法
        Action action = new Book() ;                             // 图书的行为
```

```
        action.command(Action.READ) ;                          // 执行读取命令
        action.command(Action.PAINT) ;                         // 执行绘制命令，但没有反应
    }
}
```

程序执行结果：

```
【Book】认真读书。
```

本程序将图书、画板、汽车 3 种事物的行为设计为一个 Action 抽象类，同时将这 3 种事物的操作功能统一定义在 command()方法中。考虑到 Action 类中存在 3 个抽象方法，并且这 3 个抽象方法并不是所有子类都需要的，所以设计了一个 ActionAdapter 类（适配器类）。由于 ActionAdapter 类覆写的抽象方法并不完整，为了避免其产生实例化对象，程序使用了一个抽象类的模式进行定义，这样具体事物的子类就可以通过继承 ActionAdapter 类来动态地决定自己所需要覆写的方法。

8.2 包 装 类

包装类简介

视频名称　0805_【掌握】包装类简介

视频简介　为了统一参数传输类型，需要针对基本数据类型实现引用传递，因此 Java 提供了包装类的概念。本视频主要分析包装类的基本组成原理，并讲解包装类的定义。

在 Java 中所有的引用数据类型可以利用向上转型自动地实现 Object 对象的接收，这样就可以通过 Object 实现参数的统一，但是基本数据类型无法直接通过 Object 实现参数统一。为了解决这一设计问题，Java 提出了包装类的概念，即将基本数据类型的内容包装在一个类中，以实现 Object 参数统一。

范例：包装类设计原理。

```
class IntWrapper {                                    // 定义一个包装类
    private int data ;                                // 保存整型数据
    public IntWrapper(int data) {                     // 包装类需要提供专属的数字信息
        this.data = data ;
    }
    public int intValue() {                           // 从包装类中返回信息
        return this.data ;
    }
}
public class YootkDemo {
    public static void main(String[] args) {          // 程序主方法
        Object obj = new IntWrapper(3) ;              // 将基本数据类型封装在类对象中，然后向上转型
        IntWrapper iw = (IntWrapper) obj ;            // 强制对象转型
        System.out.println(iw.intValue()) ;           // 从包装类中获取原始的基本数据类型
    }
}
```

程序执行结果：

```
3
```

本程序定义了一个 IntWrapper 包装类，并在 IntWrapper 类的构造方法中定义了要包装的整型数据。此时的 IntWrapper 类的对象可以利用向上转型实现 Object 对象的接收，从而达到基本数据类型转为 Object 对象的目的。

通过以上操作已经可以清晰地看到包装类的基本实现方式，但是如果所有的基本数据类型都采用同样的方式进行处理，则对代码的开发与维护不利。为了解决这一问题，Java 针对 8 种基本数据类型分别提供了包装类定义，如图 8-3 所示，这 8 种包装类又分为两大类。

- 对象型包装类（Object 直接子类）：boolean（Boolean）、char（Character）。
- 数值型包装类（Number 直接子类）：byte（Byte）、short（Short）、int（Integer）、long（Long）、float（Float）、double（Double）。

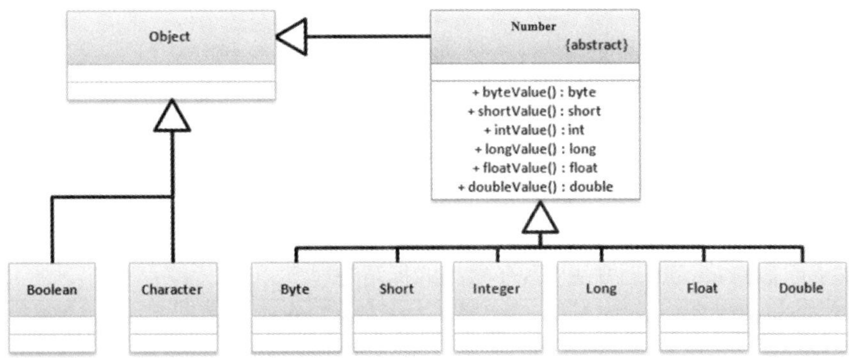

图 8-3　基本数据类型包装类

Number 作为数值型包装类，本身提供了所有基本数据信息的获取方法，如表 8-1 所示。

表 8-1　Number 类获取基本数据信息的方法

序号	方法名称	类型	描述
1	public byte byteValue()	普通	从包装类中获取被包装的 byte 数据信息
2	public short shortValue()	普通	从包装类中获取被包装的 short 数据信息
3	public abstract int intValue()	普通	从包装类中获取被包装的 int 数据信息
4	public abstract long longValue()	普通	从包装类中获取被包装的 long 数据信息
5	public abstract float floatValue()	普通	从包装类中获取被包装的 float 数据信息
6	public abstract double doubleValue()	普通	从包装类中获取被包装的 double 数据信息

8.2.1　装箱与拆箱

装箱与拆箱

视频名称　0806_【掌握】装箱与拆箱

视频简介　基本数据类型与包装类的互相转换是 Object 参数统一的重要依据。本视频主要讲解装箱与拆箱的基本操作流程，以及如何利用自动装箱实现 Object 接收参数的统一。

经过前面的分析可以发现，Java 为了便于基本数据类型与 Object 类之间的转换，提供装箱与拆箱的机制。装箱指的是将基本数据类型保存在包装类中，拆箱指的是通过包装类获取基本数据类型对应的数值。表 8-2 列出了装箱与拆箱操作方法。

表 8-2　装箱与拆箱操作方法

序号	数据类型	装箱	拆箱
1	Byte	public static Byte valueOf(byte b)	public byte byteValue()
2	Short	public static Short valueOf(short s)	public short shortValue()
3	Integer	public static Integer valueOf(int i)	public int intValue()
4	Long	public static Long valueOf(long l)	public long longValue()
5	Double	public static Double valueOf(double d)	public double doubleValue()
6	Float	public static Float valueOf(float f)	public float floatValue()
7	Boolean	public static Boolean valueOf(boolean b)	public boolean booleanValue()
8	Character	public static Character valueOf(char c)	public char charValue()

范例：手动装箱与拆箱。

```
public class YootkDemo {
    public static void main(String[] args) {                // 程序主方法
        Integer num = Integer.valueOf(99) ;                 // 手动装箱
        int temp = num.intValue();                          // 手动拆箱
        System.out.println(temp * 2);                       // 数学计算
    }
}
```

程序执行结果：

```
198
```

本程序通过 Integer 类实现了一个整型变量装箱为 Integer 类对象的处理操作，然后利用从 Number 类继承而来的 intValue()方法实现了数据的拆箱处理。

提示：传统装箱操作结构。

本程序使用的 Integer.valueOf(99)方法是 JDK 9 开始提供的。JDK 9 之前的版本可以通过包装类提供的构造方法来实现数据装箱。

范例：通过包装类构造方法实现数据装箱。

```
public class YootkDemo {
    public static void main(String[] args) {    // 程序主方法
        Integer num = new Integer(99) ;         // 手动装箱
        int temp = num.intValue() ;             // 手动拆箱
        System.out.println(temp * 2) ;          // 数学计算
    }
}
```

程序执行结果：

```
198
```

JDK 8 及以前版本可以通过包装类提供的构造方法进行数据的装箱处理，而在 JDK 9 之后这些构造方法全部使用“@Deprecated”注解定义，所以不再推荐使用。

手动的装箱与拆箱操作都是直接利用包装类提供的操作方法实现的。JDK 1.5 及其后版本为了进一步简化这种手动操作，提供了自动装箱与自动拆箱机制，即不再需要明确地通过包装类的方法，就可以自动将一个基本数据类型变为一个与之匹配的包装类的对象，同时该对象还可以直接使用包装类对象实现数学计算。

范例：自动装箱与拆箱。

```
public class YootkDemo {
    public static void main(String[] args) {                // 程序主方法
        Integer numA = 10;                                  // 自动装箱为Integer
        Double numB = 30.5;                                 // 自动装箱为Double
        numA++;                                             // 包装类直接计算
        System.out.println(numA * numB);                    // 包装类直接计算：335.5
    }
}
```

程序执行结果：

```
335.5
```

本程序利用了自动装箱机制，整型常量 10 和浮点型常量 30.5 分别自动装箱为 Integer 和 Double 类对象实例。可以发现，包装类对象无须拆箱即可直接实现数学计算。

自动装箱机制的提出极大地方便了基本数据类型转换为 Object 类，也进一步完善了 Object 类接收一切数据的功能。转换基本流程：基本数据类型→自动装箱为包装类对象→Object 向上转型。

范例：通过 Object 接收浮点型数据。

```
public class YootkDemo {
    public static void main(String[] args) {       // 程序主方法
        // 10.3自动由double包装为Double类实例，然后自动向上转型为Object
        Object obj = 10.3 ;                          // 基本数据类型自动转型为Object类对象实例
        double num = (Double) obj ;                  // Object向下转型为包装类后才可以自动拆箱
        System.out.println(num * 2) ;                // 基本数据类型参与数学计算
    }
}
```

程序执行结果：

```
20.6
```

本程序将浮点型常量 10.3 自动变为 Double 包装类对象，然后直接进行 Object 类对象的实例化，这样就必须先将 Object 类转为 Double 类，再进行正常拆箱处理。

提示：Integer 数据比较问题。

由于存在自动装箱的设计，所以包装类的对象实例化操作也像 String 类一样，可以采用直接赋值或构造方法的形式。通过直接赋值实例化 Integer 类对象时，如果设置的内容超过了 1 字节数据范围，则无法实现已有对象的直接引用，必须依靠 equals()方法进行比较。

范例：Integer 数据比较问题分析。

```
public class YootkDemo {
    public static void main(String[] args) {    // 程序主方法
        Integer numA = 120;                      // 没有超过127
        Integer numB = -96;                      // 没有超过-128
        Integer numC = 919;                      // 超过了127
        System.out.println("【1】"numA == 120": " + (numA == 120));
        System.out.println("【2】"numB == -96": " + (numB == -96));
        System.out.println("【3】"numC == 919": " + (numC == 919) +
            "、"numC.equals(919)": " + (numC.equals(919)));
    }
}
```

程序执行结果：

```
【1】"numA == 120": true
【2】"numB == -96": true
【3】"numC == 919": true、"numC.equals(919)": true
```

通过本程序的执行可以发现，Integer 类对象内容的比较可以通过"=="完成，但是存在数据长度的限定。最佳的做法还是通过 equals()方法实现。

8.2.2 数据类型转换

数据类型转换

视频名称 0807_【掌握】数据类型转换

视频简介 包装类除了有引用支持外，还提供数据类型转换功能。本视频主要讲解了字符串与各个基本数据类型之间的转换操作，同时分析了基本数据类型转为字符串的正确做法。

在实际项目中经常需要通过键盘实现用户数据的输入，但是在 Java 中所有输入的数据全部被看作字符串，有时就需要将字符串转换为基本数据类型，如图 8-4 所示。这样的数据转换功能可以通过包装类提供的方法来实现，如表 8-3 所示。

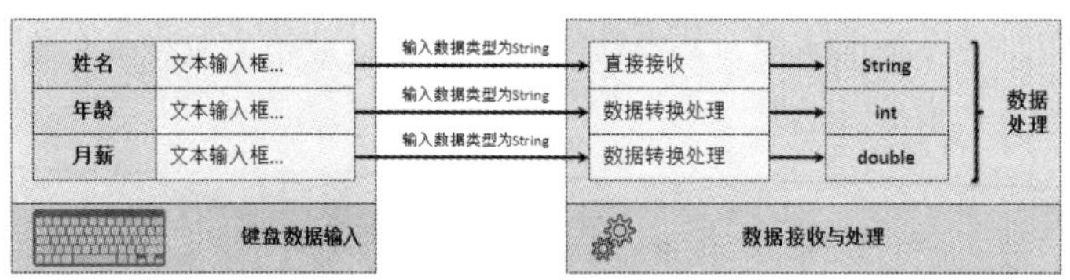

图 8-4　数据类型转换

表 8-3　字符串转为基本数据类型

序号	包装类	方法	描述
1	Byte	public static byte parseByte(String s) throws NumberFormatException	将字符串转为 byte 数据
2	Short	public static short parseShort(String s) throws NumberFormatException	将字符串转为 short 数据
3	Integer	public static int parseInt(String s) throws NumberFormatException	将字符串转为 int 数据
4	Long	public static long parseLong(String s) throws NumberFormatException	将字符串转为 long 数据
5	Float	public static float parseFloat(String s) throws NumberFormatException	将字符串转为 float 数据
6	Double	public static double parseDouble(String s) throws NumberFormatException	将字符串转为 double 数据
7	Boolean	public static boolean parseBoolean(String s)	将字符串转为 boolean 数据

提示：字符串转字符操作。

需要注意的是，表 8-3 只列出了 7 种包装类的转换方法，这 7 个类都提供了对应的 parseXxx()方法以实现数据类型的转换，但是字符型包装类 Character 没有提供此方法，这是因为 String 类中的 charAt()方法可以直接实现字符串转字符的操作。

范例：将字符串转为基本数据类型。

```
public class YootkDemo {
    public static void main(String[] args) {                    // 程序主方法
        int numA = Integer.parseInt("10") ;                     // 字符串转int
        double numB = Double.parseDouble("39.9") ;              // 字符串转double
        boolean flag = Boolean.parseBoolean("true") ;           // 字符串转boolean
        if (flag) {                                             // 布尔判断
            System.out.println("乘法计算一: " + (numA * 2)) ;
            System.out.println("乘法计算二: " + (numB * 2)) ;
        }
    }
}
```

程序执行结果：

```
乘法计算一: 20
乘法计算二: 79.8
```

本程序实现了数据类型的转换操作，不但将字符串通过 Integer.parseInt()方法转换为了 int 数据，也实现了字符串与 double、字符串与 boolean 的数据类型转换。

注意：错误的字符串将无法实现数据转换。

如果想将字符串转为 int 数据，就必须保证字符串全部由数字组成，如果存在非数字，则在转换时会出现异常。

范例：错误的数据转换。

```
public class YootkDemo {
    public static void main(String[] args) {          // 程序主方法
        Integer.parseInt("yootk.com") ;               // 字符串转int
    }
}
```

程序执行结果：

```
Exception in thread "main" java.lang.NumberFormatException: For input string: "yootk.com"
```

> 本程序中由于要转换的字符串并不是由数字组成的，所以在执行程序时就出现了数字格式化异常。这种异常并不会出现在 Boolean.parseBoolean()方法上，此方法如果接收的不是字符串“true”（不区分大小写），则返回 “false”。

在项目开发中除了存在字符串转为基本数据类型的操作之外，还存在将数据转为字符串的操作。这一功能可以采用如下两种方式实现。

方式一：任何数据类型使用“+”连接一个空字符串。在 Java 中定义的所有字符串都属于一个字符串匿名对象，而在字符串对象中使用“+”就表示将所有的数据类型全部转为字符串，再进行字符串连接操作。

范例：通过字符串连接实现数据转换。

```
class Book {
    @Override
    public String toString() {                              // 覆写toString()方法
        return "沐言科技编程图书";
    }
}
public class YootkDemo {
    public static void main(String[] args) {                // 程序主方法
        String strA = "" + 99 ;                             // 字符串连接
        String strB = "" + new Book() ;                     // 调用toString()转换
        System.out.println(strA);
        System.out.println(strB);
    }
}
```

程序执行结果：

```
99
沐言科技编程图书
```

本程序实现了数字与字符串、对象与字符串之间的转换。只要通过连接符使数据连接任意一个空字符串，数据就会自动转换为字符串。如果数据是对象，则自动调用 toString()方法先将对象自动转为字符串，再进行字符串连接。这样的处理方式在每次转换前都要声明一个空字符串，会产生垃圾空间，从而影响程序性能。

方式二：使用 String 类提供的数据转换方法 valueOf()。该方法进行了一系列重载以适应各种数据类型的转换。利用此方法可以避免垃圾空间的产生。

范例：通过 String 类提供的方法实现转换。

```
class Book {
    @Override
    public String toString() {                              // 覆写toString()方法
        return "沐言科技编程图书";
    }
}
public class YootkDemo {
    public static void main(String[] args) {                // 程序主方法
        String strA = String.valueOf(99);                   // 整型转为字符串
        String strB = String.valueOf(new Book()) ;          // 调用toString()转换
        System.out.println(strA);
        System.out.println(strB);
    }
}
```

程序执行结果：

```
99
沐言科技编程图书
```

本程序直接利用 String.valueOf()方法将数据转换为字符串。在日后的项目开发中，为了避免产生垃圾空间，建议都使用此方式进行处理。

8.3　接　　口

接口基本定义

视频名称　0808_【掌握】接口基本定义

视频简介　接口是开发中必用的一种结构，属于 Java 中比较特殊的程序结构。本视频主要讲解接口的基本概念、子类实现，以及接口对象实例化处理。

接口是一种特殊的结构，在 Java 中通过 interface 关键字可以定义接口。在最初的接口定义中，接口主要由全局常量和抽象方法组成，JDK 8 之后扩充了新的功能，接口中可以定义 default 方法与 static 方法。

范例：接口基本定义。

```
interface IBook {                                          // 定义接口
    public static final String SITE = "www.yootk.com" ;    // 全局常量
    public abstract void read() ;                          // 抽象方法
}
```

在接口中定义的全局常量可以通过接口名称直接调用，但是由于接口中存在抽象方法，所以无法直接获取接口实例化对象。实际开发中对接口的基本使用原则如下。

- 接口无法直接进行对象实例化，必须依靠子类来完成。
- 接口的子类使用 implements 关键字，一个子类可以同时实现多个接口，子类的定义格式如下：

```
class 子类 [extends 父类] [implements 父接口, 父接口] {}
```

- 接口的子类（如果不是抽象类）一定要覆写接口中的全部抽象方法。

范例：接口对象实例化。

```
interface IBook {                                          // 定义接口
    public static final String SITE = "www.yootk.com" ;    // 全局常量
    public abstract void read() ;                          // 抽象方法
}
class MathBook implements IBook {                          // 接口实现
    @Override
    public void read() {                                   // 抽象方法覆写
        System.out.println("【MathBook子类】认真读数学图书，巩固计算机的基础知识。") ;
    }
}
public class YootkDemo {
    public static void main(String[] args) {               // 程序主方法
        System.out.println("【IBook全局常量】SITE = " + IBook.SITE);
        IBook book = new MathBook() ;                      // 通过子类进行对象实例化处理操作
        book.read() ;                                      // 读书
    }
}
```

程序执行结果：

```
【IBook全局常量】SITE = www.yootk.com
【MathBook子类】认真读数学图书，巩固计算机的基础知识。
```

本程序中 MathBook 子类通过 implements 关键字实现了 IBook 接口，这样在 MathBook 子类中就必须覆写 IBook 接口中的全部抽象方法，然后在主方法中通过对象向上转型机制，通过 MathBook 子类的对象实例化 IBook 接口。

提示：接口简化定义。

接口的核心组成结构为抽象方法和全局常量，接口中的抽象方法全部要求使用 public 权限进行定义。为了便于开发者编写接口，以下两个接口定义的最终效果相同。

接口完整定义：

```
interface IBook {
    public static final String SITE = "www.yootk.com" ;
    public abstract void read() ;
}
```

接口简化定义：

```
interface IBook {
    String SITE = "www.yootk.com" ;
    void read() ;                    // 权限只能是public
}
```

以上两个接口定义的效果完全相同。需要特别说明的是，由于接口和类的命名规范相同（每个单词的首字母大写），所以为了在名称上有所区分，建议接口名称前都追加一个字母“I”（Interface 首字母）。

子类通过 implements 关键字实现接口时，可以根据需要实现多个父接口（多继承的形式）。假设 MathBook 类除了实现图书的 IBook 接口，还需要实现一个商品规格的 ISpec 接口，代码如下。

范例：子类同时实现多个接口。

```
interface IBook {                                          // 定义接口
    public static final String SITE = "www.yootk.com" ;    // 全局常量
    public abstract void read() ;                          // 抽象方法
}
interface ISpec {                                          // 商品规格
    public double size() ;                                 // 尺寸信息
}
class MathBook implements IBook, ISpec {                   // 接口实现
    @Override
    public void read() {                                   // 抽象方法覆写
        System.out.println("【MathBook子类】认真读数学图书，巩固计算机的基础知识。") ;
    }
    @Override
    public double size() {                                 // 抽象方法覆写
        return 8.9;
    }
}
public class YootkDemo {
    public static void main(String[] args) {               // 程序主方法
        IBook book = new MathBook() ;                      // 通过子类进行对象实例化处理
        book.read() ;                                      // 读书
        ISpec spec = new MathBook() ;                      // 通过子类进行对象实例化处理
        System.out.println("图书规格：" + spec.size()) ;    // 获取规格
    }
}
```

程序执行结果：

```
【MathBook子类】认真读数学图书，巩固计算机的基础知识。
图书规格：8.9
```

本程序通过 MathBook 类实现了两个父接口，这样 MathBook 类就可以同时为 IBook 与 ISpec 两个接口提供对象实例化处理。最终通过各接口调用的方法，也都是在 MathBook 类中覆写后的方法。

8.3.1　接口相关说明

视频名称　0809_【掌握】接口相关说明

视频简介　接口往往与抽象类及普通类整合应用。本视频详细分析了接口、抽象类、普通类三者之间的关系并通过案例进行分析。

接口是 Java 面向对象设计的重要组成部分。为了帮助读者更加全面且深入地理解接口的各种应用形式，下面对接口使用过程中的细节进行说明。

（1）假设子类要通过 implements 关键字实现若干个接口，如果除了定义接口还要继承父类，则必须采用先继承后实现的模式进行定义。

范例：继承父类并实现接口。

```
interface IBook {                                                    // 定义接口
    public static final String SITE = "www.yootk.com" ;             // 全局常量
    public abstract void read() ;                                    // 抽象方法
}
interface ISpec {                                                    // 商品规格
    public double size() ;                                           // 尺寸信息
}
abstract class Print {                                               // 图书刊印类
    public abstract void batch() ;                                   // 批量印刷
}
class MathBook extends Print implements IBook, ISpec {               // 类继承与接口实现
    @Override
    public void read() {                                             // 抽象方法覆写
        System.out.println("【MathBook子类】认真读数学图书，巩固计算机的基础知识。") ;
    }
    @Override
    public double size() {                                           // 抽象方法覆写
        return 8.9;
    }
    @Override
    public void batch() {                                            // 抽象方法覆写
        System.out.println("【MathBook子类】进行数学图书的批量印刷。") ;
    }
}
public class YootkDemo {
    public static void main(String[] args) {                         // 程序主方法
        IBook book = new MathBook() ;                                // 通过子类进行对象实例化处理
        book.read() ;                                                // 读书
        ISpec spec = new MathBook() ;                                // 通过子类进行对象实例化处理
        System.out.println("图书规格：" + spec.size()) ;             // 获取规格
        Print print = new MathBook() ;                               // 通过子类进行对象实例化处理
        print.batch() ;                                              // 图书印刷
    }
}
```

程序执行结果：

```
【MathBook子类】认真读数学图书，巩固计算机的基础知识。
图书规格：8.9
【MathBook子类】进行数学图书的批量印刷。
```

本程序中 MathBook 子类除了实现 IBook 与 ISpec 两个接口，又继承了一个 Print 抽象类，按照 Java 语法要求应该先编写 extends 语句，再使用 implements 语句进行接口实现。本程序的结构如图 8-5 所示。

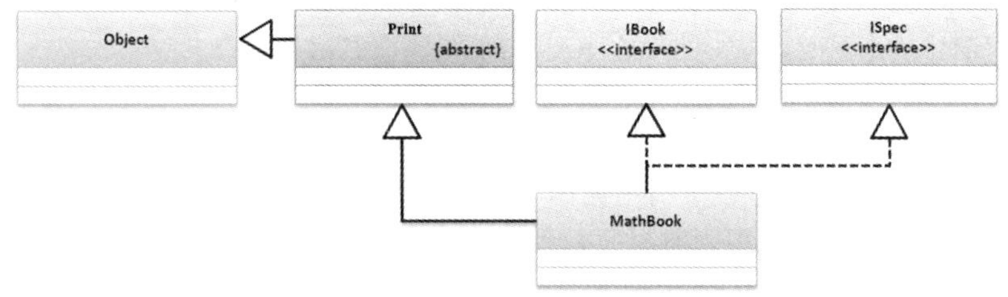

图 8-5 继承父类并实现接口

（2）通过图 8-5 所示的结构可以发现，MathBook 类实现的 IBook 接口、ISpec 接口及 Print 父类之间是没有任何联系的，但是它们有一个公共的后代 MathBook 类。正是因为 MathBook 类这个公共子类的存在，MathBook 类的实例化对象才可以任意地向所有的父类或父接口转型（包括父接口之间及接口和抽象类之间的转型）。

范例：对象的多类型强制转换。

```
// IBook接口、ISpec接口、Print抽象类、MathBook子类定义略
public class YootkDemo {
    public static void main(String[] args) {                    // 程序主方法
        IBook book = new MathBook() ;                           // 向上转型
        // IBook和ISpec之间没有任何联系，此时的IBook的对象是通过MathBook子类实例化的
        // MathBook和ISpec之间有联系，所以以下关系成立
        ISpec spec = (ISpec) book ;                             // 强制类型转换
        System.out.println(spec.size()) ;                       // 调用ISpec接口方法
        Print print = (Print) spec ;                            // 强制类型转换
        print.batch() ;                                         // 调用Print类方法
    }
}
```

程序执行结果：

```
8.9
【MathBook子类】进行数学图书的批量印刷。
```

本程序实现了跨类型的对象实例转换处理。在程序设计中，IBook 接口、ISpec 接口、Print 父类三者之间没有任何联系，如果不是 MathBook 这个共同的子类存在，这三者之间是无法进行对象实例转换的。

（3）在子类实现接口的过程中，一个接口是不能够继承任何父类的。任何接口都没有父类的概念，但是所有的接口对象都可以通过 Object 接收（Object 可以接收一切引用数据类型，可以实现最终参数的统一）。

范例：通过 Object 接收接口实例。

```
interface IBook {                                               // 定义接口
    public void read() ;                                        // 抽象方法
}
class MathBook implements IBook {                               // 接口的多实现
    public void read() {                                        // 抽象方法覆写
        System.out.println("【MathBook子类】认真读数学图书，巩固计算机的基础知识") ;
    }
}
public class YootkDemo {
    public static void main(String[] args) {                    // 程序主方法
        IBook book = new MathBook() ;                           // 向上转型
        Object obj = book ;                                     // 通过Object接收接口引用
        IBook temp = (IBook) obj ;                              // 向下转型
        temp.read() ;
    }
}
```

程序执行结果：

```
【MathBook子类】认真读数学图书，巩固计算机的基础知识
```

本程序通过 MathBook 子类实例化了 IBook 接口对象，虽然 IBook 接口对象和 Object 类之间没有任何继承关联，但是由于接口属于引用数据类型，所以可以直接通过 Object 接收。如果想调用接口中的 read()方法，则需要利用强制对象转型的方式，将 Object 类对象转换为 IBook 接口对象。

（4）一个接口不能使用 extends 关键字继承一个父类，但可以通过 extends 关键字同时继承多个父接口，这称为接口的多继承。

范例：接口多继承。

```
interface IPrint {                                          // 图书刊印接口
    public void batch();                                    // 批量印刷
}
interface ISpec {                                           // 商品规格
    public double size();                                   // 尺寸信息
}
interface IBook extends IPrint, ISpec {                     // 接口多继承
    public abstract void read();                            // 抽象方法
}
class MathBook implements IBook {                           // 实现IBook接口
    @Override
    public void read() {                                    // 抽象方法覆写
        System.out.println("【MathBook子类】认真读数学图书，巩固计算机的基础知识。");
    }
    @Override
    public double size() {                                  // 抽象方法覆写
        return 8.9;
    }
    @Override
    public void batch() {                                   // 抽象方法覆写
        System.out.println("【MathBook子类】进行数学图书的批量印刷。");
    }
}
public class YootkDemo {
    public static void main(String[] args) {                // 程序主方法
        IPrint print = new MathBook();                      // 子类实例化父接口
        print.batch();
        ISpec spec = (ISpec) print;                         // 进行不同接口的强制转换
        System.out.println(spec.size());
    }
}
```

程序执行结果：

```
【MathBook子类】进行数学图书的批量印刷。
8.9
```

本程序中 IBook 接口利用 extends 关键字同时继承了 IPrint 与 ISpec 两个父接口，在 IBook 接口中相当于存在 3 个抽象方法，所以 MathBook 子类必须对这 3 个抽象方法进行覆写，并且 MathBook 对象实例可以在 3 个接口中任意转换。本程序的结构如图 8-6 所示。

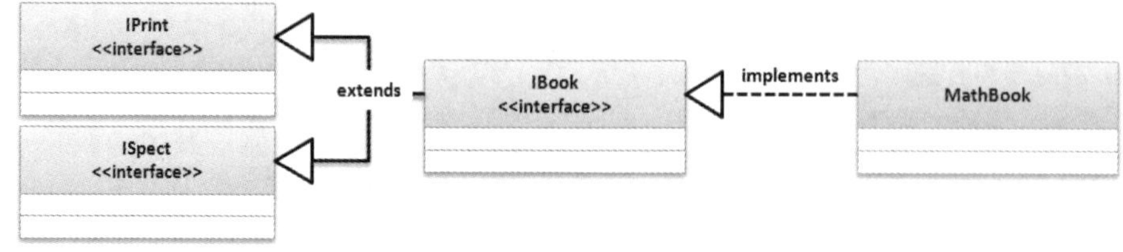

图 8-6　接口多继承

8.3.2 适配器设计模式

视频名称 0810_【掌握】适配器设计模式

视频简介 在接口的使用过程中，一个子类需要强制性覆写接口中的所有抽象方法，这样在现实开发中子类的负担就会比较大。本视频为读者分析了传统接口的实现问题，同时讲解了如何利用抽象类实现适配器类的功能。

一个接口中可能定义大量的抽象方法，按照 Java 语法规定，实现接口的子类必须覆写接口中的全部抽象方法，但是接口中的某些抽象方法在部分子类中可能没有任何意义，此时可以考虑加入一个过渡类对接口中的全部抽象方法进行“假”实现。这个过渡类功能并不完善，所以不能够进行对象实例化处理，将其定义为抽象类可以解决这个问题，这个抽象类被称为适配器（Adapter）类。程序结构如图 8-7 所示。

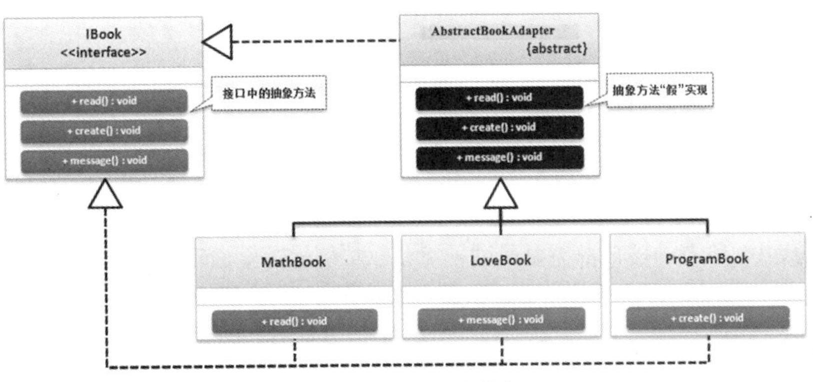

图 8-7 适配器设计模式

范例：适配器设计模式。

```
interface IBook {                                                  // 接口
    public void read() ;                                           // 抽象方法
    public void create() ;                                         // 抽象方法
    public void message() ;                                        // 抽象方法
}
abstract class AbstractBookAdapter implements IBook {              // 适配器类
    public void read() {}                                          // “假”实现
    public void create() {}                                        // “假”实现
    public void message() {}                                       // “假”实现
}
class MathBook extends AbstractBookAdapter implements IBook {      // 明确描述其为IBook的子类
    @Override
    public void read() {                                           // 抽象方法覆写
        System.out.println("【MathBook子类】认真读数学图书，巩固计算机的基础知识") ;
    }
}
class LoveBook extends AbstractBookAdapter implements IBook {      // 明确描述其为IBook的子类
    @Override
    public void message() {                                        // 抽象方法覆写
        System.out.println("【LoveBook子类】通过言情小说，向我心爱的女生传递爱意") ;
    }
}
class ProgramBook extends AbstractBookAdapter implements IBook {   // 明确描述其为IBook的子类
    @Override
    public void create() {                                         // 抽象方法覆写
        System.out.println("【ProgramBook子类】运用编程图书中的知识，创建属于自己的未来网络") ;
    }
}
```

```
public class YootkDemo {
    public static void main(String[] args) {                          // 程序主方法
        IBook book = new ProgramBook() ;                              // 实例化接口子类
        book.create();                                                // 此方法功能正常
    }
}
```

程序执行结果：

```
【ProgramBook子类】运用编程图书中的知识，创建属于自己的未来网络
```

本程序为了便于 IBook 的子类的定义，使用了一个 AbstractBookAdapter 类（适配器类）对 IBook 接口中的所有抽象方法进行“假”实现，这样所有的子类只要继承了 AbstractBookAdapter 类，就可以根据自己的需要选择要覆写的方法。同时，为了明确地描述这些子类与 IBook 接口之间的关联，所有子类继承适配器类的同时又重复实现了 IBook 接口。

8.3.3　工厂设计模式

工厂设计模式

视频名称　0811_【掌握】工厂设计模式

视频简介　项目开发中需要考虑类实例化对象的解耦合问题，因此开发者会通过工厂设计模式隐藏接口对象实例化操作细节。本视频主要讲解工厂设计模式的产生原因及实现。

在项目开发中，所有的接口都需要通过子类获取实例化对象，而传统的获取子类实例化对象的方式是直接使用 new 关键字，这样可能造成操作代码的耦合。

范例：分析接口耦合问题。

```
interface IBook {                                                 // 接口
    public void read() ;                                          // 抽象方法
}
class ProgramBook implements IBook {                              // IBook接口子类
    @Override
    public void read() {                                          // 抽象方法覆写
        System.out.println("【ProgramBook子类】学习编程技术，始终与时代同步。") ;
    }
}
public class YootkDemo {
    public static void main(String[] args) {                      // 程序主方法
        IBook book = new ProgramBook() ;                          // 子类实例化父接口
        book.read() ;                                             // 调用被覆写过的方法
    }
}
```

程序执行结果：

```
【ProgramBook子类】学习编程技术，始终与时代同步。
```

本程序采用了接口的标准化处理结构，通过 new 关键字调用 ProgramBook 子类构造方法为 IBook 接口进行对象实例化处理，程序结构如图 8-8 所示。当前的程序结构中存在另外一个问题，如果要进行子类的更换，或者 IBook 进行更多子类的扩充，那么每次修改都要变更主类代码，这使程序难以维护。所以直接获取接口子类实例的方式在开发中并不可取。比较好的做法是通过一个工厂（Factory）类获取接口对象实例，如果需要变更子类，直接修改工厂类即可。程序结构如图 8-9 所示。

范例：工厂设计模式。

```
interface IBook {                                                 // 接口
    public void read() ;                                          // 抽象方法
}
```

```
class ProgramBook implements IBook {                        // IBook接口子类
    @Override
    public void read() {                                    // 抽象方法覆写
        System.out.println("【ProgramBook子类】学习编程技术，始终与时代同步。") ;
    }
}
class MathBook implements IBook {                           // IBook接口子类
    @Override
    public void read() {                                    // 抽象方法覆写
        System.out.println("【MathBook】认真学习数学知识。") ;
    }
}
class Factory {
    public static IBook getInstance(String className) {
        if ("program".equalsIgnoreCase(className)) {        // 判断实例类型
            return new ProgramBook() ;                      // 子类对象实例化
        } else if ("math".equalsIgnoreCase(className)) {    // 判断实例类型
            return new MathBook() ;                         // 子类对象实例化
        }
        return null ;                                       // 没有匹配返回null
    }
}
public class YootkDemo {
    public static void main(String[] args) {                // 程序主方法
        IBook book = Factory.getInstance("math") ;          // 通过工厂类获取接口实例
        book.read() ;                                       // 调用被覆写过的方法
    }
}
```

程序执行结果：

```
【MathBook】认真学习数学知识。
```

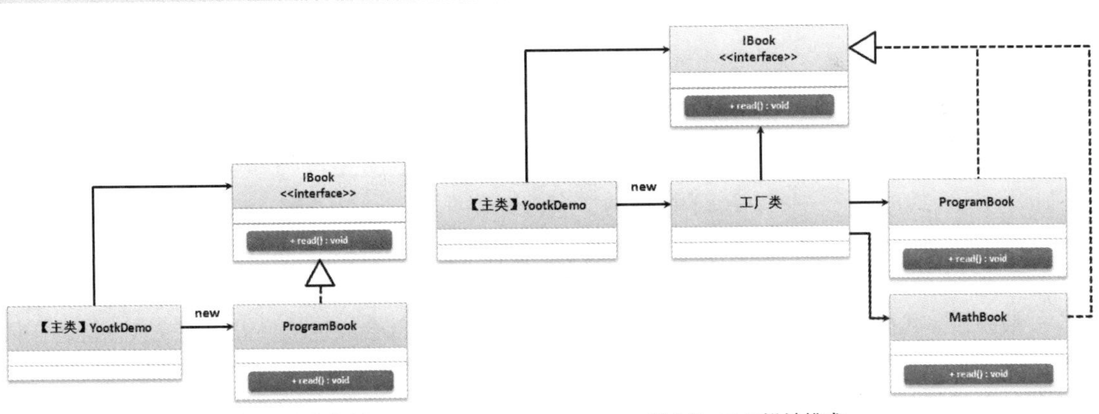

图 8-8　直接获取接口子类实例　　　　图 8-9　工厂设计模式

本程序引入了工厂设计模式，并且所有的 IBook 接口对象实例全部通过 Factory.getInstance() 获取，这样就避免了主类与 IBook 接口子类的耦合问题，使程序的维护更加方便。

提问：怎样理解工厂设计模式？

在工厂设计模式中，为什么不能够修改主类代码？另外，接口耦合性是如何定义的？

回答：通过 JVM 设计分析工厂设计模式。

可移植性是 Java 语言的主要特点，它使程序的开发更加简单，而可移植性实现的关键在于 Java 虚拟机（JVM），如图 8-10 所示。

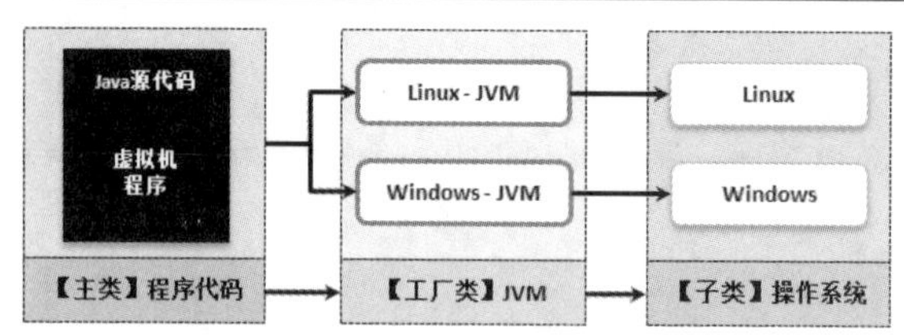

图 8-10　Java 虚拟机与可移植性

在 Java 虚拟机的运行机制中，用户编写的代码全部为虚拟机代码，这样就避免了用户程序与操作系统的耦合问题，从而实现了可移植性。

实际上工厂设计模式中的耦合指的是某一个接口和某一个子类的耦合。在程序中可能会根据功能的需要动态地进行子类的切换，这样的切换处理就可以交由工厂类负责，如果要进行功能扩充（IBook 接口扩充子类），最终影响到的也仅仅是工厂类，主类不会有任何变化。本套丛书中的《Java 进阶开发实战（视频讲解版）》的第 4 章会详细讲解如何进一步完善工厂设计模式，以解决 IBook 接口子类动态扩充问题。

8.3.4　代理设计模式

代理设计模式

视频名称　0812_【掌握】代理设计模式

视频简介　项目开发中需防止核心业务与辅助业务之间联系过于紧密，为此 Java 提供代理设计模式。本视频为读者讲解代理设计模式的产生意义与具体实现。

代理（Proxy）设计模式是通过辅助业务手段实现完整的业务操作。如图 8-11 所示，如果需要进行一个网络消息的发送操作，那么在整个处理过程中，消息的发送就属于核心业务，真正的需求是将消息发出去。进行消息的发送就必须建立网络连接，在消息发送完成之后还需要关闭连接以释放资源。

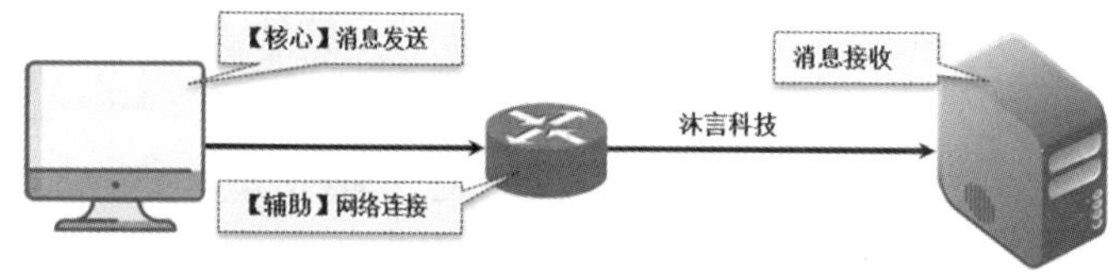

图 8-11　消息发送与网络连接

一般来讲，代理设计模式往往有一个核心主题，这个主题都会通过接口进行定义，也就是在接口中定义核心主题与代理主题的核心业务处理方法，代理主题和核心主题有各自的类负责具体的操作实现，最终通过代理主题包装核心主题的模式满足业务需求，如图 8-12 所示。

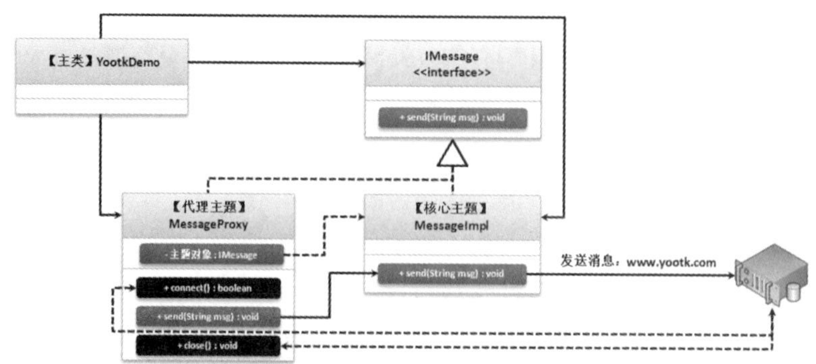

图 8-12　代理设计模式

范例：代理设计模式。

```
interface IMessage {                                                // 核心业务接口
    public void send(String msg) ;                                  // 消息发送
}
class MessageImpl implements IMessage {                             // 核心业务子类
    @Override
    public void send(String msg) {                                  // 方法覆写
        System.out.println("【核心业务 - send()】" + msg) ;
    }
}
class MessageProxy implements IMessage {                            // 代理子类
    private IMessage messageObject ;                                 // 保存业务接口对象
    public MessageProxy(IMessage messageObject) {                   // 单参数构造方法
        this.messageObject = messageObject ;                        // 绑定业务接口实例
    }
    @Override
    public void send(String msg) {                                  // 方法覆写
        if (this.connect()) {                                       // 调用代理主题
            this.messageObject.send(msg) ;                          // 执行核心主题操作
            this.close() ;                                          // 调用代理主题
        }
    }
    public boolean connect() {                                      // 内部代理方法
        System.out.println("【代理业务 - connect()】连接远程服务器，准备进行消息发送") ;
        return true ;
    }
    public void close() {                                           // 内部代理方法
        System.out.println("【代理业务 - close()】断开服务器连接，释放资源") ;
    }
}
public class YootkDemo {
    public static void main(String[] args) {                        // 程序主方法
        IMessage message = new MessageProxy(new MessageImpl()) ;    // 获得代理对象
        message.send("沐言科技：www.yootk.com") ;                    // 调用代理方法
    }
}
```

程序执行结果：

```
【代理业务 - connect()】连接远程服务器，准备进行消息发送
【核心业务 - send()】沐言科技：www.yootk.com
【代理业务 - close()】断开服务器连接，释放资源
```

本程序中 MessageImpl 子类实现了核心功能的定义，要想使用这个核心功能，就必须通过 MessageProxy 类（代理类）包装并返回一个 IMessage 接口的代理对象。当调用 send()方法时，首先调用的一定是代理类中的 send()方法，而后再由代理类中的 send()方法调用核心主题中的 send()方法。同时，代理类还提供了网络连接与关闭的辅助功能。

8.3.5 接口开发标准

接口开发标准

视频名称 0813_【掌握】接口开发标准

视频简介 在项目功能设计中接口是需要最先设计的，这样就定义好了操作的执行标准。本视频将为读者讲解接口作为设计标准的意义及代码实现。

在实际的项目开发过程中，接口设计往往是第一步，因为接口定义的是整个程序的执行标准，例如，广为人知的 USB 接口、HDMI 接口、Type-C 接口等，都是先有标准再有具体的设备，然后才推广使用。

以 USB 设备为例，计算机一般都会提供 USB 接口，利用 USB 接口可以连接任何符合 USB 接口标准的设备，如 U 盘、打印机、手机等，这样同一台计算机上的 USB 接口就可以根据需要动态地连接不同设备，相当于计算机和设备这两个完全无关的结构通过 USB 接口实现了关联，如图 8-13 所示。

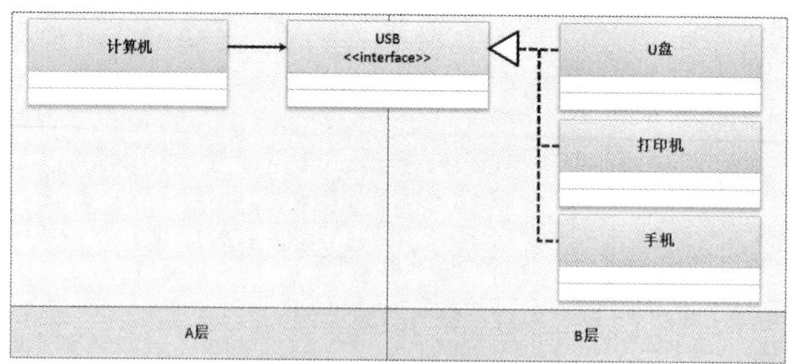

图 8-13　USB 接口设计

范例：USB 接口设计分析。

```
interface IUSB {                                            // 定义接口标准
    public void install() ;                                 // 安装USB软件驱动
    public void use() ;                                     // 使用USB设备
}
class Computer {                                            // 计算机
    private String brand ;                                  // 计算机品牌
    public Computer() {                                     // 无参数构造方法
        this("Yootk计算机") ;
    }
    public Computer(String brand) {                         // 单参数构造方法
        this.brand = brand ;
    }
    public void plugin(IUSB usb) {                          // 允许接收USB设备
        usb.install() ;                                     // 安装驱动
        usb.use() ;                                         // 使用USB设备
    }
}
class Flash implements IUSB {                               // USB接口子类
    @Override
    public void install() {                                 // 方法覆写
        System.out.println("【U盘】进行U盘驱动的安装") ;
    }
    @Override
    public void use() {                                     // 方法覆写
        System.out.println("【U盘】向U盘中复制一些比较重要的种子") ;
    }
}
class Phone implements IUSB {                               // USB接口子类
    @Override
    public void install() {                                 // 方法覆写
        System.out.println("【手机】计算机启动手机的连接") ;
    }
    @Override
    public void use() {                                     // 方法覆写
        System.out.println("【手机】通过计算机进行手机资料备份") ;
    }
}
public class YootkDemo {
    public static void main(String[] args) {                // 程序主方法
        Computer computer = new Computer("沐言-计算机") ;
        computer.plugin(new Phone()) ;                      // 插入USB设备
        computer.plugin(new Flash()) ;                      // 插入USB设备
    }
}
```

程序执行结果：

```
【手机】计算机启动手机的连接
【手机】通过计算机进行手机资料备份
```

```
【U盘】进行U盘驱动的安装
【U盘】向U盘中复制一些比较重要的种子
```

本程序利用接口的特点模拟了USB设备的使用过程，所有的计算机都按照USB接口标准实现操作，所有的USB设备必须对这些标准进行有效的实现，那么通过USB接口就可以将两类完全没有关联的设备连接在一起，所以在整个项目开发中很重要的一部分就是接口标准的定义。

8.3.6 接口定义加强

接口定义加强

视频名称 0814_【掌握】接口定义加强

视频简介 JDK 8及以后的JDK版本为了满足函数式的语法要求，对接口进行了结构性的改变。本视频主要分析实际开发中的接口设计问题，同时讲解如何使用default与static进行方法定义。

在Java设计之初，接口只有两个核心组成部分：全局常量和抽象方法。从JDK 8开始，接口中的结构可以进行扩充了，可以通过default声明普通方法或通过static声明静态方法。

范例：在接口中定义普通方法。

```
interface IBook {                                          // 图书接口
    public void read() ;                                   // 抽象方法
    public default void create() {                         // 普通方法
        System.out.println("用我们的智慧和本土化的教学模式创建属于自己的优质原创图书。") ;
    }
}
class ProgramBook implements IBook {                       // 接口子类
    public void read() {}
}
public class YootkDemo {                                   //
    public static void main(String[] args) {               // 程序主方法
        IBook book = new ProgramBook() ;                   // 实例化接口对象
        book.create() ;                                    // 调用接口普通方法
    }
}
```

程序执行结果：

```
用我们的智慧和本土化的教学模式创建属于自己的优质原创图书。
```

本程序定义的IBook接口通过default关键字定义了一个create()普通方法，接口实现子类可以直接继承此方法。由于接口必须通过子类实例化，本程序定义了一个ProgramBook子类用于实例化接口对象。

提问：为什么要提供default方法？

使用default声明的方法是在JDK 8之后才提供的，为什么要在接口中提供这样一个扩展功能？在项目开发中到底该如何使用？

回答：接口中以抽象方法为主。

按照接口的传统用法，只要接口中定义抽象方法，在接口子类中就必须全部进行覆写。但是如果某一个接口已经产生了5000个子类，并且该接口和子类之间没有使用适配器设计模式进行过渡，当接口进行方法扩充时，就需要5000个子类同步实现该抽象方法（即便实现的方法体相同，根据语法要求也必须修改5000个子类），这样的代码维护成本太高了。如果有了default方法，就可以直接在接口层次上解决此类代码维护问题。

从实际开发来讲，接口中常见的定义依然是抽象方法，这种default方法的提出仅仅是对适配器设计模式的一种完善，不能将其作为首要的设计方法。

在接口中除了定义 default 方法之外，也可以利用 static 关键字定义静态方法，这样就可以不用接口实例化对象，而直接通过接口名称进行方法调用。

范例：在接口中定义 static 方法。

```
interface IBook {                                                         // 图书接口
    public void read() ;                                                  // 抽象方法
    public default void create() {                                        // 普通方法
        System.out.println("用我们的智慧和本土化的教学模式创建属于自己的优质原创图书。") ;
    }
    public static IBook getInstance() {                                   // 由接口名称直接调用
        return new ProgramBook() ;                                        // 返回接口实例
    }
}
class ProgramBook implements IBook {                                      // 接口子类
    public void read() {}
}
public class YootkDemo {
    public static void main(String[] args) {                              // 程序主方法
        IBook book =  IBook.getInstance() ;                               // 接口实例化
        book.create() ;                                                   // 调用接口普通方法
    }
}
```

程序执行结果：

```
用我们的智慧和本土化的教学模式创建属于自己的优质原创图书。
```

本程序在 IBook 接口中利用 static 关键字定义了一个 getInstance()方法，该方法可以直接通过接口名称进行调用，即利用 static 方法直接在接口中实现了工厂设计模式的结构。

8.3.7　抽象类与接口的区别

抽象类与接口的区别

视频名称　0815_【掌握】抽象类与接口的区别

视频简介　抽象类和接口是在实际开发和面试中都非常重要的知识点。为了帮助读者建立知识架构，本视频以总结的形式讲解了抽象类与接口的区别。

抽象类和接口从本质上来讲都对子类的方法覆写提出了严格的要求，同时在很多层次上抽象类和接口又需要彼此连接，共同搭建完整的设计结构。考虑到实际开发及面试的需求，下面对这两个结构进行完整的比较，如表 8-4 所示。

表 8-4　抽象类与接口的比较

序号	区别	抽象类	接口
1	定义关键字	[public] abstract class 抽象类 {}	[public] interface 接口 {}
2	组成	抽象方法、属性、普通方法、构造方法、全局常量、全局变量、static 方法	第一阶段：抽象方法和全局常量 第二阶段：default 方法、static 方法
3	关系	抽象类可以实现若干个接口，抽象类也可以继承其他抽象类或普通类	接口不能够继承抽象类，接口可以通过 extends 关键字继承多个父接口
4	子类实现	子类通过 extends 关键字继承一个抽象类	子类通过 implements 关键字实现多个接口
5	继承限制	一个子类只能够继承一个父类，存在单继承局限	子类可以实现多个接口，没有单继承局限

抽象类和接口在某种程度上比普通类拥有更高级的抽象。理论上抽象类和接口可以任选其一，但是由于抽象类存在单继承局限，所以在实际项目开发过程中，在抽象类和接口都可以使用的情况下，优先使用接口。

至此本书已经为读者讲解了对象、普通类、抽象类、接口等概念，为了便于读者理解这些结构的设计层次，下面通过类结构进行总结，如图 8-14 所示。

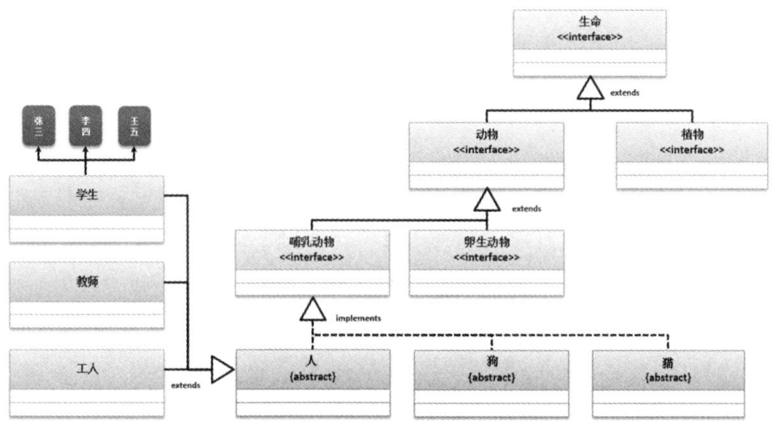

图 8-14　面向对象设计结构

通过图 8-14 给出的设计结构可以发现，所有的抽象概念都可以通过接口进行先期标准设计，例如，地球上的生物中有动物和植物，动物中有哺乳动物和卵生动物，哺乳动物中有人、狗、猫，这些都属于更具体的抽象概念，可以通过抽象类进行描述，人这一抽象概念又可以分为工人、教师、学生等子类，通过子类创造出具体类型的对象后，就可以进行类结构的调用。

8.4 泛　　型

泛型问题的引出

视频名称　0816_【掌握】泛型问题的引出

视频简介　Object 类可以进行参数类型的统一处理，但是存在安全隐患。本视频主要分析 Object 类接收任意对象实例及向下转型带来的问题。

泛型是 JDK 1.5 之后提供的一个新功能，使用泛型可以解决强制性对象向下转型带来的 ClassCastException 异常问题。

为了开发方便，项目开发过程中经常需要做参数的统一处理。传统的项目开发中首先可以想到的解决方案就是利用 Object 类，假设要设计一个消息类，发送的消息可能是字符串、整型、浮点型，按照传统方案设计如下。

范例：定义消息类实现多种数据类型的处理。

```
class Message {                                                  // 定义消息类
    private Object content ;                                     // 实现各种数据类型的存储
    public void setContent(Object content) {                     // 设置消息内容
        this.content = content ;                                 // 属性赋值
    }
    public Object getContent() {                                 // 获取消息内容
        return this.content ;                                    // 返回属性内容
    }
    public void send() {                                         // 消息发送
        System.out.println("【消息发送】" + this.content) ;
    }
}
```

本程序的 Message 类使用了 Object 类来保存消息内容，这样就可以存储任意消息，但是这样一来程序在执行时就可能出现因处理不当而引发的异常。

范例：对象转型带来的问题。

```
class Message { // 定义消息类
    // Message类定义略
}
public class YootkDemo {
    public static void main(String[] args) {                          // 程序主方法
        Message message = new Message() ;                             // 实例化Message对象
        message.setContent(99.99) ;                                   // 原始数据是浮点型
        // 此时设置内容的数据类型为Double，但是由于操作失误强制转为了String
        // 这样一来程序在执行时就会出现异常，而此类错误无法在程序编译时发现
        String value = (String) message.getContent() ;                // 【错误】获取消息内容
        System.out.println("【message中的消息内容】" + value) ;       // 输出信息
    }
}
```

程序执行结果：

```
Exception in thread "main" java.lang.ClassCastException: class java.lang.Double cannot be
cast to class java.lang.String (java.lang.Double and java.lang.String are in module java.base
of loader 'bootstrap')
    at YootkDemo.main(YootkDemo.java:21)
```

本程序最初打算设置一个数据类型为 Double 的消息，但是由于开发者的失误，在消息取出时程序强制性地将 Double 转为了 String，所以程序执行中出现了 ClassCastException 异常。重点在于，这类问题并不能在程序编译的时候发现，只能在程序执行时发现，导致程序执行时存在安全隐患。

8.4.1　泛型基本定义

泛型基本定义

视频名称　0817_【掌握】泛型基本定义

视频简介　泛型可以在编译时检测出程序的安全隐患，使用泛型技术可以使程序更加健壮。本视频讲解了如何利用泛型来解决 ClassCastException 异常问题。

如果想在一个类定义中使用泛型，首先需要定义泛型标记，该泛型标记可以代替数据类型出现在类的成员属性、方法参数或方法返回值中，在进行该类对象实例化时需要将该泛型标记换成具体的数据类型，这样就会自动进行数据类型的动态更换。

> **提示：泛型必须是引用数据类型。**
>
> 程序类中如果设置了泛型，那么在使用时必须将其设置为引用数据类型，设置基本数据类型时则必须使用包装类。为了便于处理，JDK 1.5 推出了基本数据类型的自动装箱与拆箱处理机制。

范例：定义泛型。

```
// 泛型可以使用“<泛型标记>”的方式来定义，泛型标记可以随意编写，这里的T描述的是Type
// 若要定义多个泛型，可以使用“,”分隔，例如，class Message<T, A, C> {}
class Message<T> {                                                    // 定义消息类
    private T content ;                                               // 泛型
    public void setContent(T content) {                               // 设置消息内容
        this.content = content ;                                      // 属性赋值
    }
    public T getContent() {                                           // 获取消息内容
        return this.content ;                                         // 返回属性内容
    }
    public void send() {                                              // 消息发送
        System.out.println("【消息发送】" + this.content) ;
    }
}
public class YootkDemo {
    public static void main(String[] args) {                          // 程序主方法
        // 在使用Message类的时候手动为泛型定义具体的数据类型
```

```
        Message<Integer> message = new Message<Integer>() ;  // 实例化Message类对象
        message.setContent(99) ;                              // 设置整型数据
        int value = message.getContent() ;                    // 不需要强制类型转换
        System.out.println("【message中的消息内容】" + value) ;
    }
}
```

程序执行结果：

```
【message中的消息内容】99
```

本程序在实例化 Message 对象时，将泛型标记替换为 Integer，这样在进行 content 属性设置时，就必须设置为整型数据，通过 getContent()方法获取属性内容时不再需要强制类型转换，使程序执行更加安全。

提问：可以不设置具体数据类型吗？

本程序在实例化 Message 类对象时，如果没有设置具体数据类型，是否可以？会有什么影响？

回答：泛型的默认数据类型为 Object。

假设在使用 Message 类时没有设置泛型的具体数据类型，如下所示：

```
Message message = new Message() ;          // 此时没有设置泛型的具体数据类型
```

在这样的情况下，Java 为了保证程序不出错，会自动使用数据类型 Object 来代替泛型，于是在调用 getContent()方法时一定要进行强制性的向下转型，否则就会带来程序执行的安全隐患。

另外，从 JDK 1.7 开始，Java 提供了更加简单的泛型对象实例化处理结构：

```
Message<Integer> message = new Message<>() ;
```

此结构省略了对象实例化时泛型的重复设置，但是不能省略“<>”。

8.4.2 泛型通配符

泛型通配符

视频名称 0818_【掌握】泛型通配符

视频简介 泛型的出现虽然保证了代码的正确性，但是对引用传递带来了参数统一问题。本视频主要在泛型的基础上讲解引用传递的新问题，并讲解泛型上限与泛型下限的概念与应用。

泛型技术解决了对象转型中的 ClassCastException 异常问题，但也带来了一个引用传递的新问题：在进行方法参数传递时，不同泛型设置的参数是无法被接收的，如图 8-15 所示。

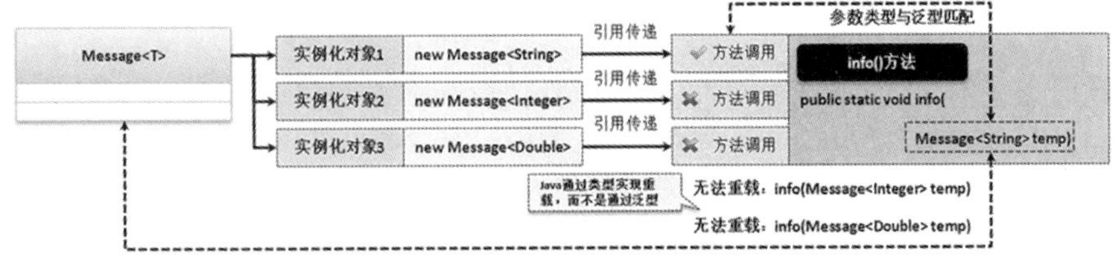

图 8-15 泛型对象与引用传递问题

Java 中方法的重载依靠的是具体的数据类型，而不是泛型，这样一来如果想实现一个类中所有泛型对象的引用传递，就需要使用泛型通配符“?”。该通配符的特点在于可以接收全部的泛型设置，并且可以实现数据的获取，但是无法实现数据的修改。

范例：使用通配符“?”实现引用传递。

```
class Message<T> {                                          // 定义消息类
    private T content ;                                     // 泛型
    public Message(T content) {                             // 构造方法使用泛型
        this.content = content ;                            // 保存属性内容
    }
    public T getContent() {                                 // 获取消息内容
        return this.content ;                               // 返回属性内容
    }
    public void setContent(T content) {                     // 属性设置
        this.content = content;
    }
}
public class YootkDemo {
    public static void main(String[] args) {                // 程序主方法
        Message<Integer> messageA = new Message<>(99) ;     // 实例化Message类对象
        fun(messageA) ;                                     // 对象引用传递
        Message<String> messageB = new Message<>("www.yootk.com") ; // 实例化Message类对象
        fun(messageB) ;                                     // 对象引用传递
    }
    public static void fun(Message<?> temp) {               // 泛型通配符
        System.out.println("获取content属性内容：" + temp.getContent());
    }
}
```

程序执行结果：

```
获取content属性内容：99
获取content属性内容：www.yootk.com
```

本程序在定义 fun()方法的参数时使用了“Message<?>”，这表示该方法可以接收 Message 类任意泛型设置的对象，并且在接收对象之后只能够实现属性内容的获取，而无法进行属性内容的修改。

提问：方法参数能否不设置泛型?

对于当前程序中的 fun()方法，如果在使用时没有设置泛型而直接接收参数，是不是就可以回避泛型问题了？

回答：可以解决泛型对象引用传递问题，但是会存在数据安全问题。

在泛型对象与方法引用传递的操作中，可以不设置方法中的泛型，这样就可以接收全部的泛型对象，但是这样就表示使用默认的 Object 作为数据类型，并且可以任意修改泛型数据。

范例：未设置通配符时的数据修改。

```
// Message类功能重复，代码略
public class YootkDemo {
    public static void main(String[] args) {      // 程序主方法
        Message<Integer> messageA = new Message<>(99) ;
        fun(messageA) ;                           // 引用传递
    }
    public static void fun(Message temp) {
        temp.setContent("www.yootk.com");         // 使用字符串
        System.out.println("获取content属性内容：" +
            temp.getContent());
    }
}
```

程序执行结果：

```
获取content属性内容：www.yootk.com
```

如果在 fun()方法中没有设置泛型，就可以随意修改所保存的数据，并且程序也不会出错，而使用了通配符就可以制约这种修改操作，保护泛型数据的安全。

通配符“?”解决了泛型对象的引用传递问题。Java 程序在这一通配符的基础上又进行了两个子通配符的定义，可以分别用来设置可接收对象的泛型上限与泛型下限。

- ? extends：只能够使用当前类或当前类的子类作为泛型的具体数据类型，可以在类或方法上使用。例如“? extends Number”表示可以使用 Number 类或 Number 子类实现泛型的定义。
- ? super ：只能够设置指定类或其父类，可以在方法上使用。例如，“? super String”表示可以使用 String 类或其父类作为泛型的具体数据类型。

范例：设置泛型上限。

```
class Message<T extends Number> {                       // 定义消息类
    private T content ;                                 // 泛型
    public Message(T content) {                         // 构造方法使用泛型
        this.content = content ;                        // 保存属性内容
    }
    public T getContent() {                             // 获取消息内容
        return this.content ;                           // 返回属性内容
    }
    public void setContent(T content) {                 // 属性设置
        this.content = content;
    }
}
public class YootkDemo {
    public static void main(String[] args) {            // 程序主方法
        Message<Integer> message = new Message<>(99) ;  // 实例化Message类对象
        fun(message) ;                                  // 引用传递
    }
    public static void fun(Message<? extends Number> temp) { // 接收泛型对象
        System.out.println("获取content属性内容：" + temp.getContent());
    }
}
```

程序执行结果：

```
获取content属性内容：99
```

本程序在定义 Message 类时为其设置了泛型上限，要求泛型的具体数据类型必须是 Number 类或其子类（Integer、Double 等），同时在 fun()方法中设置了可接收参数的泛型上限为 Number 类。

范例：设置泛型下限。

```
class Message<T> {                                      // 定义消息类
    private T content ;                                 // 泛型
    public Message(T content) {                         // 构造方法使用泛型
        this.content = content ;                        // 保存属性内容
    }
    public T getContent() {                             // 获取消息内容
        return this.content ;                           // 返回属性内容
    }
    public void setContent(T content) {                 // 属性设置
        this.content = content;
    }
}
public class YootkDemo {
    public static void main(String[] args) {            // 程序主方法
        Message<String> message = new Message<>("www.yootk.com") ; // 实例化Message类对象
        fun(message) ;                                  // 引用传递
    }
    public static void fun(Message<? super String> temp) {   // 泛型下限
        System.out.println("获取content属性内容：" + temp.getContent());
    }
}
```

程序执行结果：

```
获取content属性内容：www.yootk.com
```

本程序定义的 fun()方法参数中使用了“Message<? **super** String>”，这样就明确地表示了此方法可以接收的泛型只能是 String 类或其对应的所有父类。

8.4.3　泛型接口

泛型接口

视频名称　0819_【掌握】泛型接口

视频简介　泛型可以定义在任意的程序结构体中。本视频主要讲解在接口上定义泛型及两种子类的实现形式。

泛型除了可以在类中进行定义之外，也可以在接口上定义，此时的泛型标记主要出现在接口的抽象方法中。

范例：定义泛型接口。

```
interface IMessage<T> {                                    // 定义接口同时声明泛型
    public void send(T t) ;                                // 方法中定义泛型
}
```

本程序定义的 IMessage 接口中存在泛型标记，这样该泛型接口就有两种实现方式。

实现方式一：在定义子类时继续进行泛型定义。

```
interface IMessage<T> {                                    // 定义接口同时声明泛型
    public void send(T t) ;                                // 方法中定义泛型
}
class MessageImpl<C> implements IMessage<C> {              // 子类继续定义泛型
    @Override
    public void send(C c) {                                // 方法覆写
        System.out.println("【消息发送】" + c) ;
    }
}
public class YootkDemo {
    public static void main(String[] args) {               // 程序主方法
        IMessage<String> message = new MessageImpl<>() ;   // 将泛型的具体数据类型设String
        message.send("沐言科技：www.yootk.com") ;           // 调用接口方法
    }
}
```

程序执行结果：

```
【消息发送】沐言科技：www.yootk.com
```

本程序定义的 MessageImpl 子类实现了 IMessage 接口。由于 IMessage 接口上存在泛型声明，所以如果需要继续在接口上定义泛型，则必须在 MessageImpl 类中进行泛型设置。

实现方式二：在子类实现接口的时候不定义泛型，而是明确地为实现的父接口设置一个具体的泛型。

```
interface IMessage<T> {                                    // 定义接口同时声明泛型
    public void send(T t) ;                                // 方法中定义泛型
}
class MessageImpl implements IMessage<String> {            // 接口实现
    @Override
    public void send(String str) {                         // 方法覆写
        System.out.println("【消息发送】" + str) ;
    }
}
public class YootkDemo {
```

```
    public static void main(String[] args) {                    // 程序主方法
        IMessage<String> message = new MessageImpl() ;          // 接口对象实例化
        message.send("沐言科技：www.yootk.com") ;               // 调用接口方法
    }
}
```

程序执行结果：

```
【消息发送】沐言科技：www.yootk.com
```

本程序在定义 MessageImpl 子类时，明确地为实现的 IMessage 接口设置了泛型的具体数据类型 String，这样在覆写 send()方法时内部的参数类型就为 String。

8.4.4 泛型方法

泛型方法

视频名称 0820_【掌握】泛型方法

视频简介 在一些特定的环境中，类与接口往往不需要进行泛型定义，然而该结构体中的方法又可能有泛型要求。本视频主要讲解在不支持泛型的类上定义泛型方法的操作。

在定义类或接口时可以直接进行泛型的定义，这样一来就可以在该结构体的方法中进行泛型的应用，然而在 Java 中泛型方法不一定非要定义在具备泛型定义的结构中，泛型方法也是可以单独存在的，在方法定义时明确地进行泛型声明即可。

范例：定义泛型方法。

```
public class YootkDemo {
    public static void main(String[] args) {                    // 程序主方法
        String data [] = fun("沐言科技", "www.yootk.com", "李兴华老师") ;
        for (String temp : data) {                              // foreach输出数组
            System.out.println(temp) ;
        }
    }
    // 如果此时没有追加“<T>”，则当前的T描述的就是一个类或接口等结构
    public static <T> T[] fun(T ... params) {                   // 通过外部的参数来决定最终数据类型
        return params ;                                         // 数组
    }
}
```

程序执行结果：

```
沐言科技
www.yootk.com
李兴华老师
```

本程序直接在主类中定义了一个 fun()方法，并且在定义该方法时通过“<T>”定义了一个泛型，这样就可以在 fun()方法的参数及返回值类型上进行泛型设置。

8.5 本章概览

1．Java 可以创建抽象类，专门用来当作父类。抽象类的作用类似于“模板”，可依据其格式来修改类或创建新的类。

2．抽象类的方法分为两种，一种是普通方法，另一种是以 abstract 关键字开头的抽象方法。抽象方法并没有定义方法体，保留给由抽象类派生出的新类进行强制性覆写。

3．抽象类不能直接通过 new 关键字实例化对象，必须通过对象的多态性利用子类对象的向上转型进行实例化操作。

4．接口是方法和全局常量的集合。接口必须被子类实现。一个接口可以使用 extends 关键字

同时继承多个接口，一个子类可以通过 implements 关键字实现多个接口。

5. JDK 8 及其后的版本在接口中提供用 default 声明的普通方法，以及用 static 声明的静态方法。

6. Java 并不允许类的多重继承，但是允许实现多个接口，即用接口实现多继承的概念。

7. 接口与一般类一样，均可通过扩展的技术派生出新的接口。原来的接口称为基本接口或父接口；派生出的接口称为派生接口或子接口。通过这种机制，派生接口不仅可以保留父接口的成员，也可以添加新的成员以满足实际的需要。

8. 使用泛型可以避免 Object 接收参数带来的 ClassCastException 异常问题。

9. 泛型对象在进行引用数据类型接收时一定要使用通配符“?”来描述泛型参数。

8.6 实战自测

1. 定义一个 IClassName 接口，接口中只有一个抽象方法 getClassName()；设计一个类 Company，该类实现接口 ClassName 中的方法 getClassName()，功能是获取该类的类名称；编写应用程序使用 Company 类。

获取类名称

视频名称　0821_【掌握】获取类名称

视频简介　接口定义了类的操作标准，接口的子类需要依据标准实现方法覆写以完善接口功能。本视频主要通过一个基础案例分析接口的使用。

2. 设计一个用于绘图的标准，并绘制不同的图形。

图形绘制

视频名称　0822_【掌握】图形绘制

视频简介　在项目设计中绘图是一个公共的标准，需要通过接口来描述，不同的图形实现此标准后完善各自的功能，就可以实现统一的处理结构。本视频以模拟一个绘图的操作的形式讲解了接口及工厂类的应用。

3. 定义 Shape 类，用来表示一般二维图形。Shape 类具有抽象方法 area()和 perimeter()，分别用来计算图形的面积和周长。试定义一些二维形状类(如矩形、三角形、圆形、椭圆形等)，这些类均为 Shape 类的子类。

图形数据计算

视频名称　0823_【掌握】图形数据计算

视频简介　抽象类与接口的不同之处是可以提供普通方法。本视频不涉及多继承的概念，主要以图形结构的方式讲解抽象类的实际应用。

第 9 章

类结构扩展

本章学习目标

1. 掌握包的主要作用与包的定义；
2. 掌握包中的程序导入及同名类的导入方法；
3. 了解 Java 中常用包的作用；
4. 理解 jar 文件的主要作用与创建命令；
5. 掌握 Java 的 4 种访问控制权限，深刻理解面向对象封装性在 Java 中的实现；
6. 掌握构造方法私有化的意义，深刻理解单例设计模式与多例设计模式的作用；
7. 理解枚举的主要作用与定义形式；
8. 理解 Java 模块化设计的作用与技术实现。

面向对象程序开发中除了要根据业务需要设计接口与类，还需要进行功能的有效管理，为此 Java 提供了包进行代码的结构拆分，同时引入了各种访问控制权限进行程序的安全访问限制。JDK 9 之后的版本又提供了模块化设计，使程序的维护与运行效果得到了较大的提升。

9.1 包的定义与使用

包功能简介

视频名称 0901_【掌握】包功能简介
视频简介 包是在已有程序类的基础上进行的目录管理，对代码进行了有效分类。本视频主要为读者分析包在项目开发中的作用。

项目开发是一个递进的过程，一个完整的 Java 项目必然包含大量的*.class 文件。如果将这些文件保存在同一个目录中，有可能会出现类名称冲突及代码维护困难，所以比较好的做法是将不同功能的类保存在不同的目录中，如图 9-1 所示，这样的目录在 Java 中称为“包(package)”。

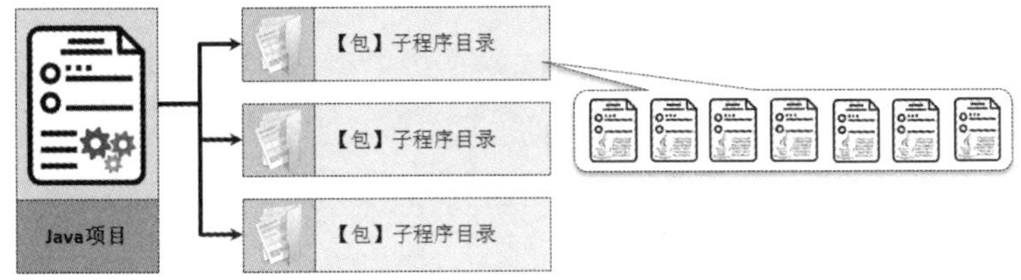

图 9-1 Java 中的包

需要注意的是，在项目开发过程中程序类是可以互相调用的，所以一旦将程序类保存在包中，程序之间的调用就必须明确地使用引入语法进行程序类的定位，此类操作可以通过 import 语句实现。

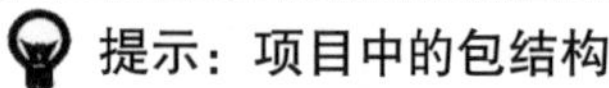

提示：项目中的包结构。

在实际项目的开发过程中，一定要根据程序类的功能来定义不同的包。包定义完成之后一定要保存在根包下，一般包的名称会使用公司的域名，例如，沐言优拓官方站点为 yootk.com，则包的名称一般为 “com.yootk”。在包中可以定义若干个子包（子目录），如 vo 子包、util 子包、bean 子包等。根包路径下一般会提供一个程序启动的主类。

9.1.1　包的定义

包的定义

视频名称　0902_【掌握】包的定义

视频简介　Java 为了方便包的定义，提供 package 关键字。本视频通过具体的包的定义操作讲解了程序打包及包中程序类的运行操作。

Java 中的包可以通过 package 关键字来进行定义，如果需要定义多级包，可以在定义时通过 “.” 进行分隔，同时包的定义必须放在 Java 源代码的首行。

范例：为程序定义所属包。

```
package com.yootk.main ;                                    // 定义程序所属包
public class Hello {
    public static void main(String[] args) {                // 程序主方法
        System.out.println("沐言科技：www.yootk.com") ;      // 信息打印
    }
}
```

本程序的 Hello.java 文件中存在对应的包定义（package com.yootk.main），因此程序在编译之后一定要将 Hello.class 文件保存在对应的目录（com/yootk/main/Hello）中，包名称与目录存储结构如图 9-2 所示。

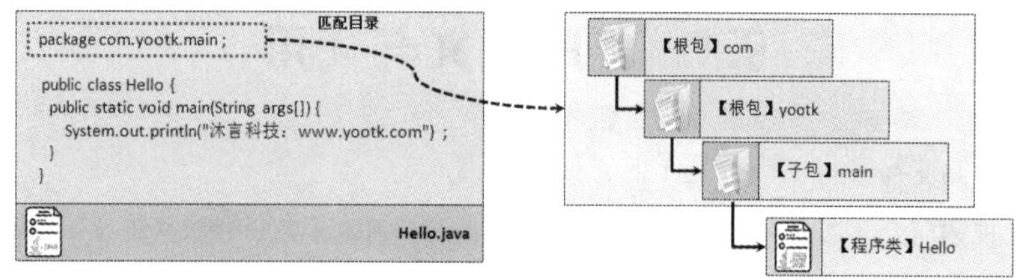

图 9-2　包名称与目录存储结构

定义包之后，整个程序的完整的类名称实际上就是 “包.类”，所以本程序的完整类名称就是 “com.yootk.main.Hello”，但是如果每次程序编译的时候都手动进行打包处理，程序会非常难以维护，所以比较好的做法是在使用 javac 命令编译时根据 package 定义的名称进行目录生成。

范例：打包编译程序。

```
javac -d . Hello.java
```

此编译命令中的两个具体的参数的说明如下。

- **-d**：生成一个目录。根据程序源代码中的 package 定义生成目录。
- **.**：在当前目录下生成相应的 “包.类”。

编译命令执行完毕之后会在命令执行目录下生成 com/yootk/main/Hello.class 文件。由于此时程序中存在包的定义，因此在执行程序时必须使用 “java 包.类” 的命令形式。

范例：执行打包程序类。

```
java com.yootk.main.Hello
```

程序执行结果：

```
沐言科技：www.yootk.com
```

命令执行后可以直接得到程序的执行结果。本程序与第 1 章讲解的程序相比只是源代码多了一行 package 定义，在执行程序时需要添加一个包名称，其他程序结构并没有任何区别。

> **注意：项目开发中的包。**
>
> 在实际项目开发过程中，所有的 Java 程序类定义时一定要有其对应的包，没有定义包的类在开发中是不存在的，也是不符合开发规定的。

9.1.2 包的导入

包的导入

视频名称 0903_【掌握】包的导入

视频简介 在项目开发中通过包可实现对程序结构的有效管理，被包拆分后的程序彼此之间存在相互调用的情况。本视频主要讲解不同包互相引用类的操作，并分析包引用过程中的相关实现问题。

利用包结构对代码进行拆分之后，如果需要导入项目中其他包的程序类，可以使用 import 语句完成，如图 9-3 所示。

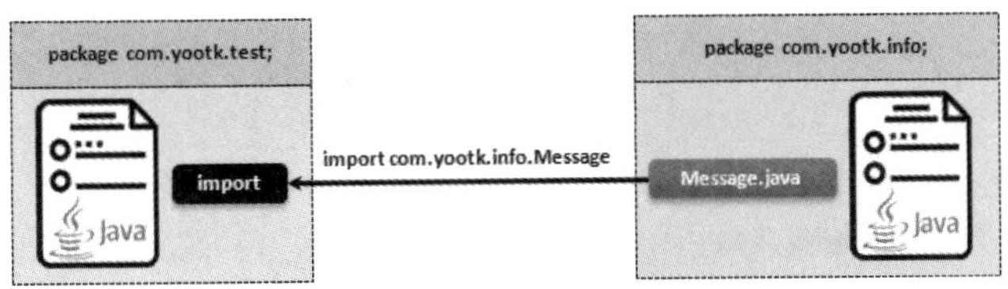

图 9-3 导入包中的程序类

（1）定义一个描述信息的程序类 Message，并在此类中实现信息内容的输出。为方便起见，通过 toString()方法返回数据。

```
package com.yootk.info ;                      // 根包名称相同，但是子包名称不同，不是同一个包
public class Message {                        // 信息类
    @Override
    public String toString() {                // 获取信息内容
        return "沐言科技：www.yootk.com" ;
    }
}
```

（2）如果想在其他包的类中使用程序中定义的 Message 类，就需要通过 import 语句进行类的导入，然后实例化 Message 类对象并进行类中方法的调用。

```
package com.yootk.test;                              // 程序所在包
import com.yootk.info.Message;                       // 导入程序类
public class TestMessage {
    public static void main(String args[]) {         // 程序主方法
        System.out.println(new Message());           // 导入包后可以直接使用
    }
}
```

程序编译命令：

```
javac -d . *.java
```

程序执行命令：

```
java com.yootk.test.TestMessage
```

程序执行结果：

```
沐言科技：www.yootk.com
```

本程序需要通过 TestMessage 类使用 Message 类，常规的做法是首先进行 Message 类编译，然

后进行 TestMessage 类编译。这种按照顺序的编译操作非常烦琐，所以本程序使用了“*.java”的匹配形式由系统根据顺序进行编译处理。

注意：被外部访问的类必须用 public class 定义。

在本程序中如果 Message 定义时使用了“class Message”，那么外部程序包（简称外包）中的 TestMessage 类是无法实现 import 导入处理的，所以就可以总结出“class 类{}”和“public class 类{}”定义的区别。

- “class 类{}”定义：在一个*.java 文件中可以同时使用 class 定义多个类，源代码文件名称随意定义，并且在源代码编译之后会形成不同的*.class 文件，但是这些文件都不能被外包访问。
- “public class 类{}”定义：每一个*.java 文件中只允许有一个 public class 类，同时要求文件名称和类名称保持一致，利用此种方式定义的类可以被外包使用。

在进行程序包导入时，如果需要重复导入一个包中的程序类，可以使用“import 包.*”的形式实现自动匹配。

范例：自动匹配导入类。

```
package com.yootk.test;                                    // 程序所在包
import com.yootk.info.*;                                   // 自动导入包中所需要的程序类
public class TestMessage {
    public static void main(String args[]) {               // 程序主方法
        System.out.println(new Message());                 // 导入包后可以直接使用
    }
}
```

程序执行结果：

```
沐言科技：www.yootk.com
```

本程序在进行包导入处理时使用了“import com.yootk.info.*”形式，这样 TestMessage 类就会根据当前程序的需要自动导入指定包中的程序类，而不需要的程序类是不会导入的。

在实际项目开发中不同的包中可能有相同的类，例如，假设 com.yootk.info 和 com.yootk.edu 两个包中都存在 Message 类，两个类的代码如下。

范例：不同包相同类名称。

```
com.yootk.info.Message
package com.yootk.info ;
public class Message {
    @Override
    public String toString() {
        return "沐言科技：www.yootk.com" ;
    }
}
com.yootk.edu.Message
package com.yootk.edu ;
public class Message {
    @Override
    public String toString() {
        return "李兴华就业编程：edu.yootk.com" ;
    }
}
```

在使用 TestMessage 类时假设由于某种需要要同时导入两个包，如果没有明确声明对 Message 类的引用，则会出现无法匹配的错误，如图 9-4 所示。此时较好的做法是在使用类时明确地定义类的完整名称，进行准确标记。

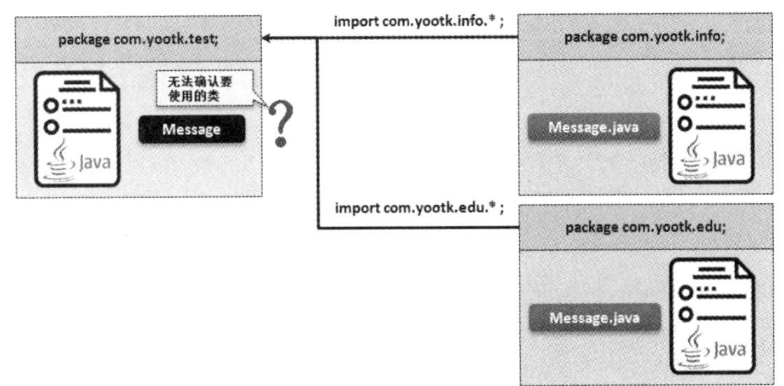

图 9-4　类导入时的问题

范例：避免重复类引发的错误。

```
package com.yootk.test;                                    // 程序所在包
// 假设由于程序开发的需要，同时要导入两个程序包中的若干个类
// 此时两个包中都存在Message类，那么在使用Message类时就必须使用完整类名称
import com.yootk.info.* ;                                  // 导入程序类
import com.yootk.edu.* ;                                   // 导入程序类
public class TestMessage {
    public static void main(String args[]) {               // 程序主方法
        System.out.println(new com.yootk.info.Message());  // 使用完整类名称
    }
}
```

程序执行结果：

```
沐言科技：www.yootk.com
```

本程序使用 import 语句导入了两个程序包，由于这两个包中都有 Message 类，直接使用时会出现引用不明确的错误，为了避免此错误的产生，在实例化 Message 类对象时使用了完整类名称进行定义。

9.1.3　静态导入

静态导入

视频名称　0904_【掌握】静态导入

视频简介　static 方法不受类实例化对象的定义限制，在传统方法中使用 static 方法需要通过类名称的形式调用。本视频主要讲解了对由 static 方法组成的类的静态导入，并分析了与传统导入的区别。

静态导入是 JDK 1.5 之后版本追加的新功能，其主要作用是导入一个类中的全部 static 方法，这样在调用时就可以通过方法名称直接调用。

范例：编写包含静态方法的类。

```
package com.yootk.info ;
public class Message {
    public static String getInfo() {                       // static方法
        return "沐言科技：www.yootk.com" ;
    }
}
```

传统调用方式是采用“Message.getInfo()”，有了静态导入就可以直接将所有的静态方法导入程序，方便调用。

范例：调用静态方法。

```
package com.yootk.main;
import static com.yootk.info.Message.*;                    // 静态导入
```

```
public class YootkDemo {
    public static void main(String[] args) {                        // 程序主方法
        System.out.println(getInfo());                              // 方法调用
    }
}
```

程序执行结果：

```
沐言科技：www.yootk.com
```

本程序通过静态导入（import static）实现了 Message 类中的全部 static 方法导入，相当于把所有的静态方法直接定义在本程序类中，通过方法名称即可实现 static 方法调用。

9.1.4　jar 文件

jar 文件

视频名称　0905_【掌握】jar 文件

视频简介　为方便对功能模块的整体管理，可以对程序进行打包。Java 提供了自己的压缩文件“jar”，本视频主要讲解 jar 文件的作用、生成方式及使用。

jar（Java Archive，Java 归档）文件是 Java 给出的一种压缩格式文件，可以将*.class 文件以*.jar 压缩包的形式给用户，这样方便程序维护。如果要使用 jar，可以直接利用 JDK 给出的 jar 命令；如果要确定使用的参数，可以输入“jar --help”查看，如图 9-5 所示。在实际开发过程中往往只使用以下 3 个参数。

- **-c**：创建一个新的文件。
- **-v**：生成标准的压缩信息。
- **-f**：由用户自己指定一个 jar 文件名称。

```
C:\Windows\system32\cmd.exe
H:\muyan>jar --help
用法: jar [OPTION...] [ [--release VERSION] [-C dir] files] ...
jar 创建类和资源的档案, 并且可以处理档案中的
单个类、资源或者从档案中还原单个类、资源。

 示例:
 # 创建包含两个类文件的名为 classes.jar 的档案:
 jar --create --file classes.jar Foo.class Bar.class
 # 使用现有的清单创建档案, 其中包含 foo/ 中的所有文件:
 jar --create --file classes.jar --manifest mymanifest -C foo/ .
 # 创建模块化 jar 档案, 其中模块描述符位于
 # classes/module-info.class:
 jar --create --file foo.jar --main-class com.foo.Main --module-version 1.0
     -C foo/ classes resources
```

图 9-5　查看 jar 文件参数

范例：定义一个打包类。

```
package com.yootk.info ;
public class Message {
    @Override
    public String toString() {                          // 方法覆写
        return "沐言科技：www.yootk.com" ;
    }
}
```

程序编译命令：

```
javac -d . Message.java
```

程序打包命令：

```
jar -cvf yootk.jar com
```

程序在编译完成后会形成一个“com”目录，此目录中有相应的子包及 Message.class 文件，这样就可以利用 jar 命令将程序打包为 yootk.jar。图 9-6 所示为 jar 文件打包过程。

每个 jar 文件都是一个独立的程序路径，如果想在 Java 程序中使用此路径，必须通过 CLASSPATH 属性进行程序路径的配置。

```
C:\Windows\system32\cmd.exe
H:\muyan>jar -cvf yootk.jar com
已添加清单
正在添加: com/(输入 = 0) (输出 = 0)(存储了 0%)
正在添加: com/yootk/(输入 = 0) (输出 = 0)(存储了 0%)
正在添加: com/yootk/edu/(输入 = 0) (输出 = 0)(存储了 0%)
正在添加: com/yootk/edu/Message.class(输入 = 323) (输出 = 253)(压缩了 21%)
```

图 9-6 jar 文件打包过程

范例：设置 CLASSPATH 属性。

```
SET CLASSPATH=.;H:\muyan\yootk.jar
```

本命令配置了两个类加载路径，一个是当前路径“.”，另一个是 yootk.jar 文件的路径，中间使用“;”进行分隔，但是该命令只能够作用于当前命令执行的环境，如果希望其对所有的命令窗口生效，可以修改系统中的 CLASSPATH 属性，如图 9-7 所示。

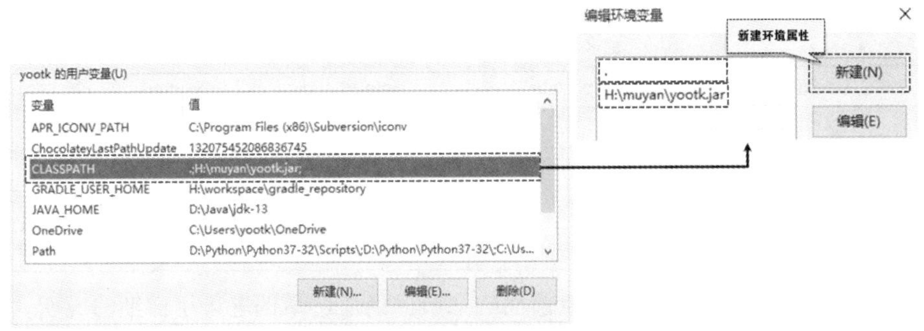

图 9-7 设置系统 CLASSPATH 属性

9.1.5 系统常用包

系统常见包

视频名称 0906_【掌握】系统常见包

视频简介 Java 提供了大量的系统支持类，并且这些类在 JavaDoc 文档中有详细描述。本视频主要对系统的一些常见开发包的作用进行介绍。

Java 语言一个重要的特点是提供了大量的开发支持，尤其是经过了多年的发展，几乎是只要开发者想做，Java 就可以完成，同时 Java 有大量的开发包支撑。Java SE 也提供了一些常见的系统包，如表 9-1 所示。

表 9-1 Java SE 常见系统包

序号	包名称	作用
1	java.lang	包含 Number、String、Integer、Object 等常用类，从 JDK 1.1 开始此包自动导入
2	java.lang.reflect	Java 反射应用包，提供了更高层次的 Java 类操作机制
3	java.math	提供相关的数学操作支持
4	java.util	Java 的重要工具包，里面有大量的工具类
5	java.util.regex	正则表达式的开发包
6	java.io	实现 I/O（Input/Output，输入及输出）开发包
7	java.net	实现 Socket 网络程序开发包，Socket 的开发属于 TCP/UDP 的程序实现
8	java.sql	实现 JDBC 数据库开发的程序包
9	java.text	实现格式化数据的开发包
10	java.time	新一代实现日期时间处理的开发包，可以避免多线程问题
11	java.nio	实现同步非阻塞 I/O 服务的开发包

以上开发包只是 Java 开发中很小的一部分，读者随着练习次数的增加，对这些开发包的理解也会慢慢深入，当开发包使用经验积累到一定程度时就可以开始编写实际的程序了。

9.2 访问控制权限

访问控制权限

视频名称 0907_【掌握】访问控制权限

视频简介 封装性可以保护类结构，Java 的封装性是通过访问控制权限来描述的。本视频主要讲解 4 种访问控制权限的使用范围，并着重讲解 protected 权限。

在面向对象程序设计中，封装性是程序安全的重要保证。封装性也需要通过包、类与继承等来实现，为此 Java 提供了 4 种访问控制权限，如表 9-2 所示。

表 9-2 4 种访问控制权限

序号	范围	private	default	protected	public
1	在同一包的同一类	√	√	√	√
2	同一包的不同类		√	√	√
3	不同包的子类			√	√
4	不同包的非子类				√

private、default、public 权限的特点前面的章节已经通过举例进行了详细的说明，本节重点讲解 protected 权限，该权限的主要特点是允许本包及不同包的子类进行访问。

范例：定义包含 protected 权限的程序类。

```
package com.yootk.info ;
public class Message {
    protected String msg = "沐言科技：www.yootk.com" ;          // protected权限
}
```

范例：通过其他包的子类访问 msg 属性。

```
package com.yootk.main;
import com.yootk.info.Message;
class NetMessage extends Message {                              // 继承Message类
    @Override
    public String toString() {                                  // 方法覆写
        return super.msg ;                                      // 直接访问父类中的属性
    }
}
public class YootkDemo {
    public static void main(String[] args) {                    // 程序主方法
        System.out.println(new NetMessage()) ;                  // 输出子类实例
    }
}
```

程序执行结果：

```
沐言科技：www.yootk.com
```

由于定义了 protected 权限，本程序可以直接通过 NetMessage 子类实现对父类中 msg 属性的访问，如果没有通过子类而是通过非子类访问就会出现编译错误。

提示：关于访问控制权限的使用。

对于访问控制权限，初学者把握住以下原则即可：

- 类中的属性声明主要使用 private 权限；

- 方法的定义主要使用 public 权限，接口中的全部方法都使用 public 权限。

封装性实际上只涉及 3 种权限：private、default 和 protected。public 表示公共，不属于封装。

9.3 构造方法私有化

程序的封装性不仅仅体现在属性中，也可以出现在构造方法、普通方法中，例如，用 private 声明属性时只允许本类进行该属性的访问，而用 private 声明构造方法时，该方法就只能在类的内部进行调用。本节将为读者分析构造方法私有化的相关概念。

提示：关于设计模式的理解。

设计模式的存在是为了让整个程序结构看起来合理，并且具备良好的扩充性，但是设计模式很多，并且在不断演化。在 Java 编程中与所有开发者息息相关的重要的设计模式一共有 3 个：单例（Singleton）设计模式、工厂（Factory）设计模式、代理（Proxy）设计模式。理解这 3 个设计模式及代码开发结构的演变是非常重要的。

9.3.1 单例设计模式

单例设计模式

视频名称 0908_【掌握】单例设计模式

视频简介 在一些特殊的环境中往往不需要进行多个实例化对象的定义，此时就可以对实例化对象的个数进行控制。本视频主要讲解构造方法私有化的主要作用与操作实现。

单例设计模式的核心意义在于将类中的构造方法私有化，这样在类的外部就无法直接使用 new 关键字进行对象实例化，从而实现对象实例化控制。一个类如果没有实例化对象就无法进行方法的调用，那么可以在这样的类的内部定义一个本类的公共对象。在任何时候，类中都只存在一个实例化对象。

范例：单例设计模式。

```
class Singleton {                                                  // 单例程序类
    private static final Singleton INSTANCE = new Singleton();     // 实例化对象
    private Singleton() {}                                         // 构造方法私有化
    public static Singleton getInstance() {                        // 获取实例化对象
        return INSTANCE ;                                          // 返回实例化对象
    }
    @Override
    public String toString() {                                     // 方法覆写
        return "【" + super.toString() + "】沐言科技：www.yootk.com" ;
    }
}
public class YootkDemo {
    public static void main(String[] args) {                       // 程序主方法
        Singleton instance = Singleton.getInstance() ;             // 获取实例化对象
        System.out.println(instance) ;                             // 对象输出
    }
}
```

程序执行结果：

```
【com.yootk.main.Singleton@28a418fc】沐言科技：www.yootk.com
```

本程序为了保证只存在一个实例化对象，在构造方法中使用了 private 声明，这样就只能在内部实例化一个 static 公共对象 INSTANCE，并通过 getInstance()方法获取此对象。在外部执行时不管调用多少次 getInstance()方法，都只会返回唯一的实例化对象。

提示：单例设计模式中的"饿汉式"与"懒汉式"。

单例设计模式主要有两种操作形式，**"饿汉式"单例设计和"懒汉式"单例设计**。上面范例中给出的属于"饿汉式"单例设计，即不管当前类是否要使用 Singleton 类对象实例，始终提供一个 INSTANCE 实例化对象。"懒汉式"单例设计指的是在第一次使用 Singleton 类对象的时候才进行对象的实例化处理。

范例：懒汉式单例设计模式。

```
class Singleton {                                              // 单例程序类
    private static Singleton instance;                         // 未实例化
    private Singleton() {}                                     // 构造方法私有化
    public static Singleton getInstance() {                    // 获取实例化对象
        if (instance == null) {                                // 对象未实例化
            instance = new Singleton() ;                       // 实例化对象
        }
        return instance ;                                      // 返回实例化对象
    }
    @Override
    public String toString() {                                 // 方法覆写
        return "【" + super.toString() + "】沐言科技：www.yootk.com" ;
    }
}
public class YootkDemo {
    public static void main(String[] args) {                   // 程序主方法
        Singleton instance = Singleton.getInstance() ;         // 获取实例化对象
        System.out.println(instance) ;                         // 对象输出
    }
}
```

程序执行结果：

```
【com.yootk.main.Singleton@28a418fc】沐言科技：www.yootk.com
```

本程序在 Singleton 类中定义的 instance 对象并没有直接进行实例化处理，而是在第一次调用 getInstance()方法时进行的对象实例化处理。虽然两者的最终执行效果相同，但是本程序存在同步问题。本套丛书中的《Java 进阶开发实战（视频讲解版）》第 4 章将为读者进行问题分析，这也是重要的行业面试内容。

9.3.2　多例设计模式

多例设计模式

视频名称　0909_【掌握】多例设计模式

视频简介　在单例设计模式的基础上进一步扩展就可以实现有限个实例化对象的定义。本视频在单例设计模式的基础上讲解多例设计模式的使用。

多例设计模式和单例设计模式的本质是相同的，都需要对构造方法进行私有化定义。单例设计模式中只能够有一个实例化对象，而多例设计模式中可以有若干个实例化对象，例如，如果要定义一个表示颜色基色的 Color 类，一般来讲需要提供 3 个实例化对象，即蓝色、绿色、红色；如果要定义描述一周时间的类，那么实例化对象只能够有 7 个；如果要定义描述性别的类，那么实例化对象只能有两个，即男、女。

范例：多例设计模式。

```
class Sex {                                                    // 描述性别的类
    private String value ;                                     // 保存信息
    public static final int MALE = 0 ;                         // 对象类型
```

```
    public static final int FEMALE = 1 ;                                   // 对象类型
    private static final Sex MALE_INSTANCE = new Sex("男") ;               // 对象实例化
    private static final Sex FEMALE_INSTANCE = new Sex("女") ;             // 对象实例化
    private Sex(String value) {                                            // 构造方法私有化
        this.value = value ;
    }
    public static Sex getInstance(int choose) {                            // 获取本类实例
        switch (choose) {                                                  // 判断对象类型
            case MALE:
                return MALE_INSTANCE ;                                     // 返回对象实例
            case FEMALE:
                return FEMALE_INSTANCE;                                    // 返回对象实例
            default:
                return null ;
        }
    }
    @Override
    public String toString() {                                             // 方法覆写
        return this.value ;
    }
}
public class YootkDemo {
    public static void main(String[] args) {                               // 程序主方法
        Sex sex = Sex.getInstance(Sex.MALE) ;                              // 获取对象实例
        System.out.println(sex) ;                                          // 输出对象内容
    }
}
```

程序执行结果：

```
男
```

本程序定义了一个描述性别的类，在类中实例化了两个对象并传入相应的对象信息，在获取 Sex 类对象实例时，通过 MALE 与 FEMALE 两个标记变量即可返回相关对象引用。

9.4 枚　举

定义枚举类

视频名称　0910_【掌握】定义枚举类

视频简介　许多语言提供枚举结构，然而 Java 在 JDK 1.5 之后才提供枚举概念。本视频为读者讲解枚举的主要定义及其与多例设计模式的关系。

枚举是一种可以明确列出一个类中所有有序对象的程序结构，可用于实现多例设计模式的简化定义，是 JDK 1.5 之后推出的功能。为了便于开发者定义枚举类，Java 提供了 enum 关键字。

范例：定义枚举类。

```
enum Color {                                                 // 定义枚举类
    RED, GREEN, BLUE;                                        // 枚举对象
}
public class YootkDemo {
    public static void main(String[] args) {                 // 程序主方法
        Color c = Color.RED;                                 // 获取指定对象
        System.out.println(c);                               // 对象输出
    }
}
```

程序执行结果：

```
RED
```

本程序利用 enum 关键字定义了一个 Color 枚举类，同时在该类中提供 3 个实例化对象：RED、GREEN、BLUE。当需要使用某一对象时通过“枚举类.对象名称”的形式即可直接引用。

提问：枚举对象命名。

本程序定义的 Color 枚举类中，为什么所有的对象名称都使用大写字母？是否可以将其修改为小写字母？

回答：枚举等于简化的多例设计模式。

枚举中出现的所有对象实际上都属于多例设计模式中的实例化对象，这些对象只允许实例化一次。为了便于开发者使用，枚举简化了对象实例化过程。

使用传统多例设计模式进行开发，很难全面地知道到底有多少个对象可供使用，但是如果直接使用枚举，这些信息就可以非常直白地描述出来。

范例：获取枚举中的全部对象。

```
enum Color {                                            // 定义枚举类
    RED, GREEN, BLUE;                                   // 枚举对象
}
public class YootkDemo {
    public static void main(String[] args) {            // 程序主方法
        for (Color c : Color.values()) {                // values()可以获取全部枚举信息
            System.out.print(c + "、") ;                // 获取枚举对象
        }
    }
}
```

程序执行结果：

```
RED、GREEN、BLUE、
```

本程序通过 Color.values()方法以数组的形式返回了全部枚举对象，这样就可以通过 foreach 结构迭代输出所有的枚举信息。

JDK 1.5 除了推出枚举结构，还加强了 switch 功能，开发者可以直接使用枚举进行 switch 内容匹配处理。

范例：结合 switch 使用枚举。

```
enum Color {                                            // 定义枚举类
    RED, GREEN, BLUE;                                   // 枚举对象
}
public class YootkDemo {
    public static void main(String[] args) {            // 程序主方法
        Color c = Color.RED ;                           // 获取枚举对象
        switch (c) {                                    // 判断枚举类型
            case RED:                                   // 枚举匹配
                System.out.println("【RED】红色") ;
                break ;
            case GREEN:                                 // 枚举匹配
                System.out.println("【GREEN】绿色") ;
                break ;
            case BLUE:                                  // 枚举匹配
                System.out.println("【BLUE】蓝色") ;
                break ;
        }
    }
}
```

程序执行结果：

```
【RED】红色
```

本程序结合 switch 语句实现了枚举项判断，每次传入的枚举对象都可以通过 case 语句进行匹配。这个操作机制比直接使用多例设计模式更加方便。

提示：switch 进化史。

switch 分支结构在程序设计领域是一个重要的程序结构，JDK 的多次版本更新都提供了 switch 操作支持。下面带读者回顾不同 JDK 版本的 switch 操作特点。

【JDK 1.0】switch 支持整型、字符型数据的判断。

【JDK 1.5】switch 支持枚举项判断。

【JDK 1.7】switch 支持 String 内容判断。

【JDK 13】switch 可以结合 yield 实现局部操作返回。

【JDK 14】为了解决 break 丢失所造成的继续执行后续 case 的问题，提供了新的结构语法。

9.4.1 Enum 类

Enum 类

视频名称 0911_【掌握】Enum 类

视频简介 Enum 类实现了枚举公共方法的定义，是基于构造方法私有化的形式完成的。本视频主要讲解 Enum 类与 enum 关键字的联系。

Java 中需要通过 enum 关键字来实现枚举类的定义，但是严格意义上讲，使用 enum 关键字定义类本质上相当于一个类继承了 Enum 父类结构，即如果想研究枚举，首先需要观察 Enum 类的定义。

```
public abstract class Enum<E extends Enum<E>>                    // 泛型上限
extends Object
implements Constable, Comparable<E>, Serializable {}
```

从 Enum 类的定义可以发现，此类属于抽象类，所以在实际使用时必须定义子类。如果子类不属于抽象类，则一定要覆写父类中的全部抽象方法，但是 Enum 类并没有提供抽象方法，常用方法如表 9-3 所示。之所以将 Enum 类定义为抽象类，是因为不希望这个类被开发者直接使用。

表 9-3　Enum 类常用方法

序号	方法名称	类型	描述
1	protected Enum(String name, int ordinal)	普通	Enum 类构造方法，需要设置名称和序号（定义顺序）
2	public final String name()	普通	获取枚举名称
3	public final int ordinal()	普通	获取枚举的序号，根据定义顺序生成

可以发现，Enum 类构造方法使用了 protected 访问控制权限，即此时枚举的构造方法使用了封装定义（不管是单例设计模式还是多例设计模式，首要的要求就是构造方法私有化）。

范例：观察 Enum 类的使用。

```
enum Color {                                                      // 定义枚举类
    RED, GREEN, BLUE;                                             // 枚举对象
}
public class YootkDemo {
    public static void main(String[] args) {                      // 程序主方法
        for (Color c : Color.values()) {                          // values()可以获取全部枚举信息
            System.out.println("【" + c + "】name = " + c.name() +
                "、ordinal = " + c.ordinal()) ;                     // 获取枚举对象
```

```
        }
    }
}
```

程序执行结果：

```
【RED】name = RED、ordinal = 0
【GREEN】name = GREEN、ordinal = 1
【BLUE】name = BLUE、ordinal = 2
```

本程序在进行枚举对象输出时调用了 Enum 类提供的 name()与 ordinal()两个方法，可以发现默认的枚举名称为对象名称，而序号根据枚举对象定义的顺序从 0 开始分配。

9.4.2　扩展枚举结构

扩展枚举结构

视频名称　0912_【掌握】扩展枚举结构

视频简介　Java 中的枚举结构与其他语言相比有了进一步的提升。本视频主要讲解在枚举结构中定义构造方法、属性、普通方法的操作，以及实现接口与定义抽象方法的操作。

虽然 Java 提供枚举概念的时间较晚，但是相较于其他编程语言，Java 中的枚举结构基于类的结构改造而来，所以拥有更多的功能，如定义属性或实现接口等。

范例：在枚举结构中定义属性。

```
enum Color {                                                    // 定义枚举类
    // 此时类中不提供无参数构造方法，所以每一个枚举项（实例化对象）都必须明确地调用构造方法并传递参数
    RED("红色"), GREEN("绿色"), BLUE("蓝色"); // 枚举项必须写在类的首行
    private String content ;                                    // 定义属性
    private Color(String content) {                             // 构造方法必须封装
        this.content = content;
    }
    @Override
    public String toString() {                                  // 覆写toString()方法
        return this.content;
    }
}
public class YootkDemo {
    public static void main(String[] args) {                    // 程序主方法
        for (Color c : Color.values()) {                        // values()可以获取全部枚举信息
            System.out.println("【" + c + "】name = " + c.name() + "、ordinal = " + c.ordinal());
        }
    }
}
```

程序执行结果：

```
【红色】name = RED、ordinal = 0
【绿色】name = GREEN、ordinal = 1
【蓝色】name = BLUE、ordinal = 2
```

本程序定义的 Color 枚举类提供了 content 属性，为便于属性赋值又定义了一个私有化构造方法，这样在定义枚举对象时就必须调用单参数构造方法。

范例：在枚举结构中实现接口。

```
interface IMessage {                                            // 定义一个获取消息的接口
    public String getColor() ;                                  // 抽象方法
}
enum Color implements IMessage { // 定义枚举类
    // 此时类中不提供无参数构造方法，所以每一个枚举项（实例化对象）都必须明确地调用构造方法并传递参数
    RED("红色"), GREEN("绿色"), BLUE("蓝色");                    // 枚举项必须写在类的首行
    private String content ;                                    // 定义属性
```

```
    private Color(String content) {                                  // 构造方法必须封装
        this.content = content;
    }
    @Override
    public String getColor() {                                       // 方法覆写
        return this.content ;
    }
}
public class YootkDemo {
    public static void main(String[] args) {                         // 程序主方法
        IMessage msg = Color.RED ;                                   // 获取一个接口子类对象
        System.out.println(msg.getColor()) ;
    }
}
```

程序执行结果：

```
红色
```

本程序中的枚举类实现了 IMessage 接口，可以发现在枚举结构中可以像在类中一样进行方法覆写，这样每一个 Color 枚举对象都属于 IMessage 接口对象。

9.4.3 枚举应用案例

枚举应用案例

视频名称 0913_【掌握】枚举应用案例

视频简介 枚举作为一种提供有限实例化对象个数的类结构，可以实现操作范围的限定。本视频使用枚举的概念实现一个具体的应用开发。

读者经过一系列分析已经清楚了枚举的基本用法，随后还需要进一步思考：在实际的开发中枚举该如何使用呢？首先一定要清楚，使用枚举就相当于定义了一个操作范畴，既然有了操作范畴，一些类的对象就有了固定的使用环境。例如，假设定义了图书类，图书肯定还可以分类，这个分类就可以通过枚举来描述。

范例：通过枚举定义图书分类。

```
enum BookType {                                                      // 定义枚举类
    MATH("数学"), PROGRAM("软件编程"), NETWORK("网络工程");
    private String content;
    private BookType(String content) {                               // 单参数构造方法
        this.content = content;
    }
    @Override
    public String toString() {                                       // 方法覆写
        return this.content;
    }
}
class Book {
    private String title ;
    private String author ;
    private double price ;
    private BookType type;                                           // 图书类型
    public Book(String title, String author, double price, BookType type) {
        this.title = title ;
        this.author = author ;
        this.price = price ;
        this.type = type ;
    }
    @Override
    public String toString() {
        return "【图书】名称：" + this.title + "、作者：" + this.author +
            "、价格：" + this.price + "、类型：" + this.type ;
```

```
    }
    // 无参数构造方法、setter、getter略
}
public class YootkDemo {
    public static void main(String[] args) {                    // 程序主方法
        System.out.println(new Book("Java程序设计开发实战", "李兴华", 99.8, BookType.PROGRAM)) ;
    }
}
```

程序执行结果：

```
【图书】名称：Java程序设计开发实战、作者：李兴华、价格：99.8、类型：软件编程
```

本程序中定义的 Book 类直接引用了 BookType 枚举类，这样所创造的图书对象可以使用的图书类型就全部由枚举类定义。

9.5　模块化设计

Jigsaw 设计简介

视频名称　0914_【理解】Jigsaw 设计简介

视频简介　JDK 9 之后的版本为了提升程序的执行性能，专门提供了模块化的设计结构。本视频详细分析 JDK 8 及以前版本的类加载设计，并解释模块化设计的意义。

JDK 9（Java 9）与旧版本相比很大的变化之一是引入了模块系统（Jigsaw 项目）。Jigsaw 是 OpenJDK 项目下的一个子项目，旨在为 Java SE 平台设计提供一个标准的模块系统，并应用到该平台和 JDK 中。

在 JDK 8 及以前的版本中，程序编译和执行的时候需要加载大量的系统类库，如图 9-8 所示，这些系统类库被统一保存在两个重要的 jar 文件中。

- tools.jar（${JAVA_HOME}\lib\tools.jar，17MB）：相关工具支持类配置。
- rt.jar（${JRE_HOME}\lib\rt.jar，52MB）：Java 核心类库。

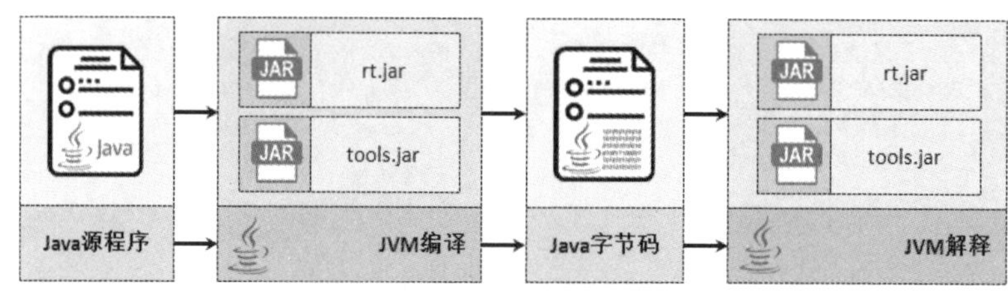

图 9-8　传统 JDK 的编译和执行

由于这两个 jar 文件的体积比较大，程序编译或解释执行时容易出现执行性能问题，所以 JDK 9 之后的版本引入了模块化系统，主要的目的是将 rt.jar 与 tools.jar 文件中的代码根据功能模块进行拆分，这样程序就可以根据需要进行模块加载，减少不必要的加载，从而提升执行性能。JDK 中的模块加载如图 9-9 所示。

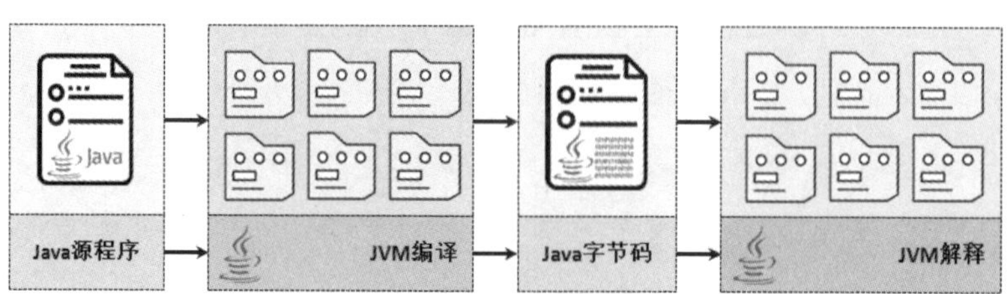

图 9-9　JDK 中的模块加载

> **注意：模块保存路径。**
>
> JDK 9 之后 JavaDoc 文档结构发生了改变，所有的程序包都保存在相应的模块中，如图 9-10 所示，同时 JDK 的安装目录中提供了“jmods”目录用于模块保存。
>
> All Modules | Java SE | JDK | JavaFX | Other Modules
>
> | Module | Description |
> | --- | --- |
> | java.activation | Defines the JavaBeans Activation Framework (JAF) API. |
> | java.base | Defines the foundational APIs of the Java SE Platform. |
> | java.compiler | Defines the Language Model, Annotation Processing, and Java Compiler APIs. |
> | java.corba | Defines the Java binding of the OMG CORBA APIs, and the RMI-IIOP API. |
> | java.datatransfer | Defines the API for transferring data between and within applications. |
> | java.desktop | Defines the AWT and Swing user interface toolkits, plus APIs for accessibility, audio, imaging, printing, and JavaBeans. |
>
> 图 9-10　JavaDoc 的模块定义

9.5.1　模块定义

模块基本定义和使用

视频名称　0915_【理解】模块基本定义和使用

视频简介　模块是在已有类结构基础上扩展出的一种程序结构。本视频详细地解释 module-info 程序类的作用，以及模块编译和执行的处理操作。

模块的本质和包是非常类似的，都属于文件目录。Java 模块定义要求该模块目录中必须存在一个 module-info.java 模块描述文件，该文件定义了模块的名称及与其相关的其他模块的信息。如果想充分地理解这种模块的定义，就必须对当前程序的开发做出目录结构上的限定，如图 9-11 所示。

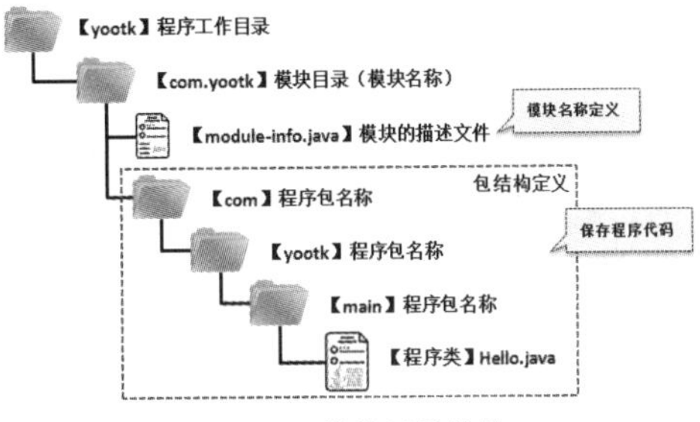

图 9-11　模块目录结构

模块的定义过程较为烦琐，下面通过具体的操作步骤创建一个“com.yootk”模块，假设当前的工作目录为 H:\yootk，所有的操作将在此目录下进行。

（1）创建一个“com.yootk”模块目录，路径为 H:\yootk\com.yootk。

（2）创建“module-info.java”模块描述文件，该文件的路径为 H:\yootk\com.yootk\module- info.java，代码如下：

```
module com.yootk {}
```

定义模块名称时必须保证文件所在的父目录名称与当前模块中定义的名称相同，否则会出现找不到模块的情况。

（3）创建程序类“com.yootk.main.Hello”，该程序类的路径为 H:\yootk\com.yootk\com\yootk\main\Hello.java，代码如下：

```
package com.yootk.main ;                                       // 程序包保存在模块目录中
public class Hello {
    public static void main(String[] args) {                   // 程序主方法
        System.out.println("沐言科技：www.yootk.com") ;        // 信息打印
    }
}
```

（4）使用模块必须进行打包处理，而打包必须在程序的父目录中进行（操作路径为 H:\yootk）。

```
javac -d mods/com.yootk com.yootk/module-info.java com.yootk/com/yootk/main/Hello.java
```

执行参数解释如下。

- -d mods/com.yootk：生成一个模块目录，目录名称为“mods”，其后有一个子目录“com.yootk”。
- com.yootk/module-info.java：使用特定的 module 配置文件进行打包。
- com.yootk/com/yootk/main/Hello.java：要打包的程序类。

本程序将模块打包到了“mods”目录下，并且模块中的相应代码都保存在了“com.yootk”目录中，在打包后的目录中可以发现 “module-info.class”模块描述文件。

（5）当前的 Hello.java 程序类保存在模块中，所以执行时需要配置相关的模块。

```
java --module-path mods -m com.yootk/com.yootk.main.Hello
```

程序执行结果：

```
沐言科技：www.yootk.com
```

本程序中 java 命令通过“--module-path mods”设置了模块的加载路径，然后又利用“-m com.yootk”参数设置了模块名称，这样就可以直接执行“com.yootk”模块中的程序类。

9.5.2　模块引用

模块引用

视频名称　0916_【理解】模块引用

视频简介　模块结构可以实现更高级的类程序文件管理，但是模块之间会存在引用结构的关联。本视频通过两个具体模块的定义讲解两个模块之间的引用操作。

利用模块可以实现代码结构的进一步拆分，但是每个模块中依然存在许多程序类，这些程序类有可能使用到其他模块的类，那么就需要进行模块引用，而模块引用关键的一步在于不同模块中的 module-info.java 文件对程序包的导出配置。模块的导入与导出引用操作如图 9-12 所示。

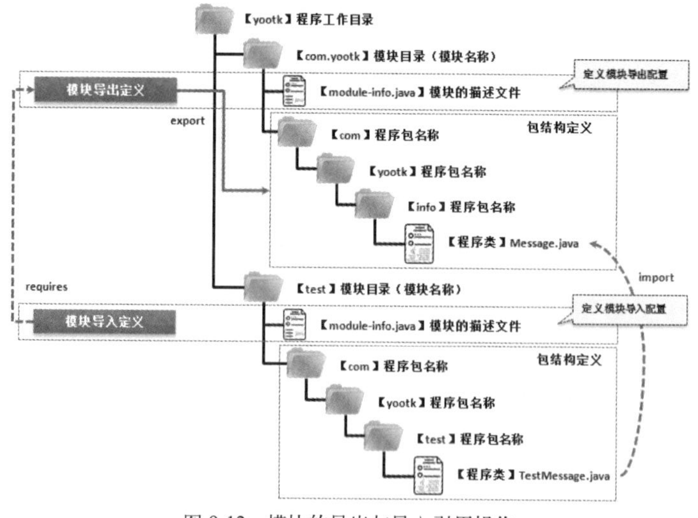

图 9-12　模块的导出与导入引用操作

为了便于读者理解，下面依据图 9-12 开发两个模块“com.yootk”与“test”，这两个模块所在的父路径为 H:\yootk，具体的操作步骤如下。

（1）【com.yootk 模块】创建“com.yootk”子目录，路径为 H:\yootk\com.yootk。

（2）【com.yootk 模块】创建“com.yootk.info.Message”类，路径为 H:\yootk\com.yootk\com\yootk\

info\Message.java，该类的程序代码如下：

```
package com.yootk.info ;
public class Message {
    @Override
    public String toString() {                              // 方法覆写
        return "沐言科技：www.yootk.com" ;
    }
}
```

（3）【com.yootk 模块】每一个模块都属于独立的空间，要想让这个空间的内容被外部使用，就需要进行导出配置。导出配置主要通过 module-info.java 程序进行，路径为 H:\yootk\com.yootk\module-info.java，该文件定义如下：

```
module com.yootk {
    exports com.yootk.info ;                               // 导出包名称
}
```

（4）【com.yootk 模块】将“com.yootk”模块打包到“mods”目录中：

```
javac -d mods/com.yootk com.yootk/module-info.java com.yootk/com/yootk/info/Message.java
```

（5）【test 模块】创建“test”子目录，路径为 H:\yootk\test。

（6）【test 模块】创建测试程序类“com.yootk.test.TestMessage”，路径为 H:\yootk\test\com\yootk\test\TestMessage.java，在该类中需要导入 Message 类，代码如下：

```
package com.yootk.test ;
import com.yootk.info.Message ;                            // 导入其他包的程序类
public class TestMessage {
    public static void main(String args[]) {               // 程序主方法
        System.out.println(new Message()) ;                // 直接输出Message对象
    }
}
```

（7）【test 模块】创建模块配置文件“module-info.java”，文件保存路径为 H:\yootk\test\module-info.java，在此文件中要定义所依赖的模块名称：

```
module test {
    requires com.yootk ;                                   // 添加所需要的模块
}
```

（8）【test 模块】将“test”模块打包到“mods”目录中：

```
javac --module-path mods -d mods/test test/module-info.java test/com/yootk/test/TestMessage.java
```

（9）【test 模块】模块打包完成之后执行 TestMessage 类进行测试：

```
java --module-path mods -m test/com.yootk.test.TestMessage
```

程序执行结果：

```
沐言科技：www.yootk.com
```

最终的执行结果显示可以在 test 模块中加载 com.yootk 模块的 Message 类，从而实现模块的引用。

9.5.3 模块发布

模块发布

视频名称 0917_【理解】模块发布

视频简介 模块开发完成之后要交付最终的程序使用。本视频为读者详细地讲解*.jar 与*.jmod 文件之间的关联，并通过具体的操作进行打包处理，最后利用 jlink 实现新的 JRE（Java 运行环境）的定义及程序运行。

前面的程序已经实现了模块的定义与导入处理，细心的读者观察“${JAVA_HOME}/jmods”目录下保存的模块名称会发现，所有的模块都是以“*.jmod”形式命名的，它们统一称为模块文件。如果想将自己的模块也打包为模块文件，需要进行如下操作。

- **第一步**：Java 程序里面基本的核心结构就是*.jar 文件，每一个*.jar 文件里面都可能存在若干个程序包，模块实际上是对相关程序包的管理，模块也需要*.jar 文件的环境支持，所以要进行*.jar 文件的创建。
- **第二步**：根据*.jar 文件创建相关的*.jmod 文件，每个“*.jmod”都是一个模块名称（目录）。
- **第三步**：根据*.jmod 文件创建一个新的 JRE（这个 JRE 只包含需要的模块）。

本程序沿用上一节中已定义的模块目录“mods/com.yootk”“mods/test”，具体操作步骤如下。

（1）【com.yootk 模块】本程序中“com.yootk.info.Message”类为外部模块引用的程序类，如果想将其打包为模块文件，就需要将“mods/com.yootk”目录下保存的程序打包为“message.jar”文件：

```
jar --create --file message.jar -C mods/com.yootk
```

（2）【com.yootk 模块】得到“message.jar”文件之后就可以根据此文件创建“com.yootk.jmod”模块文件：

```
jmod create --class-path message.jar com.yootk.jmod
```

（3）【test 模块】“com.yootk.test.TestMessage”为用于测试的主程序，可以将“mods/test”模块打包为“test.jar”，但是需要注意的是，打包时可以直接设置程序启动的主类，将“test.jar”变为一个可执行 jar 文件：

```
jar --create --file test.jar --main-class com.yootk.test.TestMessage -C mods/test
```

（4）【test 模块】根据“test.jar”文件创建“test.jmod”模块文件：

```
jmod create --class-path test.jar test.jmod
```

（5）【模块连接】此时所有生成的“*.jmod”文件都保存在了“h:\yootk”根目录中，为了便于模块的配置，可以在此目录下创建一个“parts”目录（路径为 H:\yootk\parts），保存所有的“*.jmod”文件。

（6）【模块连接】如果想正常使用当前的“*.jmod”文件，就必须创建一个新的 JRE，这个 JRE 属于几个特定模块（不像外部提供的 JDK 里面的 JRE 那样需要很多模块，只包含自己需要的模块即可）：

```
jlink --module-path parts --add-modules java.base,com.yootk,test --output muyan
```

此时形成了一个名称为“muyan”的新的 JRE（路径为 H:\yootk\muyan），并且该环境不管是否引入了“java.base.jmod”模块，最终都会自动进行依赖管理。

（7）【自定义 JRE】使用新的 JRE（muyan）运行 test 模块：

```
h:\yootk\muyan\bin\java --module test
```

程序执行结果：

```
沐言科技：www.yootk.com
```

这样就在当前系统中依据核心 JRE 结合用户定义的模块创建了一个新的 JRE，该环境只包含与本程序相关的核心模块，可以实现良好的定制化开发。

9.6　本 章 概 览

1．Java 中使用包进行各个功能类的结构划分，可以解决多人开发时产生的类名称重复的问题。

2．在 Java 中可使用 package 关键字将一个类放入一个包，包的本质就是一个目录，在开发中往往需要依据自身的开发环境定义父包名称和子包名称。在标准开发中所有的类都必须放在一个包内。

3．在 Java 中使用 import 语句可以导入一个已有的包。

4．一个程序中如果导入了不同包的同名类，使用时一定要明确地写出“包.类名称”。

5．Java 中的访问控制权限有 4 种：private、default、protected、public。

6．使用 jar 命令可以将一个包压缩成一个 jar 文件，供用户使用。

7．单例设计模式与多例设计模式都要求构造方法私有化，同时需要在类的内部提供实例化对象，利用引用传递将其交给外部类使用。

8．JDK 1.5 之后提供的枚举概念可以简化多例设计模式，提供更加丰富的类结构定义。

9. 使用 enum 关键字定义的枚举默认继承 Enum 类。在 Enum 类中的构造方法使用 protected 权限，并且接收枚举名称与序号（根据枚举对象定义的顺序自动生成）。

10．模块化设计是 JDK 9 提供的新支持，利用模块化设计可以自定义 JRE，减少不必要的类库导入，实现程序性能的提升。

第 10 章 异常捕获与处理

本章学习目标

1. 了解 Java 中异常对程序执行的影响；
2. 掌握异常处理语句的基本格式，熟悉 try、catch、finally 关键字的作用；
3. 掌握 throw、throws 关键字的作用；
4. 了解 Exception 与 RuntimeException 的区别和联系；
5. 掌握自定义异常类的意义与代码实现；
6. 了解 assert 关键字的作用。

在程序开发中，程序的编译与执行是两个不同的阶段，程序编译主要进行的是语法检测，而程序执行时有可能出现各种各样的错误，这些错误在 Java 中统称为异常。Java 的异常处理操作非常方便。本章将介绍异常的基本概念及相关的处理方式。

10.1 异常捕获

认识异常

视频名称 1001_【掌握】认识异常

视频简介 即使是一个设计精良的程序，执行中也会存在各种意想不到的异常。本视频主要通过前面讲解的 NullPointerException、ClassCastException 解释异常的产生，以及不处理异常所带来的问题。

在程序开发过程中，开发者的疏忽可能导致一些操作缺少相应的处理，使程序的执行出现问题，有些问题会导致计算出错，有些问题会导致程序崩溃。例如，前面提到的程序中常见的 NullPointerException（空指向异常）和 ClassCastException（类转换异常），如果没有得到合适的处理，就会导致程序中断执行。

范例：观察异常带来的程序中断。

```
package com.yootk.main;
class Book {}
public class YootkDemo {
    public static void main(String[] args) {                    // 程序主方法
        Book book = null ;                                        // 声明一个对象
        System.out.println(book.equals(null)) ;                   // 对象比较
        System.out.println("【END】程序执行完毕！") ;              // 正常完成时的信息输出
    }
}
```

程序执行结果：

```
Exception in thread "main" java.lang.NullPointerException
    at YootkDemo.main(YootkDemo.java:5)
```

本程序在执行时由于没有对 book 类对象进行实例化处理，所以 book 为 null，使用 null 调用方法时就出现了空指向异常。通过程序的执行结果可以发现，一旦程序出现空指向异常，并且没有进行有效的处理，就会导致程序中断执行。

为了保证程序在出现异常之后可以继续正确地执行完毕，比较好的做法是引入异常处理机制。

10.1.1 异常处理

异常处理

视频名称 1002_【掌握】异常处理

视频简介 为了简化程序异常处理操作，Java 提供了方便的异常处理支持。本视频主要讲解异常处理关键字 try、catch、finally 的作用，同时给出异常处理的标准格式。

为了保证出现异常之后程序可以正确地执行完毕，需要进行合理的异常处理。异常处理主要通过 try、catch、finally 三个关键字来实现。首先观察异常处理的语法结构：

```
try {
    // 有可能产生异常的程序代码
} [catch (异常类型 异常对象) {
    // 异常的处理
} catch (异常类型 异常对象) {
    // 异常的处理
} ... ] [finally {
    // 最终一定会执行的程序代码
}]
```

以上给出的语法结构中可以采用三种组合模式：try…catch、try…catch…finally、try…finally。

范例：处理程序异常。

```
public class YootkDemo {
    public static void main(String[] args) {                     // 程序主方法
        try {                                                     // 将可能产生异常的语句直接放在try中
            int result = 10 / 0 ;                                 // 产生异常之后的代码将不再执行
            System.out.println("【计算结果】" + result) ;        // 输出计算结果
        } catch (ArithmeticException e) {                         // 匹配异常类型
            // 在进行异常处理的时候如果直接输出异常对象，那么获得的异常信息是不完整的
            e.printStackTrace() ;                                 // 输出异常信息
        }
        System.out.println("【计算结束】沐言科技：www.yootk.com") ;      // 正常结束提示
    }
}
```

程序执行结果：

```
java.lang.ArithmeticException: / by zero
    at YootkDemo.main(YootkDemo.java:4)
【计算结束】沐言科技：www.yootk.com
```

本程序对异常进行了处理，所以即便出现了异常，也会正常地执行完整个程序，所以引入异常处理的一大优势就在于可以保证程序的顺序执行。需要注意的是，在异常处理中除了 try…catch 组合之外，也可以使用 try…catch…finally 组合，其中 finally 表示不管是否出现异常都会执行的语句。

范例：使用“try…catch…finally”处理异常。

```
public class YootkDemo {
    public static void main(String[] args) {                     // 程序主方法
        try { // 将可能产生异常的语句直接放在try中
            int result = 10 / 0;                                  // 产生异常的代码将不再继续执行
            System.out.println("【计算结果】" + result);         // 输出计算结果
        } catch (ArithmeticException e) {                         // 匹配异常类型
```

```
            // 在进行异常处理的时候如果直接输出异常对象，那么所获得的异常信息是不完整的
            e.printStackTrace();                                    // 输出异常信息
        } finally {
            System.out.println("【FINALLY】不管是否出现异常，都会执行本操作。") ;
        }
        System.out.println("【计算结束】沐言科技：www.yootk.com");  // 正常结束提示
    }
}
```

程序执行结果：

```
java.lang.ArithmeticException: / by zero
    at YootkDemo.main(YootkDemo.java:4)
【FINALLY】不管是否出现异常，都会执行本操作。
【计算结束】沐言科技：www.yootk.com
```

本程序在“try…catch”结构之后设置了“finally”代码，这样不管当前的程序是否产生异常都会执行 finally 中的语句。

10.1.2　处理多个异常

处理多个异常

视频名称　1003_【掌握】处理多个异常

视频简介　一个程序有可能产生多种异常。本视频通过基本的初始化参数和数学计算的模式，讲解在 try 语句中处理多个 catch 操作的情况，并分析存在的问题。

在程序开发中，随着操作功能的实现，一个程序有可能出现多个异常，如果其中一个异常没有处理到位，程序执行就会中断，这时可以通过多个“catch”实现异常的捕获。

例如，假设要通过初始化参数设置两个数学计算的数字，由于初始化参数类型为 String，在程序执行时首先要进行字符串转型，然后才可以实现除法计算。这一程序中可能存在 3 个异常。

- ArrayIndexOutOfBoundsException：执行时没有输入初始化参数导致的数组越界异常。
- NumberFormatException：输入的初始化参数不是数字，转型时产生的数字格式化异常。
- ArithmeticException：在进行数学计算时被除数为 0 导致的算数异常。

范例：实现多个异常处理。

```
public class YootkDemo {
    public static void main(String[] args) {                        // 程序主方法
        try { // 将可能产生异常的语句直接放在try中
            int x = Integer.parseInt(args[0]) ;                     // 第一个参数为计算数字
            int y = Integer.parseInt(args[1]) ;                     // 第二个参数为计算数字
            int result = x / y;                                     // 产生异常之后的代码将不再执行
            System.out.println("【计算结果】" + result);            // 输出计算结果
        } catch (ArithmeticException e) {                           // 匹配异常类型
            e.printStackTrace();                                    // 输出异常信息
        } catch (ArrayIndexOutOfBoundsException e) {                // 匹配异常类型
            e.printStackTrace();                                    // 输出异常信息
        } catch (NumberFormatException e) {                         // 匹配异常类型
            e.printStackTrace();                                    // 输出异常信息
        } finally {
            System.out.println("【FINALLY】不管是否出现异常，都会执行本操作。") ;
        }
        System.out.println("【计算结束】沐言科技：www.yootk.com");  // 正常结束提示
    }
}
```

输入的未输入初始化参数：

```
java YootkDemo
java.lang.ArrayIndexOutOfBoundsException: Index 0 out of bounds for length 0
```

```
【FINALLY】不管是否出现异常，都会执行本操作。
【计算结束】沐言科技：www.yootk.com
```

输入的初始化参数不是数字：

```
java YootkDemo muyan yootk
java.lang.NumberFormatException: For input string: "muyan"
【FINALLY】不管是否出现异常，都会执行本操作。
【计算结束】沐言科技：www.yootk.com
```

计算时被除数为 0：

```
java YootkDemo 10 0
java.lang.ArithmeticException: / by zero
    at YootkDemo.main(YootkDemo.java:6)
【FINALLY】不管是否出现异常，都会执行本操作。
【计算结束】沐言科技：www.yootk.com
```

本程序对 3 个异常都可捕获，这样只要出现匹配的异常，程序就可以正确捕获并进行处理，以保证程序的正常执行。

10.2 异 常 控 制

异常处理流程

视频名称 1004_【掌握】异常处理流程

视频简介 Java 中面向对象的核心设计思想就是“统一标准”，对异常进行合理处理需要掌握操作流程。本视频主要分析 Java 的异常处理流程，并讲解 Exception 子类处理异常的实现机制。

在程序的开发中存在大量的异常类型，如果每个程序都通过一系列 catch 进行异常捕获，代码的开发难度实在是太大了。所以，要想进行合理的异常处理，首先就要掌握异常的处理流程。在分析异常的处理流程之前，请读者先观察前面接触过的“ArithmeticException”“ NumberFormatException”两个异常类的继承结构。

【算数异常】ArithmeticException：

```
java.lang.Object
   |- java.lang.Throwable
      |- java.lang.Exception
         |- java.lang.RuntimeException
            |- java.lang.ArithmeticException
```

【数字格式化异常】NumberFormatException：

```
java.lang.Object
   |- java.lang.Throwable
      |- java.lang.Exception
         |- java.lang.RuntimeException
            |- java.lang.IllegalArgumentException
               |- java.lang.NumberFormatException
```

通过以上异常类的继承结构可以发现，所有的异常类实际上都属于 Throwable 类的子类。Throwable 类中存在两种子类，即 Error 和 Exception，继承结构如图 10-1 所示。这两个子类的区别如下。

- Error：JVM 错误，此类错误一般发生在 JVM 运行的过程中，并且无法通过程序处理。
- Exception：程序执行中产生的异常，可以处理。程序中的异常均为 Exception 子类。

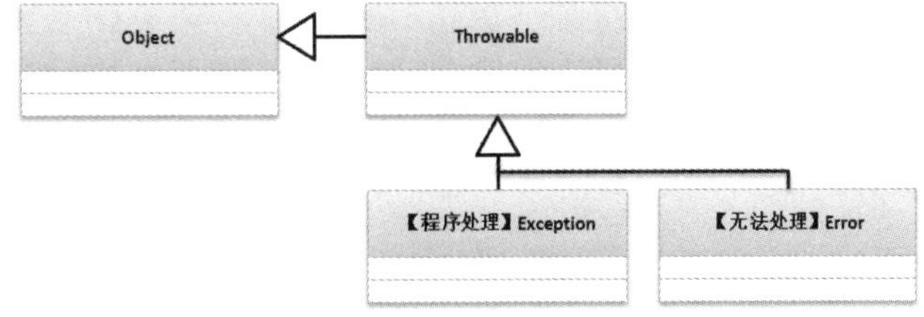

图 10-1 异常类继承结构

在 Java 中所有对象的引用都可以利用对象向上转型的操作形式通过父类进行接收。对异常的处理本质上也属于对象匹配操作，图 10-2 所示为 Java 异常处理流程，该处理流程分为如下步骤。

（1）在程序代码编写过程中，处理逻辑不到位可能会让代码产生异常，例如，逻辑中含有“10 / 0”就会出现异常，而在代码中添加合适的判断就可以保证不出现此异常。

（2）异常产生之后 JVM 会根据异常的类型自动实例化一个指定异常类型的异常类对象（控制异常类对象的个数对于性能提升非常有必要）。

（3）如果当前的程序代码已经明确地提供了异常处理语句的格式，程序就会对异常进行捕获；如果当前的程序代码中没有异常处理语句，程序就会自动将此异常类对象交由 JVM 进行默认处理，默认的处理方式为输出异常信息，同时中断程序的执行。

（4）如果当前的程序代码中存在异常处理结构，程序会通过 try 语句捕获当前的异常类的实例化对象，同时对异常产生之后的代码不再继续执行。

（5）如果在 try 语句之后定义 catch 语句，程序就会自动将捕获的实例化对象与 catch 中捕获的异常类型进行匹配，如果匹配成功则使用当前的 catch 进行异常处理，如果匹配不成功，则交由下一个 catch 继续匹配。

（6）不管是否存在匹配的异常类型，程序最终都要执行 finally 中的代码。如果已经处理异常，则程序继续向下执行其他代码；如果没有处理异常，表示当前的异常处理结构无法处理此异常，则交由 JVM 进行默认处理。

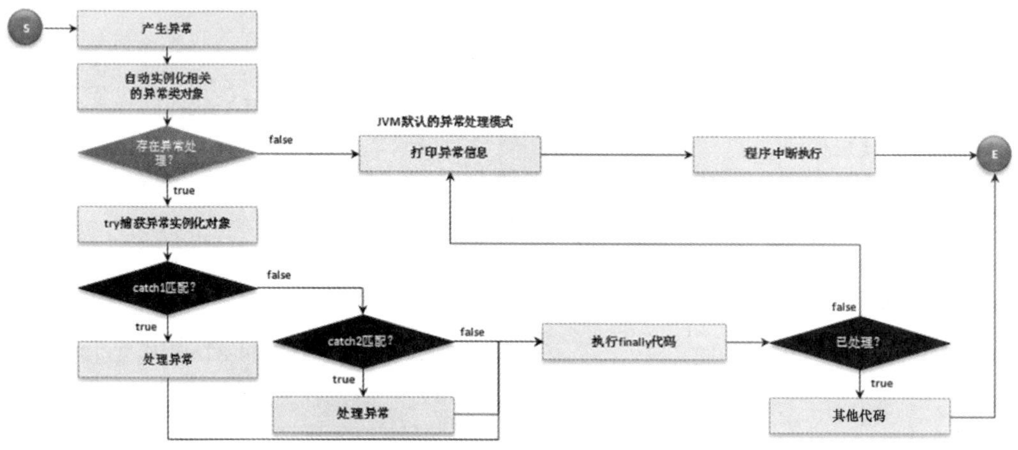

图 10-2　Java 异常处理流程

通过异常的处理流程可以发现，程序产生的异常类对象都可以通过 Exception 类进行匹配，所以异常处理的简单机制就是直接在 catch 中捕获 Exception 类。

范例：通过 Exception 类捕获全部异常。

```
public class YootkDemo {
    public static void main(String[] args) {                    // 程序主方法
        try { // 将可能产生异常的语句直接放在try中
            int x = Integer.parseInt(args[0]) ;                 // 第一个参数为计算数字
            int y = Integer.parseInt(args[1]) ;                 // 第二个参数为计算数字
            int result = x / y;                                 // 产生异常之后的代码将不再执行
            System.out.println("【计算结果】" + result);          // 输出计算结果
        } catch (Exception e) {                                 // 匹配异常类型
            e.printStackTrace();                                // 输出异常信息
        } finally {
            System.out.println("【FINALLY】不管是否出现异常，都会执行本操作。") ;
        }
        System.out.println("【计算结束】沐言科技：www.yootk.com");   // 正常结束提示
    }
}
```

本程序直接在 catch 语句中捕获了 Exception 异常类，这表示当前程序中出现的所有异常均可以被捕获，因此开发者可以简化异常的捕获机制。

提示：异常捕获范围。

通过前面的分析读者已经清楚异常类的继承结构，但是如果当前项目必须使用多个 catch 捕获异常，则捕获范围大的异常一定要放在捕获范围小的异常之后。

例如，Exception 的捕获范围远远大于 ArithmeticException，这样就必须将 Exception 的 catch 捕获处理放在后面，代码如下所示。

错误的异常捕获：

```
try {                                       // 可能产生异常的语句
} catch (Exception e) {                     // 匹配异常类型
    e.printStackTrace();                    // 输出异常信息
} catch (ArithmeticException e) {           // 错误，捕获范围小
    e.printStackTrace();                    // 输出异常信息
}
```

正确的异常捕获：

```
try {                                       // 可能产生异常的语句
} catch (ArithmeticException e) {           // 正确，捕获范围小
    e.printStackTrace();                    // 输出异常信息
} catch (Exception e) {                     // 匹配异常类型
    e.printStackTrace();                    // 输出异常信息
}
```

需要注意的是，在项目开发中是否使用 Exception 直接进行异常的捕获要根据开发要求来决定，因为 Exception 描述的异常范围实在太大了，随意使用会出现捕获模糊的问题。

10.2.1 throws 关键字

throws 关键字

视频名称 1005_【掌握】throws 关键字

视频简介 方法是类的主要操作形式，方法的执行过程中也有可能产生各种异常，需要通知每一位方法调用者，使他们清楚地知道本方法的问题，所以 Java 提供了 throws 关键字。本视频主要讲解 throws 关键字的作用。

面向对象程序设计强调可重用的结构化开发，不同的功能被封装在不同的类中。在进行调用时为了清楚地描述类中的某些方法可能产生的异常，可以通过 throws 关键字来进行定义。

范例：使用 throws 关键字声明异常类型。

```
class MyMath {                                                      // 定义一个数学计算类
    // 如果现在调用这个方法，程序中有可能产生异常
    public static int div(int x, int y) throws Exception {         // 抛出可能的异常
        return x / y ;                                              // 实现除法计算
    }
}
public class YootkDemo {
    public static void main(String[] args) {                        // 程序主方法
        try {                                                       // 调用div()方法需要强制处理异常
            System.out.println("【除法计算】" + MyMath.div(10, 2)) ;
        } catch (Exception e) {                                     // 异常捕获
            e.printStackTrace() ;
        }
    }
}
```

程序执行结果：

```
【除法计算】5
```

本程序在 MyMath 类中定义的 div()方法上使用了 throws 抛出异常，明确地告诉使用者调用该方法时必须进行有效的异常处理，否则就会在程序编译时产生语法错误。

提示：主方法也可以使用 throws 抛出异常。

主类中的主方法也属于方法，该方法上也可以使用 throws 抛出异常，表示一旦产生异常直接交由 JVM 进行默认处理。

范例：主方法上抛出异常。

```
// MyMath类定义代码略
public class YootkDemo {
    public static void main(String[] args) throws Exception {   // 程序主方法
        System.out.println("【除法计算】" + MyMath.div(10, 2)) ;
    }
}
```

程序执行结果：

```
【除法计算】5
```

本程序表示一旦出现异常，该异常不再由程序的调用者进行处理，而是交由 JVM 进行处理。在一些代码的测试环境中这样的操作是可以的，但是在线上生产环境下，以上操作存在严重的安全隐患。

10.2.2　throw 关键字

throw 关键字

视频名称　1006_【掌握】throw 关键字

视频简介　异常处理会自动实例化异常类的对象，而很多时候开发者在进行更加深入的设计时需要手动处理异常，这就需要 throw 关键字。本视频主要讲解 throw 关键字的使用。

在异常处理中，核心部分就是异常类实例化对象的操作控制。前面提到的异常类对象全部都是由系统自动实例化并抛出的，开发者如果需要也可以通过 throw 关键字手动抛出一个异常类的实例化对象。

范例：手动抛出异常。

```
class MyMath {                                                  // 定义一个数学计算类
    // 如果现在调用这个方法，程序中就可能产生异常
    public static int div(int x, int y) throws Exception {      // 有可能产生异常
        if (y == 0) {  //  除数为0，如果继续计算一定会有异常
            throw new ArithmeticException("【Exception】本次计算中的除数为0，无法执行计算！") ;
        }
        return x / y ;                                          // 实现除法计算
    }
}
public class YootkDemo {
    public static void main(String[] args) throws Exception {   // 程序主方法
        System.out.println("【除法计算】" + MyMath.div(10, 0)) ;
    }
}
```

程序执行结果：

```
Exception in thread "main" java.lang.ArithmeticException: 【Exception】本次计算中的除数为0，无法执行计算！
    at MyMath.div(YootkDemo.java:5)
    at YootkDemo.main(YootkDemo.java:13)
```

本程序使用 if 分支结构实现了除数的判断，如果条件满足，则可以通过 throw 关键字直接抛出一个 Exception 异常类实例化对象，这样在方法调用处就可以直接进行该异常类对象的捕获。

10.2.3 异常处理模型

异常处理模型

视频名称 1007_【掌握】异常处理模型

视频简介 项目开发中需要一个设计良好的异常操作结构。本视频主要讲解异常在实际开发中的标准定义格式。本次讲解的案例属于重要的代码模型。

异常处理机制可以保证程序出错后依然正确地执行完毕,所以在任何项目开发中都必须采用良好的异常处理结构。假设要实现一个网络消息发送的功能，需求如下。

- 发送网络消息首先需要进行连接通道的创建，如果网络通道创建失败，应该提示使用者并抛出异常。
- 网络消息发送完成后，不管操作是否成功都必须释放网络通道，以方便其他使用者连接。

根据设计需求，应该提供一个专属的消息处理类 Message；在消息发送方法中应该明确地告诉使用者可能产生的异常；在建立连接过程中出现错误时也应该手动抛出一个异常，并将此异常交给调用者处理。

范例：消息发送中的异常思考。

```
class Message {
    public void send(String message) throws Exception {             // 消息发送
        try {                                                       // 消息发送失败，抛出异常
            if (this.build()) {                                     // 连接建立成功
                if (message == null) {                              // 消息为空
                    throw new Exception("【Exception】发送的消息内容不允许为空！") ;
                }
                System.out.println("【消息发送】" + message) ;
            }
        // 此处由于异常需要被外部处理，可以不使用catch，而直接抛出给调用者处理
        } finally {                                                 // finally代码永远执行
            this.close() ;                                          // 关闭连接通道
        }
    }
    private boolean build() throws Exception {                      // 建立连接过程中可能产生异常
        System.out.println("【建立连接】建立消息的发送通道...") ;
        if (false) {                                                // 模拟连接失败
            throw new Exception("【Exception】给定的认证信息出错，无法进行服务器连接...") ;
        }
        return true ;
    }
    private void close() {                                          // 释放资源
        System.out.println("【关闭连接】网络服务器的资源有限，应及时关闭不需要的网络通道...") ;
    }
}
public class YootkDemo {
    public static void main(String[] args) throws Exception {       // 程序主方法
        new Message().send(null) ;                                  // 发送消息
    }
}
```

程序执行结果：

```
Exception in thread "main" java.lang.Exception: 【Exception】要发送的消息内容不允许为空！
    at Message.send(YootkDemo.java:6)
    at YootkDemo.main(YootkDemo.java:28)
【建立连接】建立消息的发送通道...
【关闭连接】网络服务器的资源有限，应及时关闭不需要的网络通道...
```

本程序使用的异常处理结构中，对于可能抛出的异常全部使用 if 分支结构进行判断，一旦产

生异常，所有的异常都会被抛给方法调用者，由调用者进行异常处理。

提示：关于“return”与“finally”的执行问题。

假设现在有一个方法，方法本身有一个 return 语句，但是在 finally 中又写了一个 return，那么请问最终哪一个数据会被返回呢？

范例：观察 return 数据返回。

```
class Message {
    public static String echo(String message) {       // 消息回应
        try {
            return "【TRY】" + message ;
        } finally {
            return "【FINALLY】" + message ;
        }
    }
}
public class YootkDemo {
    public static void main(String[] args) {          // 程序主方法
        System.out.println(Message.echo("www.yootk.com")) ;
    }
}
```

程序执行结果：

```
【FINALLY】www.yootk.com
```

echo()方法中的 try 语句已经使用了 return 返回数据，但是由于 finally 代码永远都要执行，所以在 finally 中可以实现 return 数据的修改。

10.3　RuntimeException

RuntimeException

视频名称　1008_【掌握】RuntimeException

视频简介　系统提供了 Exception 类，Exception 类又有若干子类。本视频主要讲解 RuntimeException 类的作用，以及与 Exception 类的区别。

Java 为了方便开发者编写代码，专门提供了一种 RuntimeException 类，这种异常类的特征在于：程序在编译的时候不会强制性地要求用户处理异常，用户可以根据自己的需要选择性地处理，但是如果因没有处理又发生了异常，将交给 JVM 默认处理。也就是说 RuntimeException 类是子异常类，用户可以根据需要选择性地进行处理。

如果要将字符串转换为 int，可以利用 Integer 类进行处理，因为 Integer 类定义了如下方法。

```
public static int parseInt(String s) throws NumberFormatException;
```

parseInt()方法上抛出了一个 NumberFormatException，这个异常类就属于 RuntimeException 子类。

```
java.lang.Object
   |- java.lang.Throwable
      |- java.lang.Exception
         |- java.lang.RuntimeException
            |- java.lang.IllegalArgumentException
               |- java.lang.NumberFormatException
```

所有的 RuntimeException 子类对象用户都可以根据需要进行选择性处理，所以调用时即便不处理也不会有任何编译语法错误，这使得程序开发更加灵活。

范例：使用 parseInt()方法，不处理异常。

```
public class YootkDemo {
    public static void main(String[] args) throws Exception {    // 程序主方法
        int num = Integer.parseInt("123");                        // 字符串转数字
        System.out.println(num);                                  // 输出转换结果
    }
}
```

程序执行结果：

```
123
```

本程序在没有处理 parseInt()方法上的异常的情况下依然实现了正常的编译与执行，因为一旦出现异常，就交由 JVM 进行默认处理。用户也可以根据自己的需要编写相应的 try…catch 语句进行处理。

提示：RuntimeException 和 Exception 的区别。

- RuntimeException 是 Exception 的子类。
- Exception 定义了必须处理的异常，而 RuntimeException 定义的异常可以选择性地处理。
- 常见的 RuntimeException: NumberFormatException、ClassCastException、NullPointerException、ArithmeticException、ArrayIndexOutOfBoundsException。

10.4 自定义异常类

自定义异常类

视频名称 1009_【掌握】自定义异常类

视频简介 项目设计是一个长期的过程，项目中可能产生的异常也是无法预估的，而 JDK 能够提供的只是符合 JDK 需求的异常类，这些异常类在实际项目开发中并不能完全满足需求，因此开发者需要自定义符合本项目业务需求的合理异常类。本视频主要讲解自定义异常类的实现。

前面我们已经学习了大量系统提供的异常类，这些异常类的设计几乎都是围绕着 JDK 本身进行的。实际的项目开发中往往还需要设置一些特定的业务异常，例如，假设有一个模拟吃饭的业务，它有可能产生两种异常。

- HugryException：长时间未吃饭，引发一种饥饿异常。
- ExplodeException：肚子吃到撑，引发一种过饱异常。

自定义异常类只需要继承 Exception 或继承 RuntimeException 的父类，千万不要直接继承 Throwable，因为 Throwable 描述的范围太宽泛了，会造成异常类的定义模糊。

范例：模拟吃饭异常。

```
class ExplodeException extends RuntimeException {                // 选择性异常处理
    public ExplodeException(String msg) {
        super(msg) ;
    }
}
class Food {                                                      // 食物
    public static void eat(int num) throws ExplodeException {
        if (num > 9999) {                                         // 如果吃米饭的碗数大于9999
            throw new ExplodeException("米饭吃太多了，肚子爆炸了！") ;
        } else {
            System.out.println("可以开始正常地吃饭。") ;
        }
```

```
    }
}
public class YootkDemo {
    public static void main(String[] args) throws Exception {    // 程序主方法
        Food.eat(10000) ;
    }
}
```

程序执行结果：

```
Exception in thread "main" ExplodeException: 米饭吃太多了，肚子爆炸了！
    at Food.eat(YootkDemo.java:9)
    at YootkDemo.main(YootkDemo.java:17)
```

本程序中定义的 ExplodeException 继承了 RuntimeException，这样在使用时就可以根据具体的环境来选择是否要进行强制性的异常处理。程序在 Food.eat()方法中设置了 if 判断条件，如果符合此条件则手动实例化异常类对象并抛出。

在进行具体业务功能描述的时候，这种自定义异常非常有用。使用一些开发框架进行项目开发的过程中，读者也会发现不同的开发框架定义了许多属于自己的异常。

10.5　assert 关键字

assert 关键字

视频名称　1010_【了解】assert 关键字

视频简介　断言是一种常见的软件功能，Java 最初并未引入断言这一功能，版本升级后才提供了 assert 关键字，本视频主要讲解 assert 关键字的作用。

assert 是 JDK 1.4 正式引入 Java 的关键字，其主要作用是实现断言的功能。断言是对程序执行结果的一种推断，即某些语句执行之后结果一定是某一个具体的内容。

范例：使用断言。

```
public class YootkDemo {
    public static void main(String[] args) throws Exception {    // 程序主方法
        int num = 10 ;                                            // 定义一个基本变量
        // 假设中间有许多操作步骤进行num变量的修改
        assert num == 100 : "num的内容不是100" ;                  // 错误的断言
        System.out.println("num = " + num) ;                      // 输出num
    }
}
```

程序执行命令：

```
java -ea YootkDemo
```

程序执行结果：

```
Exception in thread "main" java.lang.AssertionError: num的内容不是100
    at YootkDemo.main(YootkDemo.java:5)
```

本程序通过 assert 定义了一个断言，如果当前 num 变量的内容不是 100，则直接抛出“AssertionError”错误信息。默认情况下 Java 程序在执行时是不会启用断言的，在执行命令中追加“-ea”参数才会启用断言。

10.6　本 章 概 览

1．异常是导致程序执行中断的一种指令流，当异常发生时，如果没有进行良好的处理，程序会中断执行。

2．异常处理可以使用 try…catch，也可以使用 try…catch…finally。try…catch…finally 表示：在 try 语句中捕捉异常，然后在 catch 中处理异常，finally 是异常的统一出口，不管是否发生异常都要执行此段代码。

3．异常的最大父类是 Throwable，Throwable 有两个子类：Exception、Error。Exception 表示程序可处理的异常，而 Error 表示 JVM 错误，一般不由程序开发人员处理。

4．发生异常之后，JVM 会自动产生一个异常类的实例化对象，并匹配相应的 catch 语句中的异常类型。也可以利用对象向上转型直接捕获 Exception。

5．throws 用在方法声明处，表示本方法不处理异常。

6．throw 表示在方法中手动抛出一个异常。

7．自定义异常类的时候，只需要继承 Exception 类或 RuntimeException 类。

8．断言是 JDK 1.4 之后提供的新功能，可以用来检测程序的执行结果，但开发中并不提倡使用断言进行检测。

第 11 章 内部类

本章学习目标

1. 掌握内部类的主要作用与对象实例化形式；
2. 掌握 static 内部类的定义方法；
3. 掌握匿名内部类的定义与使用方法；
4. 掌握 Lambda 表达式语法；
5. 理解方法引用的作用，并且可以利用内建函数式接口实现方法引用；
6. 了解链表设计的目的及实现结构。

内部类是一种常见的嵌套结构，利用这样的结构可以使内部类与外部类共存，并方便地进行对私有操作的访问。内部类又可以进一步扩展为匿名内部类，结合 Lambda 表达式可以进一步简化匿名内部类的使用形式。本章将为读者全面讲解内部类的相关定义结构及函数式编程。

11.1 内 部 类

内部类的基本定义

视频名称 1101_【掌握】内部类的基本定义

视频简介 为了在程序开发中更加准确地描述结构体的作用，Java 提供各种嵌套结构，程序类也允许嵌套。本视频主要讲解内部类的定义形式、作用分析，以及使用方法。

一个类的基本组成部分就是成员属性和方法，而且一个类也可以包含另一个类，这样的程序逻辑结构带来的直接优势是可以方便地实现对外部类中私有成员的访问。基本的类的定义结构如下。

```
class 外部类 {
    外部类的成员属性 ;
    外部类的方法
    class 内部类 {                    // 内部类也是一个类，其结构与普通类结构相同
        内部类的成员属性 ;
        内部类的方法 ;
        class 内部类 {}               // 内部类可以无限制嵌套
    }
}
```

范例：内部类基本定义。

```
class Outer {                                                    // 定义外部类
    private String message = "沐言科技：www.yootk.com" ;           // 外部类私有属性
    class Inner {                                                // 内部类
        public void printMessage() {
            System.out.println(message) ;                        // 输出message属性内容
        }
    }
    public void fun() {                                          // 外部类的方法
```

```
        // 内部类也属于普通的类结构，只要是类结构都可以直接进行对象的实例化
        new Inner().printMessage() ;
    }
}
public class YootkDemo {
    public static void main(String[] args) {                        // 程序主方法
        new Outer().fun() ;                                         // 调用外部类方法
    }
}
```

程序执行结果：

```
沐言科技：www.yootk.com
```

本程序在 Outer 类的内部定义了一个 Inner 类，在 Inner 类中可以直接访问 Outer 类的私有属性 message，也可以在 Outer 类中直接实例化 Inner 类对象并进行方法调用。

提问：内部类的优点是什么？

内部类的程序代码并不难理解，整个程序的逻辑是实例化了一个内部类对象，并调用内部类中的方法，但是这样的代码有结果不清晰的问题，请问内部类的出现有什么意义呢？

回答：简化引用传递，便于私有属性调用。

如果想理解内部类的优点，简单的方式就是将前面的程序由内部类拆分为两个不同的类，来观察代码的编写结构。

范例：内部类结构拆分。

```
class Outer { // 定义外部类
    private String message = "沐言科技：www.yootk.com" ; // 外部类私有属性
    // 思考一：此时的message在Outer类中属于私有成员，按照面向对象设计原则需要提供getter方法才可以被
外部访问
    public String getMessage() {  // 普通方法必须由对象进行调用
        return this.message ;
    }
    public void fun() {  // 外部类的方法
        // 思考五：需要将当前的Outer对象实例传递到Inner类中
        new Inner(this).printMessage() ;
    }
}
class Inner {  // 内部类
    // 思考三：如果要调用Outer类的方法，就需要获取Outer类的实例
    private Outer outer ; // 定义一个Outer类的属性
    // 思考四：Inner类需要紧密地和Outer类对象实例捆绑
    // 所以构造方法需要接收外部类的引用
    public Inner(Outer outer) {
        this.outer = outer ;
    }
    public void printMessage() {
        // 思考二：调用getMessage()方法，就必须提供Outer类实例
        System.out.println(this.outer.getMessage()) ; // 输出
    }
}
public class YootkDemo {
    public static void main(String[] args) {      // 程序主方法
        new Outer().fun() ;                       // 调用外部类方法
    }
}
```

程序执行结果：

```
沐言科技：www.yootk.com
```

> 本程序通过两个类的形式实现了与前面的内部类相同的功能，从最终的代码实现结果来看明显比内部类更加烦琐，而这一切仅仅是为了访问外部类中的 message 私有属性，所以内部类的优点是方便私有结构的访问，缺点是破坏了程序结构。

11.1.1　内部类相关说明

内部类相关说明

视频名称　1102_【掌握】内部类相关说明

视频简介　内部类除了可以被定义它的外部类操作，也可以被外部明确地实例化并使用。本视频主要对内部类的使用进行更加详细的说明。

内部类的出现丰富了类结构的定义形式，也降低了由访问控制权限带来的代码编写难度。为了帮助读者更好地理解内部类，本节将对内部类的使用进行相关说明。

（1）内部类可以方便地访问外部类中的私有成员，外部类也可以方便地访问内部类中的私有成员。

```
class Outer {                                                          // 定义外部类
    private String message = "沐言科技：www.yootk.com";                // 外部类私有属性
    class Inner { // 内部类
        private String edu = "李兴华编程训练营：edu.yootk.com" ;        // 内部类私有属性
        public void printMessage() {
            System.out.println("【内部类：" +
                super.toString() + "】" + message) ;                   // 输出message属性内容
        }
    }
    public void fun() {                                                // 外部类方法
        Inner in = new Inner() ;                                       // 实例化内部类对象
        in.printMessage() ;                                            // 调用内部类的私有方法
        System.out.println("【外部类：" + super.toString() + "】" + in.edu) ;
    }
}
public class YootkDemo {
    public static void main(String[] args) {                           // 程序主方法
        new Outer().fun();                                             // 调用外部类方法
    }
}
```

程序执行结果：

```
【内部类：Outer$Inner@5305068a】沐言科技：www.yootk.com
【外部类：Outer@1f32e575】李兴华编程训练营：edu.yootk.com
```

本程序中的 Outer 类与 Inner 类分别定义了私有属性，从代码最终的执行结果可以发现，这些私有属性都可以直接访问。

（2）内部类在程序编译后会形成“外部类$内部类.class”字节码文件（对应的类名称为“外部类.内部类”），因此可以通过以下格式在类的外部实现内部类对象实例化。

格式一：

```
外部类.内部类 内部类对象 = new 外部类().new 内部类()
```

格式二：

```
外部类.内部类.内部类 内部类对象 = new 外部类().new 内部类().new 内部类()
```

范例：获取内部类实例化对象。

```
class Outer {                                                  // 定义外部类
    private String message = "沐言科技：www.yootk.com" ;       // 外部类私有属性
    class Inner {                                              // 内部类
        public void printMessage() {
            System.out.println("【内部类：" +
                super.toString() + "】" + message) ;           // 输出message属性内容
```

```
        }
    }
}
public class YootkDemo {
    public static void main(String[] args) {                    // 程序主方法
        Outer out = new Outer() ;                               // 实例化外部类对象
        Outer.Inner in = out.new Inner() ;                      // 实例化内部类对象
        in.printMessage() ;                                     // 调用信息输出方法
    }
}
```

程序执行结果：

```
【内部类：Outer$Inner@5305068a】沐言科技：www.yootk.com
```

（3）如果此时某一个内部类不希望被其他类访问，而仅希望被当前的外部类访问，那么内部类应该使用 private 进行定义。

```
class Outer {                                                   // 定义外部类
    private String message = "沐言科技：www.yootk.com";          // 外部类私有属性
    // 此时的内部类Inner使用了private权限，这样该内部类只允许在当前类中使用
    private class Inner {                                       // 内部类
        public void printMessage() {
            System.out.println("【内部类：" +
                    super.toString() + "】" + message);         // 输出message属性内容
        }
    }
}
```

（4）进行成员属性访问一般都需要通过“this.属性”的形式进行本类属性的标注，但如果是通过内部类访问外部类中的成员属性，就必须更换为“外部类.this.属性”的形式。

```
class Outer {                                                   // 定义外部类
    private String message = "沐言科技：www.yootk.com";          // 外部类私有属性
    // 此时的内部类Inner使用了private权限，这样该内部类只允许在当前类中使用
    private class Inner { // 内部类
        public void printMessage() {
            System.out.println("【内部类：" + super.toString() +
                    "】" + Outer.this.message);                  // 输出message属性内容
        }
    }
}
```

（5）内部类的结构可以扩展到抽象类或接口的结构上，在一个接口内部可以定义普通内部类、抽象内部类及内部接口。

```
interface IMessage {                                            // 外部接口
    public void send(String message) ;                          // 消息发送
    interface IChannel {                                        // 内部接口
        public boolean build() ;                                // 建立连接
        public void close() ;                                   // 关闭连接
    }
}
class NetMessage implements IMessage {                          // 实现外部接口
    @Override
    public void send(String message) {                          // 覆写外部接口中的抽象方法
        IChannel channel = new InternetChannel() ;              // 建立消息发送通道
        if (channel.build()) {                                  // 通道建立成功
            System.out.println("【消息发送】" + message) ;
            channel.close() ;                                   // 关闭连接
        }
    }
    class InternetChannel implements IChannel {                 // 实现内部接口
        @Override
        public boolean build() {                                // 方法覆写
```

```
            System.out.println("【InternetChannel】建立消息发送通道...") ;
            return true ;
        }
        @Override
        public void close() {                                     // 方法覆写
            System.out.println("【InternetChannel】关闭消息发送通道...") ;
        }
    }
}
public class YootkDemo {
    public static void main(String[] args) {                      // 程序主方法
        IMessage message = new NetMessage() ;                     // 实例化接口对象
        message.send("沐言科技：www.yootk.com") ;                  // 发送消息
    }
}
```

程序执行结果：

```
【InternetChannel】建立消息发送通道...
【消息发送】沐言科技：www.yootk.com
【InternetChannel】关闭消息发送通道...
```

本程序在 IMessage 接口内部定义了一个 IChannel 内部接口，这样在 NetMessage 子类的内部就可以继续定义 InternetChannel 的子类实现 IChannel 内部接口，然后在 NetMessage 子类内部实例化 InternetChannel 子类并调用相应的方法建立消息发送通道，实现消息发送。

11.1.2　static 定义内部类

static 定义内部类

视频名称　1103_【掌握】static 定义内部类

视频简介　内部类的结构可以在接口、抽象类和普通类中使用，利用 static 也可以实现外部类的定义。本视频通过案例分析外部静态接口、外部静态抽象类的实现。

在一个类结构中，static 关键字可以用于定义公共属性、公共方法及内部类。使用 static 的主要目的是不受实例化对象的限制。如果在一个内部类的定义中使用了 static，这个类就成了一个外部类。

范例：使用 static 定义内部类。

```
class Outer {
    private static final String MESSAGE = "沐言科技：www.yootk.com" ;
    static class Inner {                                          // 外部类
        public void printMessage() {
            System.out.println(Outer.MESSAGE) ;
        }
    }
}
```

本程序定义的 Inner 类使用了 static 关键字，所以这个 Inner 类就成了一个外部类。对于外部类来讲，对象实例化的语法为：

```
外部类.内部类 内部类对象 = new 外部类.内部类()
```

如果内部类在追加 static 之前想获取内部类对象，必须先实例化外部类对象，但是有了 static 之后，整个“外部类.内部类”就成了一个完整的独立名称。

范例：实例化 static 内部类对象。

```
public class YootkDemo {
    public static void main(String[] args) {                      // 程序主方法
        Outer.Inner in = new Outer.Inner() ;                      // 实例化内部类对象
```

```
        in.printMessage() ;                                     // 调用内部类方法
    }
}
```

程序执行结果：

```
沐言科技：www.yootk.com
```

本程序直接使用“Outer.Inner”的类名称获取了内部类的实例化对象，然后通过该对象调用了printMessage()方法。需要注意的是，static 不仅可以用于定义内部类，也可以实现内部接口的定义，这样该接口也成为外部接口。

范例：定义外部接口

```
interface IMessage {                                            // 设置外部接口
    public void send(String message) ;                          // 实现信息发送
    public static IChannel getDefaultChannel() {                // static方法
        return new InternetChannel() ;
    }
    public static AbstractHandle getDefaultHandle() {
        return new MessageHandle() ;
    }
    static interface IChannel {                                 // 外部接口
        public boolean build() ;                                // 建立连接
        public void close() ;                                   // 关闭连接
    }
    static abstract class AbstractHandle {                      // 外部抽象类
        public abstract String addPrefix(String value) ;        // 为消息追加前缀
    }
    class InternetChannel implements IMessage.IChannel {        // 内部接口定义内部类
        public boolean build() {
            System.out.println("【InternetChannel】创建互联网连接通道...") ;
            return true ;
        }
        public void close() {
            System.out.println("【InternetChannel】关闭通道...") ;
        }
    }
    class MessageHandle extends IMessage.AbstractHandle {       // 继承抽象类
        @Override
        public String addPrefix(String value) {
            return "【沐言科技】" + value ;
        }
    }
}
class NetMessage implements IMessage {                          // 消息子类
    @Override
    public void send(String message) {                          // 方法覆写
        IChannel channel = IMessage.getDefaultChannel() ;       // 获取IChannel接口实例
        AbstractHandle handle = new NewMessageHandle() ;        // 获取消息处理类
        if (channel.build()) {                                  // 建立连接
            System.out.println(handle.addPrefix(message)) ;     // 追加消息前缀
            channel.close() ;                                   // 关闭连接
        }
    }
}
class NewMessageHandle extends IMessage.AbstractHandle {
    @Override
    public String addPrefix(String value) {
        return "【李兴华编程训练营】" + value ;
    }
}
```

```
public class YootkDemo {
    public static void main(String[] args) {                    // 程序主方法
        IMessage message = new NetMessage() ;                   // 获取IMessage接口实例
        message.send("edu.yootk.com") ;                         // 调用接口方法
    }
}
```

程序执行结果：

```
【InternetChannel】创建互联网连接通道...
【李兴华编程训练营】edu.yootk.com
【InternetChannel】关闭通道...
```

本程序定义的 IMessage 接口内部又定义了 IChannel 外部接口及 AbstractHandle 外部抽象类，IMessage.IChannel 接口的主要功能是连接，IMessage.AbstractHandle 抽象类的功能是对消息进行前缀处理。同时，为了便于用户使用，程序在 IMessage 接口内部还提供了 IMessage.IChannel 和 IMessage.AbstractHandle 子类，以及获取对象实例的方法。开发者依然可以根据自己的需要创建新的 IMessage.AbstractHandle 子类，实现自定义消息前缀的配置。

11.1.3　方法中定义内部类

方法中定义内部类

视频名称　1104_【掌握】方法中定义内部类

视频简介　用 static 声明的结构不受类的使用规则制约，内部类在嵌套定义时，也可以用 static 声明独立的类结构体。本视频主要讲解方法中定义内部类的特点及实例化方式。

内部类的结构较为灵活，除了可以定义在类和接口中，也可以直接在方法中进行定义。

范例：在方法中定义内部类。

```
interface IMessage {                                                // 定义接口
    public void send(String message) ;                              // 消息发送
    public static IMessage getDefaultMessage(String prefix) {       // static方法
        class MessageImpl implements IMessage {                     // 方法中定义内部类
            @Override
            public void send(String message) {                      // 方法覆写
                System.out.println("【" + prefix + "】" + message);
            }
        }
        return new MessageImpl() ;                                  // 返回子类实例
    }
}
public class YootkDemo {
    public static void main(String[] args) {                        // 程序主方法
        IMessage message = IMessage.getDefaultMessage("沐言科技") ;  // 获取接口实例
        message.send("李兴华编程训练营：edu.yootk.com") ;            // 调用接口方法
    }
}
```

程序执行结果：

```
【沐言科技】李兴华编程训练营：edu.yootk.com
```

本程序的 IMessage 接口定义了一个 getDefaultMessage()方法，在该方法中定义了一个 MessageImpl 子类，并且通过 getDefaultMessage()方法返回了一个 IMessage 接口实例。

> **提示：内部类中访问方法参数。**
>
> 从本程序中可以发现，方法定义的参数可以直接被内部类访问，这是 JDK 8 之后才支持的。在 JDK 8 以前，方法中定义的内部类如果想访问参数或局部变量，就需要使用 final 关键字进行定义。这样改进的主要原因是 JDK 8 引入了函数式编程。

11.2 函数式编程

匿名内部类

视频名称 1105_【掌握】匿名内部类

视频简介 继承开发需要子类，但是过多的子类有可能带来过多的额外代码，为了简化程序，Java 提供匿名内部类。本视频主要讲解匿名内部类的产生意义及具体定义。

函数式编程是 JDK 8 引入的，如果想理解函数式编程，就必须掌握匿名内部类的概念。匿名内部类是内部类实现的一种处理结构，可以应用在普通类、接口、抽象类上，一般来讲，如果某一个子类在项目中只使用一次，就可以通过匿名内部类实现定义。

范例：定义匿名内部类。

```
interface IMessage {                                        // 定义接口
    public String echo(String msg);                         // 消息回应
}
public class YootkDemo {
    public static void main(String[] args) {                // 程序主方法
        IMessage message = new IMessage() {                 // 实例化接口
            @Override
            public String echo(String msg) {                // 方法覆写
                return "【沐言科技】" + msg;
            }
        };
        System.out.println(message.echo("www.yootk.com"));
    }
}
```

程序执行结果：

```
【沐言科技】www.yootk.com
```

本程序在主类中直接实例化了 IMessage 接口，在 Java 中接口是不能够被直接实例化的，所以这里使用了匿名内部类的结构，这就相当于定义了一次 IMessage 接口子类，从而实现了接口方法调用。通过本程序读者可以发现，匿名内部类虽然可以简化 Java 程序，但是其开发结构较为烦琐。JDK 8 开始利用函数式编程解决匿名内部类的定义问题，实现代码简化。

11.2.1 Lambda 表达式

Lambda 表达式

视频名称 1106_【掌握】Lambda 表达式

视频简介 Haskell 是著名的函数式编程语言，许多开发者坚持认为函数式编程更加简洁，为此新版本的 JDK 也引入了函数式编程支持，利用函数式编程可以简化类结构体的定义。本视频主要讲解匿名内部类的定义，并讲解 Lambda 表达式的几种使用形式。

Lambda 表达式是 JDK 8 引入的重要技术。Lambda 表达式是应用于单一抽象方法（Single Abstract Method，SAM）接口的一种简化定义形式，可以解决匿名内部类的定义复杂问题。在 Java 中 Lambda 表达式的基本语法形式如下。

定义方法体：

```
(参数, 参数,...) -> {方法体}
```

直接返回结果：

```
(参数, 参数,...) -> 语句
```

Lambda 表达式定义的参数与接口中抽象方法定义的参数类型及个数相同，如果方法体代码很多，可以使用“{}”定义，如果仅返回一个简单的执行结果，直接编写单个表达式即可。

> **注意：函数式接口定义要求。**
>
> 定义函数式接口的主要目的是简化接口中抽象方法的实现，那么此时就必须保证该接口中只存在一个抽象方法。为了实现这一限制，Java 提供了“@FunctionalInterface”注解，该注解主要用在接口定义中，表示函数式接口，并且接口中只允许存在一个抽象方法。

范例：使用 Lambda 表达式代替匿名内部类。

```
@FunctionalInterface
interface IMessage {                                            // 定义接口
    public String echo(String msg);                             // 消息回应
}
public class YootkDemo {
    public static void main(String[] args) {                    // 程序主方法
        IMessage message = (str) -> "【沐言科技】" + str ;       // 等价于匿名内部类
        System.out.println(message.echo("www.yootk.com")) ;
    }
}
```

程序执行结果：

```
【沐言科技】www.yootk.com
```

本程序定义了一个 IMessage 函数式接口，同时使用 Lambda 表达式实现了 IMessage.echo()方法体。通过代码的结构可以发现，使用 Lambda 表达式比使用匿名内部类代码更加简洁。

范例：Lambda 表达式中的多行代码

```
@FunctionalInterface
interface IMessage {                                                    // 定义接口
    public String echo(String msg);                                     // 消息回应
}
public class YootkDemo {
    public static void main(String[] args) {                            // 程序主方法
        IMessage message = (str) -> {
            if (str.contains("yootk")) {                                // 追加了一些逻辑判断
                return "【沐言科技】" + str;
            } else {
                return "【消息回应】" + str;
            }
        };                                                              // 等价于匿名内部类
        System.out.println(message.echo("www.yootk.com"));              // 方法调用
        System.out.println(message.echo("李兴华-Java就业实战编程"));      // 方法调用
    }
}
```

程序执行结果：

```
【沐言科技】www.yootk.com
【消息回应】李兴华-Java就业实战编程
```

本程序在 Lambda 表达式的定义中追加了 if 分支结构，由于有多行实现语句，所以必须在“{}”中定义。

11.2.2　方法引用

方法引用

视频名称　1107_【掌握】方法引用

视频简介　引用是 Java 语言的灵魂，早期的 JDK 由于受传统 C/C++语言的影响，只提供对象引用，新的 JDK 版本提供了方法引用。本视频主要讲解 Java 8 中 4 种方法引用形式。

在 Java 中利用对象的引用传递可以实现不同的对象名称操作同一个堆内存空间。JDK 8 开始在方法上也支持引用操作，这就相当于为方法定义了别名。方法引用的形式一共有如下 4 种。

引用静态方法：

```
类名称 :: static方法
```

引用某个对象的方法：

```
实例化对象 :: 普通方法
```

引用特定类型的方法：

```
特定类 :: 普通方法
```

引用构造方法：

```
类名称 :: new
```

范例：引用类中的静态方法。

```
@FunctionalInterface                                              // 函数式接口
interface IFunction<T> {                                          // 定义接口
    // 本次将引用一个String类中的valueOf()方法：public static String valueOf(数据类型 变量)
    // 该方法需要接收一个参数，并且返回一个String
    public String convert(T value) ;                              // 转换方法
}
public class YootkDemo {
    public static void main(String[] args) {                      // 程序主方法
        IFunction<Integer> function = String :: valueOf ;         // 方法引用
        String str = function.convert(987) ;                      // 将整型转为String
        System.out.println(str.length()) ;                        //计算出长度则转换成功
    }
}
```

程序执行结果：

```
3
```

本程序定义了一个函数式接口，并且在接口中定义了一个 convert()方法，该方法需要接收一个参数，对其进行处理后再将其返回。程序在主方法中通过方法引用的形式实例化了 IFunction 接口，这样在调用 convert()方法时实际上调用的是 String 类中的 valueOf()方法。

范例：引用类中的普通方法。

```
@FunctionalInterface                                                        // 函数式接口
interface IFunction {                                                       // 定义接口
    // 本次要引用的方法为String类中的转大写操作：public String toUpperCase()
    // 该方法不需要接收任何参数，并且由String类的实例化对象调用
    public String upper() ;                                                 // 字符串转大写方法
}
public class YootkDemo {
    public static void main(String[] args) {                                // 程序主方法
        IFunction function = "沐言科技：www.yootk.com" :: toUpperCase ;     // 方法引用
        System.out.println(function.upper()) ;
    }
}
```

程序执行结果：

```
沐言科技：WWW.YOOTK.COM
```

本程序由于需要引用 String 类的 toUpperCase()方法，所以在 IFunction 接口中定义的 upper()方法没有接收任何参数。

以上操作相当于通过具体的对象实现了指定方法的引用。在某些情况下，参与运算的数据并不是固定的，这个时候比较好的做法是引用一个类中指定的方法。

范例：引用特定类的普通方法。

```
@FunctionalInterface                                                        // 函数式接口
interface IFunction<P> {                                                    // 定义接口
    // 字符串大小比较的方法引用：public int compareTo(String str)
```

```
    // 该方法需要通过一个String类的实例化对象调用，并接收另一个String类对象
    public int compare(P p1, P p2) ;
}
public class YootkDemo {
    public static void main(String[] args) {                              // 程序主方法
        IFunction<String> function = String :: compareTo ;                 // 方法引用
        System.out.println(function.compare("www.yootk.com", "www.YOOTK.com")) ;
    }
}
```

程序执行结果：

```
32
```

本程序直接引用了 String 类中的 compareTo()方法，并且在引用该方法时没有配置其对应的实例化对象，这样在进行方法引用时就必须先设置要引入的对象，再传递要比较大小的字符串。

范例：构造方法引用。

```
class Book {
    private String title ;
    private String author ;
    private double price ;
    public Book(String title, String author, double price) {      // 三参数构造方法
        this.title = title ;                                        // 属性初始化
        this.author = author ;                                      // 属性初始化
        this.price = price ;                                        // 属性初始化
    }
    @Override
    public String toString() {                                      // 方法覆写
        return "【图书】书名：" + this.title + "、作者" + this.author + "、价格：" + this.price ;
    }
}
@FunctionalInterface                                                // 函数式接口
interface IFunction<R> {                                            // 定义接口
    // 本次要引用Book类中的三参数构造方法，所以方法参数的类型和顺序与Book类构造方法相同，调用后返回Book类对象
    public R create(String tempTitle, String tempAuthor, double tempPrice) ;
}
public class YootkDemo {
    public static void main(String[] args) {                        // 程序主方法
        IFunction<Book> function = Book :: new ;                     // 构造方法引用
        System.out.println(function.create("Java从入门到项目实战", "李兴华", 99.8)) ;
    }
}
```

程序执行结果：

```
【图书】书名：Java从入门到项目实战、作者李兴华、价格：99.8
```

本程序实现了 Book 类中三参数构造方法的引用，调用 IFunction 接口中的 create()方法等价于调用 Book 类中的三参数构造方法，最终返回一个新的 Book 类对象。

11.2.3　内建函数式接口

内建函数式接口

视频名称　1108_【掌握】内建函数式接口

视频简介　函数式接口是实现 Lambda 表达式的关键。Java 在进行结构设计时充分考虑到了系统类对函数式编程的支持，提供一系列函数式接口。本视频主要讲解 java.util.function 定义的四大类核心函数式接口的使用。

为了便于开发者定义函数式接口，JDK 8 开始提供“java.util.function”开发包，在包中定义了 JDK 开发使用到的函数式接口，同时包中有四大类核心函数式接口：Function、Consumer、Supplier、Predicate。下面对这些接口的组成和使用进行说明。

 **提示：只讲解核心部分。**

读者如果打开 JavaDoc 文档，会发现在“java.util.function”中存在大量的函数式接口，实际上这些接口全部属于四大类核心接口的扩展接口。所以本节会为读者列出部分扩展接口，同时以四大类核心函数式接口为主进行代码展示。

（1）【Function】功能型函数式接口：这类接口可以进行参数的接收，也可以对参数进行处理后返回。下面观察接口定义。

```
Function
@FunctionalInterface
public interface Function<T,R> {   // T：接收参数类型 R：返回值类型
    public R apply(T t) ;          // 接收数据，处理后返回
}
LongToIntFunction
@FunctionalInterface
public interface LongToIntFunction {
    public int applyAsInt(long value) ;
}
DoubleFunction
@FunctionalInterface
public interface DoubleFunction<R> {
    public R apply(double value) ;
}
```

范例：使用功能型函数式接口。

```
import java.util.function.Function;
public class YootkDemo {
    public static void main(String[] args) {                // 程序主方法
        // 本次引用String类中判断是否以指定字符串开头的方法：public boolean startsWith(String str)
        Function<String, Boolean> fun = "##yootk.com" :: startsWith ;       // 方法引用
        System.out.println(fun.apply("##")) ;
    }
}
```

程序执行结果：

```
true
```

本程序通过引用 String 类实例化对象中的 startsWith()方法对 Function 函数接口进行实例化，这样在调用 apply()方法时只需要传入 startWith()方法所需要的参数，即可实现判断操作。

（2）【Consumer】消费型函数式接口，该接口的特征是只接收数据而不返回数据。下面观察接口定义。

```
Consumer
@FunctionalInterface
public interface Consumer<T> {// T：接收参数类型
    public void accept(T t) ;
}
DoubleConsumer
@FunctionalInterface
public interface DoubleConsumer {
    public void accept(double value) ;
}
```

范例：使用消费型函数式接口。

```
import java.util.function.Consumer;
public class YootkDemo {
    public static void main(String[] args) {                    // 程序主方法
        // 本次需要引用的方法是System.out.println(内容)，该方法只需要接收参数不需要返回数据
```

```
        Consumer<String> consumer = System.out :: println ; // 方法引用
        consumer.accept("沐言科技：www.yootk.com") ;
    }
}
```

程序执行结果：

```
沐言科技：www.yootk.com
```

消费型函数式接口主要进行数据的接收，所以本程序使用了基础的 Consumer 接口形式，接收参数类型由开发者在进行方法引用时定义，在调用 accept()方法时传递要输出的数据信息即可。

（3）【Supplier】供给型函数式接口，不要求接收任何参数，仅返回数据。下面观察接口定义。

```
Supplier
@FunctionalInterface
public interface Supplier<T> {// T：返回值类型
    public T get();                 // 不接收参数，只是返回数据
}
DoubleSupplier
@FunctionalInterface
public interface DoubleSupplier {
    public double getAsDouble() ;
}
```

范例：使用供给型函数式接口。

```
import java.util.function.Supplier;
public class YootkDemo {
    public static void main(String[] args) {                    // 程序主方法
        // 引用String类中的字符串转小写方法：public String toLowerCase();
        Supplier<String> supplier = "沐言科技：www.YOOTK.com"::toLowerCase;
        System.out.println(supplier.get());
    }
}
```

程序执行结果：

```
沐言科技：www.yootk.com
```

String 类中的 toLowerCase()方法本身不接收任何参数，但是可以将调用的字符串转为小写字母后返回，符合供给型函数式接口的特点。本程序通过方法引用获取 Supplier 接口的实例，再通过 get()方法返回处理后的数据。

（4）【Predicate】断言型函数式接口，主要进行判断操作。下面观察接口定义。

```
Predicate
@FunctionalInterface
public interface Predicate<T> {        // T：接收参数类型
    public boolean test(T t) ;
}
DoublePredicate
@FunctionalInterface
public interface DoublePredicate {
    public boolean test(double value) ;
}
```

范例：使用断言型函数式接口。

```
import java.util.function.Predicate;
public class YootkDemo {
    public static void main(String[] args) {                    // 程序主方法
        // 本次引用一个字符串相等判断方法：public boolean equalsIgnoreCase(String str)
        Predicate<String> pre = "yootk.com" :: equalsIgnoreCase ;
        System.out.println(pre.test("YOOTK.COM")) ;
    }
}
```

程序执行结果：

```
true
```

断言型函数式接口在进行方法引用时，重要的一点就是该方法必须返回 boolean 数据，所以本程序直接引用了字符串实例化对象中的 equalsIgnoreCase()方法，并通过 Predicate 接口中的 test()方法实现字符串相等判断。

11.3 链表数据结构

链表基本概念

视频名称 1109_【理解】链表基本概念

视频简介 数据结构是一种程序设计思想，利用合理的数据结构算法，可以方便地实现动态数组存储。本视频分析原始 Java 数组设计中存在的问题，并对链表数据结构的基本实现进行说明。

在 Java 中利用对象数组可以同时实现若干个对象的存储，但由于数组属于定长的数据结构，这样就无法轻松地实现数据存储容量的扩充。要解决数组存储的问题，可以基于引用数据类型的特点通过链表实现多个对象的数据保存，这种设计结构类似于火车，如图 11-1 所示，每节火车车厢都可以保存一个数据，若干节火车车厢可以通过挂钩（固定的规则）进行连接，理论上只要内存空间没有被占满，就可以继续挂载“车厢”，也就是继续追加数据内容，从而解决数组数据存储容量固定的问题。

图 11-1　火车车厢的挂钩设计

提示：链表学习方法。

由于链表的开发较为烦琐，代码量较大，考虑到篇幅问题，本节只为读者列出核心的代码和结论，具体的分析过程可以通过配套的视频进行学习。

另外需要提醒读者的是，本书讲解的链表数据结构为链表的基础形式，目的是帮助读者理解链表的概念与设计思想，而实际项目开发中读者可以基于此套代码开发出单向循环链表、双向链表等扩展结构。

11.3.1 链表基本结构

链表基本结构

视频名称 1110_【理解】链表基本结构

视频简介 链表是一种复合结构，除了数据处理，重要的就是节点引用关系的配置。本视频详细讲解利用内部类的操作结构实现链表的基本模型，同时讲解使用内部类的依据。

链表是一种常见的数据结构，链表中的所有数据都被封装在节点中，当前节点都会保存下一个节点的引用，如图 11-2 所示。在进行数据操作时，所有的节点操作都需要被专属的工具类包装，开发者无须知道节点（Node）数据的存储形式，只关心具体的数据操作即可。

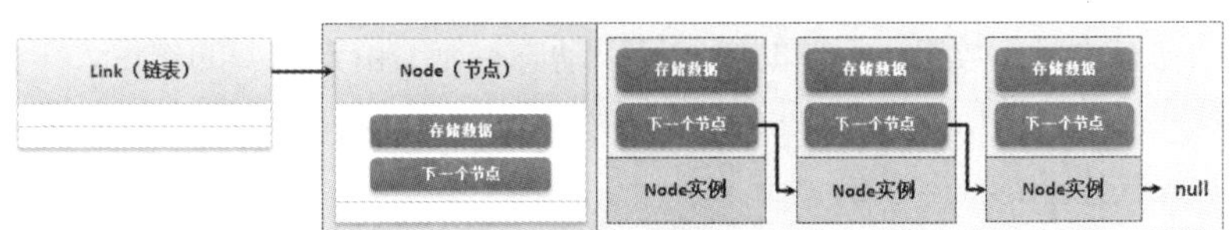

图 11-2　链表节点操作

范例：链表基本结构。

```
/**
 * 定义链表操作标准接口，该接口定义了所有链表结构中需要的功能
 * @author 李兴华
 * @param <T> 链表中存储的数据类型
 */
interface ILink<T> {}
class LinkImpl<T> implements ILink<T> {                         // 链表实现类
    private class Node <T> {                                    // 节点类，此类仅为LinkImpl类服务
        private T data ;                                        // 保存节点数据
        private Node<T> next ;                                  // 保存下一个节点
        public Node(T data) {                                   // 创建节点并包装数据
            this.data = data ;                                  // 保存数据信息
        }
    }
    // ========================= 链表实现的相关的处理操作 =============
    private Node<T> root ;                                      // 根节点
}
public class YootkDemo {
    public static void main(String[] args) {                    // 程序主方法
        ILink<String> link = new LinkImpl<>();                  // 接口实例化
    }
}
```

为了规范链表的操作功能，链表程序定义了 ILink 接口标准，基于泛型实现了保存数据类型的统一，避免了可能产生的对象强制转型操作。

ILink 的子类 LinkImpl 负责具体的数据操作，为了便于数据的存储设计了一个 Node 内部类，该类只为 LinkImpl 服务，用 private 声明为私有内部类，在该类对象实例化时需要明确地传递所需要的数据内容。同时，为了描述多个节点的关联，程序设置了一个 Node 类的内部属性 next。本节后续的讲解都将基于以上代码进行功能实现。

需要注意的是，LinkImpl 子类提供一个根节点“root”的属性定义，在链表中所有的数据操作都是通过根节点开展的，这是链表中重要的 Node 实例。程序的结构如图 11-3 所示。

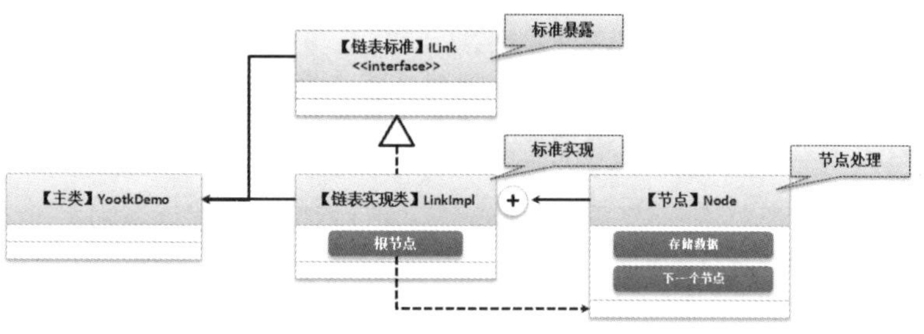

图 11-3　链表类结构

11.3.2　增加链表数据

增加链表数据

视频名称　1111_【理解】增加链表数据

视频简介　链表是对节点的集中管理，节点中实现了数据封装及彼此引用关联。本视频主要讲解链表中的数据增加，重点分析根节点与子节点的关系及顺序处理。

链表是一个动态的对象数组，存储的内容可以动态扩充，由于泛型的作用，在实例化 ILink 接口对象时就必须明确地设置所需要保存的数据类型，在 ILink 接口中扩充方法如下。

范例：ILink 接口定义增加数据标准。

```
interface ILink<T> {                          // 在后续讲解中将不再重复定义接口，只列出接口新增方法
    /**
```

```
     * 增加链表数据，如果数据为null，则不保存
     * @param data 保存的数据内容
     */
    public void add(T data);                    // 增加节点数据
}
```

add()方法的实现将由 LinkImpl 子类负责。在进行链表数据添加时，开发者关心的核心问题在于数据，所有的数据要在 LinkImpl 类中自动地包装为节点，同时还需要将设置的第一个节点作为根节点。

范例：子类实现 add()方法。

```
class LinkImpl<T> implements ILink<T> {                    // 链表实现类
    private class Node <T> {}                              // 节点类，代码定义略
    private Node<T> root ;                                 // 根节点
    private Node<T> lastNode ;                             // 保存最后一个节点
    @Override
    public void add(T data) {                              // 方法覆写
        if (data == null) {                                // 添加数据为空
            return ;                                       // 结束方法调用
        }
        // 1. 传进来的是一个数据，数据本身是无法进行顺序定义的，所以需要将其封装
        Node<T> newNode = new Node<>(data) ;               // 创建新的数据节点
        // 2. 需要确认保存的节点位置，第一个节点应该是根节点
        if (this.root == null) {                           // 没有根节点
            this.root = newNode ;                          // 保存节点引用
            this.lastNode = newNode ;                      // 保存最后一个节点
        } else {                                           // 如果不是根节点
            this.lastNode.next = newNode ;                 // 保存新节点
            this.lastNode = newNode ;                      // 改变最后一个节点
        }
    }
}
```

考虑到数据存储性能，LinkImpl 子类设计了一个 lastNode 属性，该属性保存的是最后一次添加的节点引用。add()方法首先判断要存储的数据是否为 null，如果为 null 则不进行存储，反之则将数据包装在 Node 实例对象中，便于不同节点之间的引用关联。

进行节点关联重要的是根节点的配置，为了保证不重复设置根节点的引用，程序在引用配置前增加了一个根节点是否为 null 的判断“this.root == null”，每次节点配置后也需要同步修改 lastNode 引用。本程序的数据操作如图 11-4 所示。

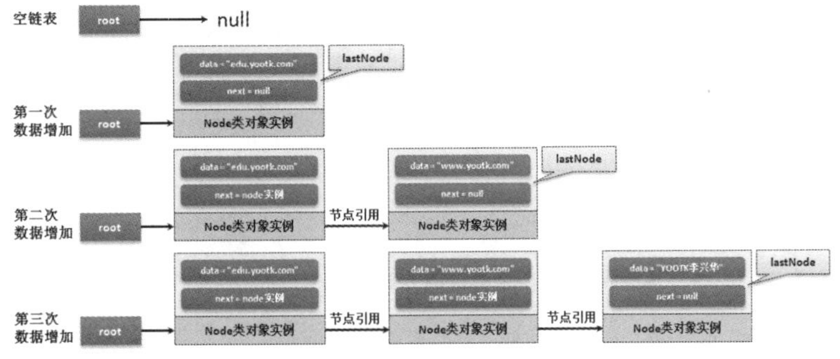

图 11-4 链表数据操作

11.3.3 统计链表元素个数

统计链表元素个数

视频名称 1112_【理解】统计链表元素个数

视频简介 链表中所保存的集合内容，最终都需要通过数组的形式返回，所以需要为链表追加数据统计的功能。本视频主要讲解如何实现链表数据个数的统计与信息获取。

链表的实现是为了完善动态数组的结构。很多时候我们需要获取链表元素的个数，这个功能和使用数组的 length 属性类似。首先在 ILink 接口中扩充一个获取数据个数的方法。

```
/**
 * 返回链表中保存的数据个数，如果没有数据则返回0
 * @return 返回存储的数据个数
 */
public int size();                                    // 获取数据个数
```

要想实现数据统计，可以在链表中定义一个 count 属性，每次添加数据时都进行该属性的自增计算。

提问：为什么不使用数据类型 long?

在 ILink 接口中定义的 size()方法返回值类型是整型，既然链表是一个无限长的数组，返回 long 是不是更好?

回答：数据过多影响性能。

首先，将 size()方法的返回值类型设计为 long 是完全可行的，但是 long 的存储范围远远大于 int 的存储范围，而链表的所有操作都是基于根节点展开的，如果存储的内容过多，就会造成时间复杂度的攀升，从而产生严重的性能问题，所以链表中的数据不宜过多。

从严格的设计意义上来讲，每次进行链表数据保存时，为了防止保存的数据过大，建议追加一个长度是否超过"Integer.MAX_VALUE"的判断。考虑到代码的简洁性，本书在讲解时简化了这一处理逻辑。

范例：子类实现 size()方法。

```
class LinkImpl<T> implements ILink<T> {              // 链表实现类
    // Node类与其他属性定义略
    private int count;                                // 保存数据个数
    @Override
    public void add(T data) {                         // 方法覆写
        // 节点数据增加代码略
        this.count ++;                                // 保存个数自增
    }
    @Override
    public int size() {                               // 方法覆写
        return this.count;                            // 返回count属性
    }
}
```

范例：测试方法功能。

```
public class YootkDemo {
    public static void main(String[] args) {          // 程序主方法
        ILink<String> link = new LinkImpl<>();        // 接口实例化
        System.out.println("【数据长度】数据添加前的链表长度：" + link.size());
        link.add("沐言科技：www.yootk.com");          // 添加数据
        link.add("高薪就业编程训练营：edu.yootk.com");  // 添加数据
        link.add("Yootk李兴华");                      // 添加数据
        System.out.println("【数据长度】数据添加后的链表长度：" + link.size());
    }
}
```

程序执行结果：

```
【数据长度】数据添加前的链表长度：0
【数据长度】数据添加后的链表长度：3
```

本程序在主类中通过 LinkImpl 子类获取了 ILink 接口的实例化对象，然后利用 add()方法向链表中增加了 3 个数据。通过 size()方法的返回结果可以发现，数据已经全部添加成功。

11.3.4 空链表判断

空链表判断

视频名称 1113_【理解】空链表判断

视频简介 空（不是 null）是对集合操作状态的一种判断，而链表作为数据存储集合，应该提供更加方便的判断状态的方法。本视频主要讲解如何在链表中实现空集合的判断。

链表是一个数据的容器，所有相同类型的数据都可以在链表中被集中保存，所有保存的数据都会被统计，但是链表操作经常需要进行空链表判断，这可以通过判断保存的元素个数来实现。

范例：ILink 接口定义空链表判断方法。

```
/**
 * 判断当前链表是否为空链表（链表没有保存元素且长度为0）
 * @return 如果为空链表则返回true，如果有数据存储则返回false
 */
public boolean isEmpty();
```

范例：链表子类实现空链表判断。

```
@Override
public boolean isEmpty() {
    return this.count == 0;                              // 判断元素个数
}
```

ILink 接口子类进行 isEmpty()方法覆写时，直接利用判断子类中的 count 属性是否为 0 的方式进行了判断。除了这种判断方式，也可以通过判断根节点是否为空来实现。

11.3.5 获取链表数据

获取链表数据

视频名称 1114_【理解】获取链表数据

视频简介 链表只是作为一个数据载体存在，在进行数据操作时需要将链表中的数据取出。本视频主要讲解如何将链表中的全部数据以数组的形式返回。

所有的数据在链表中都是以节点引用的形式保存的，当客户端需要获取数据时就需要通过节点的递归操作进行处理。客户端是不需要知道链表的具体实现细节的，即客户端不需要知道 Node 节点，所以可以将链表中的数据以对象数组的形式返回，如图 11-5 所示。

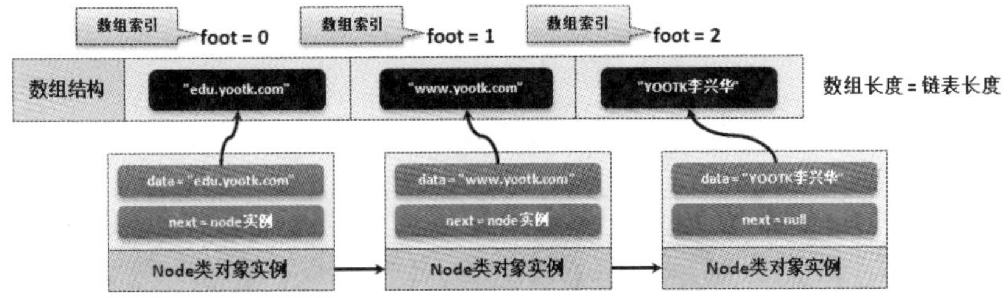

图 11-5 以对象数组的形式返回数据

范例：在 ILink 接口中扩展获取数据的方法。

```
/**
 * 将链表中存储的全部数据以对象数组的形式返回，返回数组的长度为链表中的元素个数
 * 数组中的内容将按照链表数据保存的先后顺序进行存储
 * @return 链表数据集合
 */
public Object[] toArray();
```

链表的本质是一个动态的对象数组，但是在进行数组返回时由于无法声明泛型数组，所以需要通过 Object 类来实现数组定义。

范例：链表子类实现数据返回方法。

```
@Override
public Object[] toArray() {
    if (this.isEmpty()) {                                    // 是否为空链表
        return null;                                         // 返回空数据
    }
    Object[] returnData = new Object[this.count];            // 创建返回数组
    int foot = 0;                                            // 数组操作索引
    Node<T> node = this.root;                                // 通过root获取当前节点
    while (node != null) {                                   // 当前存在节点对象
        returnData[foot++] = node.data;                      // 获取对象的数据
        node = node.next;                                    // 获取下一个节点
    }
    return returnData;                                       // 返回当前的数组内容
}
```

要返回链表数据，首先需要判断链表中是否存在内容，如果为空链表，直接返回 null，如果不为空，则根据链表保存的元素个数定义一个新的数组，然后通过循环的方式获取所有节点数据，并将其按照顺序保存在对象数组内。

> **提示：建议通过 while 循环代替递归。**
>
> 本程序获取全部节点数据时采用了 while 循环，实际上也可以利用递归进行调用，不使用递归主要是为了避免产生过多的“栈帧”，而且递归处理不当会引起栈内存溢出。在现代开发中不建议采用递归操作。

范例：测试链表数据返回操作。

```
public class YootkDemo {
    public static void main(String[] args) {
        ILink<String> link = new LinkImpl<>();               // 接口实例化
        link.add("沐言科技：www.yootk.com");                  // 添加数据
        link.add("高薪就业编程训练营：edu.yootk.com");          // 添加数据
        link.add("Yootk李兴华");                              // 添加数据
        Object[] result = link.toArray();                    // 获取链表全部数据
        for (Object data : result) {                         // 获取数据
            System.out.println(data);                        // 数据输出
        }
    }
}
```

程序执行结果：

```
沐言科技：www.yootk.com
高薪就业编程训练营：edu.yootk.com
Yootk李兴华
```

在测试类中要想实现数据获取，必须先通过 add()方法实现链表数据的增加，再通过 toArray()方法获取保存的数据内容。由于返回的是一个对象数组，所以可以直接通过 foreach 结构进行数组输出。

11.3.6 根据索引查询数据

根据索引查询数据

视频名称　1115_【理解】根据索引查询数据

视频简介　链表实现的是动态对象数组操作，数组可以直接通过索引进行数据返回。本视频主要讲解链表与对象数组的关系，以及索引与链表数据的关系。

链表是数组的一种功能结构扩展，由于链表中存在多个元素，同时这些元素都是按照一定的顺序进行存储的，因此需要提供根据索引获取数据内容的操作。链表中的索引数据获取可以利用迭代的计数统计方式来实现，如图 11-6 所示。在进行索引数据获取时也需要考虑数组越界问题。

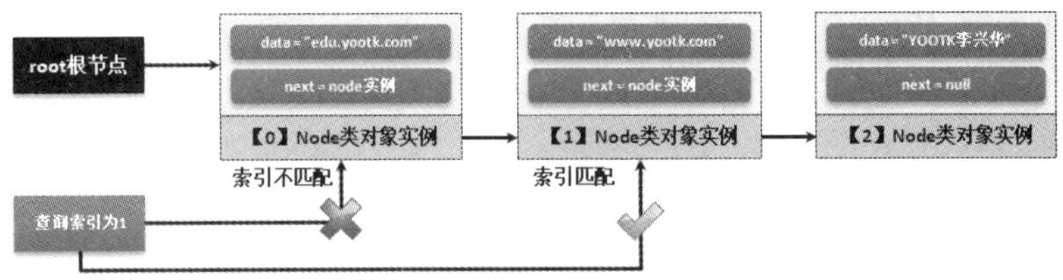

图 11-6　根据索引获取数据

范例：ILink 接口扩展索引查询方法。

```
/**
 * 根据索引实现指定节点位置的数据获取，如果超过链表长度则抛出数组越界异常
 * @param index 要查找的数据索引
 * @return 返回指定索引数据
 */
public T get(int index);
```

范例：链表子类实现索引查询方法。

```
@Override
public T get(int index) {
    if (index >= this.count  || index < 0) {          // 当前的索引无效
        throw new ArrayIndexOutOfBoundsException("查询索引越界");
    }
    int foot = 0 ;                                     // 进行节点的脚标操作
    Node<T> node = this.root ;                         // 获取当前节点
    while (node != null) {                             // 当前存在节点
        if (index == foot ++) {                        // 索引相同
            return (T) node.data ;                     // 返回索引数据
        }
        node = node.next ;                             // 修改当前节点
    }
    return null ;
}
```

在链表索引查询前要判断当前的索引是否超出了链表数据的存储范围，如果超出则手动抛出一个数组越界异常（ArrayIndexOutOfBoundsException），然后利用节点迭代的形式进行索引的计算，如果索引匹配则返回当前节点的数据，如果没有任何索引匹配则返回 null。

提示：最终的 return 是为了满足语法要求。

如果没有匹配则意味着超出链表数据的存储范围，这在方法开始前就已经进行了处理，并且会手动抛出一个数组越界异常。本程序编写的 return 仅仅是为了符合程序结构的语法要求，实际上不会执行。

范例：根据索引查询数据。

```
public class YootkDemo {
    public static void main(String[] args) {
        ILink<String> link = new LinkImpl<>();            // 接口实例化
        link.add("沐言科技：www.yootk.com");               // 添加数据
        link.add("高薪就业编程训练营：edu.yootk.com");      // 添加数据
        link.add("Yootk李兴华");                           // 添加数据
        System.out.println(link.get(1));                   // 获取索引数据
        System.out.println(link.get(-1));                  // 获取索引数据
    }
}
```

程序执行结果：

```
高薪就业编程训练营：edu.yootk.com
Exception in thread "main" java.lang.ArrayIndexOutOfBoundsException: 查询索引越界
```

本程序使用 get()方法依据索引实现了数据查询：如果索引匹配，则返回对应的数据内容；如果发现索引设置错误，则直接抛出数组越界异常。

11.3.7　修改链表数据

修改链表数据

视频名称　1116_【理解】修改链表数据

视频简介　链表中的数据都是依据顺序实现存储的，也都有各自的索引，那么也就可以依据索引实现数据修改。本视频主要讲解如何利用索引进行指定数据的修改。

对链表数据的操作都可以依据索引实现，除了实现数据的查找功能，也可以实现数据的修改功能。下面实现根据索引修改链表内容的操作。

范例：ILink 接口扩充修改方法。

```
/**
 * 根据索引修改链表中的数据
 * @param index 要修改数据的索引
 * @param data 修改的新数据
 * @return 如果索引存在，则返回修改前的数据，如果不存在，则返回null
 */
public T set(int index, T data);
```

范例：链表子类方法实现。

```
@Override
public T set(int index, T data) {
    if (index >= this.count) {                              // 当前的索引无效
        return null ;                                       // 没有对应的数据内容
    }
    T returnData = null ;                                   // 要返回的数据
    int foot = 0 ;                                          // 进行节点的脚标操作
    Node<T> node = this.root ;                              // 获取当前节点
    while (node != null) {                                  // 当前存在节点
        if (index == foot ++) {                             // 索引相同
            returnData = (T) node.data ;                    // 返回索引数据
            node.data = data ;                              // 替换新数据
        }
        node = node.next ;                                  // 修改当前节点
    }
    return returnData ;                                     // 返回原始数据内容
}
```

在修改数据操作中，首先需要判断当前给出的索引是否正确，如果该索引在数据存储范围内，则匹配相应的索引节点实现数据修改，并返回修改前的数据内容，如果索引不在数据存储范围内，则直接返回 null。

范例：测试数据修改方法。

```
public class YootkDemo {
    public static void main(String[] args) {
        ILink<String> link = new LinkImpl<>();              // 接口实例化
        link.add("沐言科技：www.yootk.com");                  // 添加数据
        link.add("高薪就业编程训练营：edu.yootk.com");          // 添加数据
        link.add("Yootk李兴华");                              // 添加数据
        System.out.println("【原始内容】" + link.set(2, "沐言科技讲师：李兴华")); // 获取索引数据
        System.out.println("【数据查询】" + link.get(2));      // 获取索引数据
    }
}
```

程序执行结果：

```
【原始内容】Yootk李兴华
【数据查询】沐言科技讲师：李兴华
```

本程序主类使用 ILink 接口实现了 3 个数据的存储，然后利用 set()方法更新并返回了原始数据内容，通过最后的执行结果可以发现，数据已经成功修改。

11.3.8 查询链表数据

查询链表数据

视频名称 1117_【理解】查询链表数据

视频简介 链表中可以保存各种数据类型，这样在进行内容查询时就需要提供标准对象比较方法。本视频主要讲解 equals()方法在链表数据查询中的使用及查询原理。

链表中会存在大量的数据，所以需要提供一个判断指定数据是否存在的方法，该方法执行时需要依次迭代链表中所有的节点，最后通过布尔返回值来判断是否有匹配内容。

范例：ILink 接口扩充数据查询方法。

```
/**
 * 判断指定的数据内容是否存在
 * @param data 查询数据
 * @return 数据存在返回true，否则返回false
 */
public boolean contains(T data);
```

范例：链表子类实现数据查询方法。

```
@Override
public boolean contains(T data) {
    if (this.root == null || data == null) {          // 此时没有根节点
        return false ;                                 // 没有要查询的数据内容
    }
    Node<T> node = this.root ;                         // 获取当前节点
    while (node != null) {                             // 节点存在
        if (node.data.equals(data)) {                  // 利用equals()方法进行判断
            return true ;                              // 查询完毕
        }
        node = node.next ;                             // 继续访问下一个节点
    }
    return false ;                                     // 没有数据满足查询要求
}
```

程序在进行数据判断前要保证当前链表中存在数据，同时要保证查询的数据不为 null，随后就可以采用 while 循环迭代所有的节点，并在每次迭代时进行节点数据的对比，如果数据相同则结束迭代并返回 true，如果数据不同则继续向下迭代，全部节点迭代完毕后如果没有匹配内容则直接返回 false。

> **提示：链表时间复杂度为“*O*(*n*)”。**
>
> 在当前实现的链表结构中，所有的节点都是按照递增的顺序保存数据的，而程序在进行数据判断时会依次判断每一个节点，所以随着链表中数据的增加，数据查询的时间复杂度也会提升。要想提高查询性能，就需要采用树状结构进行存储，Java 类集框架对此提供了良好的支持。

范例：测试数据查询方法。

```
public class YootkDemo {
    public static void main(String[] args) {
        ILink<String> link = new LinkImpl<>();                // 接口实例化
        link.add("沐言科技：www.yootk.com");                   // 添加数据
```

```
        link.add("高薪就业编程训练营：edu.yootk.com");              // 添加数据
        link.add("Yootk李兴华");                                    // 添加数据
        System.out.println("【数据查询1】" +
            link.contains("沐言科技：www.yootk.com"));              // 获取索引数据
        System.out.println("【数据查询2】" + link.contains("小李老师")); // 获取索引数据
    }
}
```

程序执行结果：

```
【数据查询1】true
【数据查询2】false
```

本程序针对已经保存数据的链表使用了 contains()方法进行数据判断，如果数据存在则返回 true，否则返回 false。

11.3.9　删除链表数据

删除链表数据

视频名称　1118_【理解】删除链表数据

视频简介　链表除了可以自由延伸，也可以随意删除内容，这一点比数组更加方便。本视频主要讲解链表数据的两种删除方式：根元素删除与非根元素删除。

链表不仅可以方便地实现数据存储的动态扩充，也可以方便地实现数据的删除。在链表中实现数据删除的核心机制在于节点引用的处理，需要考虑两种节点的删除情况。

情况一：要删除的数据在根节点中保存，此时需要修改链表中根节点的引用，让其直接引用根节点对应的下一个子节点，如图 11-7 所示。

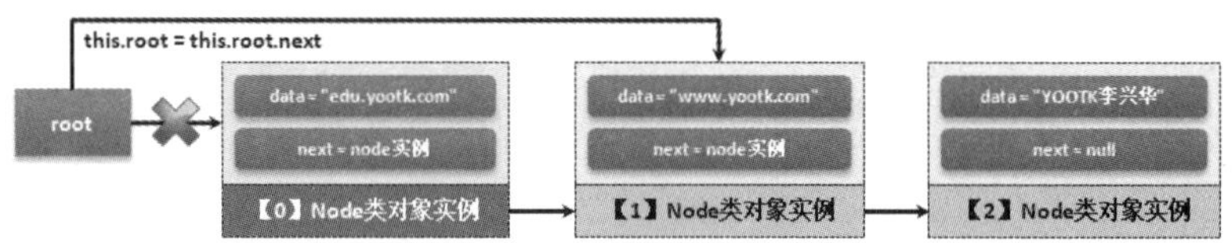

图 11-7　删除根节点

情况二：要删除的节点不是根节点，此时就需要找到要删除节点的父节点，然后将“当前节点的父节点”对当前节点的引用修改为对当前节点的下一个节点的引用，这样就空出了当前节点，从而实现删除，如图 11-8 所示。

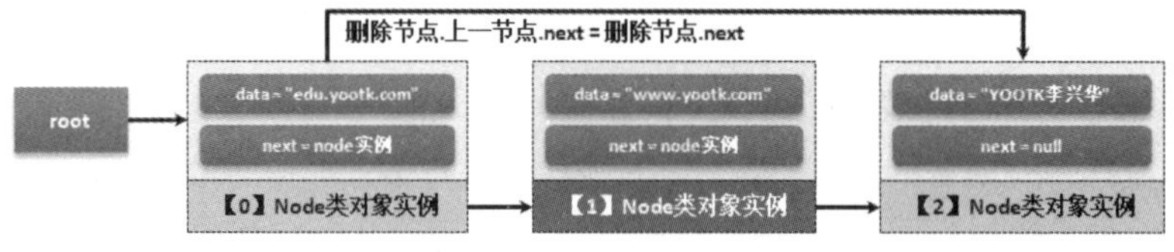

图 11-8　删除普通节点

范例：ILink 接口扩充删除方法。

```
/**
 * 从链表中删除指定的数据项
 * @param data 要删除的数据
 * @return 删除成功则返回原始内容，如果无法删除则返回null
 */
public T remove(T data);
```

范例：链表子类实现删除方法。

```
@Override
public T remove(T data) {
    if (!this.contains(data)) {                                  // 数据不存在
```

```
            return null ;                                              // 没有要删除的数据
        }
        T returnData = null ;                                          // 保存删除数据
        if (this.root.data.equals(data)) {                             // 进行根节点的比较
            returnData = (T) this.root.data ;                          // 保存原始节点数据
            this.root = this.root.next ;                               // 第二个节点作为根节点
        } else {                                                       // 子节点排查
            Node<T> parentNode = this.root ;                           // 第二个节点的父节点为root
            Node<T> node = this.root.next ;                            // 从第二个节点开始判断
            while (node != null) {                                     // 节点迭代
                if (node.data.equals(data)) {                          // 当前节点数据满足
                    returnData = (T) node.data ;                       // 获取要删除的数据
                    parentNode.next = node.next ;                      // 空出当前节点
                    this.count -- ;                                    // 保存元素的个数减少
                }
                parentNode = node ;                                    // 修改当前节点父节点
                node = node.next ;                                     // 改变当前节点
            }
        }
        return returnData ;                                            // 返回处理结果
    }
```

本程序在进行数据删除前必须获取数据所在的节点，这样才可以实现节点的引用修改。在操作时程序会判断删除的是否为根节点，如果是根节点则进行根节点的引用修改，如果不是根节点则迭代所有的子节点，找到与之匹配的节点进行删除，如果最终没有任何节点匹配则返回 null。

范例：测试节点删除。

```
public class YootkDemo {
    public static void main(String[] args) {
        ILink<String> link = new LinkImpl<>();                         // 接口实例化
        link.add("沐言科技：www.yootk.com");                            // 添加数据
        link.add("高薪就业编程训练营：edu.yootk.com");                    // 添加数据
        link.add("Yootk李兴华");                                        // 添加数据
        System.out.println("【数据删除】" + link.remove("Yootk李兴华"));    // 节点删除
    }
}
```

程序执行结果：

```
【数据删除】Yootk李兴华
```

本程序在客户端直接调用了链表中的删除方法，由于客户端不关心具体的节点操作，所以删除时只需要传入相应的数据，由链表类自动匹配对应的节点，实现数据删除。

11.3.10 清空链表数据

清空链表数据

视频名称 1119_【理解】清空链表数据

视频简介 链表依靠节点的引用关联实现了多个数据的保存，需要删除全部数据时就可以通过根节点的控制实现链表清空。本视频主要讲解链表数据的整体删除操作。

在链表中所有的数据都是通过根节点实现引用的，要进行链表数据的整体删除操作，只需要将根节点设置为 null，即可断开全部引用，如图 11-9 所示。

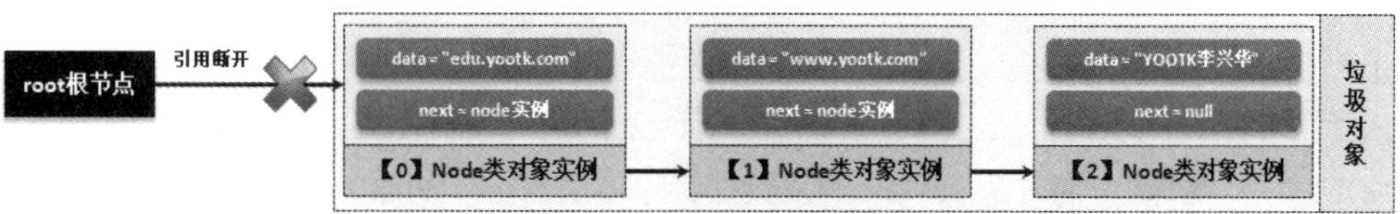

图 11-9　清空链表

范例：ILink 接口扩展清空方法。

```
/**
 * 清空链表中的所有保存数据
 */
public void clear();
```

范例：链表子类实现清空方法。

```
@Override
public void clear() {
    this.root = null;                                // 清空链表引用
    this.count = 0;                                  // 数据清零
}
```

清空链表数据时除了要进行根节点的引用清除，还需要注意链表长度的清零。

11.4　本章概览

1．在 Java 中类可以定义在任意的位置，如类、接口、方法、代码块等，这样的类一般称为内部类。

2．内部类的重要作用是与外部类直接进行私有属性的相互访问，避免对象引用带来的麻烦。

3．用 static 声明的内部类相当于外部类，可以在没有外部类实例化对象的情况下使用，同时只能够访问外部类中的 static 结构。

4．如果一个内部类只允许被外部类使用，则可以在定义时使用 private 声明。

5．匿名内部类是抽象类和接口上的扩展应用，利用匿名内部类可以有效地减少子类定义的数量。

6．Lambda 是函数式编程，是在匿名内部类的基础上发展起来的，但是 Lambda 表达式的使用前提是该接口只允许有一个抽象方法，或者使用“@FunctionalInterface”注解定义。

7．方法引用与对象引用概念类似，指的是可以对方法进行别名定义。

8．JDK 中提供四大类内建函数式接口：Function、Consumer、Supplier、Predicate。

9．链表是一种线性的数据结构，其所有的数据都按照添加的先后顺序进行存储。链表实现的核心依据是 Node 节点类的设计及引用关系的配置，用户在编写代码时需要掌握的核心操作方法如表 11-1 所示。

表 11-1　链表核心操作方法

序号	方法名称	类型	描述
1	public void add(T data)	普通	向链表中追加元素
2	public int size()	普通	获取链表元素的个数
3	public boolean isEmpty()	普通	判断链表是否为空链表
4	public Object[] toArray()	普通	将链表数据转为对象数组
5	public T get(int index)	普通	根据索引获取数据
6	public T set(int index, T data)	普通	根据索引修改数据，并返回原始数据
7	public boolean contains(T data)	普通	数据查找判断
8	public T remove(T data)	普通	删除数据，并返回删除的数据内容
9	public void clear()	普通	清空链表

10．链表中的数据查询方法 contains()及数据删除方法 remove()都需要 equals()方法支持。

11．在实际开发中一个设计优良的链表不仅拥有较高的查找性能，也更加适合多线程并发操作。本章只是对链表的基础组织原理进行分析，实际开发中可以利用 JDK 提供的类集代替以上链表的实现。

11.5 实战自测

有一位理工科学生，非常喜欢学习数学、程序设计、大数据等课程，于是他买了很多这些方面的图书。要求通过程序实现图书的购买（增加）、转送（删除），以及图书名称的模糊查询。

链表应用案例

视频名称 1120_【掌握】链表应用案例

视频简介 本程序是对现实生活的合理抽象，以接口和链表的形式实现集合标准的定义，这样可以实现更加合理且便于扩展的类结构。本视频将对代码实现进行讲解，帮助读者深入理解接口应用。

第 12 章 IDEA 开发工具

本章学习目标

1. 掌握 IDEA 的安装与配置方法；
2. 掌握 IDEA 开发 Java 程序及 JDK 配置方法；
3. 掌握 IDEA 下的 jar 文件生成配置与第三方 jar 文件引用配置方法；
4. 掌握 IDEA 下的 debug 程序调试操作方法；
5. 掌握 JUnit 5 单元测试工具的使用方法。

一个完善的 Java 程序必然包含大量的工程代码，为了提高代码的开发与调试速度，可以通过集成开发环境（Integrated Development Environment，IDE）进行代码编写。本章将为读者讲解流行的 Java 开发工具——IDEA。

12.1 IDEA 简介

Java 开发工具简介

视频名称 1201_【了解】Java 开发工具简介

视频简介 Java 语言经过了二十多年的发展，其间有大量开发工具出现。本视频为读者讲解 Java 开发工具的产生背景及演变。

IntelliJ IDEA（简称 IDEA）是业界公认的最好的 Java 开发工具，由 JetBrains 公司开发，JetBrains 官方网站首页如图 12-1 所示。JetBrains 支持 JavaScript、PHP、Python、Golang、Android 等多种程序的开发。

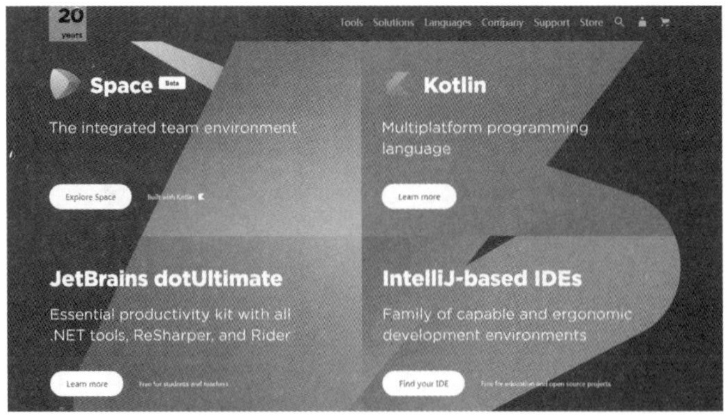

图 12-1 JetBrains 官方网站首页

IDEA 在代码开发提示、项目重构、Java 相关服务、集成版本控制工具、项目构建工具整合方面都有较好的支持，也可以根据需要进行各类插件安装，以满足不同开发者的代码编写需求。

提示：Eclipse 与 IDEA。

在 Java 语言发展的二十几年时间内，陆续出现了大量的开发工具，如 JBuilder、Eclipse、NetBeans 等，这些开发工具都有着辉煌的成就。随着时间的推移，现在开发者主要使用的 Java 开发工具是 IDEA 与 Eclipse。

在 IDEA 流行之前，Eclipse 拥有绝对的霸主地位。Eclipse 是由 IBM 公司开发的，后来转送给了 Eclipse 组织。Eclipse 是开源项目，这也间接导致了 JBuilder 的没落，但是 Eclipse 的开发性能较差，所以后来被 IDEA 代替。

12.2　IDEA 安装与配置

IDEA 安装与配置

视频名称　1202_【掌握】IDEA 安装与配置

视频简介　IDEA 是现代项目开发中使用最广泛的开发工具之一。本视频为读者演示了 IDEA 的下载与安装，同时讲解了如何在第一次启动 IDEA 时进行开发环境配置。

JetBrains 官方网站提供了各类开发工具，要想获取 IDEA，单击首页顶部的“Tools”按钮，然后选择“IntelliJ IDEA”，即可进入图 12-2 所示的页面。

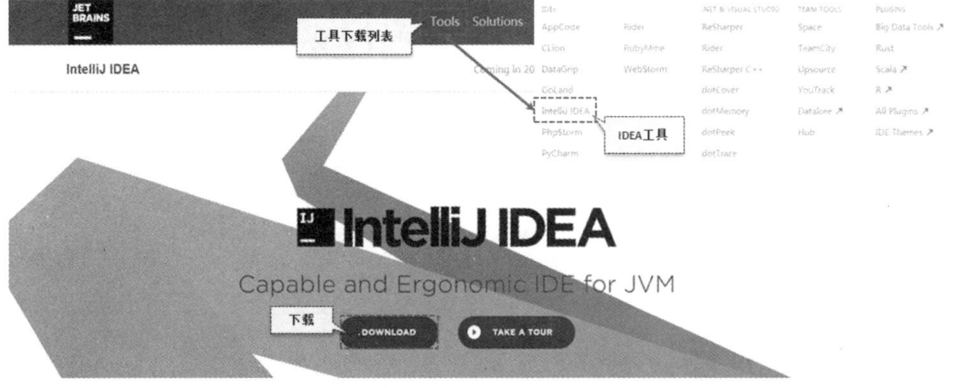

图 12-2　选择 IDEA 工具

单击“DOWNLOAD”按钮后会出现图 12-3 所示的 IDEA 下载页面，用户可以根据需要选择合适的 IDEA 版本。

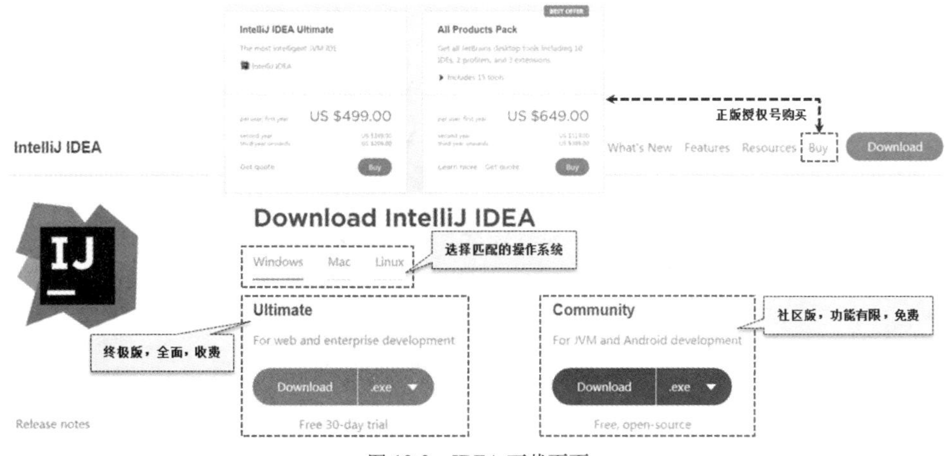

图 12-3　IDEA 下载页面

提示：不必过于追求新版本。

根据经验，IDEA 每年都会发布 3 个大的更新版本，版本名称都会采用“年份.大版本号.序号”的结构，如“ideaIU-2020.2.3”，但是 IDEA 这几年的版本更新并没有太大的功能变化，所以不用追求最新版本，根据自己的需要选择一个可用的版本即可。

本次演示使用 Windows 版本的 IDEA，下载完成后获得一个“*.exe”可执行文件，双击该文件进行安装，即可见到图 12-4 所示的安装启动界面，单击“Next”按钮，选择 IDEA 的安装路径，如图 12-5 所示。

图 12-4　IDEA 安装启动界面

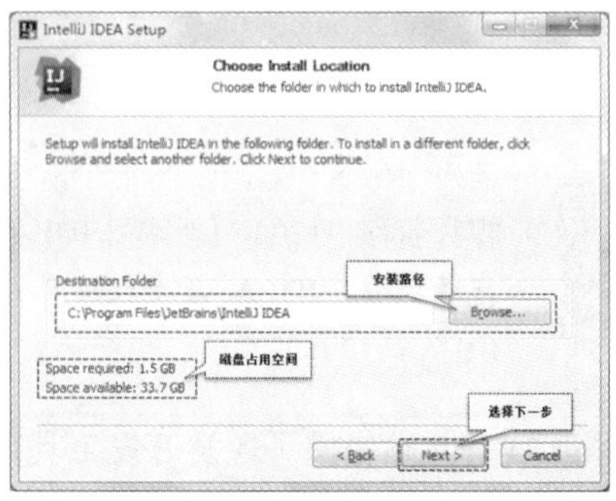

图 12-5　选择 IDEA 安装路径

配置好安装路径后再单击“Next”按钮，此时安装程序会询问用户是否进行桌面快捷方式的创建，以及与 Java 程序文件的关联配置，如图 12-6 所示，选定之后继续单击“Next”按钮进入开始菜单配置，如图 12-7 所示，此处不进行修改，采用默认配置，最后单击“Install”按钮启动安装，如图 12-8 所示。

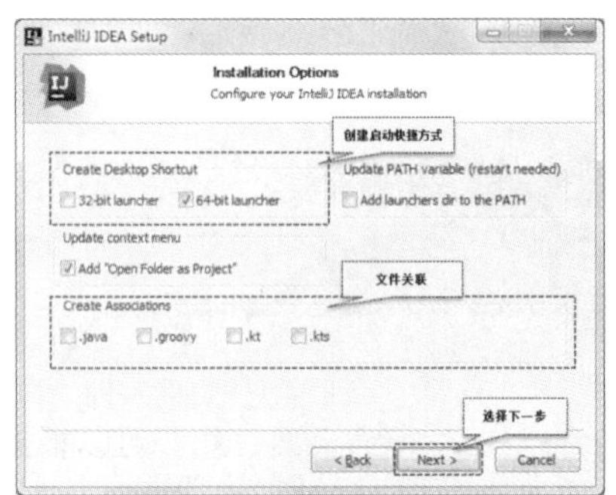

图 12-6　IDEA 关联配置

图 12-7　开始菜单配置

IDEA 安装完成后会出现图 12-9 所示的界面，如果需要在安装后立即启动 IDEA，则勾选“Run IntelliJ IDEA”，最后单击“Finish”按钮即可。

图 12-8　IDEA 安装界面

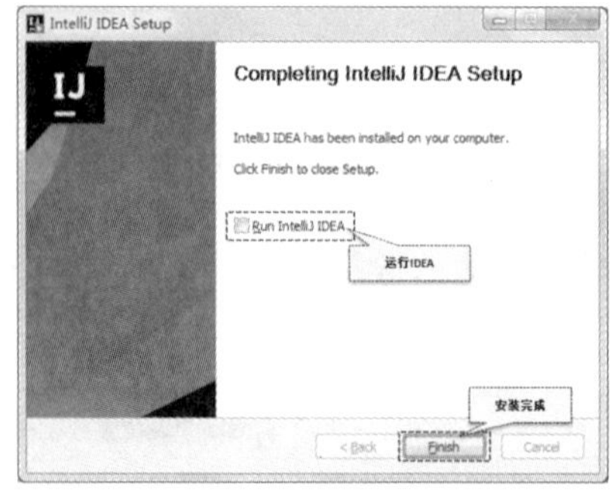

图 12-9　IDEA 安装完成

提示：IDEA 启动优化。

IDEA 的运行依赖于 JRE，要想提高 IDEA 的性能，可以修改 IDEA 安装目录中的 IDEA 启动虚拟配置文件（bin\idea64.exe.vmoptions），修改配置如下。

原始配置：　　　　　　　修改后配置：

```
-Xms128m          -Xms8g
-Xmx750m          -Xmx8g
```

这里修改了两个配置项：初始化内存（-Xms）和最大可用内存（-Xmx）。这两项的大小需要开发者根据自己的计算机硬件环境进行配置。

如果是第一次启动 IDEA，用户会被询问是否要导入已经存在的 IDEA 配置，如图 12-10 所示，为了便于读者理解，这里暂时不导入任何配置，直接进入 IDEA 启动界面，如图 12-11 所示。

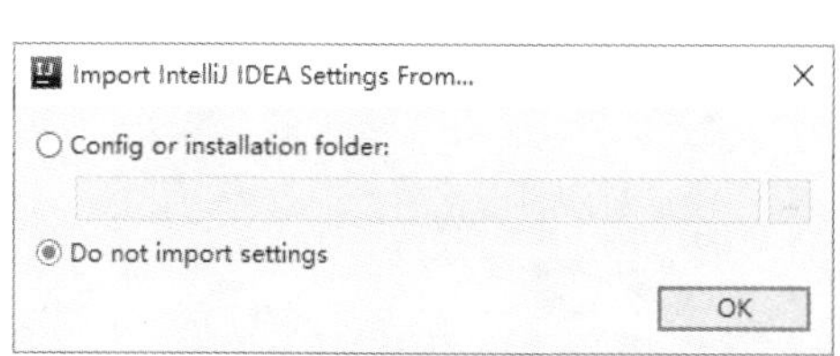

图 12-10　是否导入 IDEA 配置

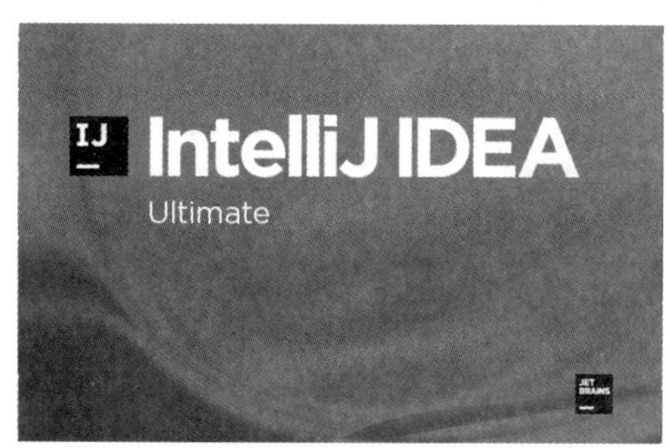

图 12-11　IDEA 启动界面

IDEA 启动之后需要用户选择界面风格，IDEA 为用户提供了两种默认风格：Dark（暗色系）和 Light（明亮系）。为了便于读者观察配置，这里选择“Light”风格，如图 12-12 所示，然后用户会被询问是否要进行插件的安装，这里暂时不安装任何插件，如图 12-13 所示。

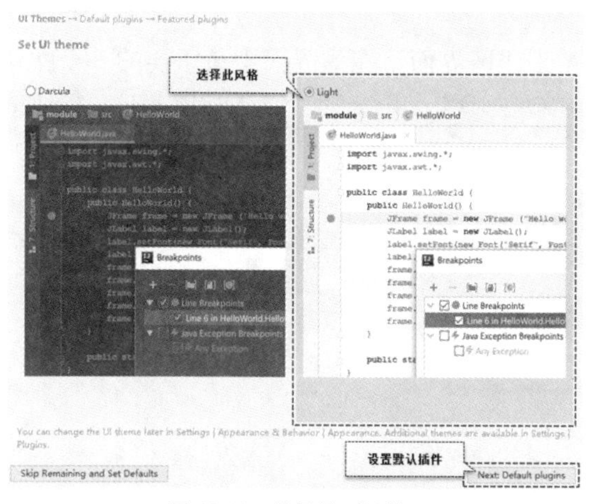

图 12-12　选择界面风格

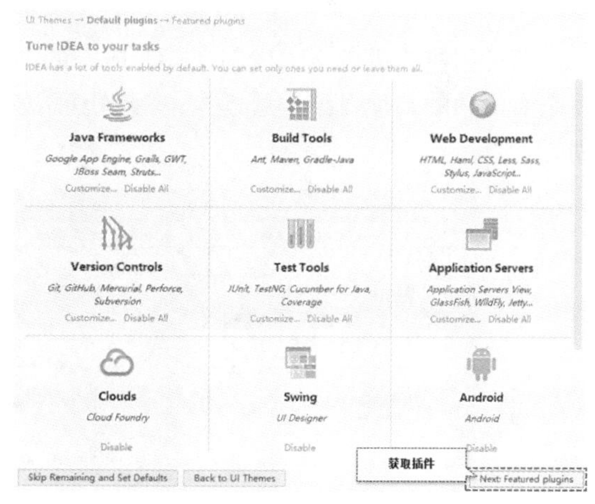

图 12-13　设置 IDEA 插件

单击“Skip Remaining and Set Defaults”按钮，进入 IDEA 激活界面，如图 12-14 所示，如果读者有 IDEA 激活码，则直接输入激活码，如果只是学习，可以选择“Evaluate for free”进行 30 天试用。完成激活或选择试用后将出现项目定义界面，如图 12-15 所示，选择“Create New Project”，进入图 12-16 所示界面，此时选择创建一个“Empty Project”（空项目）。

在 IDEA 中，一个项目中可以存在若干个模块，每个模块都是一个独立的 Java 应用，所以在选择项目类型后还要设置项目名称和项目保存路径，如图 12-17 所示。

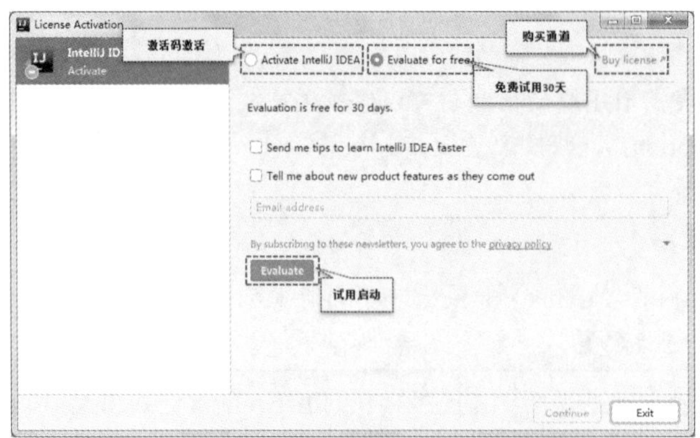

图 12-14　IDEA 激活界面

图 12-15　项目定义界面

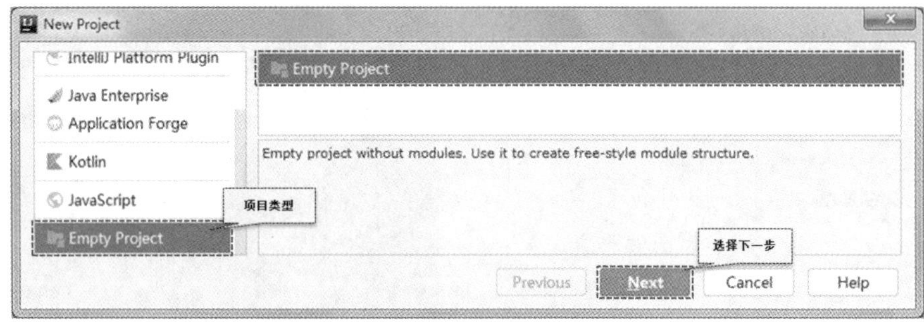

图 12-16　创建新项目界面

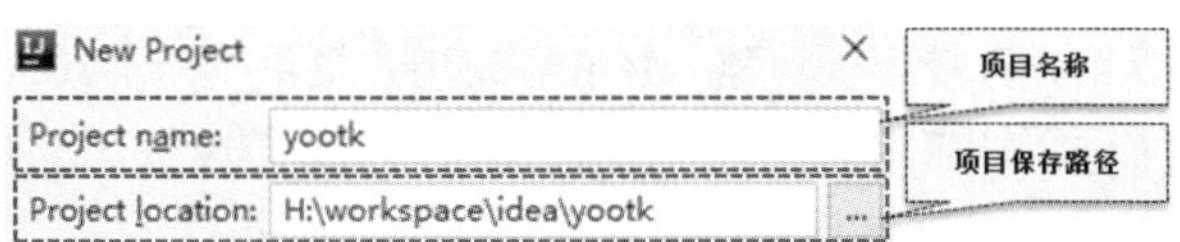

图 12-17　项目名称与项目保存路径

项目创建完成后会出现图 12-18 所示的 IDEA 工作区界面，在该界面中最重要的一个按钮就是右上角的“项目结构管理”，在此处可以直接实现 JDK、开发库（CLASSPATH）、模块的创建。

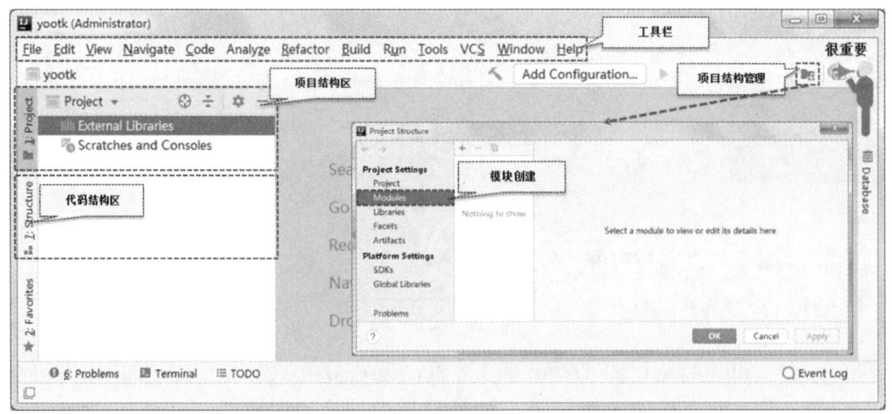

图 12-18　IDEA 工作区界面

当前项目环境使用的是 JDK 13，在使用 IDEA 进行项目开发前必须配置正确的 JDK。单击“项目结构管理”按钮，然后选择“SDKs”配置项，将 JDK 13 目录加载到 IDEA 工具中，如图 12-19 所示。

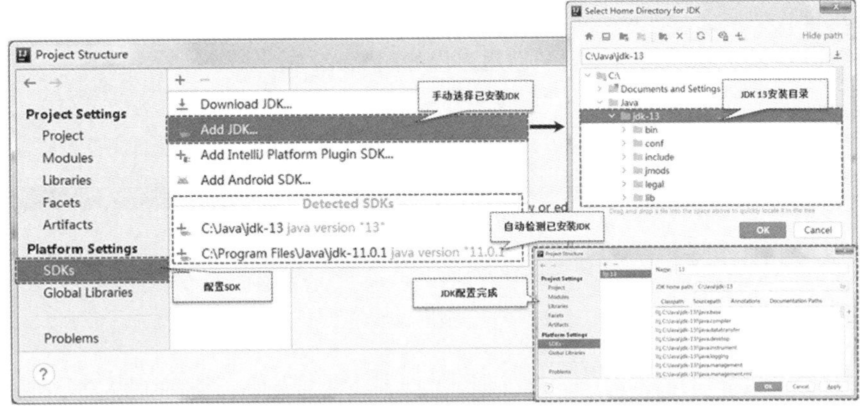

图 12-19　IDEA 配置 JDK

在 Java 开发中经常需要导入大量的开发包，为了便于这些开发包的导入，可以进行 IDEA 自动导入配置，这样在开发中只要检测到未导入的类就会帮用户自动导入，配置步骤：【File】→【Settings】→【Editor】→【General】→【Auto Import】→勾选相关复选框，如图 12-20 所示。

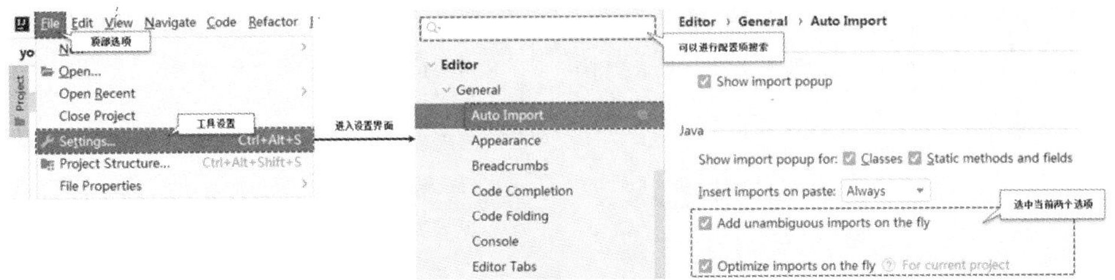

图 12-20　IDEA 自动导入配置

12.3　使用 IDEA 开发 Java 程序

使用 IDEA 开发 Java 程序

视频名称　1203_【掌握】使用 IDEA 开发 Java 程序

视频简介　IDEA 最重要的功能就是实现 Java 项目开发。本视频通过一系列具体操作演示在 IDEA 开发工具中进行 Java 类的创建、代码自动生成等。

IDEA 最重要的作用就是进行 Java 项目开发，每一套完整的 Java 项目都是通过模块（Module）进行描述的。首先单击“项目结构管理”按钮，创建一个新的 Java 模块，模块名称为“muyan”，如图 12-21 所示。

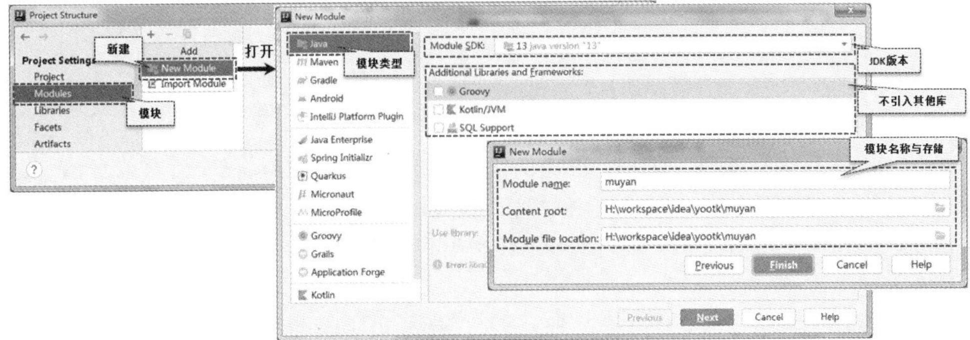

图 12-21　创建新的 Java 模块

新的模块创建完成之后，可以直接在该模块中创建 Java 程序类。这里创建一个“com.yootk.demo.YootkDemo”类，实现信息输出，创建过程如图 12-22 所示。

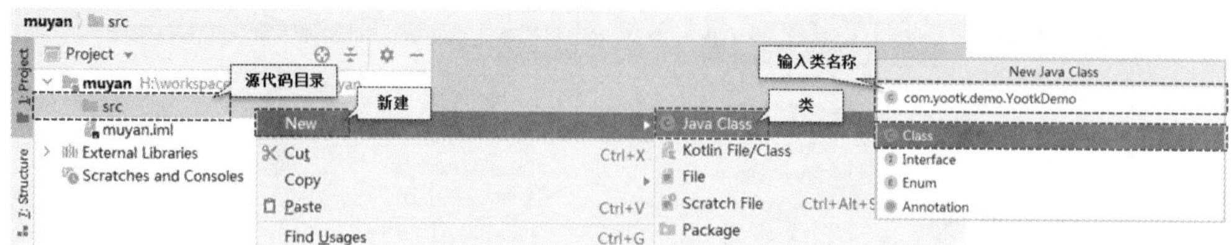

图 12-22　创建 Java 程序类

范例：编写 Java 程序类。

```
package com.yootk.demo;
public class YootkDemo {
    public static void main(String[] args) {
        System.out.println("沐言科技：www.yootk.com");
    }
}
```

本程序实现了基本的输出。需要注意的是，在 IDEA 开发工具中可以通过输入“psvm”自动生成主方法，输入“sout”自动生成系统输出指令，称为 IDEA 代码补全，如图 12-23 所示。

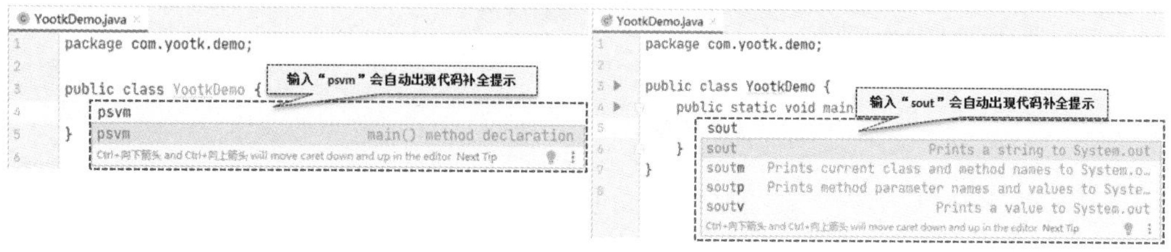

图 12-23　IDEA 代码补全

代码编写完成后，可以直接通过 IDEA 开发工具运行程序，在要运行的程序代码处单击鼠标右键，或者直接在程序文件上单击鼠标右键，选择“Run …”选项，就可以直接在 IDEA 中运行程序。程序运行结束后会显示程序运行结果，如图 12-24 所示。

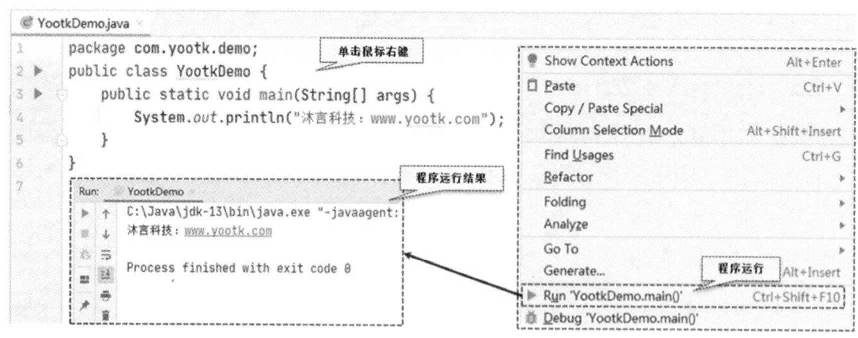

图 12-24　IDEA 运行 Java 程序

除了基本的程序运行支持，IDEA 也提供代码生成功能，例如，在一个简单 Java 类中生成 Setter/Getter 方法、构造方法、toString()方法等。实现这样的功能需要将光标移动到一个已有类的代码空白处，按“Alt + Insert”组合键，然后选择相应的生成项即可，图 12-25 所示即为生成 Setter/Getter 方法。

开发者经常需要对操作代码中存在的异常进行捕获，IDEA 也可以在方法调用时通过“Alt + Enter”组合键自动生成异常捕获代码，如图 12-26 所示。

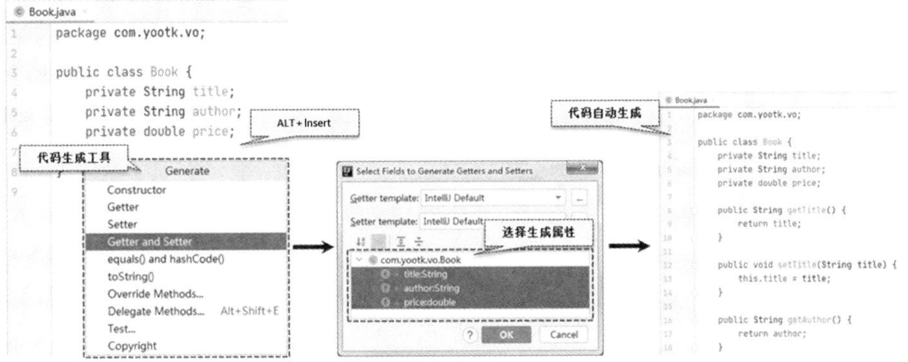

图 12-25　生成 Setter / Getter 方法

```
YootkDemo.java
package com.yootk.demo;

import com.yootk.info.Message;

public class YootkDemo {
    public static void main(String[] args) {
        new Message().send( msg: "沐言科技：www.yootk.com");
    }
}
```

```
Message.java
package com.yootk.info;
public class Message {
    public void send(String msg) throws Exception {
        System.out.println("【消息发送】" + msg);
    }
}
```

ALT+Enter

Add exception to method signature

Surround with try/catch

Press Ctrl+Shift+I to open preview

异常处理或者继续抛出

图 12-26　异常捕获处理

12.4　jar 文件管理

视频名称　1204_【掌握】jar 文件管理

视频简介　jar 文件是项目发布与管理的标准文件，IDEA 提供 jar 文件的创建操作。本视频主要讲解 jar 文件的导出，以及如何在模块中进行第三方 jar 文件的配置。

在 Java 程序开发的过程中，jar 文件是重要的项目文件，因为使用 jar 文件可以实现程序类的打包发布，但是如果每次都使用原始的 jar 命令进行操作，很多开发者是不太习惯的，最佳做法是通过 IDEA 进行打包操作。假设要打包的程序类为下面的代码。

范例：定义要打包的程序类。

```
package com.yootk.info;
public class Message {
    public void send(String msg) throws Exception {
        System.out.println("【消息发送】" + msg);
    }
}
```

打包操作需要开发者单击“项目结构管理”按钮，选择“Artifacts”，然后添加一个空的 jar 文件，如图 12-27 所示，接着创建 MANIFEST.MF 描述文件，并将需要打包的模块配置到此文件中，如图 12-28 所示。

当前 jar 文件配置完成后并不会立即生成“yootk.jar”文件，要生成文件，必须进行项目构建，如图 12-29 所示。

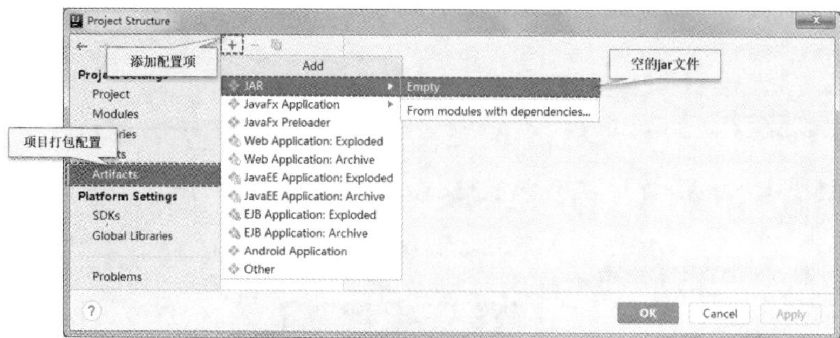

图 12-27 添加一个空的 jar 文件

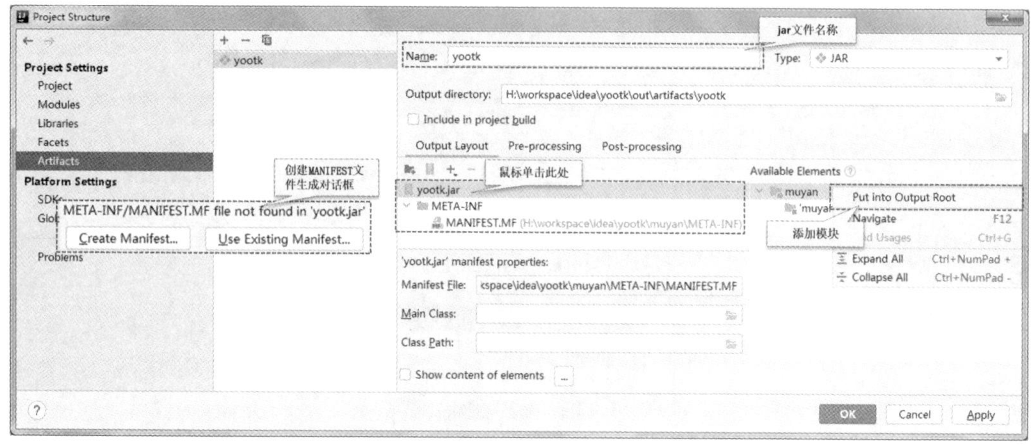

图 12-28 jar 文件配置

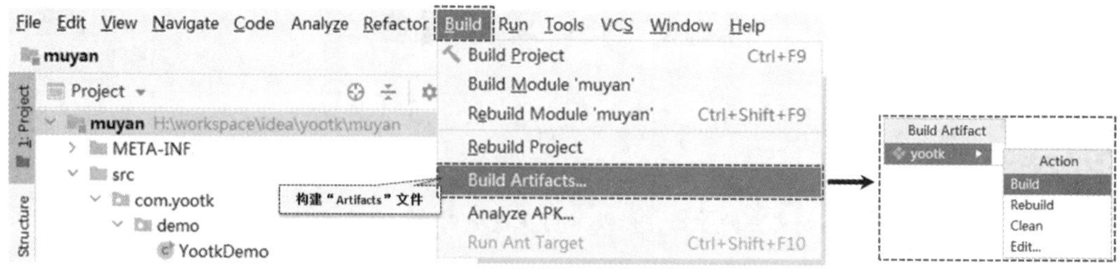

图 12-29 项目构建

完成项目构建之后，“项目路径/out/ artifacts”目录下会生成“yootk.jar”文件，这样就轻松地实现了项目打包处理。在项目中如果需要引入第三方的 jar 文件，也可以单击“项目结构管理”按钮后进行配置，假设所有要导入的第三方 jar 文件都保存在了“H:\workspace\lib”目录中，则配置如图 12-30 所示。

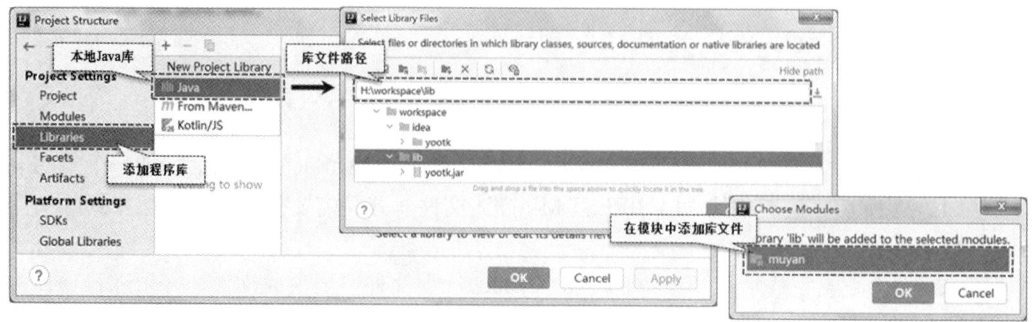

图 12-30 添加第三方 jar 文件

提示：可以通过 Maven 仓库下载。

在图 12-30 所示界面中添加 jar 文件时，除了使用“本地 Java 库”，也可以通过 Maven 仓库（“From Maven”）进行网络下载，例如，下载 MySQL 数据库的驱动程序如图 12-31 所示。

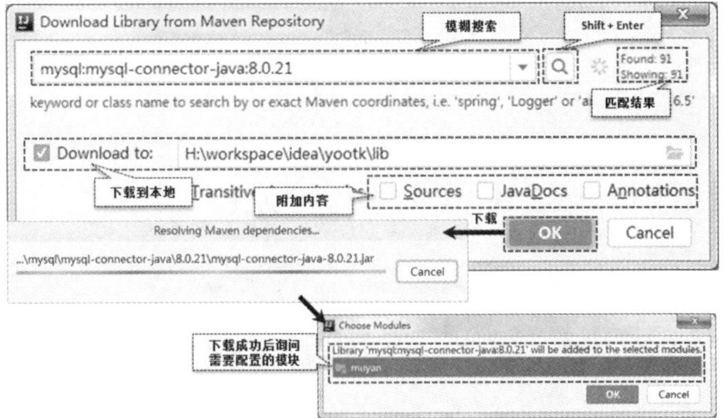

图 12-31　通过 Maven 仓库下载 MySQL 数据库的驱动程序

实际上 Maven 是 Java 项目开发中非常重要的一款构建工具，本套丛书中也有相应的讲解，读者可以在掌握 Java 与 Java Web 知识后进行学习。

12.5　debug 代码调试

debug 代码调试

视频名称　1205_【掌握】debug 代码调试

视频简介　开发者每天都要面对程序的 bug，很多时候对某个变量的误操作会带来执行结果的错误，因此需要进行代码的调试跟踪。本视频主要讲解如何在 IDEA 中进行 debug 代码调试。

在程序开发过程中，如果编写的程序逻辑比较复杂，那么进行错误排查就会非常麻烦，这种情况下可以借助开发工具的 debug 功能设置一些程序断点，对程序进行代码跟踪。

范例：定义一个数学计算类。

```
package com.yootk.util;
public class MyMath {
    public static int add(int x, int y) {
        int result = 0 ;                                // 保存计算结果
        result += x ;                                   // 与x数据相加
        result += y ;                                   // 与y数据相加
        return result ;
    }
}
```

为了便于读者观察代码的调试过程，MyMath.add()方法中的实现代码没有精简。

范例：调用数学计算类。

```
package com.yootk.demo;
import com.yootk.util.MyMath;
public class TestMath {
    public static void main(String[] args) {        // 程序主方法
        int numA = 10;                                  // 【断点】定义计算数字
        int numB = 20;                                  // 定义计算数字
        int sum = MyMath.add(numA, numB);               // 执行加法操作
        System.out.println(sum);                        // 输出计算结果
```

```
    }
}
```

本程序为 MyMath 调用类，为便于读者观察，将所有要传入的参数以变量的形式定义。在 IDEA 编辑器中，单击需要设置断点的代码行左侧即可实现断点设置，设置完成后单击鼠标右键就可以基于 debug 方式运行程序，如图 12-32 所示。

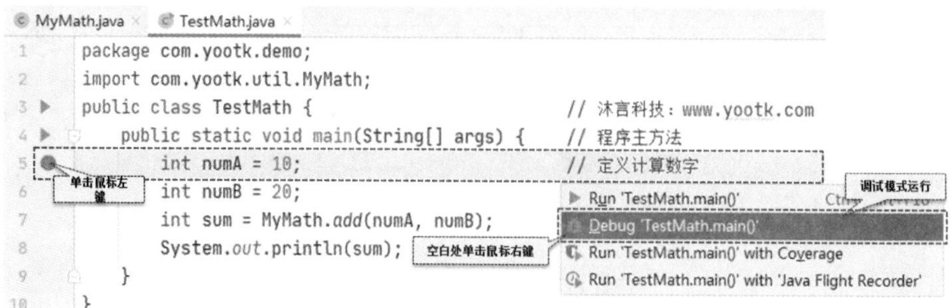

图 12-32　设置断点

断点设置后必须采用调试模式运行程序，这样程序启动后就会直接进入 debug 调试界面，如图 12-33 所示，可以在该界面实现如下几种调试控制。

- 按“F5”键单步跳入（Step Into）：进入代码内部观察代码的执行情况。
- 按“F6”键单步跳过（Step Over）：不关心具体的办事过程，只关心具体的结果。
- 按“F7”键单步返回（Step Out）：执行单步跳入对代码观察一段时间后发现不再需要继续观察了，直接返回跳入位置。
- 按“F8”键恢复执行（Resume）：不再继续进行代码调试了，直接进行代码的正常执行。

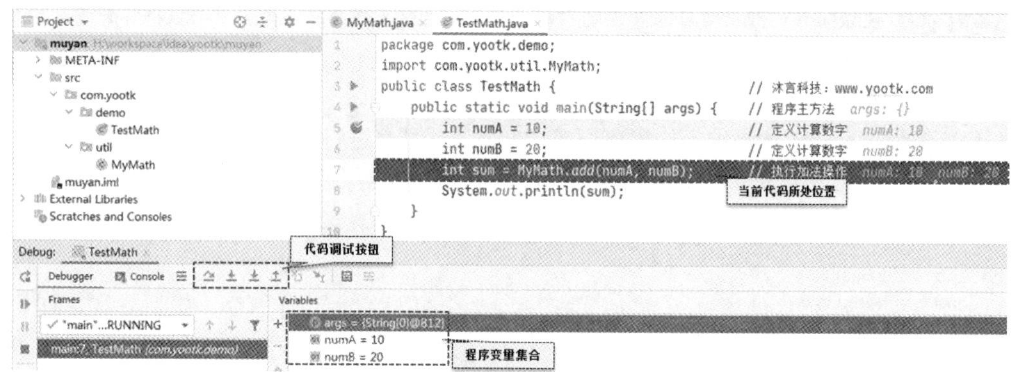

图 12-33　debug 调试界面

12.6　JUnit 单元测试

视频名称　1206_【掌握】JUnit 测试工具

视频简介　用例测试是一种常见的业务测试手段，利用模拟业务数据进行测试，可保证程序执行的正确性。本视频主要讲解用例测试的意义及 JUnit 测试工具的使用。

为了便于程序开发，往往需要对程序进行合理的结构划分，然后通过特定的形式实现调用。为了保证整体调用的正确性，就需要对每部分代码的处理结果进行测试。在 Java 中可以直接通过 JUnit 测试工具实现此类功能。假设要创建一个数学计算类，然后实现对该类方法的测试。

范例：定义数学计算类。

```
package com.yootk.util;
public class MyMath {
    public static int add(int x, int y) {          // 加法计算
        return x + y ;
    }
    public static int sub(int x, int y) {          // 减法计算
        return x - y ;
    }
}
```

MyMath 类提供了两个计算方法，需要对这两个方法的功能进行测试。由于直接进行 JUnit 测试需要引入第三方组件包，所以建议通过 IDEA 实现代码的测试，可以直接在代码中按 “Alt + Insert”组合键，然后选择“Test”生成测试代码，如图 12-34 所示。

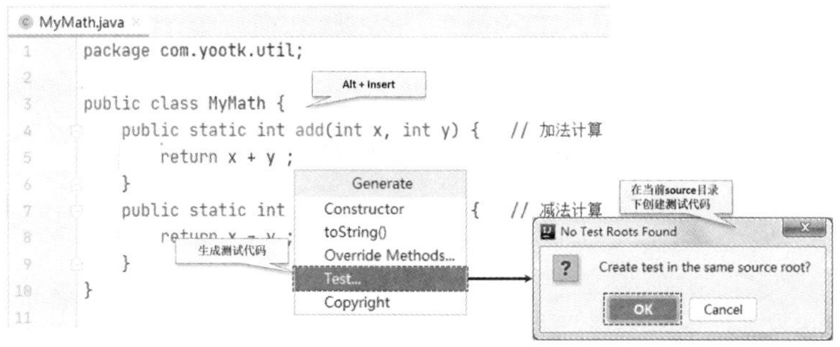

图 12-34 IDEA 实现代码测试

在进行测试类创建时应选择“JUnit 5”测试版本，然后输入测试类的名称及存储的包名称（包名称需要提前创建），如图 12-35 所示。

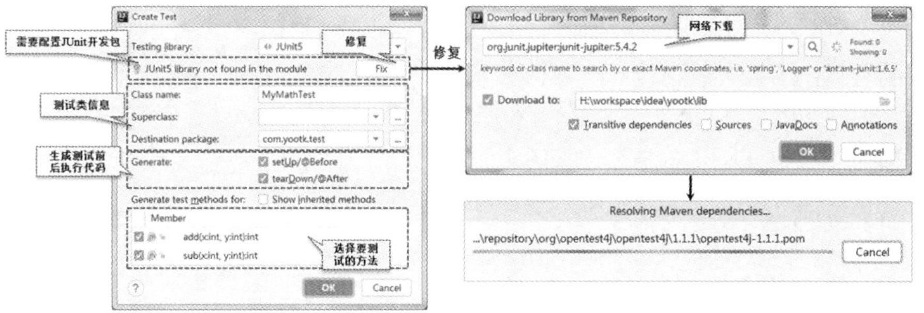

图 12-35 创建测试类

提示：需要配置模块依赖库。

用户下载 JUnit 相关开发包后，还需要单击“项目结构管理”按钮，然后在当前项目中手动添加 JUnit 依赖库，如图 12-36 所示，否则代码创建后会出现无法找到 JUnit 程序的错误。

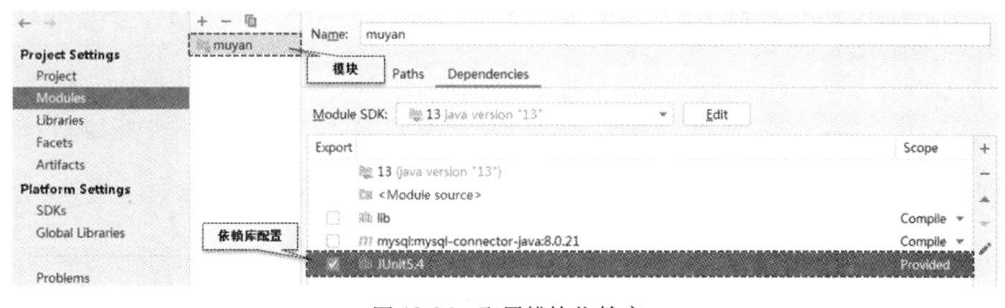

图 12-36 配置模块依赖库

JUnit 5 对测试的方法名称是有规定的，所有的测试方法必须以“test”开头，那么当前的测试类正确的方法名称应该为 testAdd()、testSub()，而通过 IDEA 自动生成的方法没有这样的 test 前缀，所以需要手动进行代码修改。

范例：编写 JUnit 测试类。

```
package com.yootk.test;
import com.yootk.util.MyMath;
import org.junit.jupiter.api.MethodOrderer;
import org.junit.jupiter.api.Order;
import org.junit.jupiter.api.TestMethodOrder;
import static org.junit.jupiter.api.Assertions.assertEquals;
@TestMethodOrder(MethodOrderer.OrderAnnotation.class)     // 定义测试代码执行顺序
class MyMathTest {
    @org.junit.jupiter.api.BeforeAll                      // 测试类启动时执行
    public static void beforeAll() {
        System.out.println("【BeforeAll】启动JUnit测试程序类。");
    }
    @org.junit.jupiter.api.AfterAll                       // 测试类执行后执行
    public static void afterAll() {
        System.out.println("【AfterAll】JUnit测试类执行完毕。");
    }
    @org.junit.jupiter.api.BeforeEach
    void setUp() {                                        // 每个测试方法之前执行
        System.out.println("【BeforeEach】功能测试前。");
    }
    @org.junit.jupiter.api.AfterEach
    void tearDown() {                                     // 每个测试方法之后执行
        System.out.println("【AfterEach】功能测试后。");
    }
    @Order(2)                                             // 设置代码测试优先级
    @org.junit.jupiter.api.Test
    void testAdd() {                                      // 测试MyMath.add()方法
        int result = MyMath.add(10, 20);                  // 调用计算方法
        assertEquals(result, 30);                         // 测试代码执行结果是否符合预期
        System.out.println("【testAdd()测试】进行加法测试，程序执行结果：" + result);
    }
    @Order(1)                                             // 设置代码测试优先级
    @org.junit.jupiter.api.Test
    void testSub() {                                      // 测试MyMath.sub()方法
        int result = MyMath.sub(20, 10);                  // 调用计算方法
        assertEquals(result, 10);                         // 测试代码执行结果是否符合预期
        System.out.println("【testSub()测试】进行减法测试，程序执行结果：" + result);
    }
}
```

程序执行结果：

```
【BeforeAll】启动JUnit测试程序类。

【BeforeEach】功能测试前。
【testSub()测试】进行减法测试，程序执行结果：10
【AfterEach】功能测试后。


【BeforeEach】功能测试前。
【testAdd()测试】进行加法测试，程序执行结果：30
【AfterEach】功能测试后。

【AfterAll】JUnit测试类执行完毕。
```

本程序为 JUnit 测试代码，可以发现所有需要执行的方法都要设置相应的注解，由于代码有严

格的执行顺序，可以通过“@TestMethodOrder”与“@Order”两个注解实现顺序控制，在程序测试启动后，根据测试的结果出现图 12-37 所示的界面。

图 12-37 JUnit 测试结果

12.7 SVN 版本控制工具

SVN 服务简介

视频名称 1207_【掌握】SVN 服务简介

视频简介 项目的开发是一个长期且不断更新的过程，为了保证项目代码的正确性，需要引入版本控制工具。本视频主要为读者分析实际开发中项目管理工具的作用。

Subversion（SVN）是一款著名的开源版本控制工具，在早期的项目开发中几乎无处不在，可以有效地解决多人开发项目带来的软件版本问题。SVN 的设计采用客户-服务器（C/S）开发模型，需要提供 SVN 服务器，然后才可以通过 SVN 客户端进行访问。IDEA 也支持 SVN 客户端功能，以实现代码的管理。

SVN 的典型应用如图 12-38 所示。要想实现代码管理，首先要创建一个 SVN 服务器，然后为该服务器配置一个项目文件的保存路径，这样就可以由项目的创建者进行项目的共享与提交。所有的开发者可以通过 SVN 检出（Check Out）保存的项目，并在同一环境中进行开发与代码提交。如果不同的开发者修改了同样的文件，则系统在每次提交前检查对应的版本号是否允许更新，如果发现更新版本号有问题则提示出现代码冲突，需要由最后一位提交者手动解决冲突后重新进行代码提交。

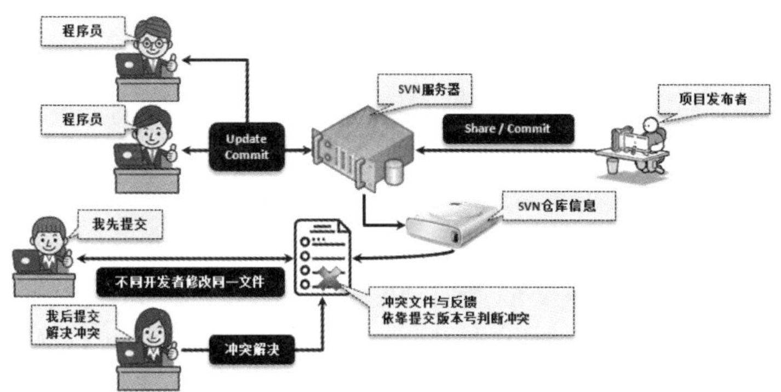

图 12-38 SVN 典型使用

SVN 目前交由 Apache 组织进行维护，开发者如果需要使用 SVN，可以直接登录 Apache SVN 子项目网站获取，如图 12-39 所示。

SVN 可以在众多操作系统平台上实现部署，本书基于 Windows 操作系统进行讲解，可以选择“TortoiseSVN”。该工具使用较为方便，自动配置服务器与客户端。该工具下载完成后可以直接根据提示进行安装，安装时一定要选择添加 SVN 命令，如图 12-40 所示，这样就可以直接在命令行模式下执行 SVN 操作命令，安装界面如图 12-41 所示。

图 12-39 Apache SVN 子项目网站

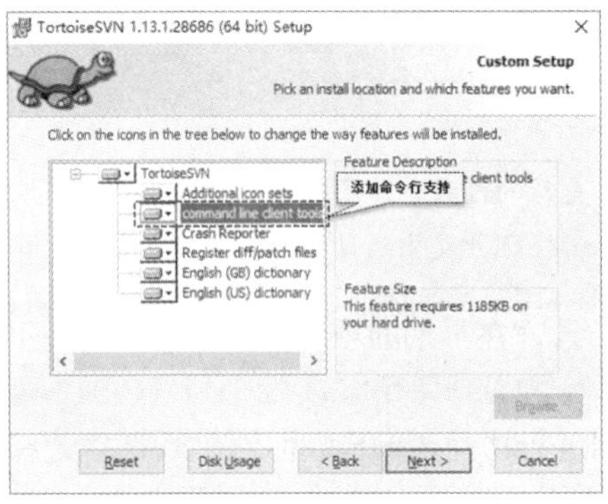

图 12-40 添加 SVN 命令

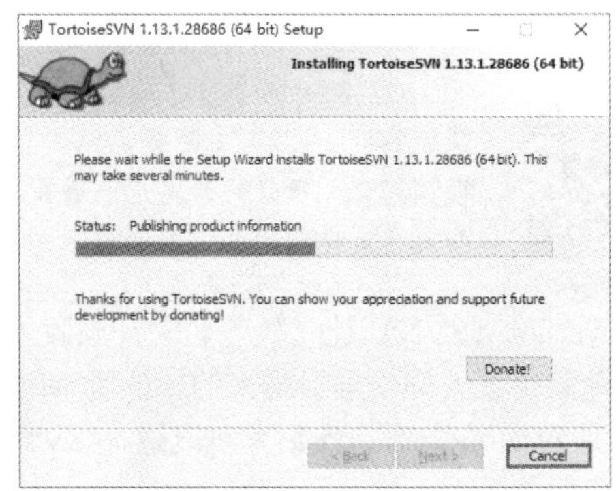

图 12-41 SVN 安装进度

12.7.1 配置 SVN 服务器

配置 SVN 服务器

视频名称 1208_【掌握】配置 SVN 服务器

视频简介 项目管理需要建立项目管理目录。本视频讲解 SVN 服务器的搭建，包括如何定义工作目录、如何进行服务器的配置与启动。

SVN 服务器需要一个专属的工作目录，用于实现对用户提交的代码的管理，此目录可以通过 SVN 提供的命令进行初始化。同时为了该目录的安全，用户也需要进行相应的认证与授权配置。

（1）创建一个 SVN 仓库目录，该目录路径为“h:\yootk_svn”。

（2）启动命令行模式，进行仓库目录结构初始化。

```
svnadmin create h:\yootk_svn
```

初始化完成后，会在“h:\yootk_svn”下自动生成若干目录，其中最重要的配置目录为“conf”，在该目录中保存 3 个重要的配置文件，分别为 passwd（配置账户）、authz（授权配置）、svnserve.conf（SVN 服务配置）。

（3）修改“conf/svnserve.conf”文件，进行相关配置文件的启用。

允许匿名用户直接进行数据读取：

```
anon-access = read
```

认证用户可以进行读取：

```
auth-access = write
```

定义 SVN 账户配置文件名称（passwd 文件和此配置对应）：

```
password-db = passwd
```

SVN 授权文件名称（authz 文件和此配置对应）：

```
authz-db = authz
```

（4）修改“conf/passwd”文件，添加一个新的账户 muyan / yootk。

```
muyan = yootk
```

（5）修改“conf/authz”文件，对“muyan”账户进行访问授权，添加如下路径规则。

```
[/]
muyan = rw
* =
* = r
```

（6）配置完成后启动 SVN 服务进程，启动时需要明确地设置 SVN 仓库保存路径。

```
svnserve -d -r h:\yootk_svn
```

（7）TortoiseSVN 除了支持 SVN 服务器，也提供客户端支持能力，在任意目录中单击鼠标右键，选择“TortoiesSVN”就可以进行仓库信息浏览，如图 12-42 所示。

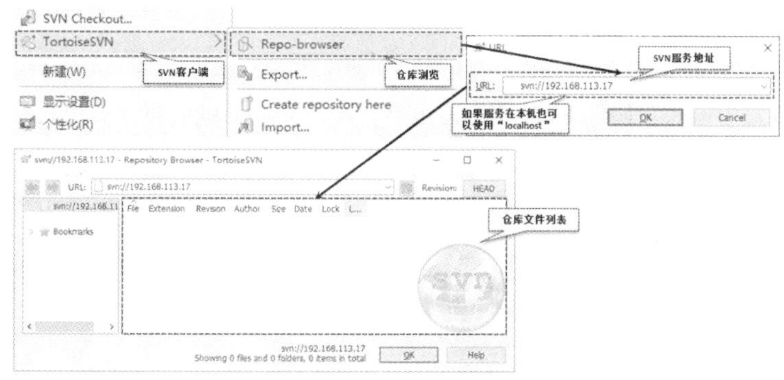

图 12-42 SVN 客户端连接

12.7.2 IDEA 与 SVN 整合

IDEA 整合 SVN

视频名称 1209_【掌握】IDEA 整合 SVN

视频简介 IDEA 默认支持 SVN 客户端。本视频主要讲解如何在 IDEA 中启用 SVN 客户端、SVN 客户端与 SVN 服务器的联系，以及如何进行项目的发布。

虽然 TortoiseSVN 提供了完善的客户端结构，但是考虑到代码开发的便捷性，开发者一般都会直接在开发工具中进行 SVN 的集成，这样只需要进行一些基本的配置，就可以轻松地实现 SVN 代码管理。

（1）IDEA 默认支持的版本控制工具为 Git，因此在使用之前首先需要修改“muyan”项目默认版本控制工具，操作步骤：【File】→【Settings】→【Version Control】→设置项目版本控制工具为 SVN，如图 12-43 所示。

图 12-43 添加 SVN 管理

（2）添加 SVN 管理之后，当前的“muyan”项目中的所有代码都会以红色字体显示，表示当前代码未提交到 SVN 服务器中。如果要将代码提交到服务器中，可以直接在项目名称上单击鼠标右键，将其交由 SVN 管理，如图 12-44 所示。

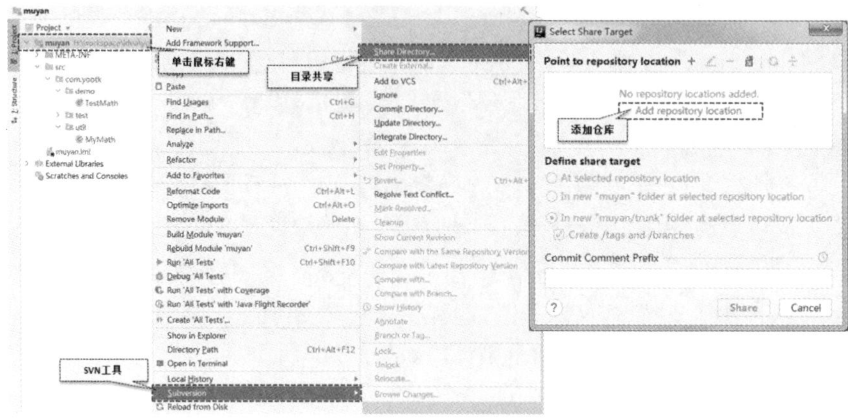

图 12-44　添加仓库

（3）在仓库设置中输入正确的 SVN 服务器地址，配置完成后就会自动实现共享目录，如图 12-45 所示。

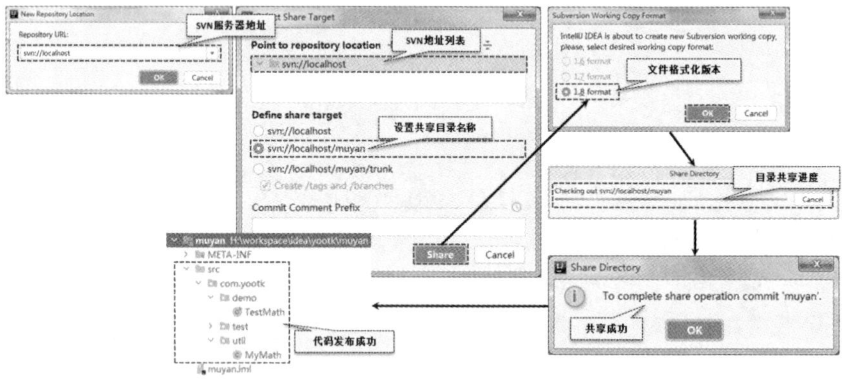

图 12-45　实现共享目录

（4）代码提交完成后，所有已提交的程序文件都会以绿色字体显示。需要注意的是，此时仅仅实现了一个 SVN 工作目录的创建，而里面的代码还没有提交到 SVN 服务器中，需要进行代码和注释的提交配置处理，如图 12-46 所示。

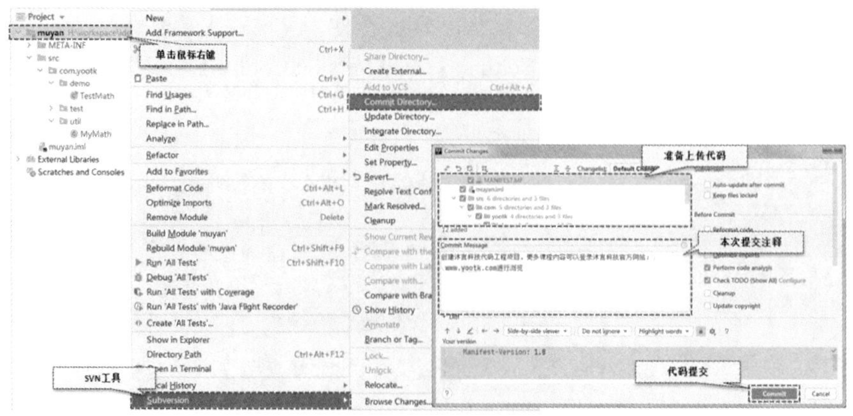

图 12-46　提交代码和注释

由于所有的代码都需要在服务器上保存，所以每次进行代码修改后都需要执行代码的提交操作，才可以将本地代码在服务器上保存，供其他开发者使用。

（5）在 SVN 服务器上保存的代码，可以被开发团队的所有开发者共享，但是开发者需要先通过 SVN 服务器进行代码下载，才可以在已有代码的基础上进行开发。为了便于演示，这里创建一个新的项目，通过指定的 SVN 仓库地址进行下载，如图 12-47 所示。

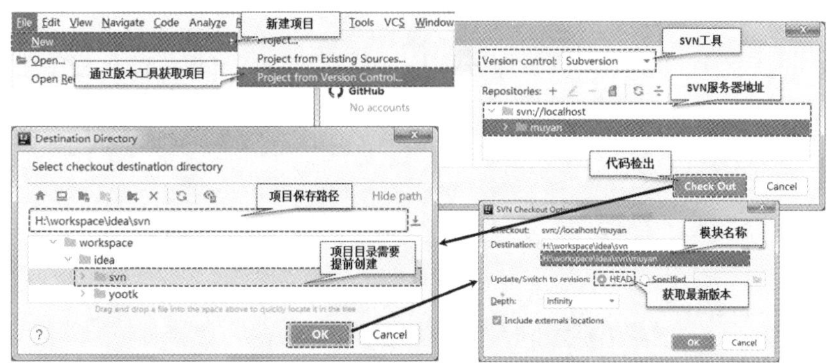

图 12-47　通过 SVN 仓库地址下载代码

提示：多用户配置。

按照常规的做法，开发团队中的每一位开发者都要有自己独立的用户名，这样其他开发者才可以明确地知道文件的修改者。这里为了方便并未配置多用户，有需要的读者可以自行配置。

12.7.3 代码冲突管理

代码冲突解决

视频名称　1210_【掌握】代码冲突解决

视频简介　项目开发需要不断地解决代码的更新冲突，引入 SVN 的目的也是解决冲突。本视频将为读者讲解冲突的产生及冲突的解决方式。

使用 SVN 除了可以实现代码的远程管理，更重要的是可以解决代码文件修改冲突。被 SVN 管理的文件都有版本号，而开发者每次提交修改文件都会导致版本号增长。如果开发者在提交代码时获取的文件版本号与修改文件之前不一致，该冲突会被直接标记出来，并明确指示相应的冲突文件，此时就需要最后一位开发者手动修改冲突并重新提交文件，如图 12-48 所示。

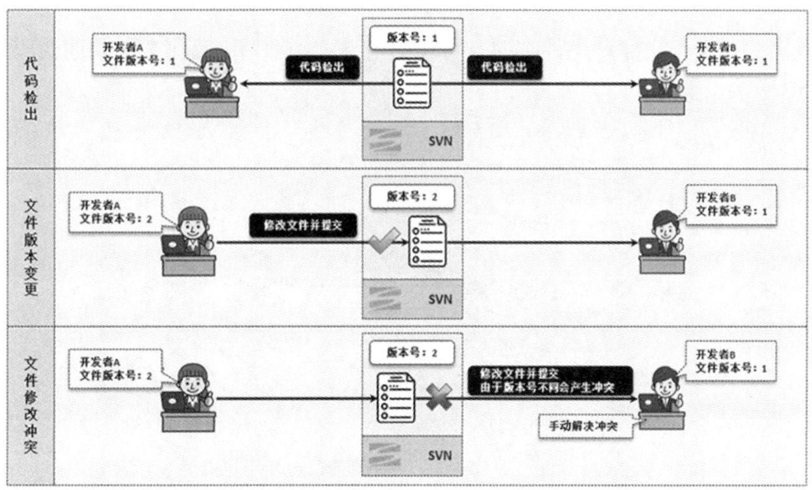

图 12-48　SVN 代码冲突管理

（1）【开发者 A】修改了 Hello.java 程序类，增加了一行信息输出语句，代码修改如下。

```
package com.yootk;
public class Hello {
    public static void main(String[] args) {
        System.out.println("沐言科技：www.yootk.com");                  // 原始代码内容
        System.out.println("李兴华高薪就业编程训练营");                  // 修改的代码
    }
}
```

代码修改完成后被直接提交到 SVN 服务器上，这样原始的“Hello.java”程序文件版本号将发生更改，并且此时代码可以正常提交。

（2）【开发者 B】修改了 Hello.java 程序类，增加了一个 message 变量并输出该变量内容，代码修改如下。

```
package com.yootk;
public class Hello {
    public static void main(String[] args) {
        System.out.println("沐言科技：www.yootk.com");                  // 原始代码内容
        String message = "高薪编程人才培养大纲：edu.yootk.com";        // 新增变量
        System.out.println(message);
    }
}
```

（3）【开发者 B】代码修改完成后需要提交到 SVN 服务器上，此时直接进行提交将出现图 12-49 所示的代码冲突。

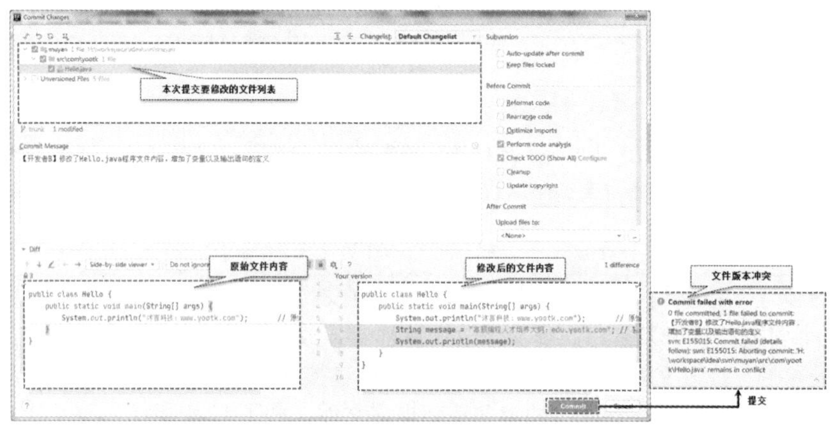

图 12-49　提交代码出现版本冲突

（4）【开发者 B】代码文件产生冲突时，可以通过 SVN 提供的工具实现本地代码与仓库代码比较，如图 12-50 所示。

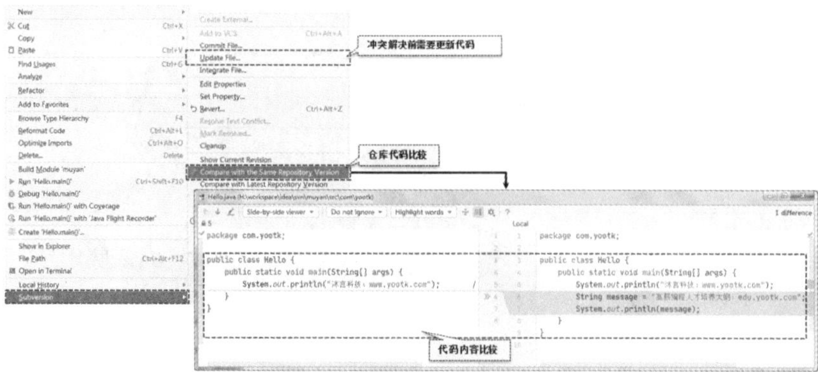

图 12-50　本地代码与仓库代码比较

(5)【开发者 B】此时开发者如果想解决冲突，需要先进行文件更新，更新之后冲突文件会被明确标记出来，开发者手动修改后就可以进行冲突文件的合并处理了，如图 12-51 所示。

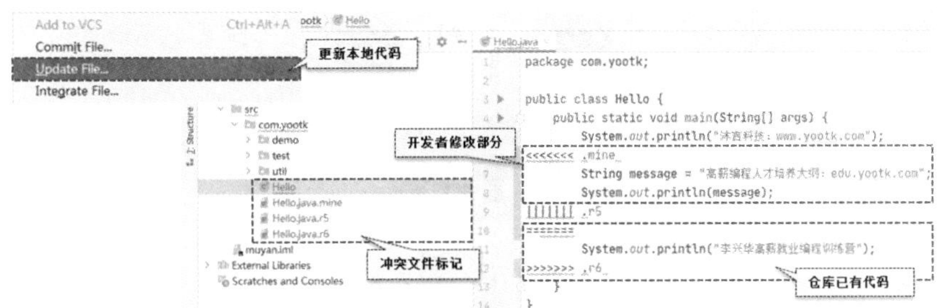

图 12-51　SVN 文件冲突合并处理

(6)【开发者 B】在给出的冲突代码提示中手动进行代码的修改，修改完成后需要明确地进行冲突标记解决，然后就可以正常提交代码了，如图 12-52 所示。

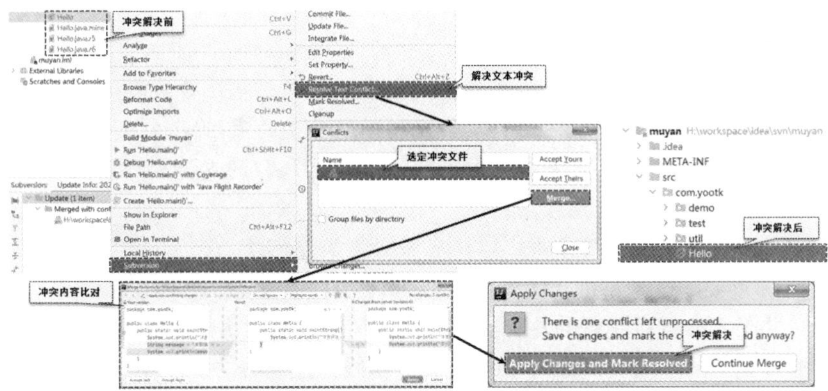

图 12-52　解决代码冲突

12.8　本 章 概 览

1．现代 Java 开发最常见的开发工具有 Eclipse、IDEA，其中 Eclipse 属于开源免费工具，IDEA 属于收费工具。

2．IDEA 中所有的代码都通过项目进行管理，不同的工程通过不同的模块概念进行定义。

3．IDEA 可以配置多个 JDK 环境，只需要在项目中添加相应的“SDKs”。只有配置完的 JDK 才可以在项目创建时选择。

4．IDEA 可以方便地生成 jar 文件，也可以通过其内部的“Libraries”配置实现外部 jar 文件的引入。

5．JUnit 单元测试可以进行程序的用例测试，实现单一类的功能验证。

6．SVN 是早期的一种版本控制工具，可以方便地实现多人开发管理，同时解决代码冲突。

第 13 章

多线程

本章学习目标

1. 理解进程与线程的基本概念，可以明确地区分出 Java 进程和线程的存在环境；
2. 掌握 Java 多线程技术的实现方法，可以使用 Thread、Runnable 或 Callable 实现多线程定义与启动；
3. 掌握 Java 多线程的运行状态；
4. 掌握多线程的控制方法，可以实现线程的休眠、暂停、礼让等常规处理操作；
5. 掌握线程同步的作用与实现方法，理解死锁问题产生的原因；
6. 掌握生产者与消费者模型，充分理解 Object 类中对线程的支持处理方法；
7. 掌握守护线程的定义及使用方法；
8. 掌握 volatile 关键字的使用方法，以及底层数据操作模式。

多线程是 Java 重要的技术特征，也是高性能 Java 编程的核心。本章会为读者完整地讲解多线程的基本概念，并深入分析多线程的几种实现模式及区别；同时讲解 Thread 类中对多线程的支持处理方法，并通过完整的应用实例分析 Object 类对多线程控制方法的使用。

13.1 进程与线程

进程与线程

视频名称 1301_【掌握】进程与线程

视频简介 计算机操作系统在不断改进，操作系统的每一次改进都会提升现有硬件的处理性能。本视频主要讲解单进程、多进程、多线程的关系及基本概念。

进程是计算机程序执行的基础单位，指的是一个程序一次动态的执行过程，从代码加载、执行到执行完毕，这也对应着进程本身从产生、发展到最终消亡。多进程操作系统能同时运行多个进程（程序），由于 CPU 具备分时机制，所以每个进程都能循环获得自己的 CPU 时间片。CPU 执行速度非常快，使得所有程序好像是在“同时”运行，如图 13-1 所示。

提示：对多进程处理操作的简单理解。

早期的单进程 DOS 操作系统有一个特点：由于只允许一个程序执行，所以计算机中一旦出现病毒，其他进程就全都无法执行，这样就会出现无法操作的情况。到了 Windows 操作系统时代，计算机即使中了病毒（非致命），也可以正常使用（可能只是慢一些而已），这是因为 Windows 属于多进程的操作系统。但是这个时候依然只有一组硬件资源，所以在一个时间段会有多个程序执行，而在一个时间点上只有一个进程在执行。

虽然多进程可以提高硬件资源的利用率，但是进程的启动与销毁需要消耗大量的系统性能，导致程序的执行性能下降。为了进一步提升并发操作的处理能力，在进程的基础上又产生了线程的概念。线程依附于指定的进程，并且可以快速启动及并发执行。进程与线程的关系如图 13-2 所示。

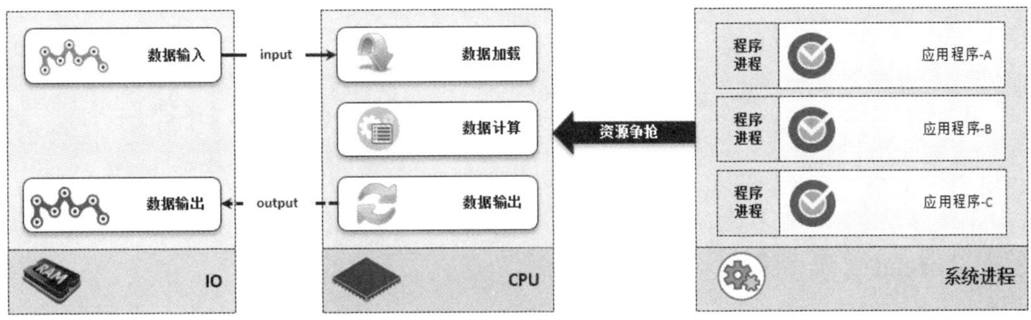

图 13-1　多进程处理

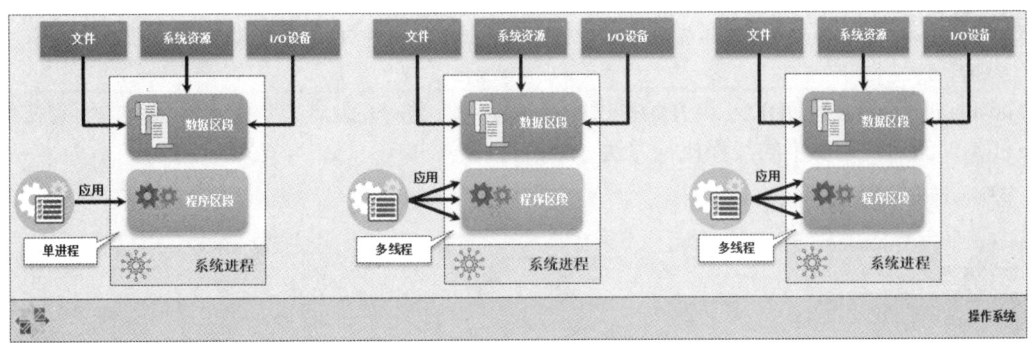

图 13-2　进程与线程

提示：通过 Word 的使用了解进程与线程的区别。

读者应该都有使用 Word 的经验，在 Word 中如果出现了单词的拼写错误，则 Word 会在出错的单词下画出红线。实际上每次启动 Word，对于操作系统而言就相当于启动了一个进程，而在这个进程之上又有许多其他程序在运行（如拼写检查），这些就是一个个的线程。如果 Word 关闭了，则这些拼写检查的线程也肯定会消失，但是如果拼写检查的线程消失了，并不一定会让 Word 的进程消失。

13.2　Java 多线程编程

多线程实现分析

视频名称　1302_【理解】多线程实现分析

视频简介　多线程的程序结构依赖于核心的线程体，而线程体在 Java 程序中是存在继承限制的。本视频为读者分析多线程程序的基本结构。

Java 是一门支持多线程的编程语言，所以通过 Java 开发的项目具有较高的处理性能。要想进行多线程开发，则必须提供一个多线程的处理类，在该类中定义线程要执行的功能，这样该类中所产生的若干个实例化对象就都可以并行执行了。多线程实现结构如图 13-3 所示。

在 Java 开发中，多线程的主类是实现多线程的关键，而定义此类有 3 种方式：继承 Thread 类、实现 Runnable 接口、实现 Callable 接口。每一种方式都有独立的处理状态。本节将通过这几种定义方式为读者讲解多线程的实现，以及各个实现结构的差别。

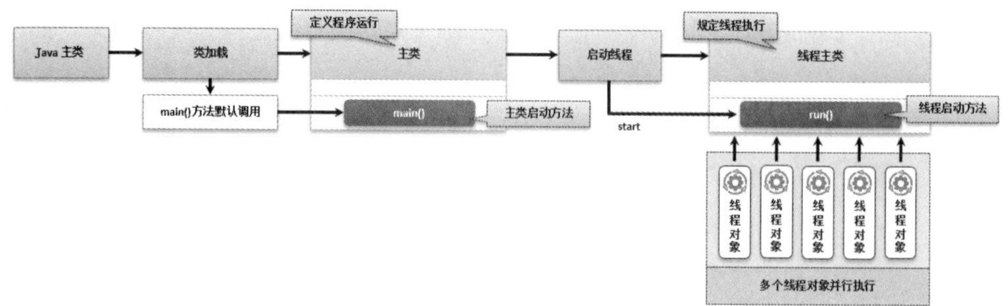

图 13-3　多线程实现结构

13.2.1　Thread 实现多线程

Thread 实现多线程

视频名称　1303_【掌握】Thread 实现多线程

视频简介　Thread 是线程的主要操作类，也是线程实现的一种方式。本视频主要讲解如何利用 Thread 类继承实现多线程应用，并分析 JVM 中 Thread 类启动线程的操作代码。

java.lang.Thread 是 JDK 1.0 开始提供的多线程实现类，开发者要实现多线程只需要直接继承 Thread 类，而后覆写类中的线程执行方法（run()）。

范例：定义线程主体类。

```
class MyThread extends Thread {                          // 定义线程主体类
    private String name ;                                // 保存线程名称
    public MyThread(String name) {                       // 设置一个名称
        this.name = name ;                               // 名称保存
    }
    @Override                                            // 覆写父类中的方法
    public void run() {                                  // 线程运行的主方法
        for (int x = 0 ; x < 10 ; x ++) {                // 循环输出
            System.out.println("【" + this.name + "】线程执行，当前的循环次数为：x = " + x);
        }
    }
}
```

此程序定义了一个线程主体类，并且在 run()方法中定义了具体的线程操作。程序主要进行了 10 次线程信息打印，由于线程的启动需要调用硬件资源，所以必须调用 Thread 类中的 start()方法进行启动，该方法会自动调用线程类中的 run()方法，如图 13-4 所示。

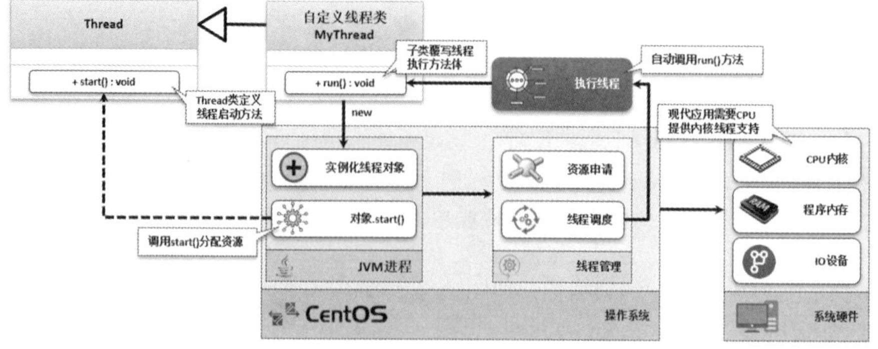

图 13-4　多线程启动

范例：启动多线程应用。

```
public class YootkDemo {
    public static void main(String[] args) {
```

```
        MyThread threadA = new MyThread("Yootk-A线程") ;          // 线程对象
        MyThread threadB = new MyThread("Yootk-B线程") ;          // 线程对象
        MyThread threadC = new MyThread("Yootk-C线程") ;          // 线程对象
        threadA.start();                                          // 启动线程并调用run()方法
        threadB.start();                                          // 启动线程并调用run()方法
        threadC.start();                                          // 启动线程并调用run()方法
    }
}
```

程序执行结果（随机抽取）：

```
【Yootk-A线程】线程执行，当前的循环次数为：x = 0
【Yootk-B线程】线程执行，当前的循环次数为：x = 0
【Yootk-C线程】线程执行，当前的循环次数为：x = 0
【Yootk-A线程】线程执行，当前的循环次数为：x = 1
【Yootk-B线程】线程执行，当前的循环次数为：x = 1
…
```

本程序实例化了 3 个 MyThread 类的对象，这样就有了 3 个线程对象，而后分别通过 Thread 类继承而来的 start()方法启动 3 个线程。通过最终的执行结果可以发现，这 3 个线程交替执行，并且每次执行的顺序不固定。

提问：为什么线程启动的时候必须调用 start()而不是直接调用 run()?

在本程序之中，程序调用从 Thread 类继承而来的 start()之后，实际上执行的还是覆写后的 run()方法，那么为什么不直接调用 run()方法呢?

回答：多线程需要操作系统支持。

为了解释此问题，下面打开 Thread 类的源代码，观察一下 start()方法的定义。

范例：打开 Thread 类中 start()方法的源代码。

```
public synchronized void start() {
    if (threadStatus != 0)
        throw new IllegalThreadStateException();
    group.add(this);
    boolean started = false;
    try {
        start0(); // 在start()方法里面调用了start0()方法
        started = true;
    } finally {
        try {
            if (!started) {
                group.threadStartFailed(this);
            }
        } catch (Throwable ignore) {
        }
    }
}
private native void start0();
```

通过源代码可以发现，在 start()方法之中，一个最为关键的部分就是 start0()方法，而且这个方法上使用了一个 native 关键字。

native 关键字指的是 Java 本地接口调用（Java Native Interface），也就是使用 Java 调用本机操作系统的函数功能完成一些特殊的操作，而这样的代码在 Java 程序中很少出现，因为 Java 的最大特点是可移植性，如果一个程序只能在固定的操作系统上使用，那么可移植性就彻底丧失了。

多线程的实现一定需要操作系统的支持，那么以上的 start0()方法实际上就和抽象方法类似，没有方法体，而这个方法体交给 JVM 去实现，即在 Windows 下的 JVM 可能使用 A 方法实现了 start0()，在 Linux 下的 JVM 可能使用 B 方法实现了 start0()，调用者并不关心具体是用何方式实现了 start0()方法，只关心最终的操作结果，JVM 负责匹配不同的操作系统，如图 13-5 所示。

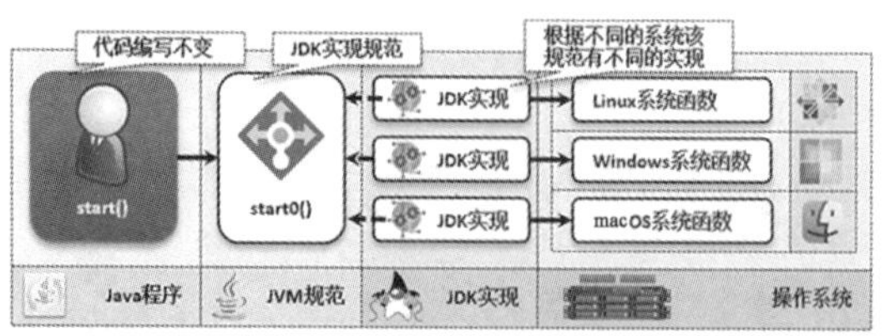

图 13-5　多线程启动分析

所以在 Java 多线程编程中，使用 start()方法启动多线程需要操作系统给予硬件和软件上的支持，这是由不同操作系统的 JDK 来具体实现的。

另外需要提醒读者的是，start()方法会抛出一个 IllegalThreadStateException 异常。按照前面学到的知识，如果一个方法使用了 throw 抛出一个异常，那么这个异常应该用 try…catch 捕获，否则就应使用 throws 抛出，但这里并没有，因为这个异常类是运行时异常（RuntimeException）的子类。

```
java.lang.Object
    |- java.lang.Throwable
        |- java.lang.Exception
            |- java.lang.RuntimeException
                |- java.lang.IllegalArgumentException
                    |- java.lang.IllegalThreadStateException
```

当一个线程对象被重复启动时程序会抛出此异常，即一个线程对象只能启动一次。

13.2.2　Runnable 实现多线程

Runnable 实现多线程

视频名称　1304_【掌握】Runnable 实现多线程

视频简介　面向对象设计通过接口实现标准定义与解耦操作，Java 提供了 Runnable 接口实现多线程开发。本视频主要讲解 Runnable 接口实现多线程，以及如何通过 Thread 类启动多线程。

在 Java 语言中一个子类只允许继承一个父类，所以在多线程的实现中，如果使用了 extends 关键字去继承 Thread 父类，就会出现单继承的使用局限。在实际的项目开发中，为了解决这种局限，可以通过 java.lang.Runnable 接口来实现多继承。Runnable 接口定义如下：

```
package java.lang;
@FunctionalInterface                            // JDK 1.8后该接口为函数式接口，可以使用Lambda
public interface Runnable {                     // 该接口从JDK 1.0开始提供
    public abstract void run();                 // 定义线程的运行方法
}
```

通过 Runnable 接口定义可以发现，该接口提供了一个 run()抽象方法，这个方法将作为线程主体方法进行调用。下面修改先前的程序，改为用 Runnable 接口实现线程类。

范例：通过 Runnable 接口实现线程类。

```
class MyThread implements Runnable {            // 定义线程主体类
    private String name ;                       // 保存线程名称
```

```
    public MyThread(String name) {                    // 设置一个名称
        this.name = name ;                            // 名称保存
    }
    @Override                                         // 覆写父类中的方法
    public void run() {                               // 线程运行的主方法
        for (int x = 0 ; x < 10 ; x ++) {             // 循环输出
            System.out.println("【" + this.name + "】线程执行，当前的循环次数为：x = " + x);
        }
    }
}
```

细心的读者可以发现，此时的 MyThread 类仅仅是将先前继承的 Thread 类修改为 Runnable 接口，而线程主体方法依然需要通过覆写 run()来实现。

虽然此程序避免了单继承的开发局限，但是又会出现另外一个问题。要想启动多线程，必须依靠 Thread 类中的 start()方法，但是此时的 MyThread 类并没有继承 Thread 类，所以 MyThread 类的实例化对象将无法直接使用 start()方法。要想解决此问题，就需要将 Runnable 接口子类实例传入 Thread 类，所以 Thread 类中定义了表 13-1 所示的构造方法。

表 13-1　Thread 类提供的构造方法

序号	方法	类型	描述
1	public Thread(Runnable target)	构造	接收 Runnable 接口实例，使用默认线程名称
2	public Thread(Runnable target, String name)	构造	接收 Runnable 接口实例，并设置线程名称

通过表 13-1 所示的方法可以发现，利用 Thread 类的构造方法可以接收一个 Runnable 接口子类对象，而 Thread 类的 run()方法会先判断是否存在 Runnable 接口子类对象，如果存在则会调用 Runnable 接口子类的 run()方法。程序的结构如图 13-6 所示。

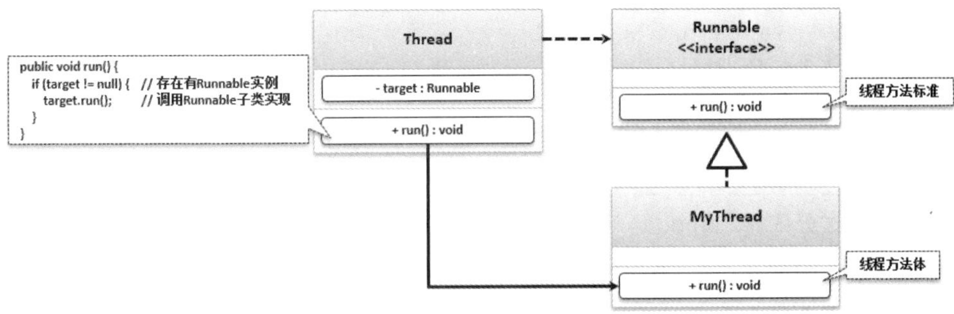

图 13-6　Thread 与 Runnable 线程启动

范例：通过 Thread 启动 Runnable 线程。

```
public class YootkDemo {
    public static void main(String[] args) {
        MyThread threadA = new MyThread("Yootk-A线程") ;        // 线程对象
        MyThread threadB = new MyThread("Yootk-B线程") ;        // 线程对象
        MyThread threadC = new MyThread("Yootk-C线程") ;        // 线程对象
        new Thread(threadA).start();                            // 启动线程A并调用run()方法
        new Thread(threadB).start();                            // 启动线程B并调用run()方法
        new Thread(threadC).start();                            // 启动线程C并调用run()方法
    }
}
```

程序执行结果（随机抽取）：

```
【Yootk-C线程】线程执行，当前的循环次数为：x = 0
【Yootk-A线程】线程执行，当前的循环次数为：x = 0
【Yootk-B线程】线程执行，当前的循环次数为：x = 0
```

```
【Yootk-C线程】线程执行，当前的循环次数为：x = 1
【Yootk-A线程】线程执行，当前的循环次数为：x = 1
...
```

本程序分别实例化了 3 个不同的 Runnable 接口对象，而后将这 3 个对象分别传入了 3 个不同的 Thread 实例，并通过 start()方法实现了线程的启动。

以上是 JDK 8 之前的版本所采用的处理模式，从 JDK 8 开始，由于 Java 提供了 Lambda 表达式支持，同时 Runnable 接口也使用了"@FunctionalInterface"注解进行定义，所以多线程的开发可以采用如下形式进行处理。

范例：使用 Lambda 创建多线程。

```
package com.yootk;
public class YootkDemo {
    public static void main(String[] args) {
        for (int x = 0; x < 3; x++) {                              // 循环创建3个线程对象
            String name = "Yootk-" + x + "线程对象";                 // 设置线程名称
            new Thread(()->{                                        // Lambda表达式
                for (int y = 0 ; y < 10 ; y ++) {                   // 循环执行10次
                    System.out.println("【" + name +
                    "】线程执行，当前的循环次数为：num = " + y);      // 信息输出
                }
            }).start();                                             // 启动多线程
        }
    }
}
```

程序执行结果（随机抽取）：

```
【Yootk-B线程】线程执行，当前的循环次数为：x = 0
【Yootk-A线程】线程执行，当前的循环次数为：x = 0
【Yootk-C线程】线程执行，当前的循环次数为：x = 0
【Yootk-B线程】线程执行，当前的循环次数为：x = 1
【Yootk-A线程】线程执行，当前的循环次数为：x = 1
...
```

本程序通过 Lambda 表达式获取了 Runnable 接口实例，并将此实例传入 Thread 对象，这样就可以通过 Thread 类提供的 start()方法启动线程。

提示：不要过分依靠 Lambda。

虽然 Java 提供了函数式编程，但是从实际的开发角度来讲，并不建议将较复杂的操作以 Lambda 表达式的形式定义，如果线程执行过于烦琐，建议还是通过 Runnable 线程子类进行定义。

13.2.3　Thread 与 Runnable 的联系

Thread 与 Runnable 的联系

视频名称　1305_【掌握】Thread 与 Runnable 的联系

视频简介　Thread 与 Runnable 作为最初的多线程实现方式，两者存在联系与区别。本视频对这两种方式的联系与区别进行分析。

前面我们讲解了如何通过 Thread 类和 Runnable 接口实现多线程结构，从实现方案上来讲，使用 Runnable 接口实现的多线程可以有效地避免单继承局限。但是不管采用何种方案，线程的启动只能够通过 Thread 类的 start()方法来实现，而 Thread 类除了可以实现线程启动，从定义上也与 Runnable 接口有着继承关系。

```
public class Thread implements Runnable {}
```

可以发现 Thread 类属于 Runnable 接口的子类，所以 Thread 类提供的 run()方法就属于对

Runnable 接口的方法实现，这样一来就可以得到图 13-7 所示的线程实现结构。

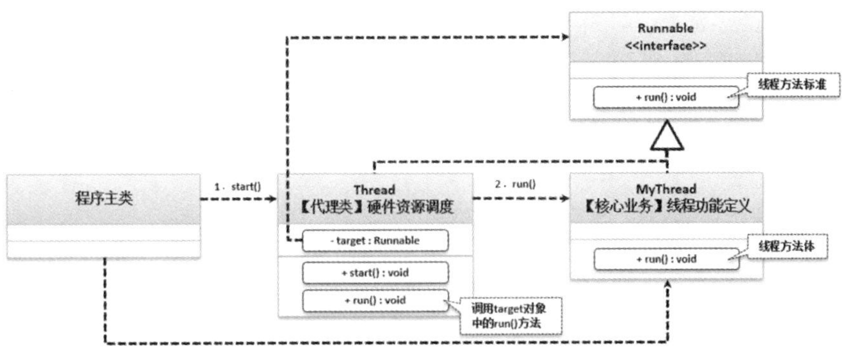

图 13-7 线程实现结构

通过图 13-7 所示的类结构可以发现，多线程结构是以 Runnable 接口为核心进行功能定义的，其中 Thread 子类主要负责完成资源调度等线程辅助性工作，而自定义线程类完成的是线程的核心功能。此时的程序结构非常符合 Java 的代理设计模式。

提示：多线程模式与现实生活。

实际上多线程在现实生活中很常见。在货运行业中，装货量与卸货量都很大，为了提高周转速度，就可以多雇用装卸工人，以提高生产力，如图 13-8 所示。实际上这就属于多线程模式，而多线程编程的意义就是通过程序管理好这些线程。

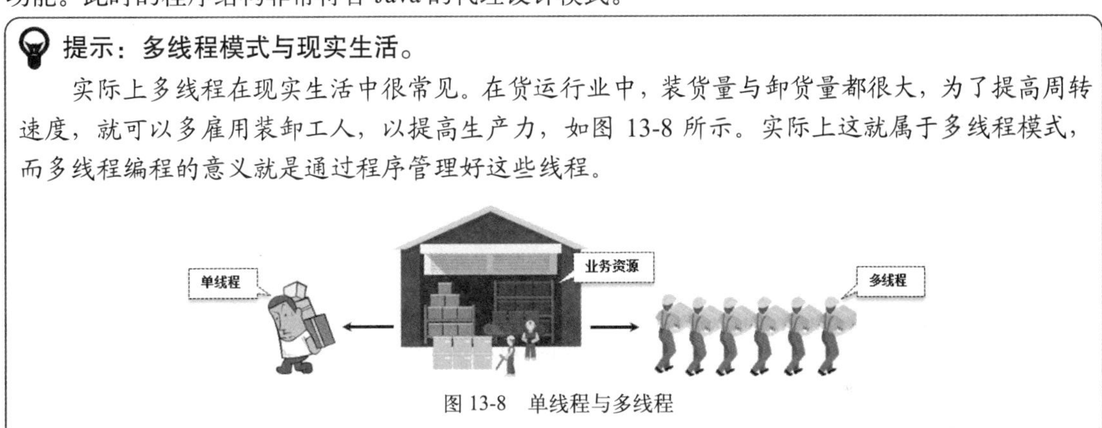

图 13-8 单线程与多线程

在实际项目中，多线程编程的核心意义在于提高单位时间的业务处理性能，即用多个线程实现同一个资源的操作。在这样的结构中 Thread 类描述的是每个线程对象，而并发资源可以通过 Runnable 接口进行定义，如图 13-9 所示。

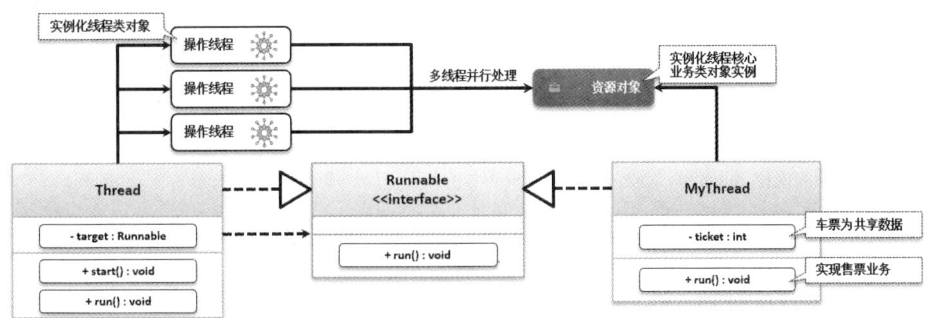

图 13-9 多线程并发资源处理

范例：模拟网络售票。

```
package com.yootk;
class MyThread implements Runnable {                    // 定义线程主体类
    private int ticket = 5 ;                            // 一共要卖5张票
    @Override                                           // 覆写父类中的方法
```

```
    public void run() {                          // 线程运行的主方法
        while (this.ticket > 0) {                // 编写一个循环
            if (this.ticket > 0) {               // 判断是否有余票
                System.out.println("【卖票】ticket = " + this.ticket --);    // 卖票处理
            } else {                             // 剩余票数
                break ;                          // 结束循环
            }
        }
    }
}
public class YootkDemo {
    public static void main(String[] args) {
        MyThread myThread = new MyThread() ;     // 创建Runnable接口对象
        // Runnable要想启动必须依靠Thread类，而Thread类提供一个target属性
        Thread threadA = new Thread(myThread) ;  // 创建Thread类的对象实例
        Thread threadB = new Thread(myThread) ;  // 创建Thread类的对象实例
        Thread threadC = new Thread(myThread) ;  // 创建Thread类的对象实例
        threadA.start();              // 启动多线程，所有的操作都针对同一个target对象实例完成
        threadB.start();              // 启动多线程，所有的操作都针对同一个target对象实例完成
        threadC.start();              // 启动多线程，所有的操作都针对同一个target对象实例完成
    }
}
```

程序执行结果（随机抽取）：

```
【卖票】ticket = 5
【卖票】ticket = 3
【卖票】ticket = 4
【卖票】ticket = 1
【卖票】ticket = 2
```

本程序将售票业务定义在 MyThread 类中，而后通过 ticket 定义了要卖出的总票数，随后启动了 3 个线程，并且这 3 个线程全部指向同一个 Runnable 接口对象，所以 3 个线程一共卖出 5 张票。程序的内存操作流程如图 13-10 所示。

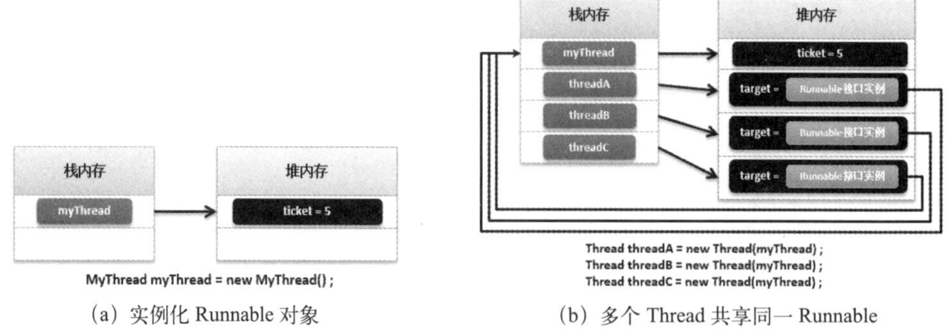

（a）实例化 Runnable 对象　　（b）多个 Thread 共享同一 Runnable

图 13-10　Runnable 资源共享

提问：为什么不使用 Thread 类来实现资源共享呢？

Thread 类是 Runnable 的子类，如果在本程序中 MyThread 类直接继承 Thread 父类实现多线程，也可以实现同样的功能，代码如下：

```
class MyThread extends Thread {}
```

此时只需要修改一个继承关系就可以实现与上面的程序完全相同的效果，为什么非要使用 Runnable 接口实现呢？

回答：Thread 和 Runnable 都可以实现多线程资源共享，但是相比较而言，用 Runnable 实现更加合理。

对于本程序，无论是使用 Runnable 接口还是使用 Thread 类，实现效果是相同的，但是在继承关系上使用 Thread 类就不那么合理了，如图 13-11 所示。

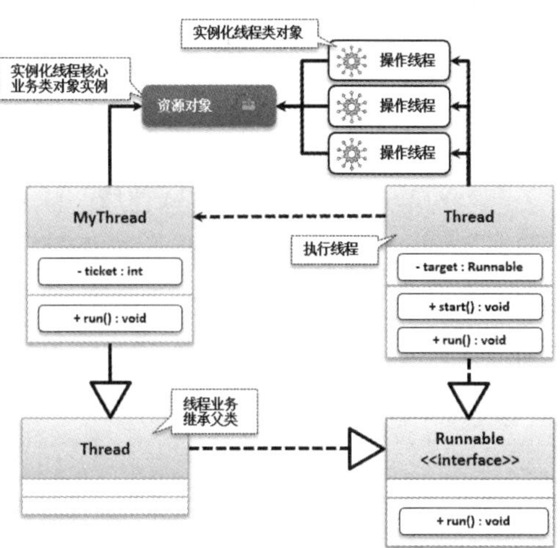

图 13-11 Thread 实现资源共享

此时可以发现，如果线程资源类直接继承 Thread 类，那么资源本身就是一个线程对象了，这样再依靠其他类来启动线程的设计就不那么合理了。

13.2.4 Callable 实现多线程

Callable 实现多线程

视频名称 1306_【掌握】Callable 实现多线程

视频简介 Java 针对多线程执行完毕后不能返回信息的缺陷提供了 Callable 接口。本视频主要讲解 JDK 1.5 开始提供的 Callable 接口与 Runnable 接口的不同，并讲解 FutureTask 类取得返回值的操作。这部分也是 J.U.C 编程框架的核心。

java.lang.Runnable 接口是 JDK 1.0 提供的线程实现接口，但是其线程执行方法 run()并没有任何返回值，这样线程执行后的状态获取就会非常烦琐。为了解决此类问题，JDK 1.5 之后的版本提供了一个新的多线程实现接口 java.util.concurrent.Callable，此接口定义如下：

```
package java.util.concurrent;                    // Callable接口所在程序包
@FunctionalInterface                             // 函数式接口
public interface Callable<V> {                   // 可以通过泛型配置返回值类型
    public V call() throws Exception;            // 线程执行方法，等同于run()
}
```

通过 Callable 接口定义可以发现，此接口所在的包为“java.util.concurrent”。由于每一个线程执行完后返回的数据类型各有不同，所以 Callable 在设计时采用了泛型进行线程返回值类型定义，同时该接口还使用了“@FunctionalInterface”注解，可以直接通过 Lambda 进行编写。

提示：关于 J.U.C 框架。

java.util.concurrent 开发包在行业中一般简称为“J.U.C”(取包名称中的首字母)。该包是 JDK 1.5 开始提供的多线程开发框架，可以方便地实现高并发、同步阻塞等操作。在学习 J.U.C 之前应掌握本章的多线程基础知识。

需要注意的是，所有的多线程启动都需要通过 Thread 类中的 start()方法来完成，但是在 Thread 类中只允许接收 Runnable 接口实例，而如果要调用 Callable 实现的多线程，就需要将 Callable 封装在 FutureTask 对象实例之中，同时 FutureTask 实现了 Runnable 接口，这样就可以将此对象传递到 Thread 类的实例之中进行处理，如图 13-12 所示。

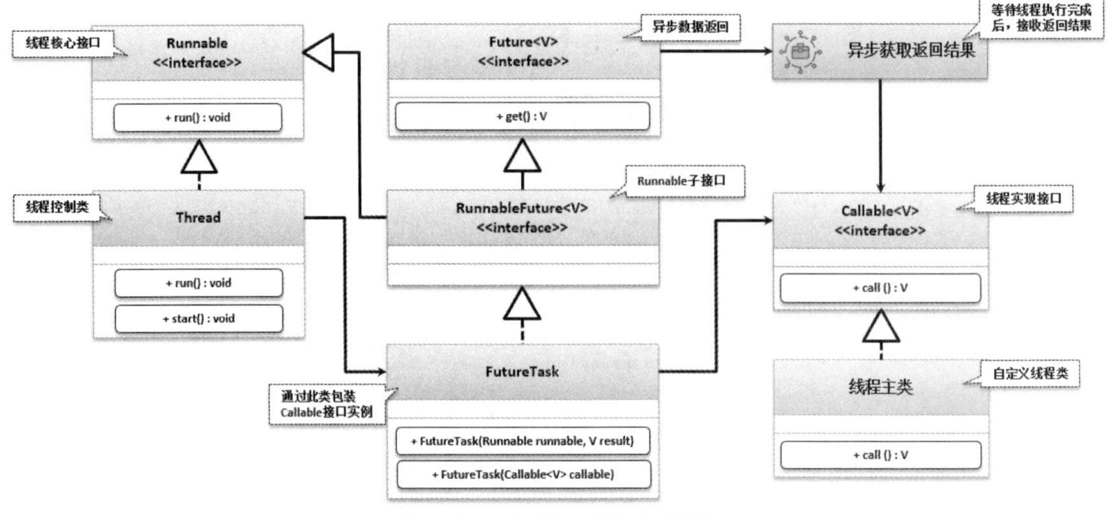

图 13-12　Callable 多线程实现结构

范例：使用 Callable 实现多线程。

```
package com.yootk;
import java.util.concurrent.Callable;
import java.util.concurrent.FutureTask;
class MyThread implements Callable<String> {                // 返回值类型为String
    @Override                                                // 覆写父类中的方法
    public String call() {                                   // 线程运行的主方法
        String result = "";                                  // 保存返回结果
        for (int x = 0; x < 10; x++) {                       // 执行一个数据的循环操作
            result += "【" + x + "】沐言科技：www.yootk.com\n";   // 循环修改字符串内容
        }
        return result;                                       // 返回异步处理结果
    }
}
public class YootkDemo {
    public static void main(String[] args) throws Exception {
        MyThread myThread = new MyThread();                  // 创建Callable接口对象
        FutureTask<String> future = new FutureTask<>(myThread); // 包装Callable接口对象
        Thread thread = new Thread(future);                  // 通过Thread创建线程对象
        thread.start();                                      // 启动多线程
        System.out.println(future.get());                    // 异步获取
    }
}
```

程序执行结果：

```
【0】沐言科技：www.yootk.com
【1】沐言科技：www.yootk.com
…
```

本程序通过 Callable 接口定义了一个多线程子类，随后为了便于实现线程执行结果的异步返回，将此接口对象实例包装在了 FutureTask 实例之中，这样就可以通过 Thread 类实现多线程的启动。

13.2.5 多线程运行状态

多线程运行状态

视频名称 1307_【掌握】多线程运行状态

视频简介 多线程的执行需要操作系统的资源调度，而在整个调度过程之中会产生线程执行的各个状态。本视频主要讲解线程各种状态的基本转换流程。

在 Java 程序中，每一个线程都拥有完全独立的内存空间，所以每一个线程执行前都需要抢占 CPU 资源，这样在整个线程运行周期中就会存在图 13-13 所示的 5 种状态。这 5 种状态的具体描述如下。

1. 创建状态

在 Java 程序里，如果要进行多线程对象创建，则一定要有线程的主类，同时要通过 new 关键字进行 Thread 类的实例化对象的创建，等价于如下代码：

```
Thread thread = new Thread(myThread) ;
```

2. 就绪状态

线程对象创建完成之后需要进行线程的启动，而线程的启动必须通过 Thread 类内部的 start() 方法来完成。调用 start()方法的时候并不是立刻进行多线程的执行，而是会进入就绪状态，等待 CPU 调度。

3. 运行状态

在系统为线程分配相关的硬件资源之后，所有的线程将按照其定义的核心业务功能执行，但并不是持续执行，而是需要进行资源的抢占，执行一段时间之后会由系统产生一个阻塞时间，使当前线程暂停执行，让出 CPU 资源，并重新进入调度队列等待。

4. 阻塞状态

在某一个线程对象让出当前资源之后，该线程对象将进入阻塞状态（此时线程之中未执行的代码暂时不执行），其他线程继续完成自己先前未完成的任务。除了这种自动的系统级控制，也可以利用 Thread 类之中的一些线程控制方法来进行线程的阻塞操作。

5. 终止状态

线程的方法全部执行完毕之后，该线程将释放所占用的全部资源，进入终止状态。

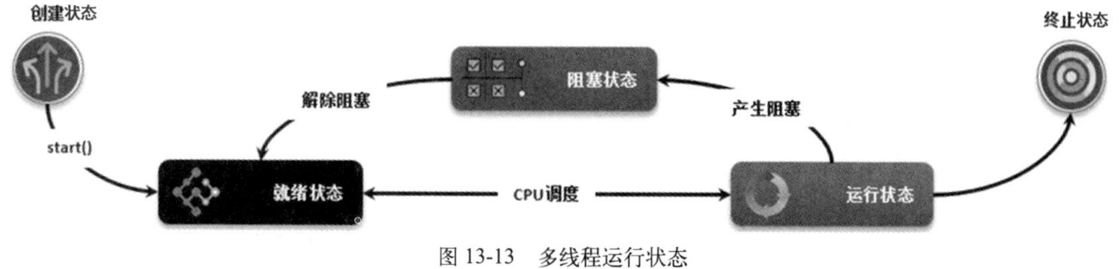

图 13-13 多线程运行状态

13.3 线程控制方法

Java 中的多线程是以 Thread 类实例化对象的形式出现的，所以在多线程的开发过程中，如果需要进行多线程的状态控制，就要通过 Thread 类来实现。本节将为读者讲解多线程的常用操作方法。

13.3.1　线程命名和取得

视频名称　1308_【掌握】线程命名和取得

视频简介　线程是不确定的执行状态，名称是线程的主要标记。本视频主要讲解 currentThread()、getName()与 setName()方法的使用，同时分析主线程与 JVM 进程。

在 Java 中每一个线程的启动及运行都是由 CPU 调度完成的，所以一个线程的主体操作方法 run()也会有不同的线程分别调用。而对于 run()方法来讲，可以获得的仅仅是当前的线程对象，所以每一个线程只能够通过名称标记自己，如图 13-14 所示。Thread 类提供了表 13-2 所示的线程名称操作方法。

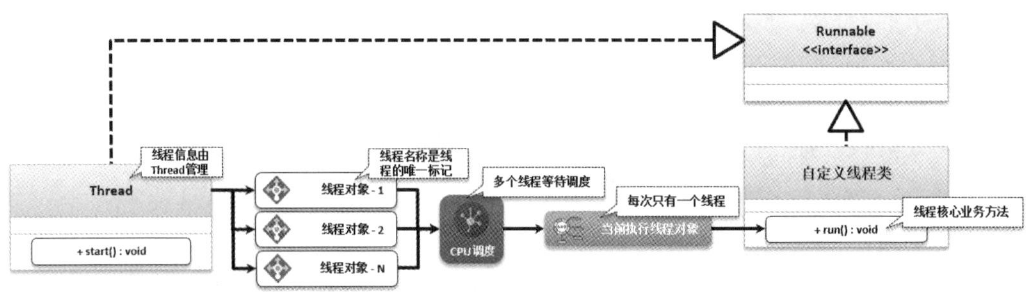

图 13-14　线程执行与名称标记

表 13-2　线程名称操作方法

序号	方法名称	类型	描述
1	public Thread(Runnable target, String name)	构造	接收 Runnable 接口实例同时设置线程名称
2	public final String getName()	普通	获取线程名称
3	public final void setName(String name)	普通	设置或修改线程名称

每一个线程执行方法中可能会有若干不同的线程对象，但是每一次执行只会存在一个当前线程，要想获取当前线程对象，可以使用如下方法：

```
public static Thread currentThread()
```

通过 Thread.currentThread()方法可以在代码块中获取一个可用的线程对象，如果想获取一个线程的名称，那么可以采用 Thread.currentThread().getName()方法。

范例：获取当前线程名称。

```
package com.yootk;
public class YootkDemo {
    public static void main(String[] args) throws Exception {
        Runnable threadBody = ()->{                          // 定义线程处理主体
            System.out.println("【线程名称】" + Thread.currentThread().getName());
        };
        new Thread(threadBody, "Yootk线程-A").start();        // 设置线程名称
        new Thread(threadBody) .start();                     // 未设置线程名称
        new Thread(threadBody, "Yootk线程-B").start();        // 设置线程名称
        new Thread(threadBody) .start();                     // 未设置线程名称
    }
}
```

程序执行结果：

```
【线程名称】Thread-1（系统自动生成线程名称）
【线程名称】Yootk线程-B（用户自定义线程名称）
【线程名称】Yootk线程-A（用户自定义线程名称）
【线程名称】Thread-0（系统自动生成线程名称）
```

本程序实例化并启动了 4 个线程，同时有 2 个线程对象利用 Thread 类的构造方法传递了自定义线程名称，而通过最终的执行结果可以发现，即便没有设置线程名称，也会由 Thread 类自动地分配唯一的名称。

提示：关于线程名称的自动命名。

在 Java 中，由于无法准确地控制线程的执行，所以唯一可以实现线程控制的方法就是为线程命名。Java 中的线程对象的名称不可重复，而 Thread 自动命名时会用到一个线程标记数值，实际上就是通过一个 static 属性的数值自增实现的。

范例：Thread 类中的自动命名源代码。

```
public class Thread {
    private static int threadInitNumber;                          // 记录线程初始化个数
    public Thread(Runnable target) {
        init(null, target, "Thread-" + nextThreadNum(), 0);       // 线程自动命名
    }
    public Thread(Runnable target, String name) {
        init(null, target, name, 0);                              // 线程手工命名
    }
    private static synchronized int nextThreadNum() {
        return threadInitNumber++;                                // 线程对象个数增长
    }
}
```

通过源代码可以发现，每当实例化 Thread 类对象时都会调用 init()方法，并且在没有进行线程名称设置时会自动命名。

在 Java 程序中每一个方法实际上由所有的线程共享，而线程执行的方法有可能是线程类中的 run()方法，也有可能是用户自定义的方法，或者是主方法。下面的代码实现了一个主方法线程对象的获取。

范例：获取主线程。

```
package com.yootk;
public class YootkDemo {
    public static void main(String[] args) throws Exception {
        Runnable threadBody = ()->{                               // 定义线程处理主体
            System.out.println("【线程名称】" + Thread.currentThread().getName());
        };
        new Thread(threadBody, "Yootk线程").start();              // 设置线程名称
        threadBody.run();                                         // 直接通过对象调用方法
    }
}
```

程序执行结果：

```
【线程名称】main（主线程）
【线程名称】Yootk线程（自定义线程）
```

本程序对 Runnable 接口的实现子类采用了两种模式进行调用，一种是通过 Thread 类启动线程调用，另一种是在主方法中直接通过“对象.run()”进行调用。从最终的执行结果可以发现，主方法调用线程操作时返回的线程对象实际上是一个主线程的名称“main”，所以每一个主方法实际上都是一个主线程，该线程由 Java 运行时自动管理。

提问：进程在哪里？

在每一个操作系统中，进程是基础单位，而所有的线程都是在进程的基础之上划分的，如果说主方法是一个线程，那么进程在哪里？

回答：每一个运行的 JVM 就是进程。

用户使用 Java 命令执行一个类时，就启动了一个 JVM 的进程，而主方法只是这个进程上的一个线程。在一个类执行完毕之后，此进程会自动消失。

需要注意的是，在一个操作系统中有可能会根据不同的业务需要产生若干个 JVM 进程，如图 13-15 所示，JVM 进程彼此独立，所以里面的线程都无法直接访问。

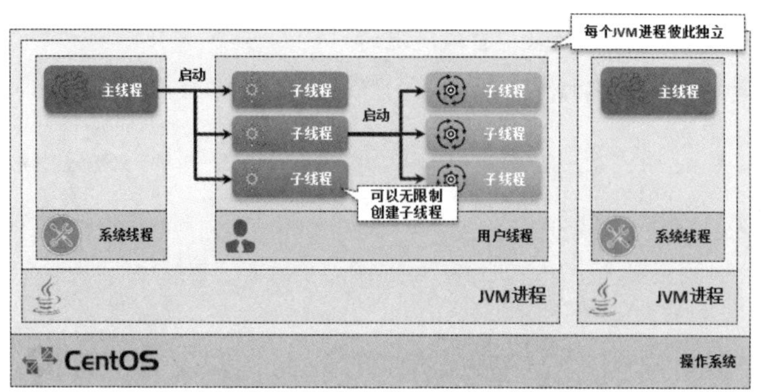

图 13-15 JVM 进程与主线程

13.3.2 线程休眠

线程休眠

视频名称 1309_【掌握】线程休眠

视频简介 程序一旦进行了线程的启动，就会以最快的方式执行完成，而有些时候需要让线程的执行放缓速度，所以 Thread 类提供了休眠操作。本视频主要讲解 sleep()方法的使用。

在默认情况下线程对象只要启动，就会快速地执行线程方法体中所定义的程序代码。如果需要延缓线程的执行操作，则可以使用表 13-3 所示的线程休眠方法。

表 13-3 线程休眠方法

序号	方法名称	类型	描述
1	public static void sleep(long millis) throws InterruptedException	普通	设置休眠的时间，单位为毫秒
2	public static void sleep(long millis, int nanos) throws InterruptedException	普通	设置休眠的时间，单位为纳秒

每当线程执行到休眠方法时，都会产生一个线程的阻塞事件，而后当前线程会释放所占用的 CPU 资源，这样其他线程就可以继续执行。而线程休眠完成后，会自动被 CPU 重新调度，继续执行后续操作，如图 13-16 所示。

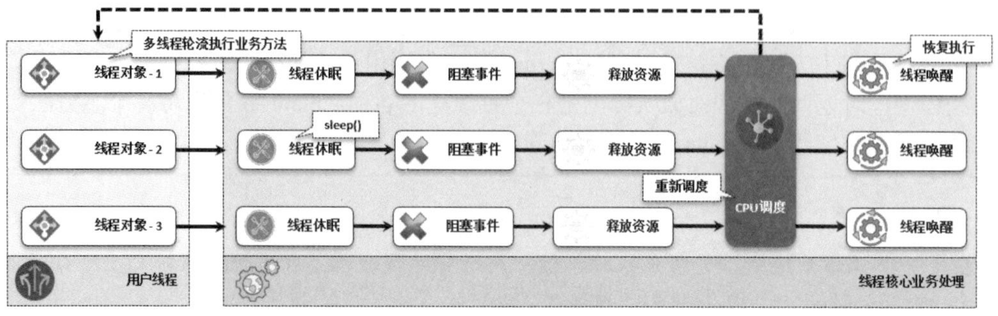

图 13-16 线程休眠操作

范例：观察线程休眠操作。

```
package com.yootk;
public class YootkDemo {
    public static void main(String[] args) throws Exception {
        for (int x = 0; x < 10; x++) {                          // 循环创建10个线程
            new Thread(() -> {                                  // 实例化Thread对象
                for (int y = 0; y < 100; y++) {                 // 每个线程输出100次
                    try {
                        Thread.sleep(1000);                     // 延迟1秒执行
                    } catch (InterruptedException e) {}
                    System.out.println("【" + Thread.currentThread().getName()
                        + "】num = " + y);                      // 输出线程执行信息
                }
            }, "Yootk线程 - " + x).start();                     // 线程启动
        }
    }
}
```

程序执行结果（随机抽取）：

```
【Yootk线程 - 3】num = 0
【Yootk线程 - 6】num = 0
【Yootk线程 - 0】num = 0
...
```

本程序定义了 10 个线程，每个线程进行 100 次信息输出，在线程启动后，由于每次输出前都存在 Thread.sleep(1000)方法，所以每次都会延迟 1 秒执行后续输出操作。

13.3.3　线程中断

线程中断

视频名称　1310_【掌握】线程中断

视频简介　在线程启动后也可以进行中断操作。本视频主要讲解线程中断操作流程及具体操作方法的使用。

任何一个子线程只要启动了，就会按照线程给定的操作顺序执行，但是 Thread 类也提供了表 13-4 所示的线程中断操作方法，这样就可以通过一个线程去中断另一个正在执行的线程，如图 13-17 所示。

表 13-4　线程中断操作方法

序号	方法名称	类型	描述
1	public void interrupt()	普通	线程中断
2	public boolean isInterrupted()	普通	判断线程的中断状态

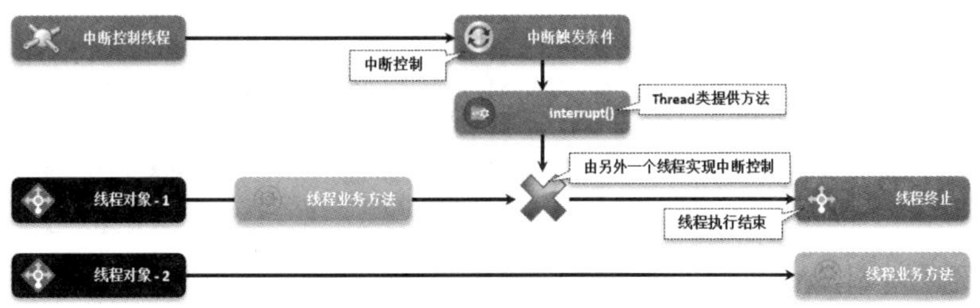

图 13-17　线程中断操作

范例：实现线程中断处理。

```
package com.yootk;
public class YootkDemo {
    public static void main(String[] args) throws Exception {
        Thread thread = new Thread(()->{
            try {
                System.out.println("【"+Thread.currentThread().getName() +
                        "】准备进入休眠状态，预计的休眠时间为20秒...");
                Thread.sleep(20000);                                    // 需要休眠20秒
                System.out.println("【"+Thread.currentThread().getName() +
                        "】休眠状态正常结束...");
            } catch (InterruptedException e) {                          // 线程被中断就会产生中断异常
                System.out.println("【"+Thread.currentThread().getName() +
                        "】休眠产生了异常，无法正常完成休眠处理...");
            }
        }, "休眠线程") ;                                                 // 创建一个线程类
        thread.start();                                                 // 启动多线程
        System.out.println("【中断状态】" + thread.isInterrupted());   // 获取中断状态
        Thread.sleep(2000);                                             // 线程对象适当执行一段时间
        thread.interrupt();                                             // 打断当前线程的休眠状态
        System.out.println("【中断状态】" + thread.isInterrupted());   // 获取中断状态
    }
}
```

程序执行结果：

```
【中断状态】false
【休眠线程】准备进入休眠状态，预计的休眠时间为20秒...
【中断状态】false
【休眠线程】休眠产生了异常，无法正常完成休眠处理...
```

本程序通过自定义 thread 线程及主线程实现了线程的中断控制，在 thread 线程处理时执行了一个线程休眠 20 秒的操作任务，而主线程却在其休眠 2 秒后直接中断了当前线程的运行状态，被中断的线程直接抛出 InterruptedException 异常。

13.3.4　线程强制执行

线程强制执行

视频名称　1311_【掌握】线程强制执行

视频简介　多线程启动后会交替进行资源抢占与线程体执行，如果此时某些线程非常重要也可以强制执行。本视频主要讲解多线程中 join()方法的使用。

在 Java 中创建的所有线程对象默认情况下都会轮流抢占 CPU 资源进行交替执行，如果现在某一个线程非常重要，需要优先处理，那么可以利用表 13-5 所示的方法进行强制执行。

表 13-5　线程强制运行

序号	方法名称	类型	描述
1	public final void join() throws InterruptedException	普通	此方法一旦调用，此线程将持续执行到结束
2	public final void join(long millis) throws InterruptedException	普通	设置一个线程的强制占用时间，如果超过了此时间就要释放资源
3	public final void join(long millis, int nanos) throws InterruptedException	普通	设置一个线程的强制占用时间，如果超过了此时间就要释放资源

在线程强制执行时，一般都需要设置一个强制执行的判断条件，而一旦使用 join()方法开始强制执行，其他所有线程都会暂时挂起，等到强制执行线程执行完毕后再恢复竞争执行状态，如图 13-18 所示。

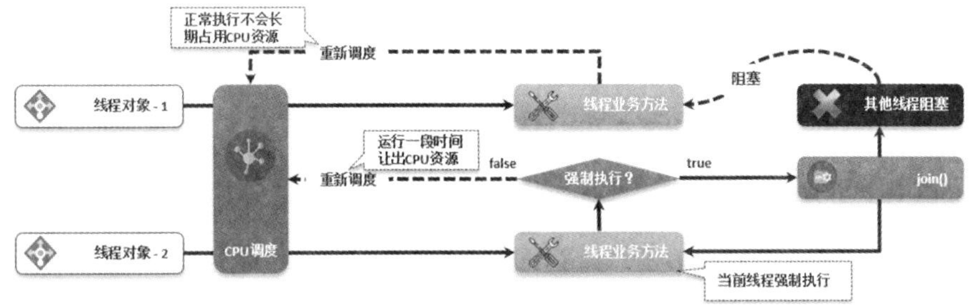

图 13-18　线程强制执行

范例：线程强制执行。

```
package com.yootk;
public class YootkDemo {
    public static void main(String[] args) throws Exception {
        Thread mainThread = Thread.currentThread();                 // 获取主线程
        Thread joinThread = new Thread(() -> {
            for (int x = 0; x < 10000; x++) {                       // 将持续执行循环代码
                try {
                    Thread.sleep(100);                              // 追加一个延迟
                    if (x >= 10) {                                  // 设置一个处理条件
                        mainThread.join();                          // 子线程要交出全部资源给主线程
                    }
                    System.out.println("〖" + Thread.currentThread().getName() +
                        "〗子线程执行，x = " + x);
                } catch (InterruptedException e) {}
            }
        }, "工作线程");                                              // 创建线程对象
        joinThread.start();                                         // 启动子线程
        for (int x = 0; x < 30; x++) {                              // 主线程循环输出
            Thread.sleep(100);                                      // 追加一个延迟
            System.out.println("【" + Thread.currentThread().getName() +
                "】主线程执行，x = " + x);
        }
    }
}
```

程序执行结果（随机抽取）：

```
〖工作线程〗子线程执行，x = 0（未执行join()前交替执行）
【main】主线程执行，x = 0（未执行join()前交替执行）
…
〖工作线程〗子线程执行，x = 9（未执行join()前交替执行）
【main】主线程执行，x = 10（主线程开始强制执行）
…
〖工作线程〗子线程执行，x = 12（主线程运行完毕后其他线程恢复执行）
…
```

本程序通过两个线程对象实现了线程的强制执行处理，可以发现当主线程强制执行时，其他线程全部暂停执行，而将全部资源交由主线程操作，强制执行完毕后，其他线程才能够恢复正常执行的状态。

13.3.5 线程礼让

线程礼让

视频名称　1312_【掌握】线程礼让

视频简介　多线程在交替执行时往往需要进行资源的轮流抢占，如果某些不是很重要的线程抢占到资源又不急于执行，就可以将当前的资源暂时“礼让”出去，交由其他线程先执行。本视频主要讲解 yield()方法的使用，并分析其与 join()方法的区别。

在多线程的执行过程之中，所有的线程肯定要轮流进行 CPU 资源的抢占，一个线程抢占到资源之后，也可以通过一种礼让的形式让出当前抢占的资源，如图 13-19 所示。这种礼让操作可以使用 yield()方法完成，此方法定义如下：

```
public static void yield()
```

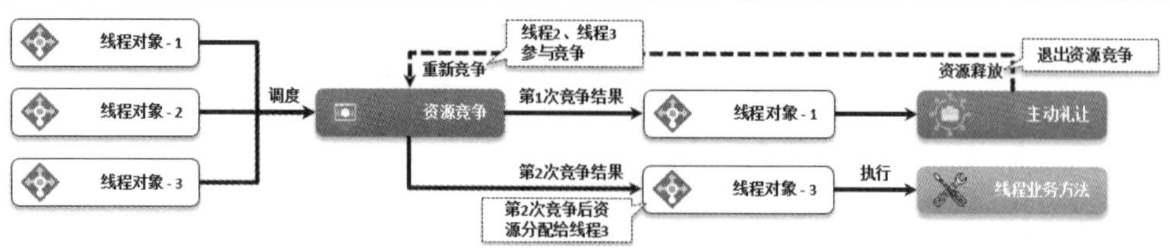

图 13-19 线程礼让

范例：线程礼让。

```
package com.yootk;
public class YootkDemo {
    public static void main(String[] args) throws Exception {
        Thread joinThread = new Thread(() -> {
            for (int x = 0; x < 10000; x++) {                          // 将持续执行循环代码
                try {
                    if (x % 2 == 0) {                                  // 当前循环的x内容为偶数
                        Thread.yield();                                // 礼让一次
                        System.out.println("【YIELD】线程礼让执行。");
                    }
                    Thread.sleep(100);                                 // 追加一个延迟
                    System.out.println("〖" + Thread.currentThread().getName() +
                    "〗子线程执行，x = " + x);                          // 输出线程信息
                } catch (InterruptedException e) {}
            }
        }, "工作线程");                                                 // 创建一个线程类
        joinThread.start();                                            // 启动子线程
        for (int x = 0; x < 30; x++) {                                 // 主线程执行
            Thread.sleep(100);                                         // 追加一个延迟
            System.out.println("【" + Thread.currentThread().getName() + "】主线程执行，x = " + x);
        }
    }
}
```

程序执行结果（随机抽取）：

```
【YIELD】线程礼让执行。
【main】主线程执行，x = 0
〖工作线程〗子线程执行，x = 0
〖工作线程〗子线程执行，x = 1
【main】主线程执行，x = 1
```

本程序使用了两个线程实现礼让操作，自定义的子线程如果发现当前输出信息的内容为偶数，则让出抢占到的资源，这样该资源就可以被其他线程获得。

13.3.6 线程优先级

线程优先级

视频名称 1313_【掌握】线程优先级

视频简介 所有被创造的线程都是子线程，所有的子线程在启动时都有同样的优先级，如果某些重要的线程希望优先抢占到资源并先执行，就可以通过修改优先级来实现。本视频主要讲解优先级与线程执行的关系。

程序中的线程如果要执行，则一定要进行 CPU 资源竞争，如果希望某一个线程在每次竞争时都可以优先获取资源，就需要为其设置高的线程优先级，如图 13-20 所示。

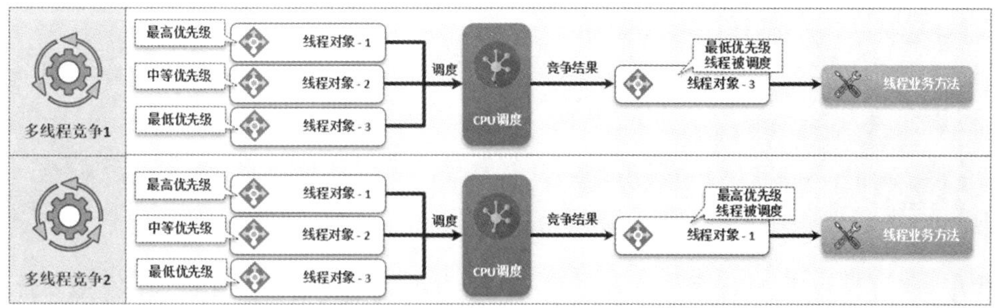

图 13-20　线程优先级

提示：线程优先级高不一定会先执行。

从图 13-20 可以看出，为线程设置高优先级后，并不是说每次资源竞争时该线程都一定会优先获取 CPU 资源，它只是比低优先级的线程更容易获取资源。在默认情况下每一个新创建的线程对象都属于中等优先级。

在 Thread 类中，线程的优先级被定义为 3 个等级：最高优先级、中等优先级、最低优先级。为了便于用户操作，这 3 个优先级分别被定义为 3 个常量，同时 Thread 类提供了优先级的设置和获取方法，如表 13-6 所示。

表 13-6　线程优先级常量与操作方法

序号	名称	类型	描述
1	public static final int MIN_PRIORITY	常量	最低优先级，代表的数值为 1
2	public static final int NORM_PRIORITY	常量	中等优先级，代表的数值为 5
3	public static final int MAX_PRIORITY	常量	最高优先级，代表的数值为 10
4	public final void setPriority(int newPriority)	方法	修改线程的优先级
5	public final int getPriority()	方法	获取线程的优先级

范例：设置线程优先级。

```
package com.yootk;
public class YootkDemo {
    public static void main(String[] args) throws Exception {
        Thread threads [] = new Thread[3] ;                          // 创建一个线程数组
        for (int x = 0 ; x < threads.length ; x ++) {
            threads[x] = new Thread(()->{
                while (true) {
                    try {
                        Thread.sleep(200);                           // 线程休眠
                        System.out.println("【"+Thread.currentThread().getName()+
                        "】线程执行，线程优先级：" + Thread.currentThread().getPriority());
                    } catch (InterruptedException e) {}
                }
            });
        }
        threads[0].setPriority(Thread.MIN_PRIORITY);                 // 最低优先级
        threads[2].setPriority(Thread.MIN_PRIORITY);                 // 最低优先级
        threads[1].setPriority(Thread.MAX_PRIORITY);                 // 最高优先级
        for (int x = 0; x < threads.length; x++) {                   // 循环线程数组
            threads[x].start();                                      // 线程启动
        }
    }
}
```

程序执行结果（随机抽取）：

```
【Thread-1】线程执行，线程优先级：10（最高优先级线程）
【Thread-0】线程执行，线程优先级：1
【Thread-2】线程执行，线程优先级：1
【Thread-2】线程执行，线程优先级：1
【Thread-1】线程执行，线程优先级：10（最高优先级线程）
【Thread-0】线程执行，线程优先级：1
...
```

本程序实现了线程优先级的配置。通过程序执行结果可以发现，并不是线程优先级高就一定会先执行，而仅仅是增加了成功抢占资源的概率。

13.4　线程同步与死锁

多线程同步问题

视频名称　1314_【掌握】多线程同步问题

视频简介　在项目运行中会有多个线程对同一资源进行操作，此时就会引发同步问题。本视频通过一个售票程序分析多个线程访问同一资源所带来的问题。

Java 的线程并发处理机制可以有效地提高程序的处理性能。在传统的主线程应用中，一个程序对某些资源的处理会由主方法完成，但是这样处理速度一定会比较慢。如果采用了多线程的处理机制，利用主线程创建出许多子线程，就可以多个线程一起完成对同一资源的操作，如图 13-21 所示，那么执行效率一定会比只使用一个主线程更高。

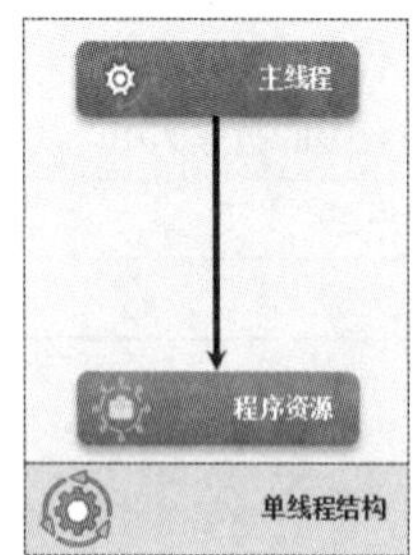

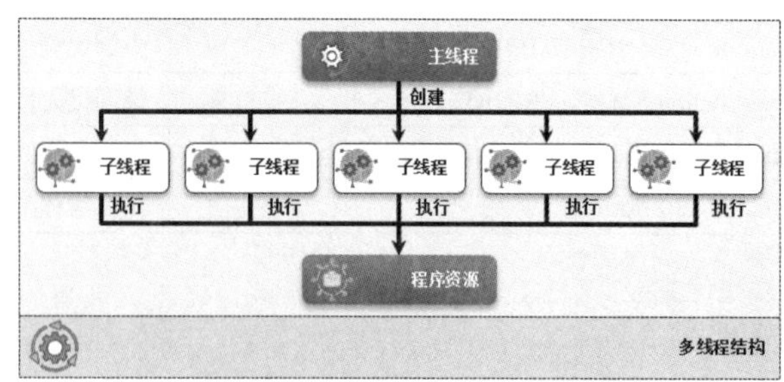

图 13-21　多线程并发处理

虽然利用多线程可以有效地提升程序对同一资源的处理性能，但是随之而来的就是线程同步问题。为了帮助读者更好地认识线程同步问题处理不当所造成的麻烦，下面通过一个多线程售票程序来进行说明。

范例：多线程售票程序。

```java
package com.yootk;
public class YootkDemo {
    public static int ticket = 5 ;                                  // 一共要出售5张票
    public static void main(String[] args) throws Exception {
        Runnable body = ()->{
            while (true) {                                          // 持续售票
                if (ticket > 0) {                                   // 当前有剩余票
                    try {
                        Thread.sleep(100);                          // 模拟操作延迟
                    } catch (InterruptedException e) {}
                    System.out.println("【" + Thread.currentThread().getName() +
                    "】售票，当前的剩余票数：" + (-- ticket));          // 打印售票信息
                } else {
                    break;                                          // 结束售票
```

```
                }
            }
        } ;
        for (int x = 0 ; x < 5 ; x ++) {                          // 启动5个线程
            new Thread(body, "售票员-" + x).start();              // 线程启动
        }
    }
}
```

程序执行结果（随机抽取）：

```
【售票员-0】售票，当前的剩余票数：4
【售票员-4】售票，当前的剩余票数：3
【售票员-3】售票，当前的剩余票数：2
【售票员-2】售票，当前的剩余票数：1
【售票员-1】售票，当前的剩余票数：0
【售票员-4】售票，当前的剩余票数：-1
【售票员-3】售票，当前的剩余票数：-2
【售票员-2】售票，当前的剩余票数：-3
【售票员-0】售票，当前的剩余票数：-4
```

本程序利用 5 个线程对象实现了对同一个售票资源的操作，而通过最终的执行结果可以发现，有的售票员售出的票数为负数，实际上这就是多线程不同步所带来的问题，问题分析如图 13-22 所示。

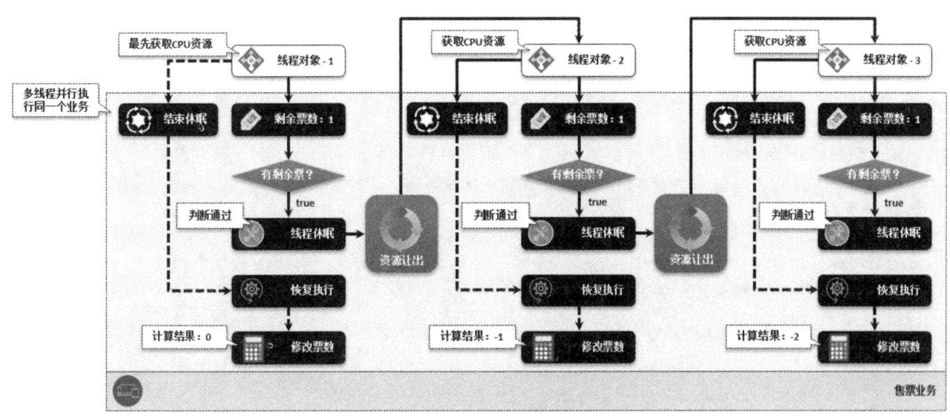

图 13-22　多线程售票问题分析

通过图 13-22 可以发现，每一个售票线程在进行售票操作之前实际上都会进行剩余票数的判断，如果剩余票数大于 0，则进行售卖，反之则停止售卖。但是在判断剩余票数和修改票数之间存在休眠处理（该操作模拟网络延迟），因此其他线程有可能在没有及时修改票数的情况下进行剩余票数的判断，这样在售票后就有可能出现票数为负的情况。

13.4.1　线程同步处理

线程同步处理

视频名称　1315_【掌握】线程同步处理

视频简介　处理并发资源的最好方法就是进行操作空间的锁控制。本视频主要讲解如何利用 synchronized 定义同步代码块，以及利用同步方法实现多线程开发。

在多线程并发处理资源时，如果想保证数据计算的准确性，则应该加入同步处理机制。同步指的是将若干个程序逻辑单元设置为一个整体，并保证每一次只允许一个线程在执行这些单元中的代码，不管执行多久，只要当前存在执行线程，则其他线程都不允许执行此部分代码。这就相当于为整个单元设置了一个执行锁，如果锁处于关闭状态，则其他线程将全部处于阻塞状态，直到锁重新处于开启状态，才可以有新的执行线程进入，如图 13-23 所示。

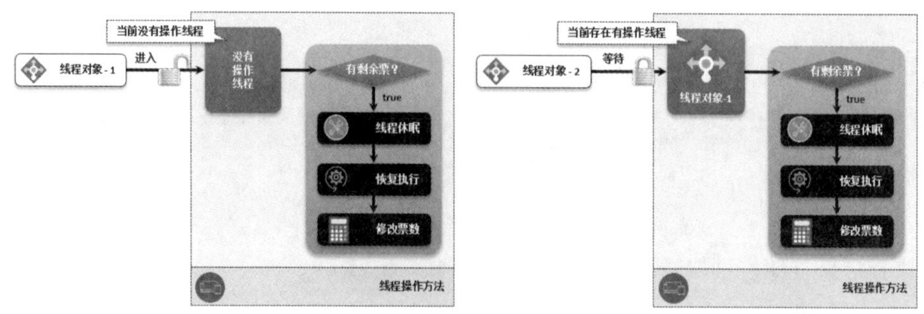

图 13-23　多线程同步处理

Java 提供了一个 synchronized 关键字，该关键字对应的是“同步锁”处理机制，而这样的机制可以通过同步代码块或同步方法来实现。

1. 同步代码块

同步代码块是使用 synchronized 定义的一个代码块，在使用同步代码块的时候需要提供一个同步对象，语法如下：

```
synchronized (同步对象) {                    // 同步代码块
    // 若干程序逻辑单元
}
```

范例：使用同步代码块实现售票同步操作。

```
package com.yootk;
public class YootkDemo {
    public static int ticket = 5 ;                                  // 一共要出售5张票
    public static void main(String[] args) throws Exception {
        YootkDemo yootk = new YootkDemo();                          // 实例化本类对象
        Runnable body = ()->{
            while (true) {                                          // 持续售票
                synchronized (yootk) {                              // 同步代码块
                    if (ticket > 0) {                               // 当前有剩余票
                        try {
                            Thread.sleep(100);                      // 模拟操作延迟
                        } catch (InterruptedException e) {}
                        System.out.println("【" + Thread.currentThread().getName() +
                        "】售票，当前的剩余票数：" + (-- ticket));
                    } else {
                        break;                                      // 结束售票
                    }
                }
            }
        };
        for (int x = 0 ; x < 5 ; x ++) {                            // 启动5个线程
            new Thread(body, "售票员-" + x).start();                 // 线程启动
        }
    }
}
```

程序执行结果：

```
【售票员-0】售票，当前的剩余票数：4
【售票员-4】售票，当前的剩余票数：3
【售票员-4】售票，当前的剩余票数：2
【售票员-1】售票，当前的剩余票数：1
【售票员-3】售票，当前的剩余票数：0
```

本程序将“剩余票数判断”“线程休眠（模拟网络延迟）”“修改票数”作为整体程序单元封装在了同步代码块之中，这样一来每次只允许一个线程执行此代码，就避免了多线程同时进入程序单元造成的数据计算错误。

提示：同步会造成处理性能下降。

同步操作的本质在于同一个时间段内只允许有一个线程执行，所以只要此线程未执行完，其他线程就处于等待状态，这就会造成程序处理性能的下降。同步的优点在于：数据的线程访问是安全的。

2. 同步方法

同步方法将若干个程序处理单元封装在一个方法中，随后在方法定义时使用 synchronized 关键字，这样在该方法调用时每次只允许一个线程执行。同步方法定义如下：

```
[public | protected | private] [static] [final] [synchronized] 返回值类型 方法名称(参数列表)
        [throws 抛出异常, 抛出异常, ...] {
    // 执行方法体
    [return [返回值];]
}
```

范例：使用同步方法实现售票同步操作。

```
package com.yootk;
public class YootkDemo {
    public static int ticket = 5 ;                                  // 一共要出售5张票
    public static void main(String[] args) throws Exception {
        Runnable body = ()->{
            while (sale()) {}                                       // 持续售票
        } ;
        for (int x = 0 ; x < 5 ; x ++) {                            // 启动5个线程
            new Thread(body, "售票员-" + x).start();                // 线程启动
        }
    }
    public static synchronized boolean sale() {                     // 同步方法
        if (ticket > 0) {                                           // 当前有剩余票
            try {
                Thread.sleep(100);                                  // 模拟操作延迟
            } catch (InterruptedException e) {}
            System.out.println("【" + Thread.currentThread().getName() +
            "】售票，当前的剩余票数：" + (-- ticket));
            return true;                                            // 继续售票
        } else {
            return false;                                           // 结束售票
        }
    }
}
```

程序执行结果：

```
【售票员-0】售票，当前的剩余票数：4
【售票员-0】售票，当前的剩余票数：3
【售票员-0】售票，当前的剩余票数：2
【售票员-4】售票，当前的剩余票数：1
【售票员-3】售票，当前的剩余票数：0
```

本程序将售票的处理逻辑单元封装在了 sale()方法之中，这样不管有多少个线程执行 sale()方法，每次也只会有一个线程进入该方法并实现售票处理逻辑。该线程执行完才会解除同步锁，后续的线程才允许进入该方法进行售票处理。

13.4.2 线程死锁

线程死锁

视频名称 1316_【掌握】线程死锁

视频简介 死锁是在多线程开发中较为常见的一种不确定问题，其影响就是导致程序出现“假死”状态。本视频主要为读者演示死锁的产生并分析问题。

同步的核心机制在于，一个线程要等待另一个线程执行完，才可以执行所需要的操作。虽然在整个处理过程中可以通过同步实现共享资源，但是过多的同步也有可能带来问题。

例如，张三想借王五的书，那么张三对王五说，你借我你的书看，我就借你我的画看。而王五也对张三说：先借我你的画看，我就借你我的书看。此时张三和王五两人都在等着对方的回复，最终的结果也就可想而知；张三借不到王五的书，王五也借不到张三的画。这实际上就属于线程死锁状态，如图 13-24 所示，下面通过具体的程序模拟当前的死锁问题。

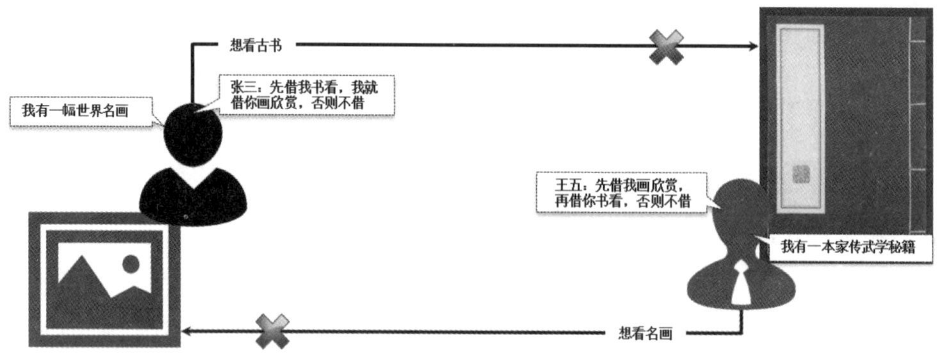

图 13-24　线程死锁

范例：线程死锁。

```
package com.yootk;
class Book {}                                                   // 描述书的资源
class Paint {}                                                  // 描述画的资源
public class YootkDemo {
    public static void main(String[] args) throws Exception {
        Book book = new Book();                                 // 书资源
        Paint paint = new Paint();                              // 画资源
        Thread threadBook = new Thread(() -> {
            synchronized (paint) {                              // 锁定同步资源
                System.out.println("张三对王五说：你借我你的书，我再借你我的画，" +
                        "如果不先借我书我绝对不借你画。");
                try {                                           // 设置休眠以便死锁问题显现
                    Thread.sleep(1000);                         // 让程序的问题乖乖露出水面
                    synchronized (book) {
                        Thread.sleep(1000);                     // 让程序的问题乖乖露出水面
                        System.out.println("张三得到了古书。");
                    }
                } catch (InterruptedException e) {}
            }
        });
        Thread threadPaint = new Thread(() -> {
            synchronized (book) {                               // 锁定同步资源
                System.out.println("王五对张三说：你借我你的画，我再借你我的书，" +
                        "如果不先借我画我绝对不借你书。");
                try {                                           // 设置休眠以便死锁问题显现
                    Thread.sleep(1000);                         // 让程序的问题乖乖露出水面
                    synchronized (paint) {                      // 线程同步
                        Thread.sleep(1000);                     // 让程序的问题乖乖露出水面
                        System.out.println("王五得到了名画。");
                    }
                } catch (InterruptedException e) {}
            }
        });
        threadBook.start();                                     // 线程启动
```

```
        threadPaint.start();                                    // 线程启动
    }
}
```

程序执行结果：

```
王五对张三说：你先借我你的画，我再借你我的书，如果不先借我画，我绝对不借你书。
张三对王五说：你先借我你的书，我再借你我的画，如果不先借我书，我绝对不借你画。
（后续代码不再执行，程序进入死锁状态）
```

本程序设计了两个线程结构，这两个线程结构彼此占用着对象引用（book、paint），这样一来在进行同步处理时就需要等待对方线程执行完才可以解除锁定的状态，由于每个线程都在等待对方线程执行完，所以造成了运行的死锁问题。

提示：本程序不具有实际意义。

以上的程序代码是为方便读者观察死锁的影响而刻意编写的，在实际的项目开发过程之中，由于死锁是程序逻辑处理不当造成的问题，所以往往需要对程序进行大量的测试才可以排除。

13.5 生产者与消费者模型

生产者与消费者模型简介

视频名称 1317_【掌握】生产者与消费者模型简介

视频简介 生产者与消费者模式是一种多线程协作的经典程序模型，也是在实际项目开发中最为常见的一种设计模式。本视频为读者详细地讲解了生产者与消费者模型的基本设计理念，同时分析了线程协作的处理形式。

在多线程开发中，除了可以使用多线程技术提高程序的处理性能，最重要的就是进行两个线程对象之间的状态通信。例如，现在有两个程序线程，一个线程负责数据的生产，另一个线程负责数据的消费，每当生产者线程生产出一个完整的数据，消费者线程就取走该数据，如图 13-25 所示。

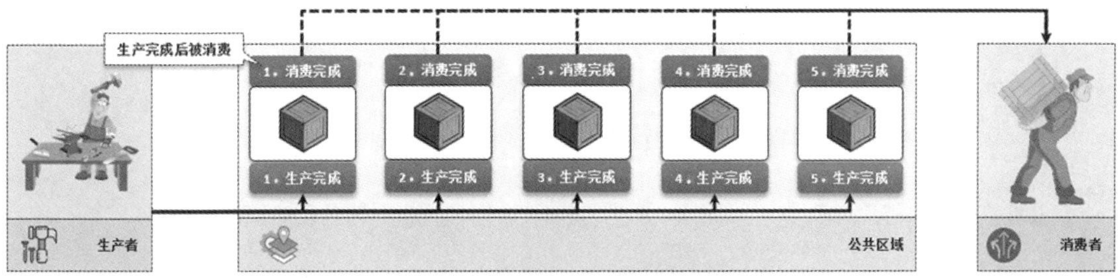

图 13-25　生产者与消费者模型

通过图 13-25 可以发现，生产者线程与消费者线程依靠一块公共区域进行通信连接，生产者生产完的数据要保存在该区域内，而后消费者要从该区域取走数据。两个线程之间存在如下协同处理关系。

- 生产者线程需要生成完整的数据，如果数据没有生产完，则消费者线程不能取走该数据。
- 如果现在生产者线程的生产性能很强，而消费者线程的消费性能较弱，那么在完整的数据生产完后，生产者线程应该等待消费者线程将数据取走，再生产下一个完整的数据。
- 如果现在消费者线程性能很强，并且发现没有新的数据被生产出来，则消费者线程需要等待生产者线程将数据生产完，再取走数据。

13.5.1　生产者与消费者基础模型

生产者与消费者基础模型

视频名称　1318_【掌握】生产者与消费者基础模型

视频简介　本视频主要是搭建“生产者-消费者”编程基础模型，基于多线程的方式实现数据操作，然后为读者分析模型中的问题并思索问题解决之道。

为了帮助读者更好地理解生产者与消费者模型的实现机制，下面通过具体代码为读者演示这一模型。生产者和消费者属于两个不同的线程类，这两个类可以依靠同一个 Message 类的对象实例实现协同操作，如图 13-26 所示。为了降低数据生产的复杂度，本次的生产者将循环生产两组数据，而消费者也将循环取走这两组数据，数据的具体内容定义如下。

- 第一组数据：title = 沐言科技、content = www.yootk.com。
- 第二组数据：title = 李兴华编程训练营、content = edu.yootk.com。

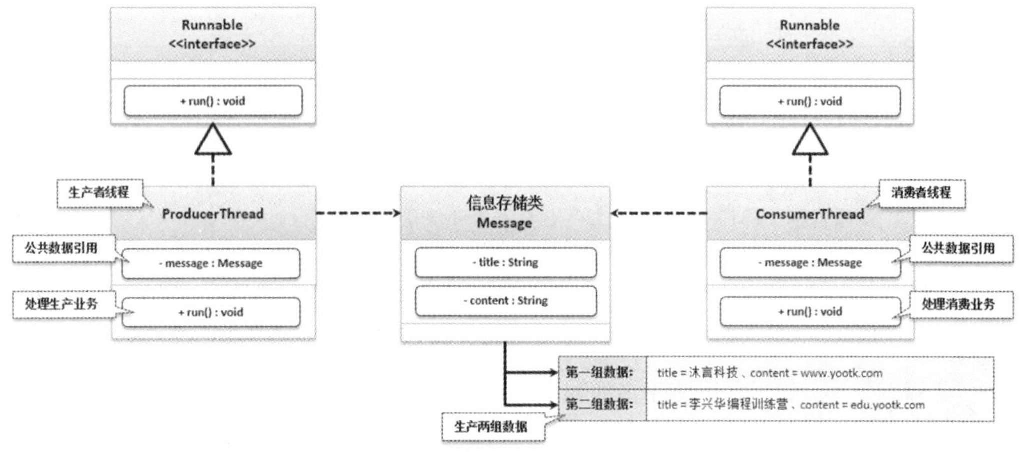

图 13-26　生产者与消费者

范例：生产者与消费者基础模型。

```
package com.yootk;
class Message {                                                         // 描述一个公共区域
    private String title;                                               // 描述信息的标题
    private String content;                                             // 描述信息的内容
    // setter、getter、无参构造方法代码略
}
class ProducerThread implements Runnable {                              // 生产者线程处理类
    private Message message;                                            // 获取Message的引用
    public ProducerThread(Message message) {                            // 传递Message对象引用
        this.message = message;                                         // 保存对象引用
    }
    @Override
    public void run() {                                                 // 生产者线程体
        for (int x = 0; x < 50; x++) {                                  // 生产50次信息
            try {                                                       // 数据交替生产
                if (x % 2 == 0) {                                       // 循环数据为偶数
                    this.message.setTitle("李兴华编程训练营");              // 属性设置
                    Thread.sleep(100);                                  // 模拟延迟
                    this.message.setContent("edu.yootk.com");           // 属性设置
                } else {                                                // 循环数据为奇数
                    this.message.setTitle("沐言科技");                    // 属性设置
                    Thread.sleep(100);                                  // 模拟延迟
                    this.message.setContent("www.yootk.com");           // 属性设置
                }
```

```
            } catch (Exception e) {}
        }
    }
}
class ConsumerThread implements Runnable {                          // 消费者线程处理类
    private Message message;                                        // 获取Message的引用
    public ConsumerThread(Message message) {                        // 传递Message对象引用
        this.message = message;                                     // 保存对象引用
    }
    @Override
    public void run() {                                             // 消费者线程体
        for (int x = 0; x < 50; x++) {                              // 获取50次信息
            System.out.println("【消费者】title = " + this.message.getTitle() +
                "、content = " + this.message.getContent());
            try {
                Thread.sleep(100);                                  // 模拟延迟
            } catch (InterruptedException e) {}
        }
    }
}
public class YootkDemo {
    public static void main(String[] args) throws Exception {
        Message message = new Message();                            // 实例化Message
        // 分别实例化生产者与消费者线程类，同时传递同一个Message类的对象实例
        new Thread(new ProducerThread(message)).start();           // 启动生产者线程
        new Thread(new ConsumerThread(message)).start();           // 启动消费者线程
    }
}
```

程序执行结果（随机抽取）：

```
【消费者】title = 李兴华编程训练营、content = null
【消费者】title = 沐言科技、content = edu.yootk.com
【消费者】title = 李兴华编程训练营、content = www.yootk.com
【消费者】title = 沐言科技、content = edu.yootk.com
【消费者】title = 李兴华编程训练营、content = www.yootk.com
```

本程序首先实例化了一个 Message 类的对象实例，而后将此实例分别传入生产者与消费者线程实例，这样两个不同类型的线程就可以通过 Message 类的对象实例实现通信，内存结构如图 13-27 所示。

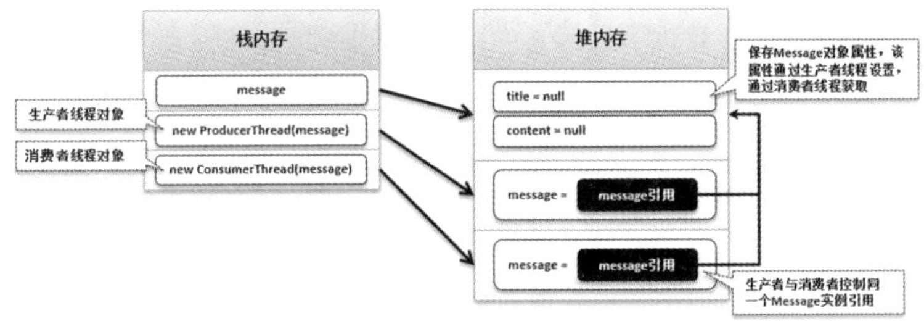

图 13-27 生产者与消费者内存结构

然而通过执行程序可以发现，结果中存在数据的错乱问题，而引起这种数据错乱的关键因素就在于数据生产时未进行有效的同步处理。

13.5.2 解决数据同步问题

解决数据同步问题

视频名称 1319_【掌握】解决数据同步问题

视频简介 生产者若想将数据生产出来，在生产时就必须将操作代码锁定，消费者在取出数据前也需要进行操作代码锁定。本视频将采用 synchronized 同步方式解决“生产者-消费者”代码中出现的数据设置带来的不同步问题。

要想解决生产者生产数据的同步问题，就需要将 title 与 content 两个属性的设置部分放在一个同步方法或同步代码块之中，消费者线程消费数据时，需要等待生产者线程将数据生产完再取出，这样就可以保证最终数据的完整性，如图 13-28 所示。

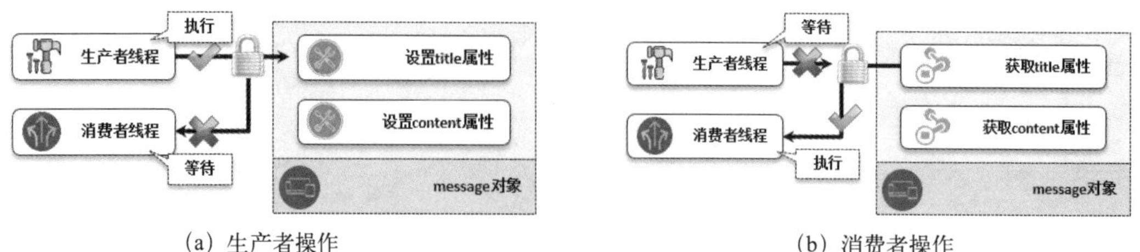

(a) 生产者操作　　　　(b) 消费者操作

图 13-28　数据同步处理

范例：数据同步处理。

```
package com.yootk;
class Message {                                                   // 描述公共区域
    private String title;                                         // 描述信息的标题
    private String content;                                       // 描述信息的内容
    public synchronized void set(String title, String content) {// 属性设置
        this.title = title;                                       // 属性设置
        try {
            Thread.sleep(100);                                    // 模拟延迟
        } catch (InterruptedException e) {}
        this.content = content;                                   // 属性设置
    }
    public synchronized String get() {                            // 属性获取
        try {
            Thread.sleep(50);                                     // 模拟延迟
        } catch (InterruptedException e) {}
        return "title = " + this.title + "、content = " + this.content; // 属性获取
    }
}
class ProducerThread implements Runnable {                        // 生产者线程处理类
    private Message message;                                      // 获取Message的引用
    public ProducerThread(Message message) {                      // 传递Message对象引用
        this.message = message;                                   // 保存对象引用
    }
    @Override
    public void run() {                                           // 生产者线程体
        for (int x = 0; x < 50; x++) {                            // 生产50次信息
            if (x % 2 == 0) {                                     // 循环数据为偶数
                this.message.set("李兴华编程训练营", "edu.yootk.com");  // 属性设置
            } else {                                              // 循环数据为奇数
                this.message.set("沐言科技", "www.yootk.com");     // 属性设置
            }
        }
    }
}
class ConsumerThread implements Runnable {                        // 消费者线程处理类
    private Message message;                                      // 获取Message的引用
    public ConsumerThread(Message message) {                      // 传递Message对象引用
        this.message = message;                                   // 保存对象引用
    }
    @Override
    public void run() {                                           // 消费者线程体
        for (int x = 0; x < 50; x++) {                            // 获取50次信息
            System.out.println(this.message.get());
```

```
        }
    }
}
public class YootkDemo {
    public static void main(String[] args) throws Exception {
        Message message = new Message();                       // 实例化Message
        // 分别实例化生产者与消费者线程类，同时传递同一个Message类的对象实例
        new Thread(new ProducerThread(message)).start();       // 启动生产者线程
        new Thread(new ConsumerThread(message)).start();       // 启动消费者线程
    }
}
```

程序执行结果（随机抽取）：

```
title = 沐言科技、content = www.yootk.com
title = 沐言科技、content = www.yootk.com
title = 李兴华编程训练营、content = edu.yootk.com
title = 李兴华编程训练营、content = edu.yootk.com
title = 李兴华编程训练营、content = edu.yootk.com
```

此程序将所有与数据有关的操作全部放在了 Message 类中，提供了属性设置的 set()同步方法及属性内容获取的 get()同步方法，这样每次就只允许生产者或消费者一个线程进行操作。通过最终的执行结果可以发现，此时已经解决了数据的同步问题，但是由于多线程的不确定性，有可能生产者或消费者连续几次抢占到资源，从而造成数据重复生产或重复取出的问题。

13.5.3　解决线程重复操作问题

解决线程重复操作问题

视频名称　1320_【掌握】解决线程重复操作问题

视频简介　Object 类中定义了线程的等待与唤醒操作。本视频为读者分析线程等待与唤醒机制的作用，并介绍 Object 类中的 wait()、notify()、notifyAll()3 个方法的作用及具体应用。

项目中引入同步处理机制后，虽然可以实现生产数据的完整性，但又出现了线程协调处理的问题。本小节视频中程序的核心功能在于：生产者生产完一个数据之后，消费者才可以取走，而在消费者未取走之前，生产者是无法继续生产的，如图 13-29 所示。

（a）消费者等待　　（b）生产者等待

图 13-29　生产者与消费者协作

要实现以上功能，就需要在多线程同步处理操作的基础上引入线程的等待与唤醒机制，相关方法全部定义在了 Object 类中，如表 13-7 所示。

表 13-7　Object 类中定义的线程等待与唤醒方法

序号	方法名称	类型	描述
1	public final void wait() throws InterruptedException	普通	线程进入等待状态，直到被唤醒
2	public final void wait(long timeoutMillis) throws InterruptedException	普通	线程等待，可以设置等待的毫秒数，到时间后自动唤醒

续表

序号	方法名称	类型	描述
3	public final void wait(long timeoutMillis, int nanos) throws InterruptedException	普通	线程等待，可以设置等待的毫秒数与纳秒数，到时间后自动唤醒
4	public final void notify()	普通	唤醒等待线程，所有的线程按照等待顺序依次恢复
5	public final void notifyAll()	普通	唤醒全部等待线程，优先级高的线程可能优先恢复

表 13-7 中列出的方法主要分为等待（wait()）与唤醒（notify()）两类，等待的线程如果没有设置等待的时限，就将一直等待到 notify()方法被调用，而如果一直没有调用 notify()，就有可能产生死锁问题。

提示：线程的完整生命周期。

通过此时给出的 Object 类的处理方法，结合前面讲解过的 Thread 类的处理方法，可以发现线程的执行是允许暂停与恢复的，这样就可以得出图 13-30 所示的线程完整生命周期。

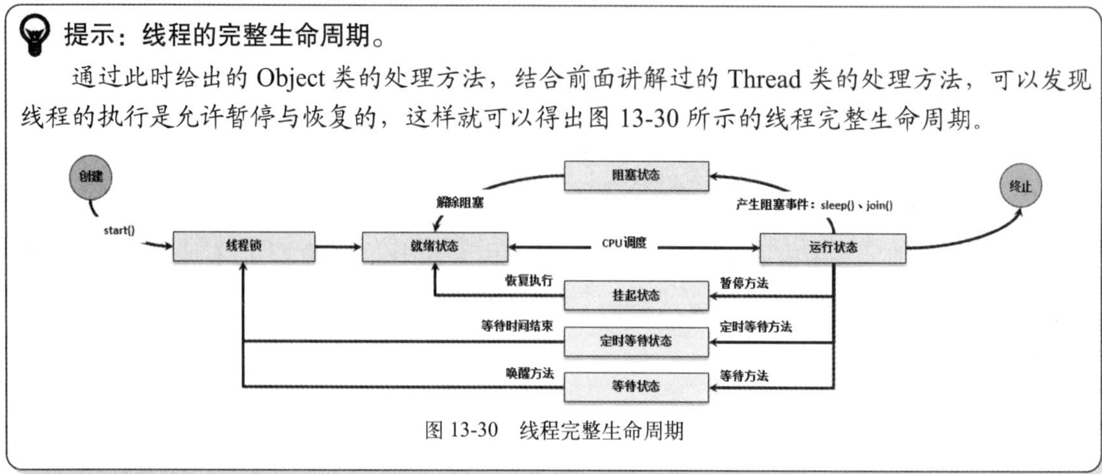

图 13-30　线程完整生命周期

范例：线程协作处理。

```
class Message {                                                    // 描述一个公共区域
    private String title;                                          // 描述信息的标题
    private String content;                                        // 描述信息的内容
    private boolean flag = true ;                                  // 设置一个标志位
    // flag = true：表示可以生产，但是却无法消费（如果此时是由消费者线程操作，则消费者线程要等待）
    // flag = false：表示可以消费，但是无法生产（如果此时是由生产者线程操作，则生产者线程要等待）
    public synchronized void set(String title, String content) {// 属性设置
        if (this.flag == false) {                                  // 不允许生产，但是允许消费
            try {                                                  // 生产者线程暂停执行
                super.wait();                                      // 等待消费者线程执行完后唤醒
            } catch (InterruptedException e) {}
        }
        // 如果执行了如下的代码则表示允许进行生产，但是生产的最后需要唤醒等待的消费者线程
        this.title = title;                                        // 属性设置
        try {
            Thread.sleep(100);                                     // 模拟延迟
        } catch (InterruptedException e) {}
        this.content = content;                                    // 属性设置
        this.flag = false ;                                        // 生产完成，可以消费
        super.notify();                                            // 唤醒其他等待线程
    }
    public synchronized String get() {                             // 属性获取
        if (this.flag == true) {                                   // 不允许消费，只允许生产
            try {                                                  // 消费者线程暂停执行
                super.wait();                                      // 等待生产者线程执行完后唤醒
            } catch (InterruptedException e) {}
        }
        try {
```

```
            Thread.sleep(50);                                   // 模拟延迟
        } catch (InterruptedException e) {}
        this.flag = true ;                                      // 消费完成，可以生产
        super.notify();                                         // 唤醒其他等待线程
        return "title = " + this.title + "、content = " + this.content; // 属性获取
    }
}
```

程序执行结果（随机抽取）：

```
title = 李兴华编程训练营、content = edu.yootk.com
title = 沐言科技、content = www.yootk.com
```

此时的程序代码解决了属性操作的协作问题，生产者线程与消费者线程轮流获取资源，这样就避免了重复生产及重复消费的问题，但是这样的等待与唤醒操作必须结合同步进行处理。

 **提示：等待与唤醒操作较为烦琐。**

通过以上范例，相信读者已经清楚了多线程中等待与唤醒机制的特点，但是从实际开发来讲，多线程的协调处理是非常麻烦的，开发难度也是很大的。为了解决这样的问题，JDK 1.5 之后的版本提供了 J.U.C 多线程开发框架，对等待与唤醒机制提供了更加丰富的处理支持，但是其核心的实现基础就是本节所讲解的内容。

13.6 优雅地停止线程

优雅地停止线程

视频名称 1321_【掌握】优雅地停止线程

视频简介 Thread 类是 JDK 1.0 就开始提供的工具类，最初由于考虑不周设计了许多可能产生问题的方法。本视频主要讲解线程生命周期，以及线程停止操作的合理实现方案。

在多线程开发中，所有的线程控制操作完全依靠 Thread 类提供的方法。早期的 Thread 类提供了线程的暂停与停止处理方法，如表 13-8 所示，遗憾的是这些方法在 JDK 1.2 中已经被废弃了。

表 13-8 Thread 类被废弃的方法

序号	方法名称	类型	描述
1	public final void suspend()	普通	(JDK 1.2 废弃) 挂起线程（暂停执行）
2	public final void resume()	普通	(JDK 1.2 废弃) 恢复挂起的线程（继续执行）
3	public final void stop()	普通	(JDK 1.2 废弃) 线程停止

这些方法会被废弃，主要的原因在于早期的多线程技术较为简单，而随着软件和硬件技术的发展，多线程的运行模式也在发生改变，所以这些方法现在有可能产生死锁问题。而对于现在的多线程开发来讲，要想实现一个线程的停止处理，可以借助于一些逻辑处理方式，例如，可以在程序中添加一个停止的标志位，而后在每次执行线程操作方法前都进行该标志位的判断，如果满足判断条件则结束线程的执行，否则继续执行该线程，操作结构如图 13-31 所示。

范例：优雅地停止线程。

```
package com.yootk;
class Message implements Runnable {                             // 线程实现类
    private boolean stopFlag = false ;                          // 停止标志位
    @Override
    public void run() {                                         // 线程主体方法
        for (int x = 0; x < 1000; x++) {                        // 循环输出1000次
```

```
            if (this.stopFlag) {                                    // 内容为true，退出循环
                break;                                              // 退出整个循环
            }
            try {
                Thread.sleep(100);                                  // 模拟延迟
            } catch (InterruptedException e) {}
            System.out.println("【Mesasge信息输出 - " + x + "】沐言科技：www.yootk.com");
        }
    }
    public void stop() {                                            // 自定义线程停止操作
        this.stopFlag = true ;                                      // 修改停止标志位
    }
}
public class YootkDemo {
    public static void main(String[] args) throws Exception {
        Message message = new Message() ;                           // 实例化Message对象
        new Thread(message).start();                                // 启动线程
        Thread.sleep(2000);                                         // 让线程先运行2秒
        message.stop();                                             // 主线程停止子线程
    }
}
```

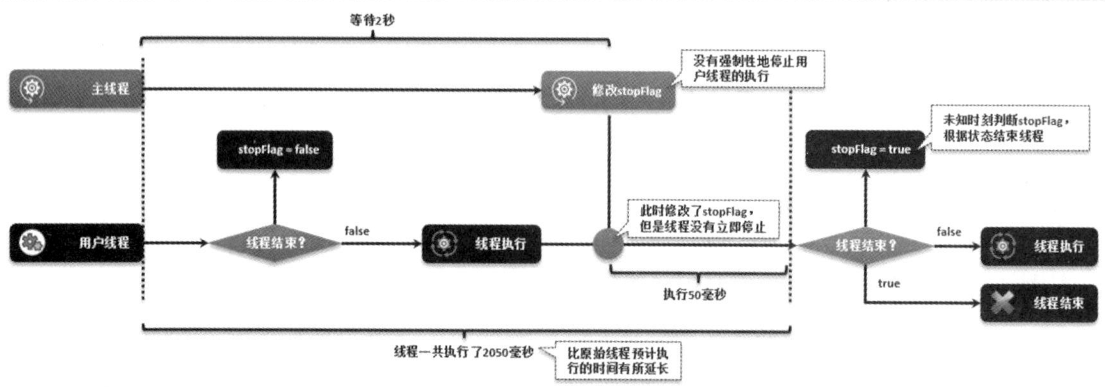

图 13-31　多线程标志位

本程序在 Message 线程类中定义了一个 stopFlag 属性，通过该属性的内容判断当前的线程是否已经被停止。基于这样的逻辑处理方式，就可以方便地实现线程的“软”停止。

13.7　守护线程

守护线程

视频名称　1322_【掌握】守护线程

视频简介　项目中除了明确的业务处理线程，还需要大量的后台线程辅助这些业务线程。本视频主要讲解守护线程的定义与实现。

守护线程是一种运行在后台的程序，它们都有“宿主”线程，在“宿主”线程消失后，对应的守护线程也将消失，如图 13-32 所示。守护线程的操作可以直接利用 Thread 类提供的方法完成，如表 13-9 所示。

表 13-9　守护线程操作方法

序号	方法名称	类型	描述
1	public final void setDaemon(boolean on)	普通	将当前的线程设置为守护线程
2	public final boolean isDaemon()	普通	判断当前的线程是否为守护线程

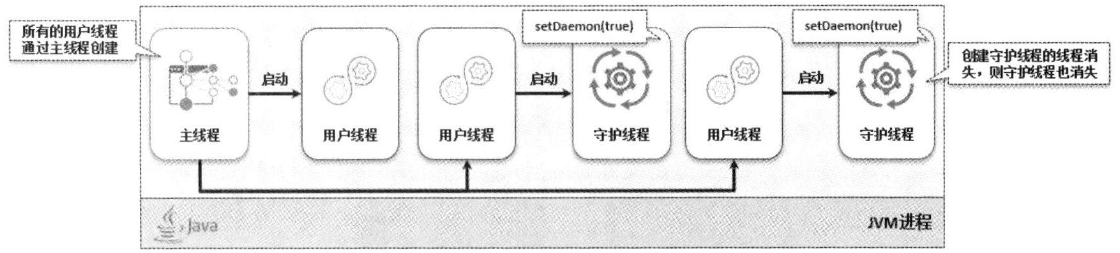

图 13-32　守护线程

范例：定义守护线程。

```
package com.yootk;
class Message implements Runnable {                                    // 线程类
    public Message() {                                                 // 构造方法
        Thread daemonThread = new Thread(()->{                         // 守护线程
            for (int x = 0 ; x < Integer.MAX_VALUE ; x ++) {
                try {
                    Thread.sleep(50);                                  // 模拟延迟
                } catch (InterruptedException e) {}
                System.out.println("〖守护线程〗李兴华编程训练营：edu.yootk.com");
            }
        }) ;
        daemonThread.setDaemon(true);                                  // 设置为守护线程
        daemonThread.start();                                          // 守护线程启动
    }
    @Override
    public void run() {                                                // 线程主体
        for (int x = 0; x < 10; x++) {                                 // 循环输出
            try {
                Thread.sleep(100);                                     // 模拟延迟
            } catch (InterruptedException e) {}
            System.out.println("【Message信息输出】沐言科技：www.yootk.com");
        }
    }
}
public class YootkDemo {
    public static void main(String[] args) throws Exception {
        Message message = new Message() ;                              // 实例化Message
           new Thread(message).start();                                // 启动线程
    }
}
```

程序执行结果：

```
〖守护线程〗李兴华编程训练营：edu.yootk.com
【Message信息输出】沐言科技：www.yootk.com
〖守护线程〗李兴华编程训练营：edu.yootk.com
```

本程序在 Message 用户线程内部创建了一个守护线程，该守护线程在用户线程执行时始终运行在后台，而用户线程执行完后，对应的守护线程将自动消失。

提示：GC 线程也是一种守护线程。

在每一个 JVM 进程的内部除了运行着主线程，还运行着一个 GC 线程，实际上这个 GC 线程就是一种守护线程，如图 13-33 所示。

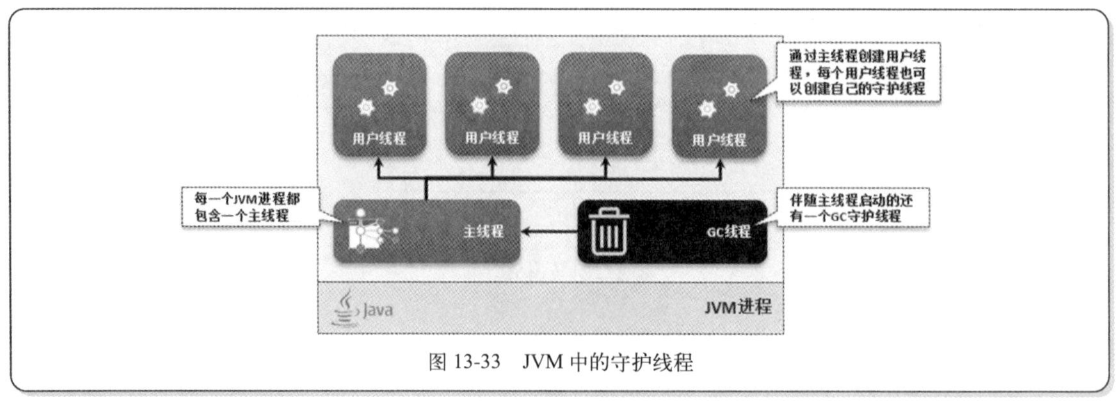

图 13-33　JVM 中的守护线程

13.8　volatile 关键字

volatile 关键字

视频名称　1323_【掌握】volatile 关键字

视频简介　本视频主要分析 Java 中变量操作的执行步骤及可能存在的问题，同时讲解 volatile 关键字的处理方式及 volatile 属性定义。

在传统多线程开发中，每当通过线程进行公共资源的数据操作时，都会先通过主内存读取所需要的数据的副本，而后在该线程的工作内存中进行数据的加载、使用、赋值及存储操作，再将存储的信息写回主内存，如图 13-34 所示。这样一来就会因为数据副本的读取与写入机制而造成数据无法及时同步的问题。为了解决这样的数据副本操作问题，Java 提供了一个 volatile 关键字，该关键字主要用于属性定义，并且可以直接对主内存中的数据进行操作。

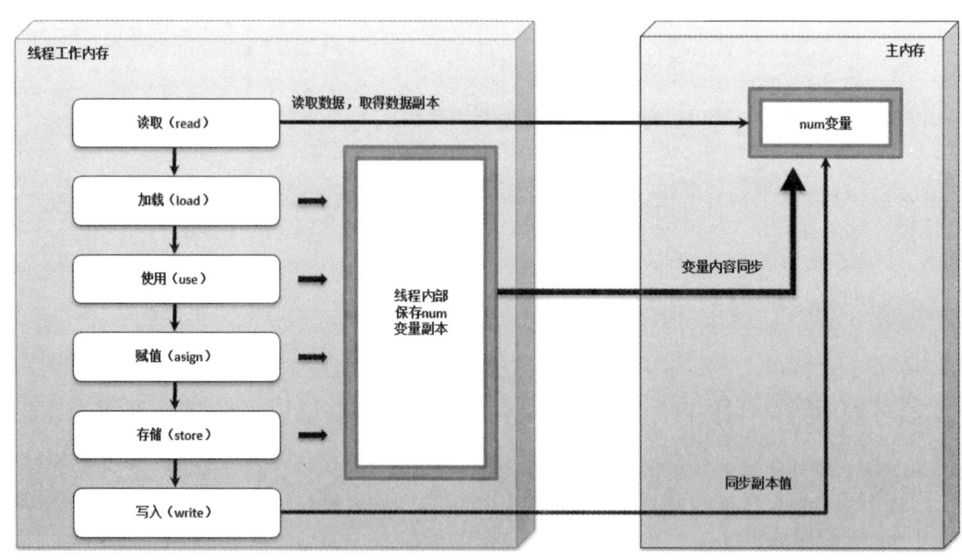

图 13-34　线程资源操作

提示：volatile 没有数据同步的功能。

volatile 避免了各种变量的复制及重新同步所带来的延迟损耗（其中就存在同步问题），直接进行更加快速的主内存变量访问，而直接进行主内存的变量操作就可以减少延迟，所以看起来好像有那么点“同步”的意思。

范例：使用 volatile 关键字定义属性。

```
package com.yootk;
class TicketThread implements Runnable {                          // 售票线程类
    private volatile int ticket = 3;                              // 一共卖3张票
    @Override
    public void run() {                                           // 线程处理
        while (this.sale()) { ; }
    }
    public synchronized boolean sale() {                          // 同步售票方法
        if (this.ticket > 0) {                                    // 有票就卖
            try {
                Thread.sleep(100);                                // 模拟网络延迟
            } catch (InterruptedException e) {}
            System.out.println("【" + Thread.currentThread().getName() +
                "】售票，剩余票数为，ticket = " + (--this.ticket));
            return true;                                          // 继续售票
        }
        return false;                                             // 结束售票
    }
}
public class YootkDemo {
    public static void main(String[] args) throws Exception {
        TicketThread threadBody = new TicketThread() ;            // 实例化线程对象
        new Thread(threadBody, "售票员-A").start();                // 启动售票线程
        new Thread(threadBody, "售票员-B").start();                // 启动售票线程
        new Thread(threadBody, "售票员-C").start();                // 启动售票线程
    }
}
```

程序执行结果：

```
【售票员-A】售票，剩余票数为，ticket = 2
【售票员-A】售票，剩余票数为，ticket = 1
【售票员-B】售票，剩余票数为，ticket = 0
```

本程序在 ticket 属性定义中使用了 volatile 关键字，这样在进行 ticket 属性操作时，就可以直接对主内存中的数据进行操作，避免了副本复制、写入所带来的操作延迟。

13.9 本章概览

1．线程是在进程基础之上的程序管理单位，线程无法脱离进程而存在。

2．Java 中的多线程可以依靠 Thread、Runnable 或 Callable 来实现，而所有线程的启动一定依靠 Thread 类所提供的 start()方法来完成，利用该方法可以实现 CPU 资源调度。

3．Runnable 接口实现的多线程无法在线程结束后返回数据，而利用 Callable 接口就可以基于异步等待机制实现返回数据接收。

4．多线程中的操作方法在 Thread 类中定义，sleep()实现休眠、currentThread()获取当前执行线程、join()强制执行、yield()礼让执行。从理论上讲线程的优先级越高，越有可能先执行，但这并不是绝对的。

5．多线程开发中生产者与消费者模型是基础模型，该结构实现了线程间的数据通信操作，以及不同线程的同步等待与唤醒处理。

6．每一个线程都可以创建若干个守护线程，守护线程为后台线程，Java 中的 GC 线程就属于守护线程。

7．volatile 关键字无法完成同步，其所能完成的只是快速内存数据操作。

13.10　实战自测

1．设计 4 个线程对象，2 个线程执行减操作，2 个线程执行加操作。

线程加减面试题

视频名称　1324_【掌握】线程加减面试题

视频简介　本程序的核心意义在于实现多个线程并发访问下的数据同步，在有限个线程执行有限次数的情况下，最终的结果应该为 0。

2．设计一个生产计算机和搬运计算机类，要求生产出一台计算机就搬走一台计算机。如果没有新的计算机生产出来，则搬运工要等待新计算机产出；如果生产出的计算机没有搬走，则要等待计算机搬走之后再生产。统计出生产的计算机数量。

计算机生产面试题

视频名称　1325_【掌握】计算机生产面试题

视频简介　本题是生产者与消费者模型的延伸，基于同步处理机制下的等待与唤醒操作实现，需要防止重复操作，并采用守护线程模型实现信息统计。

3．实现一个抢答程序，要求设置 3 个抢答者（3 个线程），同时发出抢答指令，抢答成功者获得成功提示，未抢答成功者获得失败提示。

抢答面试题

视频名称　1326_【掌握】抢答面试题

视频简介　抢答是一个在生活中较为常见的场景，每一次抢答题目时只允许有一个线程获取资源，这就需要进行并发资源的数据同步处理。